金属矿山
胶结充填理论与工程实践

于润沧　主编

北　京

冶金工业出版社

2021

内 容 提 要

本书系统介绍了金属矿山胶结充填理论与工程实践，内容主要包括充填材料的选择、高浓度（膏体）充填料浆流变学特征、充填系统的设计原则、充填料浆制备及管道输送技术、采场充填设施等，同时对充填体稳定性和采区应力场演变监测技术进行了研究，对国内外充填矿山典型充填工艺技术实例进行了评述。

本书可供采矿工程相关的矿山企业工程技术人员、科研院所的科技人员阅读参考，也可供矿业工程相关高校师生参考。

图书在版编目（CIP）数据

金属矿山胶结充填理论与工程实践/于润沧主编 . —北京：
冶金工业出版社，2020.6（2021.1 重印）
ISBN 978-7-5024-8439-2

Ⅰ.①金…　Ⅱ.①于…　Ⅲ.①金属矿开采—胶结充填法
—研究　Ⅳ.①TD853.34

中国版本图书馆 CIP 数据核字（2020）第 025617 号

出 版 人　苏长永
地　　址　北京市东城区嵩祝院北巷 39 号　邮编　100009　电话　(010)64027926
网　　址　www.cnmip.com.cn　电子信箱　yjcbs@cnmip.com.cn
责任编辑　徐银河　美术编辑　郑小利　版式设计　孙跃红
责任校对　王永欣　责任印制　李玉山
ISBN 978-7-5024-8439-2
冶金工业出版社出版发行；各地新华书店经销；北京博海升彩色印刷有限公司印刷
2020 年 6 月第 1 版，2021 年 1 月第 2 次印刷
169mm×239mm；28 印张；674 千字；429 页
168.00 元

冶金工业出版社　投稿电话　(010)64027932　投稿信箱　tougao@cnmip.com.cn
冶金工业出版社营销中心　电话　(010)64044283　传真　(010)64027893
冶金工业出版社天猫旗舰店　yjgycbs.tmall.com
（本书如有印装质量问题，本社营销中心负责退换）

前　言

1992 年底，在中国有色金属工业总公司铅锌局支持下，由我和刘大荣担任主编，出版过一本名为《全尾砂高浓度（膏体）料浆充填新技术》的内部资料，是在金川镍矿全尾砂高浓度（膏体）泵送充填室内及工业试验基础上，结合国内外全尾砂充填矿山的生产、试验经验编写而成。全书共 9 章，介绍了全尾砂高浓度（膏体）充填新工艺的概念、理论基础、制备技术、流变参数测定、泵送工艺及其经济和社会效益。同时也介绍了一些国内外矿山的实例和试验经验。

多年来，一直想将这本内部资料充实、完善和创新，使其能够正式出版。因为随着对生态环境保护的要求日益严格，充填采矿法几乎成为首选的采矿方法。2012 年，国家安全生产监督管理总局等五部委就曾联合发文，要求新建金属非金属地下矿山必须对能否采用充填采矿法进行论证并优先推行充填采矿法。国内过去清一色采用分段崩落法的铁矿山，大多开始转向采用充填法。与此同时，充填工艺技术发展日新月异，现在已经开始向智能化充填系统迈进了。中国恩菲工程技术有限公司（以下简称"中国恩菲"）在国内充填工艺技术发展的几个阶段，发挥着引领作用，率先采用立式砂仓分级尾砂充填系统；首先创立高浓度充填并提出临界流态浓度的概念；率先在国内矿山建立膏体充填系统，创立了以立式砂仓放砂满足高浓度（膏体）充填要求的工艺技术。但是，随着矿山生产规模的不断扩大（如年产量 1000 万吨以上）和开采深度的不断加深（特别是直接开采千米以下的深埋矿床），充填技术仍面临许多过去未曾遇到过的技术难题需要攻克，任务是艰巨的。

降低充填成本是永恒的主题，因为充填费用在充填法矿山生产成本中占很大比重。研制、采用廉价的胶凝材料替代水泥，成为普遍遵循的原则。稳定充填料浆浓度，既有利于提高充填体的强度，又有利于降低胶凝材料用量，当然是降低充填成本的重要途径，也是未来充填技术发展的主攻方向。

这本书是一项集体创作的成果，由中国恩菲二十几位从事充填工艺技术的专家、教授和工程师共同撰写。一方面它反映了中国恩菲在矿山充填技术领域的孜孜探索和承前启后的不断发展，另一方面也是对自己实践和理论知识的系统总结。同时，公司非常重视，专门成立编委会，对本书的出版给予了很大的支持。

本书由于润沧主编，施士虎、朱瑞军、朱维根、唐建担任副主编。参加撰稿的人员有：第1章，于润沧；第2章，吴世剑、朱维根；第3章，贺茂坤、朱瑞军；第4章，于润沧、施士虎；第5章，李浩宇、谢盛青、贺茂坤、唐建；第6章，谢盛青、李浩宇；第7章，王怀勇、杨志国；第8章，吴世剑、谢盛青；第9章，杨志国；第10章，杨志国；第11章，顾秀华；第12章，贺茂坤、谢良、施士虎、束国才、王志远、王怀勇、逄铭璋、李少辉；第13章，谢良、施士虎、贺茂坤、唐建、付建勋、焦云乔。在撰写过程中参考了大量中外文献、中国恩菲内部报告，以及部分矿山提供的现场资料。刘育明、高士田、张爱民、陈小伟、徐荃、梁新民以及长沙矿山研究院同仁们为本书资料收集提供了帮助；张维国、温瑞恒、曹祎凤、王志凯为本书绘制了部分插图。在此，表示衷心的感谢。

充填工艺是一项发展很快又面临诸多技术难题的技术，书中难免有不妥之处，希望广大读者和相关专家不吝赐教。

2020 年 1 月于北京

目　　录

1 绪 论

1.1 充填采矿法演变发展的动力

地下矿的采矿方法通常可分为三大类，即空场法、充填法和崩落法。1992年的美国 SME《采矿工程手册》将嗣后充填纳入空场法[1]。2009 年出版的《采矿工程师手册》（于润沧主编）将充填采矿法分为壁式充填法、削壁充填法、上向分层充填法、下向进路充填法、分段充填法和空场嗣后充填法等不同类型。这些方法的共同特点，就是充填工序构成其生产循环过程中不可分割的一环，嗣后充填亦然，不进行充填，生产就无法继续进行。2011 年出版的 SME《采矿工程手册》（第 3 版），则将各种利用充填料回填的采矿方法包括嗣后充填统归为充填采矿法（cut-and-fill mining）[2]。从发展历程看，充填采矿法涵盖范围趋宽。

充填法采矿是一种比较古老的工艺，在 20 世纪 30 年代之前，我国充填采矿法还只是采用废石等材料的干式充填。我国有色金属矿山 20 世纪 50~60 年代初充填法等主要采矿方法占比见表 1-1。

表 1-1　20 世纪中叶我国有色金属矿山地下矿主要采矿方法占比　　（%）

序号	采矿方法	1955 年	1956 年	1957 年	1958 年	1959 年	1960 年	1961 年
1	留矿法	43.4	42.5	49.1	47.2	43.4	51.7	49.0
2	充填法	35.2	30.1	20.1	18.0	16.6	5.35	2.25

从表 1-1 可知，当时我国干式充填采矿法在有色金属矿山曾占有相当大的比重。1959 年，冶金工业部有色司在湘西钨矿召开的有色金属工业工作会议上，对干式充填采矿法的缺陷进行了充分探讨，并要求尽快改变。因此，从 1960 年开始，其所占比重急剧下降，乃至到 1963 年后几乎被淘汰。此后我国的充填工艺技术进入了一段新的探索时期。1960 年湘潭锰矿采用碎石水力充填，防止内因火灾。1964 年，凡口铅锌矿试用风力输送混凝土进行充填。1965 年，金川龙首镍矿采用戈壁集料（粗骨料）加水泥电耙接力输送的胶结充填工艺[3]。也是1965 年，锡矿山南矿为了控制大面积地压活动，首次采用了分级尾砂水力充填采空区[3,4]。这些探索均未能获得更广泛的推广应用。

1957 年，分级尾砂加硅酸盐水泥的胶结充填在加拿大鹰桥公司哈迪矿应用成功，使尾砂胶结充填技术达到了生产实用阶段。胶结充填技术对金属矿山地下开采产生了巨大的影响，特别是与大型无轨设备相结合，使不少复杂的技术难题找到了解决的途径，不仅使充填采矿法获得了迅猛的发展，而且使低效率的充填法演变为高效率的采矿方法。

金川镍矿（以下简称"金川"）二矿区就是一个典型的实例。该矿的矿岩体松软破碎且具有较强的蠕变性，原岩应力偏高，在 35~40MPa 之间[5]。当采用 -3mm 棒磨砂加水泥的高浓度胶结充填以及双机液压凿岩台车和斗容 $6m^3$ 的铲运机后，下向进路充填法的盘区生产能力从老式充填法的 60~80t/d，提高到 800~1000t/d，使其进入高效率采矿方法的行列。

极厚大矿体的开采一般分为矿房、矿柱两个步骤回采。过去矿房用空场法回采，矿柱通常都采用崩落采矿法回采，损失率、贫化率均较高。当矿房回采改用胶结充填采矿法、矿柱回采采用非胶结的充填法或 VCR 法后，可以使损失率、贫化率降低到 10% 以下，显著提高出矿品位，带来可观的经济效益。

采用胶结充填技术，使充填法有可能控制岩层移动和地表沉降，使水体下、建（构）筑物下开采和优先开采深部或下盘高品位矿体成为可能，对有效利用资源、提高企业竞争力提供了技术保障。据 1997 年的统计资料，充填采矿法在我国有色金属矿山所占比重已上升到 22.37%，是前 30 年发展最快的采矿方法，到 2017 年该比重持续增长到 29.84%[6]。

信息技术、自控技术的巧妙应用，充分提高胶结充填系统的智能化程度，将使胶结充填工艺如虎添翼，对提高充填质量，保证充填体强度，减少各种事故，改善井下环境质量提供有效的技术保障。

由于生态、环境保护要求日益严格，矿山产出的大量尾矿和废石除其他综合利用外，如能最大限度地用于采空区充填，对减少占地、减少破坏生态环境、构建生态矿业工程具有重要的意义。过去无底柱分段崩落采矿法在我国铁矿山占据主导地位，而新设计的铁矿项目基本上都在研究采用充填采矿法的可行性。

胶结充填工艺技术的出现，与大型无轨设备的结合，与信息技术、自控技术、人工智能的融合，胶结充填料浆流变学的深入研究，已成为充填法急剧发展的强大动力。

1.2　我国胶结充填工艺技术的发展历程

充填工艺技术对充填法的生产效率、回采率和贫化率以及生产成本具有决定性的影响。纵观全球胶结充填工艺技术的发展过程，它经历了分级尾砂胶结充填、高浓度胶结充填、全尾砂胶结充填、膏体充填几个阶段。中国恩菲（原冶金工业部有色冶金设计总院、冶金工业部北京有色冶金设计院、北京有色冶金设计研究总院、中国有色工程设计研究总院）在我国胶结充填工艺技术发展中发挥了重要的引领作用。

1965 年，冶金工业部有色冶金设计总院在铜陵有色金属公司凤凰山铜矿的设计中，从瑞典引进了分级尾砂充填技术，用于上向分层充填法和点柱充填法。这是我国第一次采用尾砂充填。当时还没有建立充填站，而是选厂浓密池的底流尾砂直接通过管路用泵送至采场充填。

1975~1977 年，冶金工业部北京有色冶金设计院、金川有色金属公司（以下简称"金川公司"）在金川二矿区试验-3mm 棒磨砂加水泥的高浓度胶结充填工艺成功，并在生产中推广应用；通过反复修改试制成功大容积高浓度搅拌槽；与清华大学、中国科学院化学研究所（以下简称"中科院化学所"）、铁道部大桥工程局桥梁科学技术研究所（以下简称"武汉大桥局桥梁研究所"）等单位共同研究、探讨了该高浓度充填料浆的流变学性能，提出了"临界流态浓度"的概念，区别于低浓度两相流体管道输送遵循的"临界流速"的概念[7]。金川的试验表明，随着浓度的提高，胶结充填料浆的流变特性逐渐发生变化，当料浆浓度达到某一限值时，料浆便从非均质的固液两相流体转变为似均质的结构流体，从而发生质的变化，这一转折点称为"临界流态浓度"。不同物料具有不同的临界流态浓度，主要取决于固体颗粒的粒径、密度、形状、级配等，对细粒级的含量尤为敏感。临界流态浓度这一概念为高浓度充填奠定了理论和实践基础。这在当时国际的研究领域也是领先的。

从流变学角度看，进入高浓度状态时，料浆的剪切应力与剪切速率的关系基本呈线性。从图 1-1 水力坡度与流速关系 i-v 曲线图可知，当料浆浓度低于某一临界值时，曲线为上凹曲线，当浓度达到此临界值时，i-v 呈线性关系，如继续提高料浆浓度，i-v 关系呈下凹曲线，此临界值便是临界流态浓度。而高于此临界值的浓度才能称为高浓度。此时料浆流态特性已发生质的变化，成为似均质状态，基本不产生离析，可以在很低的流速下输送。对于胶结充填，料浆浓度具有头等重要的意义。根据金川公司二矿区的试验资料，在相同水泥单耗的条件下，高浓度料浆的充填体强度可提高 12%~50%[8]；反之，如保持相同强度，则可减少水泥单耗，显著降低充填成本。

高浓度充填虽然使充填工艺技术得到极大提高，但仍然存在着一些缺陷。其一是高浓度充填系统与低浓度充填系统基本相同，往往由于操作人员对高浓度料浆的特性缺乏应有的了解，总是担心堵管，很容易在操作过程中又恢复到低浓度充填的老路上去。其二是由于仍有部分水须在采场脱出，对挡墙和充填批次保持较高的要求，处理不好，对井下环境污染很严重。

1979 年，北京有色冶金设计研究总院首先在焦家金矿试验成功球形底立式

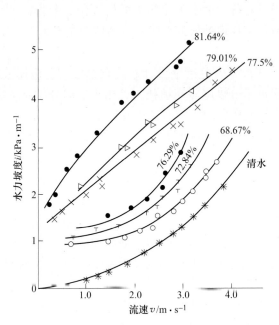

图 1-1　水平直管水力坡度与流速关系曲线[8]

砂仓脱水的分级尾砂胶结充填工艺，促进了上向分层充填法的广泛应用。不久，该院又在地处南京栖霞山风景区的南京栖霞铅锌银矿试验成功锥形底立式砂仓脱水的胶结充填工艺，为该矿实现不建尾矿库、不设废石场、无不合格废水排放的无废矿山提供了技术保障[9]。此后，立式砂仓便成为分级尾砂、全尾砂脱水胶结充填工艺的关键设备。

　　1989 年 5 月，北京有色冶金设计研究总院和金川公司人员赴德国巴德·格隆德（Bad Ground）铅锌矿（全球第一个采用膏体充填工艺的矿山）和设备仪器制造厂，考察全尾砂膏体泵送充填技术。此后，经过几年的试验攻关，研究了全尾砂、分级尾砂加水泥的膏体充填工艺，研究了添加粉煤灰、棒磨砂、戈壁细石的充填工艺，与中科院化学所、中国科学院成都分院（以下简称"中科院成都分院"）、武汉大桥局桥梁研究所共同研究了膏体的流变特性，于 1994 年在金川二矿区建成我国第一套全尾砂膏体充填系统。标志着我国胶结充填技术迈上了一个新的台阶。1999 年又在铜绿山铜矿建成了我国第二套全尾砂膏体充填系统[3]。

　　满足膏体充填要求的全尾砂脱水工艺是一项难度很大的技术，国外开始采用膏体充填时，一般是采用带式过滤机进行全尾砂脱水，金川的膏体充填系统也是采用带式过滤机。带式过滤机占地面积大，而且还需要配套储仓，当使用多套充填系统时占地面积问题尤为突出。中国恩菲在总结金川和铜绿山膏体胶结充填系

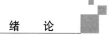

统经验教训的基础上，为会泽铅锌矿引进了深锥浓密机进行全尾砂脱水，使底流砂浆浓度达到72%，在采用双叶片搅拌机和双轴搅拌机进行搅拌的过程中，除全尾砂和水泥外，按配比要求适当添加冶炼厂水淬渣，使料浆浓度达到76%~80%，满足膏体充填的需求。据此于2006年建成了输送管路长达4000多米的全尾砂膏体充填系统，目前输送管路长度已接近6000m。这是相当先进的膏体充填系统。

2012年，中国恩菲为赞比亚谦比西铜矿西矿体设计建设了膏体充填系统。该系统的设计与会泽的充填系统类似，充填料为全尾砂、冶炼厂炉渣和水泥，采用深锥浓密机进行尾砂脱水，底流砂浆浓度约73%。配有两段卧式双轴搅拌系统，料浆由KOS 2180 HPS型活塞式膏体输送泵输送，整套装置配备有自动控制系统。

在上述两套系统中，深锥浓密机脱水工艺是膏体充填系统成功运行的关键，不过深锥浓密机价格较贵，有时容易出现压耙事故。2004~2006年，中国恩菲在冬瓜山铜矿利用传统锥形底立式砂仓，按照控压助流原理对其内部结构进行改造，研发成功底流放砂浓度能满足全尾砂高浓度和膏体充填要求的新型全尾砂浓缩装置，同时兼备全尾砂脱水和储仓的功能，并且可以边给料边放砂，费用也大为降低，为推广高浓度和膏体充填提供了较理想的装备。该项综合技术获13项授权发明专利。

充填采场不脱水是一种更高的技术追求，标志着胶结充填技术发展的第二次飞跃，膏体充填提供了这一可能，它可以实现采场基本不脱水。

同样在此期间，一些研究单位、高校和企业也开展了许多研发工作，作出了重要的贡献。如冶金工业部矿冶研究所与铜绿山铜矿合作，于20世纪80年代初试验成功虹吸方式的立式砂仓，但未得到推广应用。1986年，昆明有色冶金设计院为会泽铅锌矿麒麟厂硫化矿从波兰引进了粗粒级（-30mm）水砂充填技术，该系统采用机械制备、加水造浆、管道自流输送，为上向水平分层宽进路连续退采，改善了工艺条件，提高了产量，降低了贫化率与损失率。1990年长沙有色设计研究院、长沙矿山研究院与凡口铅锌矿合作建成第一套全尾砂胶结充填系统，标志着我国胶结充填技术迈上了一个新的台阶。1994年长沙矿山研究院利用氧化铝生产中的废料赤泥成功开发赤泥胶结充填技术，并在湖田铝土矿应用。20世纪90年代初，中国矿业大学借鉴英国煤矿沿空留巷巷旁支护的经验，研制成功高水速凝固化充填材料，并在一些矿山特别是煤矿试验、使用，在充填领域独树一帜。因材料价格偏高，后期强度有时不够稳定，在金属矿大量推广应用尚有一定困难，但在某些特定情况下，如下向充填法接顶、局部快速维护等具有独特的作用。1997年北京矿冶研究总院就在铜绿山铜矿成功地进行了全尾矿高水接顶的试验研究。

进入 21 世纪，由于对生态和环境的保护提出了更加严格的要求，尾矿库征地也越来越困难，一批原本习惯采用崩落法开采的铁矿山不得不转而研究采用充填法开采的可行性。已经投入生产的用充填法开采的铁矿山，如李楼铁矿、草楼铁矿、会宝岭铁矿、白象山铁矿和谷家台铁矿等都建起了高浓度或膏体充填系统。2014 年 8 月，在莱芜矿业有限公司建成了以"无动力深锥膏体浓密机"为核心设备的膏体泵送充填系统。系统由尾矿膏体制备系统、胶结料添加系统、膏体混合搅拌系统和膏体充填料泵送系统组成。该矿尾砂粒度较细，含泥量大，正常膏体充填浓度 56%～58%。

2012 年，年生产能力为 750 万吨的李楼铁矿建成了全尾砂胶结充填系统：尾砂采用 ϕ15m、高 10m 的立式砂仓（容积 2020m³）脱水，脱水尾砂与适量的水泥经料斗混合进入双轴搅拌机，搅拌后的料浆再进入高效活化搅拌机，制成质量浓度为 72%～74% 的料浆。铁矿山初期采用浅孔房柱式嗣后充填采矿法，采场垂直矿体走向布置，房柱与矿柱宽各为 8m，段高 40m，分段高 20m，采高 14m，留 6m 顶柱。分别以灰砂比为 1：4 和 1：8 的充填料浆充填采场上部 6m 和下部 8m[10]。

年生产能力为 200 万吨的草楼铁矿采用 VCR 法开采。该矿的尾砂-20μm 占 20.11%，级配较好。当灰砂比 1：12、质量浓度为 74% 时，试验室 28d 单轴抗压强度可达 0.683MPa。其充填工艺为：采用卧式砂池为全尾砂脱水自然沉降，然后压气造浆，输入双轴卧式搅拌机及高速活化搅拌机，与水泥混合制成全尾砂胶结充填料浆，自流送入井下采场。

一大批正在设计和建设的超大规模（年生产能力大于 1000 万吨）深井开采铁矿，也在进入这一行列。可以预料，这对我国胶结充填工艺技术的发展将是强有力的推动。

1.3 国外胶结充填工艺技术发展概况

1.3.1 井下充填

1.3.1.1 背景

据 1973 年 8 月澳大利亚矿冶学会西北昆士兰分会举办的第一次有 14 个国家 240 位代表参加的矿山充填国际研讨会上文献的介绍，1864 年美国宾夕法尼亚州的一个煤矿区进行了第一次水砂充填，以保护一座教堂的基础。1884 年，在该州的另一座矿山将废渣用水力充填到井下以控制火灾。1909 年，在南非的韦特瓦特斯兰以及澳大利亚和美国科罗拉多州的金矿，相继采用了水砂充填。之后，水砂充填的应用不断得到推广。至于胶结充填可追溯到 20 世纪 30 年代，加拿大

诺兰达公司的霍恩（Horn）矿利用粒状炉渣和脱泥尾砂加入磁黄铁矿组成胶结充填料。柯明可公司的沙利文（Sullivan）矿利用地表砾石、掘进废石、重介质尾矿和硫化物尾矿组成胶结充填料，这是一种类型。另一种类型是苏联库茨巴斯煤田，利用低标号混凝土充填，以提高回采率和窒息内因火灾的尝试。这两种类型的胶结充填，由于在实际使用过程中遇到种种问题，都未能得到推广。直到1957 年，分级尾砂加硅酸盐水泥的胶结充填料在加拿大鹰桥公司的哈迪矿试用成功，胶结充填技术才达到了生产实用阶段[3]。在 20 世纪 60 年代中期，这种技术已获得普遍采用。胶结充填技术和水力输送系统的推广应用，使采矿方法得到更新和发展，使采矿机械化水平得以提高。当时，矿山采用胶结充填技术，主要还不是用于控制地表的沉陷，其第一功用是护帮，其次是浇注工作面底板，第三才是处理尾矿充填采空区。

1.3.1.2 20 世纪 70 年代尾砂胶结充填工艺诞生

以分级尾砂掺硅酸盐水泥的胶结充填料浆，其输送是按固液两相流水力输送，采用砂泵或自流，料浆的质量浓度一般在 50%～65%，视固体物料的粒级组成而定。非均质砂浆只能以高于临界流速的速度按紊流状态输送。20 世纪 70 年代中期，瑞典波立登公司在其加彭贝格（Garpenberg）矿和克里斯汀贝格（Kristineberg）矿分别建立了分级尾砂高浓度胶结充填系统，分级尾砂利用圆筒式真空过滤机脱水，使料浆浓度达到 75%。苏联于 1977 年在阿奇萨伊（Ачисай）多金属联合企业建成了采用全尾砂的触变性胶结混合料充填系统，该系统用平板式浓缩机将全尾砂的浓度提高到 82%，再经双轴搅拌机和搅拌均化器制成触变型料浆。

1.3.1.3 80 年代起国外对高浓度、膏体充填开展了大量研究和推广应用

（1）加拿大地下硬岩矿山几乎全都采用充填工艺，其规模从日产数百吨到10000t 以上。各矿山都在强调使用高浓度和膏体充填料，并将高浓度充填定义为采用固体颗粒质量大于 75% 的充填料浆，料浆仍可重力输送，过多的水分可从料浆中排出；膏体充填则是采用全部或几乎全部尾矿，其饱和度小于 100%，无需从充填料中泄水，如果添加水泥，则其水化过程会消耗多余的水，形成良好的强度特性[11]。应当说，此处关于高浓度的定义不够确切，因为尾砂的粒度组成、矿物成分等对高浓度状态的形成具有决定性的影响，其波动范围甚大。20 世纪 90 年代是加拿大膏体充填重要的发展阶段，有多座矿山采用了这种工艺。

当时的国际镍公司（现在的 Vale INCO）在克莱顿（Creighton）矿建立了第一座全尾砂膏体充填站。1993 年，在斯托比（Stobie）矿建立了地下膏体充填研究站。国际镍公司还进行了掺集料的膏体充填料研究，并应用于加森（Garson）

矿。由于膏体充填这种新的技术在经济、环境、充填岩石力学以及安全方面具有显著的优势，后来决定所有矿山均改用高浓度充填和膏体充填。

当时鹰桥公司（现在的嘉能可 Glencore）的基德克里克（Kidd Creek）矿日产矿石 15000t，是采用块石胶结充填的第一批矿山之一，开采矿柱揭露的充填体暴露高度超过 125m，而且贫化率很小。该矿采用尾砂的一个限制因素是距离选矿厂 25km。

诺兰达（Noranda）公司不伦瑞克（Brunswick）大型铅锌矿在 20 世纪 80 年代后期采用块石和块石胶结充填，1998 年 7 月开始正式运行膏体充填系统[12]。

坎贝尔（Cambior）公司日产 1500t 矿石的奇莫（Chimo）金矿，建立了全尾砂高浓度充填料和掺有砂或矿山废石膏体充填料的充填系统。

据加拿大皇后大学 E. De. Souza 等人对该国 33 座采用充填法的矿山的调查，在 20 世纪 90 年代，膏体充填和高浓度充填的比重约占到 20%。水力胶结充填与块石胶结充填仍为主流。

（2）澳大利业最大的 10 座充填法矿山，每年的充填量约 800 万立方米，包括水力充填、块石胶结充填、膏体充填、集料胶结充填等[13]。澳大利亚的矿山也是从早期的废石充填于 20 世纪 30 年代过渡到分级尾砂水力充填，代表性的企业有布罗肯希尔（Broken Hill）矿区。另一个对发展充填工艺技术有重要贡献的企业是芒特艾萨矿业公司（Mount Isa Mines），它在开采 1100 矿体时，开发了块石胶结充填料，其中 2/3 为块石，1/3 为胶结分级尾砂充填料（其中含 3%硅酸盐水泥和 6%磨细的铜反射炉炉渣）。采用这种充填料，在回采矿柱时，充填体的暴露面积达到宽×高为 40m×200m。

BHP 公司的坎宁顿（Cannington）矿于 1997 年 12 月开始采用膏体充填，建成了澳大利亚首座膏体充填站[14]。其工艺流程为：质量浓度为 60%的浓缩尾矿（$p_{80}=80\sim100\mu m$）进入 1500m³ 缓冲储槽，再由两台盘式过滤机每小时产出 160t 滤饼，含水 20%，用絮凝剂 40g/t。此滤饼卸入可逆式胶带机，送往螺旋给料机，尾矿经计量斗进入螺旋搅拌机，与每小时 8t 水泥以及每小时 30t 浓缩尾矿混合搅拌后落入钻孔，送往井下。按照坎宁顿获得的许可证，在其闭坑之前，必须将地面堆存的废石处理干净。因此该矿必须在膏体充填料中加入废石。添加的方式是在采场顶部中央与膏体料浆同时混入，添加量视采场的形状而定，必须保证强度差的充填体不会在相邻采场暴露[15]。

奥林匹克坝（Olympic Dam）是国外正在生产的最大的使用充填法矿山，每年的充填量在 200 万立方米以上。其充填胶结集料，由-65mm 占 68%白云质灰岩、24% 砂、2.9%波特兰水泥和 5.7% 粉煤灰组成。料浆含水 9.5%，不离析，由自卸卡车运往 300mm 钻孔，卸入 400m 深的采场。设计充填体强度为

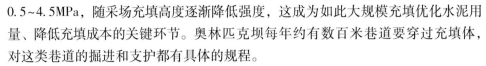

0.5~4.5MPa，随采场充填高度逐渐降低强度，这成为如此大规模充填优化水泥用量、降低充填成本的关键环节。奥林匹克坝每年约有数百米巷道要穿过充填体，对这类巷道的掘进和支护都有具体的规程。

（3）矿业大国智利主要采用露天开采和自然崩落法开采，其南部的埃尔托基（El Toqui）多金属矿成为智利第一家试用膏体充填的矿山。该矿的生产能力为 1500~2000t/d。采用膏体充填的出发点是研究尾矿的最优堆存方案。膏体料浆的制备：采用奥图泰（Outotec）的浓密机将尾矿从质量浓度 30% 浓缩到 72%。然后一种可能是送往搅拌机（长×宽×高＝8014mm×1388mm×715mm），加入 1%~7% 水泥，再用施维英（Schwing）的泵（80t/h）输送 2500~3000m 至采场。该矿采用房柱法及走向进路法，因此矿柱得以回收。当不需要充填时，浓缩尾矿经盘式过滤机过滤形成滤饼，由卡车运往 500m 处的尾矿堆存处。制备站 2011 年开始投入运营。建设投资 1800 万美元，每吨充填成本约 10 美元。这样该矿就可以根据经济因素对两种方式加以选择[16]。

（4）在国外，膏体充填是伴随着以节水为目的的尾矿膏状堆存和干堆发展起来的。南非遇到的问题则是许多矿山开采深度都在 2000m 以上，采用水力充填时大量充填水要排上地表，这会大大增加采矿成本，于是高浓度充填便应运而生，成为发展的方向。

（5）由于膏体充填在降低充填成本、改善井下环境、增强充填体强度等多方面具有突出的优越性，膏体充填已逐渐成为胶结充填工艺发展的主流。

1.3.2 膏体充填料浆的流变学研究

如何保证充填体的强度，如何促使充填料浆顺畅输送，如何保护充填挡墙的稳固，甚至如何降低充填成本，对膏体充填而言，充填料浆的流变学研究都与这些问题直接或间接关联。膏体充填料浆属于非牛顿流体，早期基本是从混凝土流变学引入的概念，如膏体中 $-20\mu m$ 细粒级含量应不低于 15%，以利于输送，而且用坍落度来表征等。膏体的强度与可泵性取决于料浆的黏度与屈服应力。它们又受很多因素的影响，诸如固体物料的矿物学性质、比重、粒级组成及其形状，黏土、盐类及其他可溶性化学物质含量，甚至 pH 值乃至温度等。全尾砂膏体充填料浆的屈服应力与其质量浓度呈现较为典型的指数关系。应当注意的是，利用不同方法测得的屈服应力值往往相差甚为悬殊，这可能是由于方法不同又缺乏统一标准所致。因此在引用相关数据时须格外小心。此外，被测物料的触变性也会产生一定的影响。所谓触变性是指某些凝胶的一种性质，即搅拌时液化，放置后又重新凝固。全尾砂高浓度充填料浆，不论是否添加水泥，在低剪切速率、短时间条件下，都具有一定的触变性，但不明显。产生触变性的原因，可以解释为主要是全尾砂中细粒级固体物料含量大，虽然外加剪切力可以破坏其颗粒间表面电场作用形成的絮网结构，但还没有内聚作用的影响明显。

哈萨克斯坦一公司为利用充填料浆的触变性，达到更均匀地搅拌水泥，对 $-43\mu m$ 含量为 70%~100% 的全尾砂浆体采用搅拌均化器破坏颗粒间的内聚力，使之成为胶体；与此同时也强化了水泥的水化过程。该公司利用此机理建造了利用尾矿库尾砂和选矿厂尾砂两种不同的充填系统。

在接触大量铁矿采用膏体充填时，C. A. Hernandez、A. C. de Aranjo 等人在《Paste 2009》文集中发表了他们对智利的铜矿尾砂和巴西的铁砂尾砂所作的对比研究，得出如下结论：（1）铁矿尾砂在质量浓度 71%~75% 时呈现膏体特性，铜矿尾砂则在质量浓度 75%~80% 时才呈现膏体特性；（2）铁矿尾砂在质量浓度 71% 时显示最大安息角为 11°，而铜矿尾砂则在质量浓度 78% 时显示最大安息角为 15°；（3）铁矿尾砂当添加 20g/t 絮凝剂时，其沉降速度增加约 3 倍，流变特性在转速 1-20-1r/min 循环中呈现良好的触变性，具有最佳的流变状态；而铜矿尾砂当添加 10g/t 另一絮凝剂时沉降速度增加约 3 倍，流变特性在转速 20-100-20r/min 循环中呈现良好的触变性，具有最佳的流变状态[17]。

值得注意的是，测试方法应当适合料浆的特性；料浆的流变性质在很大的切应力范围内是不一致的，几乎所有的测试都是在一定的剪切速率范围内进行的，根据测试结果建立流变方程，所以一般只在测试范围内应用才能保证其准确性，因而应当尽可能对给定浆体在较大的剪切速率范围内（即实际管输中可能遇到的）进行流变参数的测定。

1.4 不同充填法对充填工艺的具体要求

壁式充填法、削壁充填法、分层充填法、分段充填法、空场嗣后充填法等方法适用于不同的矿体赋存条件和不同的矿岩稳固程度。这些方法可以选择不同的充填方式，赋予不同的充填体强度。对充填体强度的要求取决于矿体赋存条件、矿岩物理力学性质和采矿工艺特点，与采场布置形式、回采顺序、矿岩体暴露面积和暴露时间长短均密切相关。而充填体的实际强度则取决于充填物料的组成、胶凝材料的比例，特别是充填料浆的浓度和充填过程浓度的稳定程度。所以发展迅速的膏体充填工艺具有很大的优势。

目前对全尾砂胶结充填尚无统一的分类方法和名称，本书以输送浓度和工艺为主线，以胶结材料添加方式、尾砂脱水方式、有无粗骨料等为辅线作如下分类：

（1）全尾砂膏体泵送工艺。

1）加粗骨料或不加粗骨料；

2）地表添加胶凝剂或井下添加胶凝剂。

（2）全尾砂高浓度（膏体）料浆自流输送工艺。

（3）全尾砂不脱水速凝充填工艺。

（4）全尾砂不脱水动电效应固结充填工艺。

目前较广泛应用的主要是前两种。

削壁充填法的充填工艺实质是干式充填，此处无需细述。其他几种采矿法对充填方式的选择和对充填体强度的要求见第9章所述。

为满足不同充填法对充填工艺的要求，胶结充填工艺的发展呈现出日益多样化的趋势。由于充填目的不同、矿石价值不同、矿岩条件不同、矿山生产规模不同、充填料来源不同，充填工艺技术的发展必然是多样化的，只有因地制宜地充分发挥胶结充填的功能，才会在技术上、经济上获得最佳的效果。总体来讲，胶结充填工艺技术的发展，基本上是沿着经济因素、浓度因素、环境因素这三条主线展开的。

就经济因素而言，采用胶结充填技术也可能给矿山带来一些问题，主要是增加投资，使生产环节复杂化，生产成本提高，在低浓度充填的条件下，井下环境污染严重。因此，只有在胶结充填带来的经济效益能够平衡甚至超越这些问题带来的影响，它才能得到推广应用，这正是为什么从一开始就在降低充填成本上不懈努力的原因所在。从长远看，这仍然是胶结充填技术能否更广泛应用的决定性因素。充填费用通常占采矿直接成本的20%~50%，其幅度的大小，主要取决于胶凝材料的用量及其价值。过去胶凝材料一般都采用硅酸盐水泥，因此，几十年来，各国都在研究水泥代用品方面进行着不懈的努力，也取得了丰硕的成果。

至于浓度因素，对于胶结充填，如前所述，料浆浓度具有头等重要的意义。可是当胶结充填技术在生产中应用了十多年后，人们才开始认识到这一点。可以说，从低浓度到高浓度，从高浓度到充填过程不脱水，是胶结充填技术发展的两次飞跃。高浓度有特定的含义，是指不低于临界流态浓度。不同充填料具有不同的临界流态浓度，需通过试验确定。为了保证充填体的强度，提高料浆浓度比多用胶凝材料更为有效。应用高浓度（膏体）充填的关键在于充填过程保持浓度的稳定，然而从目前诸多企业的实际运营状况看来，这还是很难做到的。

环境因素客观上起着推动胶结充填工艺技术发展的作用，因为它对于保护生态环境具有显而易见的优势，但是当矿山资源禀赋不佳时，也给矿山带来很大的压力，所以研发廉价胶凝材料已成为大家努力的方向。

1.5　胶结充填工艺技术发展面临的新挑战

1.5.1　超大规模深井开采的胶结充填工艺技术

深井开采是我国金属矿业 21 世纪的重要发展趋势之一。深井开采具有 3 种类型：

（1）从浅部开采逐渐加深的深井开采。

（2）露天转坑内的深井开采。

（3）直接开采深埋矿床。

第 3 类型深井开采项目的地质勘探程度一般偏低，只能将大量推断资源量也作为设计依据，给下一步的建设和生产带来许多不确定性影响，加之目前对生态和环境保护的要求日益严格，由于环境因素的制约，绝大多数新建矿山，包括过去以采用崩落法开采为主的铁矿山，一般须采用充填法开采。现在我国金属矿山的开采深度虽然还没有超过 2000m，但由于资源禀赋，为获得规模效益，有的矿山要求的年生产规模为 1000 万吨以上。超大规模第 3 类型深井采用充填法开采尚无先例可循，技术难题甚多，采用高浓度（膏体）充填面临严峻的挑战。

到目前为止，我国充填工艺的发展主要还是立足于经验技术，根据经验法则。最理想的充填系统应当是能够自流输送的最高浓度并在采场无需脱水的充填系统。对于超大规模深井开采，建立这样经济效果最优、充填质量最好、生产运转最可靠、运营成本最低的充填系统，要求超越传统经验技术，开展对若干理论性、关键技术性问题以及相应装备的深入研究。

（1）膏体的流变学研究尚需深入。膏体充填料浆流变性能的研究，对充填系统的优化、充填作业经济效益的提高具有极为重要的意义，作为非牛顿流体的全尾矿膏体，特别是在添加不同比例的胶凝材料乃至部分炉渣等骨料时，其流变性能会有很大差异，而且受诸多不易估量变量的影响。到目前为止，还缺乏对这种物料的流变性能的系统研究。主要研究内容包括：

1）确立标准研究方法，包括膏体屈服应力、塑性黏度、触变性的测定；

2）研究剪切稀化对管道输送的影响；

3）选用或研制适合的测试仪器装置；

4）用流变参数计算管道输送阻力的公式等。

以便确定某矿特定物料满足充填强度要求最适合输送的流变学参数。

（2）环管试验的计算机仿真。在充填系统设计中，往往需要依靠环管试验获取不同条件下的管路输送参数，而这需要花费较长的时间，投入可观的资金和大量的人力，这对很多矿山往往是难以实现的，于是设计中不得不采用类比的方法来处理，因而也就很难获得最优的系统设计。环管试验的计算机仿真目前已经有了一些研究成果，但要满足实际应用，还有待进一步完善。

（3）扩大单系统的充填能力。目前遇到的超大规模充填法深井开采项目，预计年生产规模要达到 1000 万吨以上。对于这样的矿山，$80 \sim 100 m^3/h$ 左右单系统充填能力的充填设施显然已不能适应，需要扩大单系统充填能力至 $500 m^3/h$ 左右。这从全尾砂脱水、料浆制备、管道输送全流程的工艺技术和装置都是新的课题，具有显著的技术挑战[18]。

（4）对剩余压头的处理。在深井开采中采用高浓度或膏体充填时，由于充填倍线小，会产生剩余压头问题。剩余压头导致无法满管输送，垂直管壁磨损加剧，管道输送处于极不稳定的状态，甚至使充填无法正常进行。对这些现象的机理需要深入研究，在第 3 类型充填系统设计中，因上部没有可利用的巷道，如何消除剩余压头的影响，难度较大，对超大规模的充填系统尤甚。需要针对具体项目从技术方案、经济效益和运行可靠上作深入的探讨。

（5）如何应对巨大的胶凝材料消耗。自从我国开始采用胶结充填技术以来，所用的灰砂比一般都比国外高。国内已有不少研究充填体性能的文章，但仍然缺少对不同条件的分层充填、嗣后充填长期现场系统监测资料，因而谁都很难有根据地去调整灰砂比，因此有必要在强化系统监测科研工作的同时，有针对性地研究、吸取国外的经验。这方面还有很大的潜力。

（6）将膏体充填技术推广到尾矿干（膏）堆。从流变学角度膏体充填和尾矿干堆技术有共同之处，可把这两项技术视为一项综合技术。矿山需要充填时，将尾矿膏体料浆送入井下；不需要充填时，将尾矿膏体送往尾矿库。虽然它们要求的浓度有些许差别，因为尾矿排出必须考虑排出速度、滩流坡度和距离，以及尽量减少脱水。目前尾矿干堆在国外获得了迅速发展，尤其是在干旱缺水的地区。尾矿干堆技术的应用和推广反过来也促进膏体充填的发展。

1.5.2 稳定充填料浆浓度是充填获得良好效果的关键

采用胶结充填，料浆浓度是一项最关键的指标，它对充填体强度、胶凝材料用量、管路输送的稳定程度、管路的磨损与使用寿命、采场封堵设施、井下的环境状况、生产成本等都具有决定性的影响。所有使用胶结充填工艺技术的矿山，大概都会有这方面深切的体会。目前充填系统都设有给料计量装置、流量计和浓度计，有的还设置了自动控制仪表，但是都很难做到料浆浓度的稳定输送。究其原因可能有三个：（1）尾矿性质是变化的；（2）反馈调节滞后；（3）人为的因素。充填系统的智能化是解决这些问题的最佳途径，它可以实时监测尾矿的变化，各给料系统的变化，实行前馈调节，避开人为的干扰，达到料浆浓度的稳定。为了实现这一目标，需要进行开创性的研发和试验工作。

参 考 文 献

［1］ FRED W. BRACKEBUSCH. Cut and Fill Stoping ［M］// SME Mining Engineering Handbook. 1992：1743-1746.

［2］ Peter Darling. SME Mining Engineering Handbook ［M］. 3rd Edition. Society for Mining, Metallurgy and Exploration Inc. 3rd Edition.：2011：1365-1375.

［3］ 于润沧. 采矿工程师手册（下册）［M］. 北京：冶金工业出版社，2009：1-4.

［4］《金属矿山充填采矿法设计参考资料》编写组. 金属矿山充填采矿法设计参考资料 ［M］. 北京：冶金工业出版社，1978：1-5.

［5］ 刘同有. 充填采矿技术与应用 ［M］. 北京：冶金工业出版社，2001：332-356.

［6］ 段绍甫，张楠，鲍爱华，等. 全国有色金属资源开采公示信息核查分析报告 ［R］. 北京：中国有色金属工业协会，2018.

［7］ 于润沧. 我国胶结充填工艺技术发展的技术创新 ［J］. 中国矿山工程，2010（5）：1-3（转9）.

［8］ 于润沧 料浆浓度对细砂胶结充填的影响 ［J］. 有色金属，1984（2）：6-11.

［9］ 于润沧. 我国充填工艺创新成就与尚需深入研究的问题 ［J］. 采矿技术，2011（3）：1-3.

［10］ 张立新. 全尾砂胶结充填技术在李楼铁矿的应用 ［J］. 有色金属（矿山部分），2012（2）：17-20.

［11］ J Nantel. Recent Development and Trends in Backfill Practices in Canada ［C］// Sixth International Symposium on Mining Whith Backfill. Brislane, Queensland：1998：11-14.

［12］ A Moerman, K Rogers, M Cooper, et al. Operating and Technical Issues in the Implementation of Paste Backfill at the Brunswick Mine ［C］// David Stone. Minefill 2001：Proceedings of the 7th International Symposium on Mining with Backfill. Seattle, USA：Society for Mining Metallurgy and Exploration, Inc.，2001：237-250.

［13］ A G Grice. Recent Minefill Development in Australia ［C］// David Stone. Minefill 2001：Proceedings of the 7th International Symposium on Mining with Backfill. Seattle, USA：Society for Mining Metallurgy and Exploration, Inc.，2001：351-357.

［14］ D Stone. The Evolution of Paste for Backfill ［C］// Yves Potvin, Tony Grice. Mine Fill 2014：Proceedings of the 11th International Symposium on Mining with Backfill. Perth, Australia：Australian Center for Geomechanics, 2014：31-38.

［15］ M L Bloss, M B Revell. Mining with Past Fill at BHP Cannington ［C］// David Stone. Minefill 2001：Proceedings of the 7th International Symposium on Mining with Backfill. Seattle, USA：Society for Mining Metallurgy and Exploration, Inc.，2001：209-222.

［16］ N C Gridley, L Salcedo. Cemented Paste Production Provides Opportunity for Underground Ore Recovery while Solving Tailings Disposal Needs ［C］// Richard jewell, Andy Fourie, Jack Caldwell, et al. Paste 2013：Proceedings of the 16th International Seminar on Paste and Thickened Tailings. Belo Horizonte, Brazil: Australian Center for Geomechanics, 2013: 431-441.

[17] C A Hernandez, E A Pizarro, J A Molina, et al. Mineral Paste Comparison between Copper and Iron Tails [C] // Richard jewell, Andy Fourie, Sergio Barrera, et al. Paste 2009: Proceedings of the Twelfth International Seminar on Paste and Thickened Tailings. Viña del Mar, Chile: Australian Center for Geomechanics, 2009: 47-55.

[18] P Zhang, H Y Li, S H Shi. Large Scale Backfill Technology and Equipment [C] // Yves Potvin, Tony Grice. Mine Fill 2014: Proceedings of the 11th International Symposium on Mining with Backfill. Perth, Australia: Australian Center for Geomechanics, 2014: 73-78.

2 充填材料的选择和研究

随着科学技术日新月异和我国可持续战略对环境保护的日益重视，充填技术在不断进步和发展，充填所选用的充填材料也在不断变化，从传统的山砂、河沙、棒磨砂、细石等自然或人工砂石向分级尾砂、全尾砂过渡；胶凝材料从使用水泥到部分使用水泥和工业废渣转变，利用工业废料和废渣作为充填材料的技术日趋成熟，应用也日益广泛。

胶结充填料浆常由惰性材料（尾砂、河沙、碎石等）、胶凝材料（水泥或其他胶凝材料）、添加剂和水等材料拌合而成。不同的充填材料性质各异，不同采矿方法对充填体的要求也有所不同，因此各矿山充填便形成自己独特的充填工艺。

常用充填材料分为三类：

（1）惰性材料。在充填过程和充填体中材料的物理和化学性质基本上不发生变化，是充填的主要材料。

（2）胶凝材料。在环境的影响下，材料本身的物理和化学性质发生变化，使充填材料胶凝形成不同力学特性的整体，充填所用主要的胶凝材料是水泥。

（3）改性添加材料。大多数是高分子化合物，采用添加材料是为了减少水泥用量或改善充填料浆性能、提高充填质量[1]。

常用充填材料见表 2-1。

表 2-1 常用充填材料

类别	充填材料
惰性材料	全粒级尾砂、分级尾砂、戈壁集料、棒磨砂、碎石（废石）、风砂、山砂、河沙、黏土、水淬炉渣等
胶凝材料	水泥、粉煤灰、磨细的矿渣、磨细的冶炼渣、石膏、生石灰、熟石灰、磨细的烧黏土、磁黄铁矿、硫化矿物等
添加材料	絮凝剂、减水剂、早强剂、速凝剂、缓凝剂、加气剂等

2.1 尾砂及其他充填骨料

2.1.1 充填骨料的种类

胶结充填主要采用全尾砂、分级尾砂、河沙、戈壁集料、棒磨砂等材料作为充填骨料，并且以尾砂的使用最为广泛。尾砂是选矿过程中的排放废料，是金属矿床资源开发利用过程中排放的主要固体废料，往往占采出矿石量的 40% ~ 99%。尾砂的排放既占用土地，又对生态环境造成污染，是破坏矿山生态和环境的重要根源，同时还带来众多安全隐患，因此将尾砂作为矿山充填材料具有十分重要的意义。

2.1.1.1 全尾砂和分级尾砂

用选矿厂尾砂作为充填材料，在国内外使用最为普遍。相较于分级尾砂，全尾砂细粒级含量较多，脱水较为困难。但随着充填技术的进步和发展，新材料、新工艺的产生，如高浓度、膏体充填的应用，使得综合回收后的全尾砂作为充填材料有了更大的应用价值。使用全尾砂作充填材料也是当前和今后充填材料发展的方向。

不同矿山的全尾砂，其粒级组成各不相同。由于不同矿山充填工艺和充填体强度的不同要求，有时要对不能满足生产条件的全尾砂进行不同程度的分级处理。对尾砂进行分级的指标以往通常以 $37\mu m$ 为界限，使其渗透系数在 $10cm/h$ 以上。矿山也可以根据自己的实际情况和生产条件具体确定分级界限，如 $30\mu m$、$20\mu m$ 等。在国内外的充填矿山中，许多都选用分级尾砂做充填材料。

国内有色金属矿山和黄金矿山的选厂尾砂，密度一般为 $2.6 \sim 2.9 t/m^3$，粒度多在 $1mm$ 以下。

按粒度大小，尾砂可分为粗、中、细三种。常用的尾砂分类方法见表 2-2。充填材料的粒级一般采用对数坐标曲线图表示，如图 2-1 所示。

表 2-2　矿山常用的尾砂分类方法

类别	粗		中		细	
按粒级范围 /mm	>0.074	<0.019	>0.074	<0.019	>0.074	<0.019
	>40%	<20%	20% ~ 40%	20% ~ 55%	<20%	>50%
按平均粒径 d_{av}/mm	极粗	粗	中粗	中细	细	极细
	>0.25	>0.074	0.074 ~ 0.037	0.037 ~ 0.03	0.03 ~ 0.019	<0.019
按矿岩生成	脉矿（原生矿）			砂矿（次生矿）		
	含泥量小，小于 0.005mm 细泥少于 10%，例如南芬矿尾砂			含泥量大，一般大于 30% ~ 50%，例如云锡大部分尾砂		

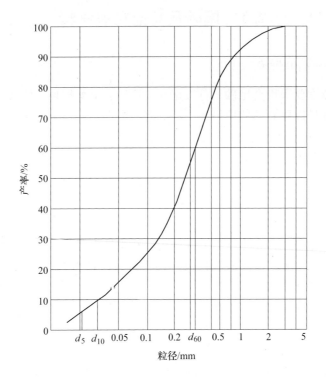

图 2-1　粒级曲线图

国内部分矿山尾砂粒级组成见表 2-3 和表 2-4。

表 2-3　部分矿山分级尾砂的粒级组成[1]

矿山名称	粒径与产率	粒级组成								
黄沙坪铅锌矿	粒径/mm	+0.2	0.147	0.074	0.043	-0.043				
	产率/%	4.77	12.89	32.79	43.15	6.40				
铜绿山铜矿	粒径/mm	+0.053	0.038	0.027	0.017	0.01	-0.01			
	产率/%	77.6	6.29	3.6	1.7	0.6	1.6			
凤凰山铜矿	粒径/mm	+0.053	0.038	0.027	0.019	-0.019				
	产率/%	92.16	6.29	0.99	0.16	0.40				
东乡铜矿	粒径/mm	+0.50	0.30	0.217	0.15	0.121	0.104	0.077	0.05	-0.04
	产率/%	0.15	1.08	3.82	11.37	12.21	3.72	14.43	20.73	28.45

矿山名称	粒径与产率	粒 级 组 成								
锡矿山锑矿	粒径/mm	+0.3	0.15	0.105	0.074	0.037	0.02	-0.01		
	产率/%	22.5	15.0	20.5	7.50	21.17	9.31	4.02		
招远金矿	粒径/mm	+0.18	0.15	0.125	0.09	0.075	0.063	0.053	0.044	-0.044
	产率/%	41.0	13.5	8.0	17.5	4.3	4.8	2.0	1.0	8.0
焦家金矿	粒径/mm	+0.9	0.28	0.105	0.076	0.04	0.024	0.016	-0.016	
	产率/%	0.642	5.916	49.096	20.794	14.948	6.03	1.246	1.338	
水口山铅锌矿	粒径/mm	+0.15	0.106	0.075	0.045	-0.03				
	产率/%	63.68	23.78	3.69	7.71	1.14				
金川镍矿	粒径/mm	+0.1	0.08	0.06	0.05	0.04	0.03	0.02	-0.02	
	产率/%	27.5	15.5	25.0	7.0	5.0	3.0	2.0	15	
大红山铜矿	粒径/mm	+0.56	0.30	0.25	0.097	0.074	0.05	0.037	-0.037	
	产率/%	0.67	0.75	10.58	49.75	18.95	16.78	1.37	1.15	
永平铜矿	粒径/mm	+0.43	0.219	0.155	0.11	0.08	0.048	0.029	-0.029	
	产率/%	1.52	16.46	15.63	14.49	16.32	15.65	9.33	10.6	

2.1.1.2 棒磨砂、风砂及冲积砂

棒磨砂是将戈壁集料等经过破碎、棒磨加工成粒级组成符合矿山充填要求的充填骨料，其加工的方法简单，但加工费用高。风砂是自然采集到的天然细砂，如在沙漠地区，它是一种理想的充填材料，其颗粒呈圆珠状，成分90%为石英砂。冲积砂是古河床中形成的细砂，也可作为充填骨料。河砂长期经受流水冲洗，颗粒形状较圆，介于海砂和山砂之间，较清洁。山砂是从山谷或者河床中采运而得，颗粒多带棱角，表面粗糙，一般泥质较多。大西北地区风砂较多，颗粒较细，含泥较多。海砂颗粒圆滑、洁净，但常混有贝壳碎片且氯盐含量高，应经冲洗处理才能使用。

金川地区的棒磨砂、风砂及冲积砂的物理化学性质及粒径组成见表2-5~表2-7。

表 2-4　部分矿山的全尾砂粒级组成

矿山名称	粒径与产率	粒级组成											
凡口铅锌矿	粒径/mm	+0.442	0.297	0.196	0.152	0.088	0.074	0.053	0.053	0.027	0.019	0.013	-0.013
	产率/%	0.38	2.9	4.57	7.79	24.75	7.85	10.27	6.15	11.0	4.14	1.84	18.36
	累计/%	100	99.62	96.72	92.15	84.36	59.61	51.76	41.49	35.34	24.34	20.2	18.36
武山铜矿	粒径/mm	+0.5	0.3	0.15	0.074	0.05	0.04	0.03	0.01	-0.01			
	产率/%	0.54	3.21	27.19	24.91	14.34	1.83	9.05	9.39	9.54			
	累计/%	100	99.46	96.25	69.06	44.15	29.81	27.98	18.93	9.54			
水口山铅锌矿	粒径/mm	+0.15	0.106	0.075	0.045	0.03	-0.03						
	产率/%	53.69	11.41	12.08	7.38	9.61	5.83						
	累计/%	100	46.31	34.9	22.82	15.44	5.83						
金城金矿	粒径/mm	+0.045	0.28	0.18	0.154	0.125	0.098	0.076	0.05	0.02	0.01	-0.01	
	产率/%	3.16	15.52	23.31	19.8	13.19	11.85	1.64	4.36	5.58	1.25	0.33	
	累计/%	99.99	96.83	81.31	58	38.2	25.01	13.16	11.52	7.16	1.58	0.33	
金川二选厂	粒径/mm	+0.128	0.096	0.064	0.048	0.032	0.016	0.008	0.004	0.002	0.001	-0.001	
	产率/%	0.8	7.9	24	6.5	12.1	7.9	15.4	10.8	6.2	4.9	3.5	
	累计/%	100	99.2	91.3	67.3	60.8	48.7	40.8	25.4	14.6	8.4	3.5	
冬瓜山铜矿	粒径/mm	+0.15	0.100	0.074	0.054	0.0385	0.037	0.02	0.01	-0.01			
	产率/%	5.10	11.68	8.31	17.97	6.71	6.75	9.32	13.88	20.28			
	累计/%	100	94.9	83.22	74.91	56.94	50.23	43.48	34.16	20.28			
大冶铁矿	粒径/mm	+0.15	0.100	0.074	0.053	0.048	0.037	0.03	0.02	0.01	-0.01		
	产率/%	16.04	10.78	8.36	10.90	7.71	3.80	8.51	9.90	9.35	14.67		
	累计/%	100	83.96	73.19	64.83	53.94	46.23	42.43	33.92	24.02	14.67		
白音查干多金属矿	粒径/mm	+0.15	0.074	0.053	0.048	0.037	0.03	0.02	0.01	-0.01			
	产率/%	4.97	9.91	13.44	7.19	4.89	4.56	11.51	10.54	32.99			
	累计/%	100	95.03	85.12	71.68	64.49	59.60	55.04	43.53	32.99			

表 2-5 棒磨砂、冲积砂、风砂的化学成分

化学成分	SiO$_2$	MgO	Al$_2$O$_3$	Fe$_2$O$_3$	CaO	BaO	Cr
−3mm 棒磨砂/%	63.6	3.68	—	3.44	1.39	0.013	0.132
冲积砂/%	83.47	1.17	—	—	2.29	—	—
风砂/%	91.90	1.10	2.13	2.43	2.44	—	—

表 2-6 棒磨砂、冲积砂的物理性质

物理参数	密度 /t·m^{-3}	容重 /t·m^{-3}	孔隙率/%	渗透系数 /mm·h^{-1}	含泥量/%
−3mm 棒磨砂	2.67	1.501	43.78	116.2	3.89
冲积砂	2.65	1.525	42.45	150.0	7.38

表 2-7 棒磨砂、冲积砂、风砂的粒级组成

砂种类	粒径、百分比累计	粒 级 组 成							平均粒径 /mm	细度模数
−3mm 棒磨砂	粒径/mm	+2.5	1.25	0.63	0.35	0.154	0.074	−0.074	0.62	2.90
	百分比/%	3.71	7.75	21.40	26.21	23.85	10.72	6.36		
	累计/%	3.71	11.46	32.86	59.07	82.12	93.64	100		
冲积砂	粒径/mm	+2.5	1.25	0.63	0.35	0.154	0.074	−0.074	0.72	3.08
	百分比/%	3.8	12.4	22.6	25.8	25.8	3.8	5.8		
	累计/%	3.8	16.2	38.8	64.6	90.4	94.2	100.0		
风砂	粒径/mm	+0.63	0.355	0.196	0.152	0.121	0.08	−0.08	0.213	2.09
	百分比/%	0.72	6.92	35.45	14.52	25.19	15.91	1.27		
	累计/%	0.72	7.64	43.10	57.62	82.81	98.72	100.0		

2.1.1.3 戈壁集料

戈壁集料由于自然级配良好,是一种理想的充填材料,将其破碎、棒磨加工成棒磨砂,也可以不经过棒磨,只经筛洗即可作为粗骨料使用。粗骨料的最大粒径一般不超过 25mm。

戈壁集料主要由各种规格的卵石、次棱角的砾石、粗细不匀的砂子及含量不等的黄土自然级配而成,主要分布在我国西北地区,特别是新疆、甘肃地区分布广泛,储量丰富,并且开采方便,自然级配状态较好,是一种良好的充填材料。新疆的喀拉通克铜矿、阿舍勒铜矿均采用过戈壁集料作充填材料[2]。

戈壁集料的密度一般在 $2.5 \sim 2.7 t/m^3$，松散体重在 $1.6 \sim 1.8 t/m^3$，含水量 3%左右。化学成分见表2-8，粒级组成见表2-9~表2-11。

表2-8　戈壁集料化学成分　　　　　　　　　　　　（%）

化学成分	SiO_2	Al_2O_3	Fe_2O_3	CaO	MgO	TiO_2	K_2O	Na_2O	SO_3	S
喀拉通克	65.55	13.69	5.76	4.81	2.09	1.00	0.76	2.69	—	0.07
金川	74.16	10.67	—	4.10	2.07				0.05	—

表2-9　阿舍勒铜矿戈壁集料粒级组成

卵砾石	粒径/mm	+100	20	2	0.075	-0.075
	产率/%	3	22	58	13	4
	筛上累计/%	3	25	83	96	100
粗砂	粒径/mm	+2	0.5	0.075	-0.075	
	产率/%	6.5	73	12	6.5	
	筛上累计/%	6.5	81.5	93.5	100	

表2-10　喀拉通克铜矿戈壁集料粒级组成（25mm以下）

粒径/mm	+20	14	12	10	8	5	-4
产率/%	1.72	5.03	3.29	4.73	4.56	8.66	7.03
筛上累计/%	1.72	6.75	10.04	14.77	19.33	27.99	35.02
粒径/mm	2.5	0.9	约0.63	0.2	0.1	-0.1	
产率/%	13.64	10.91	8.98	20.00	6.06	5.39	
筛上累计/%	48.66	59.57	68.55	88.55	94.61	100	

表2-11　金川镍矿戈壁集料粒级组成

粒径/mm	+60	40	30	20	10	5	-5
产率/%	2.1	9.4	7.4	14.3	21.2	12.8	32.8
筛上累计/%	2.1	11.5	18.9	33.2	54.4	67.2	100

2.1.1.4　碎石

碎石材料一般来自坑内掘进废石或露天剥离废石，大多数矿山对废石的应用是直接回填于采空区，也有部分矿山对废石进行破碎处理后再进行充填。废石破碎按各个矿山的不同需要，一般有 $-25mm$、$-33mm$、$-75mm$、$-100mm$、$-250mm$ 等。因此，废石是否破碎或破碎到什么程度，要依据矿山对充填材料的具体要求。

2.1.2 充填骨料的物理特性和化学组分

充填材料的物理特性主要用密度、容重、孔隙率、粒度、渗透系数、沉缩率等指标来表述。

充填材料的粒级组成对充填工艺和充填体强度具有较大影响，管输水力充填的最大粒径要求不大于管径的 1/4，通常定为 25mm，25mm 以上即划为粗骨料；当充填材料中细粒级含量较多时，可根据充填工艺的要求，进行旋流脱泥处理，除去多余的细泥，满足充填体的强度和采场脱水要求。衡量充填材料粒级组成的指标主要有均匀度、平均粒径、孔隙率、沉缩率、渗透系数等。

2.1.2.1 均匀度

充填材料中混合粒级组成的均匀程度是以颗粒均匀度系数来表示，均匀度系数越大，说明充填材料中粒级组成越不均匀，反之，均匀度系数越小，说明充填材料中粒级组成越均匀。

$$C_u = d_{60}/d_{10} \tag{2-1}$$

式中　C_u——均匀度系数。

不均匀系数可以反映尾砂级配的好坏，但不能反映尾砂粒径的连续性，曲率系数 C_c 是表示尾砂粒级组成的连续性，它的计算公式如下：

$$C_c = d_{30}^2/(d_{10} \times d_{60}) \tag{2-2}$$

式中　d_{60}——筛下累计含量达到 60% 时的粒径值大小，mm；

　　　d_{30}——筛下累计含量达到 30% 时的粒径值大小，mm；

　　　d_{10}——筛下累计含量达到 10% 时的粒径值大小，mm。

C_u 越大，表示粒级组成分布越广，粒级越不均匀，级配越好，一般来讲 C_u 大于 5，尾砂级配良好；C_c 的范围在 1~3 时，表示尾砂级配连续。

2.1.2.2 平均粒径

充填材料的平均粒径用固体颗粒加权平均粒径计算，计算公式如下：

$$d_p = \sum_{i=1}^{n} d_i a_i \tag{2-3}$$

式中　d_p——加权平均粒径，mm；

　　　d_i——每组筛分粒级上限粒径和下限粒径的平均值，$d_i = (d_{i\max} + d_{i\min})/2$，mm；

　　　a_i——该粒级所占质量分数，%；

　　　n——筛分粒级数。

2.1.2.3 容重和密度

单位体积（包括内部封闭空隙与实体积之和）的烘干质量称为表观密度。而绝对单位体积（不包括任何封闭的空隙）的烘干质量称相对密度。在自然状

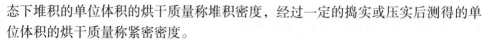

态下堆积的单位体积的烘干质量称堆积密度，经过一定的捣实或压实后测得的单位体积的烘干质量称紧密密度。

2.1.2.4 孔隙率

孔隙率是指松散固体材料中孔隙体积所占的百分率，在一定程度上反映了固体颗粒的级配关系，在确定充填材料级配时，需要考虑粗细搭配后孔隙率的大小。

$$I = (\gamma_s - \gamma_i)/\gamma_s \tag{2-4}$$

式中　I——充填材料孔隙率；

γ_s——充填材料密度，t/m^3；

γ_i——充填材料表观密度，t/m^3。

2.1.2.5 沉缩率

充填材料由于水浸的作用和在受压的条件下，产生的固体颗粒重新排列，孔隙率减少和体积沉缩，称为充填材料的沉缩。沉缩率为沉缩后缩小的体积与沉缩前的原体积之比。充填材料沉缩率的大小决定了材料的物理性质、颗粒组成和松散状态下孔隙率的大小。沉缩率一般与材料的孔隙率成正比。沉缩率是衡量充填材料的重要质量指标之一，沉缩率小的充填材料可以获得较坚实的充填体。

$$K = (V_0 - V_a)/V_0 \tag{2-5}$$

式中　K——沉缩率，%；

V_0——沉缩前体积；

V_a——沉缩后体积。

2.1.2.6 渗透系数

充填材料的透水性以渗透系数表示，渗透系数的大小主要取决于细泥含量。细泥量多，渗透速度慢，透水性差。而水通过充填材料的速度，在利用过滤方式脱水时一般要求渗透系数 K_{10} 大于 100mm/h，并以此作为尾砂分级的参考指标。国内采用尾砂充填的矿山，大多将尾砂中−0.037mm 粒径部分脱去即可满足充填脱水的要求。而各矿山尾砂的粒级组成均不相同，确定脱去细泥的粒径应根据充填脱水的方式及使用条件，通过对渗透系数的试验来确定。当采用分级尾砂充填时，特别是在尾砂量不充足时，可在满足正常输送的前提下，尽量提高充填料浆浓度，适当降低尾砂分级界限。

2.1.2.7 充填材料的化学组分

充填材料的化学成分主要包括 SiO_2、Al_2O_3、Fe_2O_3、MgO、CaO、CO_2、Na_2O、K_2O、FeO、S 等，具有化学稳定性。MgO 或 CaO 一般含量较少，若 MgO 含量较高，对充填体强度有影响。若充填骨料中含有害成分 S、P、C 等，应注意在充填体发挥作用的限期内，不至于极大地降低充填的强度和危害井下劳动条件及环境。

凡口铅锌矿的试验表明：含硫量为 1% 的尾砂与含硫量为 9% 的尾砂，前者强度为后者的三倍。当采用含硫量高达 12.35% 的尾砂与普通硅酸盐水泥以 1:2～1:10 等七种配比，其 90d 龄期的强度为 28d 龄期的 1.4～1.78 倍，但 90 天之后试块即自行崩解。国外资料也表明，用高硫尾砂制成的水泥尾砂试块强度，开始增长正常，但后期强度即下降，甚至自行崩解。

由于各矿的尾砂中含硫矿物的种类不同，加上其氧化程度又有差别，充填后与空气和水的接触条件也不相同，因而尚无尾砂胶结充填材料中允许含硫量的标准和规定。尾砂中黄铁矿一般要求不超过 8%，磁黄铁矿则要求不超过 4%。因此，对于含硫高的尾砂用于胶结充填时，必须通过实验研究以确定含硫量对胶结充填体的影响程度。部分矿山充填材料的化学成分见表 2-12。

表 2-12　部分矿山充填材料的化学成分　　　　　　　（%）

化学成分	黄沙坪铅锌矿	凡口尾砂	铜官山尾砂	红透山尾砂	大冶铁矿	金川尾砂	崇礼紫金	和睦山铁矿	杜达铅锌矿
SiO_2	43.15	24.52	39.22	56.00	26.30	36.31	67.30	25.33	35.73
Al_2O_3	4.14	4.59	4.97	4.59	6.07	3.39	15.98	6.67	6.02
Fe_2O_3	—	3.57	—	20.11	20.79	9.51	—	16.00	—
MgO	4.12	2.79	3.82	0.13	5.55	28.15	0.58	4.81	0.40
CaO	15.81	32.01	15.14	1.79	12.45	3.86	1.79	14.03	0.15
Na_2O	—	—	—	—	—	—	—	—	—
K_2O	—	—	—	—	—	—	—	—	2.15
FeO	—	4.97	18.66	—	10.90	—	2.70	—	—
S	—	4.97	2.55	4.56	1.32	0.67	0.02	0.75	18.30
其他	32.78	22.58	15.64	12.82	16.62	18.11	11.63	32.41	37.25

2.1.3　充填骨料对料浆制备、输送、强度、成本的影响

充填骨料是充填的主要材料，在充填料浆或充填体中占比最大，往往达到 50%～80%，起着骨架的作用。应用尾砂作为矿山充填料，对充填体产生影响的主要因素是其粒径组成、分布及其矿物组分的化学成分。

尾砂的粒级组成分布对矿山充填的影响十分明显，既与脱水和搅拌工艺相关，更重要的是与胶凝材料的消耗量和充填体的胶结性能相关，尾砂的细度还对膏体充填料的性能特性也具有重大影响。尾砂粒径、细粒比例，都会影响充填料的孔隙率、孔径分布及其渗透系数。不仅充填体总的孔隙率影响充填体的强度，而且其孔径分布在胶结充填体强度的发展过程中也发挥重要作用；充填料的需水量会随尾砂粒度减小而增大。

尾砂的化学组分对充填体的物态特性和胶结性能均有影响，其中以硫化物含量对胶结充填体性能的影响最为显著。尾砂中较高的硫化物含量会增加尾砂的稠度，也会因其自胶结而使胶结充填体获得较高的强度。但由于硫化物的氧化会产生硫酸盐，有些硫酸盐的侵蚀可导致胶结充填体长期强度的损失。对于硫化物含量较高的尾砂充填料，当采用普通水泥作胶凝材料时，对充填体后期强度影响很大，采用含有矿渣胶凝材料可解决硫酸盐侵蚀而使充填体后期强度降低的问题。

2.1.4 充填骨料选择的原则

充填骨料的选择一般都遵循以下原则：

（1）应因地制宜、就地取材，尽量利用废弃物料。

（2）充填骨料要具有一定的化学稳定性，不含有过量或释放有毒和腐蚀性的物质。

（3）充填骨料来源要有保障，便于运输或输送，储存方便。

（4）充填骨料要有良好的级配。

（5）尽量采用全尾砂。

2.2 胶凝材料

2.2.1 胶凝材料的种类

常用的胶凝材料有水泥、胶固粉、粉煤灰、磨细的炉渣、石膏、生石灰、熟石灰、磨细的烧黏土、磁黄铁矿、硫化矿物等。其中水泥、胶固粉的使用最为广泛。

2.2.2 胶凝材料的主要成分及化学组分

2.2.2.1 水泥

水泥是一种细磨的水硬性胶凝材料，与水拌合后，表面的熟料矿物立即与水发生水化反应，放出热量，形成一定的水化产物。由于各种水化产物的溶解度很小，就在水泥颗粒周边析出。随着水化作用的进行，析出的水化产物不断增多，以至相互结合。这个过程的进行，使水泥浆体稠化而凝结。随后变硬，并能将拌在一起的砂、石等散粒胶结成整体，逐渐产生强度。

水泥按用途可分为普通水泥、专用水泥和特种水泥。按其矿物成分可分为硅酸盐水泥、铝酸盐水泥、硫铝酸盐水泥、少熟料或无熟料水泥。充填作业常采用普通水泥，是由硅酸盐水泥熟料与不同掺入量的混合材料配制而成的。普通水泥有以下 6 种[3]。

（1）硅酸盐水泥。凡以硅酸钙为主的硅酸盐水泥熟料，5%以下的石灰石或粒化高炉矿渣，适量石膏磨细制成的水硬性胶凝材料，统称为硅酸盐水泥（portland cement），国际上统称为波特兰水泥。硅酸盐水泥分两种类型，不掺加混合材料的称为Ⅰ型硅酸盐水泥，代号P·Ⅰ；掺加不超过水泥质量5%的石灰石或粒化高炉矿渣混合材料的称为Ⅱ型硅酸盐水泥，代号P·Ⅱ。

我国生产的硅酸盐水泥分6种标号，即42.5、42.5R、52.5、52.5R、62.5及62.5R（R为早强型）。

（2）普通硅酸盐水泥。用硅酸盐水泥熟料加少量混合材料与适量石膏磨细而成的水硬性胶凝材料称为普通硅酸盐水泥，它是最常用的硅酸盐水泥，代号P·O。普通硅酸盐水泥中的混合材料掺量按质量百分比计不得超过下列数值：

混合掺合料（活性与非活性共掺）　　6~15（非活性≤10）

非活性掺合料　　　　　　　　　　　6~10

活性掺合料　　　　　　　　　　　　6~15

我国生产的普通硅酸盐水泥的标号有32.5、32.5R、42.5、42.5R、52.5、52.5R。

（3）矿渣硅酸盐水泥。由硅酸盐水泥熟料加粒化高炉矿渣及适量石膏磨细而成的水硬性胶凝材料，简称矿渣水泥，代号P·S。我国标准《用于水泥粒化中的高炉矿渣》（GB/T 203—2008）中规定，粒化高炉矿渣的掺量按质量计可达20%~70%。也允许用石灰石、窑灰、粉煤灰和火山灰质混合材料中任一种材料替代部分矿渣，熟料不得超过水泥质量的8%，以上述材料代替部分矿渣后，水泥中高炉矿渣含量不得低于20%，矿渣水泥的密度较小，水化热较低，耐蚀性较好，但泌水率高，早期强度低。我国生产的矿渣水泥主要标号有17.5、22.5、32.5、32.5R、42.5、42.5R等。

（4）火山灰质硅酸盐水泥。由硅酸盐水泥熟料加入火山灰质混合材料及适量石膏磨细而成的水硬性胶凝材料，简称火山灰水泥，代号P·P。我国标准中规定，这种水泥中的火山灰质混合材料的掺量按质量计为20%~50%。其主要标号有17.5、22.5、32.5、32.5R、42.5、42.5R，其性质与矿渣水泥相似。

（5）粉煤灰质硅酸盐水泥。由硅酸盐水泥熟料与粉煤灰和适量石膏磨细而成的水硬性胶凝材料，简称粉煤灰水泥，代号为P·F。我国标准规定，粉煤灰水泥中的粉煤灰掺量按质量计为20%~40%。粉煤灰水泥的性质与火山灰相近。但需水量比火山灰水泥少，和易性和抗硫酸盐侵蚀性好，适合用于大体积混凝土，如三峡大坝主要使用的就是粉煤灰水泥。

（6）复合硅酸盐水泥。简称复合水泥，由硅酸盐水泥熟料和两种或两种以上规定的混合材料（指有技术指标和标准的混合材料），加入适量石膏磨细制成的水硬性胶凝材料。复合水泥中混合材料掺加量按质量百分计大于15%，但不超过50%。允许用不超过8%的窑灰代替部分混合材料。掺矿渣时混合材料量不得与矿渣硅酸盐水泥重复。

普通水泥的相对密度 $3 \sim 3.15t/m^3$，堆积密度（例如在叶轮给料机或螺旋给料机内）$1.0t/m^3$，紧密密度 $1.3 \sim 1.6t/m^3$，计算水泥仓容积时取 $1.3t/m^3$，计算水泥仓载荷时取 $1.6t/m^3$。水泥贮存时间过长将降低其活性，贮存 3 个月活性降低 8%～20%，贮存 6 个月活性降低 9%～29%，贮存一年活性降低 10%～39%。

2.2.2.2　胶固粉

胶固粉是由水淬矿渣（钢渣）和碱激发组分及其他添加成分混合磨细制成的具有水硬性的胶结材料，这种胶凝材料也是水泥的一种，即碱矿渣水泥。胶固粉和其他充填料拌合后，碱组分溶解生成大量的氢氧根离子，在碱性环境下矿渣中玻璃体和矿物分解、溶解，形成无定形状态的水化产物，随着水化反应的持续进行，水化产物成核、生长，彼此交叉搭接生成结构网，随着时间的推移，水化产物和充填骨料胶结在一起缓慢结晶，逐渐增加强度，进而形成稳定的充填体[4,5]。

A　矿渣的物理性质

矿渣是炼铁过程中产生的副产物，是在高温下将氧化铁还原成金属铁的同时并将铁矿石中的 SiO_2、Al_2O_3 等杂质与石灰等溶剂结合，生成组分主要为硅酸钙（镁）和铝硅酸钙（镁）的熔融体。

矿渣密度为 $2.3 \sim 2.8g/cm^3$，其细度通常以比表面积或粒径分布来表示，一般来说比表面积不大于 $330m^2/kg$ 的矿渣微粉活性发挥较低，不小于 $450m^2/kg$ 以上时，其活性无论是 3d，还是 28d，强度都已得到较充分的发挥。国标规定矿渣微粉比表面积不小于 $350m^2/kg$ 是最基本的要求，一般都在 $400 \sim 500m^2/kg$ 之间，此时，粒径-20μm 约占 60%～80%，据相关研究表明，对抗压强度有贡献的为粒径-20μm 部分颗粒[6]。

B　矿渣的化学成分及矿物组分

矿渣的化学成分主要是 CaO、SiO_2、Al_2O_3 等氧化物，一般矿渣中氧化钙（CaO，30%～46%）、二氧化硅（SiO_2，26%～40%）、氧化铝（Al_2O_3，6%～24%）、氧化镁（MgO，1%～10%）的总量占矿渣质量的 90% 以上。与硅酸盐水泥中的氧化物大体一致，但其含量不同，硅酸盐水泥 CaO 含量高，矿渣 SiO_2 的含量偏高。我国部分钢铁企业所产矿渣的化学成分见表 2-13[7]。

表 2-13　我国部分钢铁企业所产矿渣的化学成分

厂名或所在地	化学成分/%						
	SiO_2	Al_2O_3	Fe_2O_3	CaO	MgO	MnO	SO_3
鞍钢	40.00	7.58	0.54	42.41	7.30	1.63	1.63
首钢	37.45	9.67	1.09	39.70	11.02	0.59	—
马钢	33.92	11.11	2.15	37.97	8.03	0.23	0.93

厂名或所在地	化学成分/%						
	SiO_2	Al_2O_3	Fe_2O_3	CaO	MgO	MnO	SO_3
武钢	36.24	12.32	1.40	37.56	10.46	0.24	0.14
昆钢	38.27	10.31	1.23	43.25	3.29	—	0.41
重钢	31.72	10.30	1.80	42.70	5.40	1.60	—

矿渣的矿物组成：矿渣中含有大量的无定形活性玻璃体结构或网络结构，具有较高的潜在活性。玻璃体占90%以上，其余为结晶相物质。

玻璃体中存在两种相的分相结构，一种是连续相，含钙较多，称为富钙相；另一种是类似球状或柱状相含硅较多，称为富硅相，分散于富硅相中。富钙相是玻璃体的结构形成体，维持着玻璃体的稳定。又其本身具有由很多细小单元聚积而成的堆积结构，具有庞大的比表面积，更增加了其热力学的不稳定性。

矿渣质量的评定主要是通过矿渣的碱度系数、质量系数和活性系数表示，碱度系数（M_0）、质量系数（K）、活性系数（A）计算公式如下[5]：

$$M_0 = \frac{w_{CaO} + w_{MgO}}{w_{SiO_2} + w_{Al_2O_3}} \tag{2-6}$$

$$K = \frac{w_{CaO} + w_{MgO} + w_{Al_2O_3}}{w_{SiO_2} + w_{MnO} + w_{TiO_2}} \tag{2-7}$$

$$A = \frac{SP}{P} \tag{2-8}$$

式中　w——相应氧化物的质量分数；

　　　SP——掺50%矿渣的水泥砂浆在规定龄期的平均抗压强度；

　　　P——水泥砂浆在规定龄期的平均抗压强度。

碱度系数（M_0）用来表征矿渣的酸碱性，$M_0>1$ 则为碱性矿渣，$M_0<1$ 为酸性矿渣，碱性矿渣的胶凝性较好。质量系数（K）反映了矿渣中活性组分与低活性和非活性组分之间的比例，质量系数越大，则矿渣的活性越高，用作硅酸盐水泥的掺料时，K 值不得小于 1.2。活性系数（A）通过水泥砂浆来表现矿渣的活性，有 7d 和 28d 活性系数，《用于水泥和混凝土中的粒化高炉矿渣粉》（GB/T 18046—2008）中对矿渣的活性系数有明确的规定，7d 的活性系数不得小于55%，28d 的活性系数不得小于75%。

　　C　胶固粉的作用

胶固粉水化反应生成大量的胶凝物质，具有良好的胶结性能，又因其含有大量的细微颗粒，充填于骨料之间的空隙里，使充填料具有更好的级配，形成了密

实结构和细观层次的自紧密堆积体系，提高了料浆的流动性、和易性等输送性能；还因为其孔隙率低，孔结构更加细化，能显著改善充填体的抗渗透性、抗化学侵蚀、抑制碱-集料反应等性能。鉴于胶固粉所具有的特性，使其在以粒级较细的尾砂和含硫量较高的尾砂作为骨料的胶结充填中具有优异的性能。

D　胶固粉的添加

胶固粉替代水泥作为胶凝材料，具有良好的性能。和水泥相比，在灰砂比相同的情况下，胶固粉胶结充填料试块抗压强度较高；在充填体试块抗压强度相同的情况下，胶固粉灰砂比小，胶固粉使用量少。部分矿山抗压强度实验数据见表2-14[8]。

表 2-14　部分矿山抗压强度实验数据

矿山名称	胶凝材料	灰砂比	料浆浓度/%	抗压强度/MPa		
				3d	7d	28d
西鞍山铁矿	32.5R 水泥	1∶20	72	0.13	0.20	0.42
		1∶10		0.31	0.67	1.28
		1∶6		0.45	0.79	1.78
	胶固粉	1∶20		0.33	0.89	1.61
		1∶10		0.81	2.52	3.49
		1∶6		1.00	3.10	3.54
冬瓜山铜矿	水泥	1∶4	73	0.80	1.10	2.51
		1∶6		0.44	0.63	1.62
		1∶8		0.44	0.55	0.95
		1∶12		0.30	0.40	0.64
		1∶20		0.24	0.25	0.26
	胶固粉	1∶4		7.84	15.93	23.11
		1∶6		2.97	4.82	8.94
		1∶8		1.87	3.35	5.05
		1∶12		1.25	1.70	4.85
		1∶20		0.41	0.61	2.15
李楼铁矿	水泥	1∶4	72	1.14	1.97	3.51
	胶固粉	1∶10		0.88	1.83	3.65
苍山铁矿	水泥	1∶4	72	0.43	0.76	1.69
		1∶12		0.20	0.29	0.53
	胶固粉	1∶8		0.69	1.09	2.09
		1∶20		0.28	0.44	0.77

续表 2-14

矿山名称	胶凝材料	灰砂比	料浆浓度/%	抗压强度/MPa		
				3d	7d	28d
石人沟铁矿	32.5R 水泥	1:4	67	—	2.54	4.33
		1:8	73	—	1.24	2.55
		1:12	69	—	0.54	1.20
	胶固粉	1:4	67	—	0.34	1.17
		1:8	73	—	0.22	0.61
		1:12	69	—	0.20	0.37
司家营铁矿	42.5R 水泥	1:8	68	0.11	0.24	0.43
	胶固粉	1:8	68	0.88	2.07	3.09

E　钢渣

钢渣可以替代矿渣作为胶固粉的胶凝组分，钢渣是炼钢生产过程中的废渣，约占钢产量的 20%。转炉分为前期渣和后期渣，因为后期渣中 CaO 含量较高，主要使用后期渣作为胶凝组分。

钢渣的主要化学组分为 CaO、SiO_2、FeO、Al_2O_3、MgO、MnO 以及 S、P、Cr 等。与水泥熟料相似，但波动很大。部分企业的钢渣化学成分见表 2-15[5]。

表 2-15　我国部分钢铁企业所产钢渣的化学成分

钢厂	化学成分/%									
	SiO_2	Fe_2O_3	Al_2O_3	CaO	MgO	MnO	FeO	P_2O_5	S	f-CaO
鞍钢	8.84	8.79	3.29	45.37	7.98	2.31	21.38	0.72	0.26	6.95
首钢	12.26	6.12	3.04	52.66	9.12	4.59	10.42	0.62	0.23	6.24
马钢	15.55	5.19	3.84	43.15	3.42	2.31	19.22	4.08	0.35	4.58
武钢	16.24	3.18	3.37	58.22	2.28	4.48	7.9	1.17	0.35	2.18
太钢	13.22	7.26	2.81	52.35	6.29	1.06	13.29	1.3	0.17	5.53
本钢	16.36	1.49	2.56	50.44	13.22	2.66	11.5	0.56	0.34	1.57

钢渣的矿物组成：具有胶凝活性的矿物组分主要有硅酸三钙、硅酸二钙、铁铝酸钙等，钢渣的活性随其碱度的增加而提高，可以看成是一种低品质的水泥熟料。我国钢渣的活性一般以碱度（M_0）衡量，计算公式如下：

$$M_0 = \frac{w_{CaO}}{w_{SiO_2} + w_{P_2O_5}} \tag{2-9}$$

式中　w——相应氧化物的质量分数。

水淬快速冷却形成粒状碱度高的钢渣活性大，适宜于制作胶固粉、钢渣水泥（钢渣+矿渣+熟料+石膏）。

由于钢渣化学组成波动十分大，从超酸性渣（碱性系数 $M_0=1$）到超碱性渣（$M_0=4$），把钢渣、矿渣混合使用也很有效，在高炉矿渣中掺入 25%~30% 的钢渣，可以制得其活性超过纯高炉矿渣的碱矿渣胶结材料。

2.2.2.3 粉煤灰

粉煤灰是从燃煤粉的电厂锅炉烟气中收集到的细粉末，也称为飞灰（fly ash），其成分与高铝黏土相近，主要是以玻璃体状态存在。国内外对粉煤灰的性能进行了广泛的研究，在利用粉煤灰代替部分水泥作胶凝剂方面做了大量的实验研究，并应用粉煤灰替代部分水泥。例如，金川有色金属公司早在 20 世纪 80 年代初期就开展了"利用粉煤灰代替部分水泥的实验研究"，结论是：在相同强度条件下，用粉煤灰可以代替 33% 左右的水泥。金川有色金属公司所属矿山 5 座充填制备站都配有粉煤灰贮存、制备与分配系统。龙首矿和二矿区在充填作业中均大量掺入粉煤灰，取得了良好的效果。在高浓度或膏体充填料浆中，适量粉煤灰的存在可能降低管道输送阻力并改善膏体的泵送性能[2,9]。

A　粉煤灰的物料性能

粉煤灰的物理性质表现为颗粒形状、密度、容重和细度。其颗粒多呈球形，表面光滑，色灰或浑灰，密度为 1.95~2.4t/m³，松散容重为 0.55~0.8t/m³。粉煤灰细度通常以 0.08mm 方孔的筛余量或比表面积表示。粉煤灰的细度不仅影响充填料的流动性，而且与粉煤灰的活性密切相关。普通原状粉煤灰的比表面积为 2000~3000cm²/g，细磨粉煤灰的比表面积为 3000~7000cm²/g；这两种粉煤灰经 0.08mm 方孔筛余量分别为 5%~20% 和 4%~8%。

B　粉煤灰的化学成分及活性

粉煤灰的化学成分因煤的品种和燃烧条件而异。一般来讲粉煤灰中的 SiO_2 含量为 45%~65%，Al_2O_3 含量为 15%~40%，Fe_2O_3 含量为 4%~20%，上述三种成分的总含量按我国建筑部分的规范规定应在 70% 以上，粉煤灰的活性主要与 SiO_2、Al_2O_3 及 Fe_2O_3 的含量有关，烧失量主要与含碳量有关。实践证明，只要粉煤灰中的含碳量在 8% 以下，对水泥的水化过程就无明显的负面影响。部分矿山粉煤灰的粒级组成和化学成分见表 2-16~表 2-18[2]。

表 2-16　铜陵冬瓜山铜矿粉煤灰粒级组成

粒径/mm	+0.065	0.050	0.040	0.030	0.020
产率/%	4.8	10.7	19.1	20.1	27.5
筛上累计/%	4.8	15.5	34.6	54.7	82.2
粒径/mm	0.010	0.008	0.006	0.004	-0.004
产率/%	5.6	5.5	2.5	1.5	2.4
筛上累计/%	87.8	93.3	95.8	97.6	100

表 2-17　金川镍矿粉煤灰粒级组成

粒径/mm	+1.25	0.63	0.315	0.16	0.074	0.045	-0.045
产率/%	0.5	0.6	0.6	6.21	40.64	30.43	21.01
筛上累计/%	0.5	1.1	1.7	7.91	48.55	78.99	100

表 2-18　部分粉煤灰的主要化学成分　　　　（%）

化学成分	SiO_2	Al_2O_3	MgO	CaO	S	Fe
铜陵冬瓜山干粉煤灰	38.54	20.30	1.05	15.75	0.23	—
金川热电站干粉煤灰	38.38	19.57	0.82	3.13	0.62	—
白音查干某热电厂干粉煤灰	40.38	15.34	5.48	11.81	3.34	2.46

粉煤灰的活性是以火山灰的活性来表示的，它主要取决于化学成分、玻璃相的含量、细度、颗粒形状及表面状态等。按化学成分衡量粉煤灰活性的计算方法[2]：

$$M_a = \frac{w_{Al_2O_3}}{w_{SiO_2}} \tag{2-10}$$

$$M_0 = \frac{w_{CaO} + w_{MgO}}{w_{SiO_2} + w_{Al_2O_3}} \tag{2-11}$$

当 MgO 含量小于 10% 时：

$$K = \frac{w_{CaO} + w_{MgO} + w_{Al_2O_3}}{w_{SiO_2} + w_{TiO_2}} \tag{2-12}$$

式中，M_0 表示碱性率；M_a 表示活性率；K 表示质量系数。

$M_0 > 0$ 时，属碱性；$M_0 < 0$ 时，属酸性；$M_0 = 0$ 时，属中性。用于胶结充填的活性材料，应达到 $M_a = 0.17 \sim 0.25$，$M_0 \geqslant 0.65$，$K \geqslant 1.6$。

C　粉煤灰的作用[5,10]

粉煤灰和其他充填材料在行为上"各司其职"，而在作用上"相辅相成"。粉煤灰在充填材料中的行为、作用，有的比较明显，可是较多的往往是潜在的。比如，在未凝固的充填料浆中，粉煤灰呈微珠，既有独特的"滚珠轴承"和"解絮"的行为，又能与水泥和细砂共同发挥微集料作用。而在前期硬化中，粉煤灰只作为胶凝材料的第二组分，虽能扩展"水化场合"、增加胶凝生成量，但这时的硬化作用毕竟主要取决于在数量上和能量上占优势的水泥的水化。而且粉煤灰的"低标号水泥"作用尚须它和水泥的共同作用才能产生。在硬化后期粉煤灰才开始表现出优良的火山灰性质。因此，在充填料的硬化过程中，水泥的水化反应在先，对 28d 的强度起支配作用，粉煤灰反应的二次水化在后，水泥水化为粉煤灰的二次水化反应提供 $Ca(OH)_2$，而粉煤灰则按"粉末效应"的原理为水泥水化提供较多的水化产物沉淀场合，从而促进水泥的水化。

D 粉煤灰的添加

在充填料中掺加粉煤灰可取代部分水泥，也可取代部分细骨料。其适宜掺量主要取决于所要达到的目的和要求。例如，为改善充填料的可泵性而掺用粉煤灰时，则可保持原水泥量而可不取代水泥，若为了降低大体积充填体的水化热或为了节约部分水泥而掺用粉煤灰时，则应取代部分水泥，为保证强度不变，必须超量取代水泥，掺用量视粉煤灰的质量不同而异，一般应为水泥用量的20%~50%。

理论上 1kg 纯硅酸盐水泥生产 0.24kg $Ca(OH)_2$，如粉煤灰中 SiO_2 和 Al_2O_3 的含量分别为50%和30%，则 1kg 水泥中 $Ca(OH)_2$ 完全反应需要粉煤灰 0.29kg，即粉煤灰的掺量应为22%。如生产的低钙水化物，则 1kg 水泥中 $Ca(OH)_2$ 完全反应需要粉煤灰 0.5kg，即粉煤灰掺量应为33%。金川二矿区粉煤灰的掺量为水泥量的50%。而焦家金矿膏体充填材料试验证明掺加龙口电站粉煤灰的量以水泥用量的75%为好。

E 粉煤灰对充填料性能的影响

（1）对低含砂率或粒度较粗的全尾砂胶结料浆，在保持原有坍落度的情况下，能提高料浆浓度。若掺粉煤灰而不改变充填料浆浓度的情况下，可改善和易性、减少泌水率、防止离析。因而，粉煤灰掺合料更适合泵送膏体充填工艺（特别是掺细石胶结膏体充填工艺）。

（2）若取代部分水泥时，早期强度可能微有降低，但后期强度基本不变，以粉煤灰取代部分细骨料时，充填体的早期及后期强度均有提高。

（3）能使充填体干缩率减少5%，弹性模量提高5%~10%。

（4）粉煤灰与 $Ca(OH)_2$ 发生反应，降低了充填体的碱性，不利于抗酸性腐蚀，但一般影响不大。

（5）能减少水化热，防止充填体开裂。

2.2.2.4 磷渣和有色金属冶炼渣

A 磷渣

磷渣是电炉炼磷所排放的废渣，粒化磷渣具有的潜在活性，既可以作为胶凝组分使用，也可以作为硅酸盐水泥的掺料使用，只是含有 P_2O_5，水泥的凝结时间延长，早期强度有所降低，若采用适宜的促硬剂，可消除其不利影响。

磷渣主要由 SiO_2 和 CaO 组成，磷渣中其他成分取决于所用磷矿石的品质，SiO_2 和 CaO 通常在80%~90%，Al_2O_3 含量为 2.5%~5%，Fe_2O_3 含量为 0.2%~2.5%，MgO 含量为 0.5%~3%，P_2O_5 含量为 1%~5%，F 含量为 0%~2.5%。

水淬粒化磷渣具有和粒化高炉矿渣相似的玻璃体结构，含量会高达98%。从化学组成来看，粒化磷渣是一种具有潜在胶凝活性的材料。由于磷渣中的 Al_2O_3 含量较低以及 P_2O_5 和 F 的存在，使磷渣的早期活性低于粒化高炉矿渣。我国部分企业所产磷渣的化学成分见表 2-19[5]。

表 2-19　我国部分企业所产磷渣的主要化学成分

厂名或所在地	化学成分/%						
	SiO_2	Al_2O_3	Fe_2O_3	CaO	MgO	P_2O_5	MnO
什邡磷肥厂	36.16	10.10	0.14	41.20	4.80	—	0.46
南京磷肥厂	38.23	3.86	—	48.95	1.60	1.56	—
锦屏化工厂	38.53	2.50	—	47.86	2.26	4.10	—
宣威磷肥厂	40.00	5.00	1.75	46.50	2.50	2.00	—
昆明磷酸钠厂	40.50	4.50	0.25	40.00	2.00	1.75	—

B　有色金属冶炼渣

有色金属渣通常是在铅、锌、镍和铜的生产过程中产生的。有色金属渣一般来自镍的生产，1/3 来自铜的生产，其余的来自锌的生产。有色金属渣中主要含有 SiO_2、Fe_2O_3 和 MgO，某些情况下可能含有较多的 CaO 和 MgO，次要组分包括 TiO_2、Cr_2O_3、MnO、Na_2O 和 K_2O 等。次要组分的总量可达 25%。

矿物组分：粒化有色金属渣中主要由富含 $FeSiO_3$ 的玻璃体（Mg,Fe）SiO_3（90%~95%）以及其他不超过 6% 的晶体矿物组成。

有色冶炼渣具有一定的潜在活性，可这类渣的基本特点是它们均属于活性较低的酸性渣，使用碱组分对此类废渣进行激发，可以制得性能良好的胶凝材料。

2.2.2.5　高水速凝固结材料

高水速凝固结材料（以下简称高水材料）是一种类似英国生产的高铝型的称为特克派克（Tekpak）的新型水硬性胶凝材料。国产高水材料由中国建材研究院、中国矿业大学研究生院、西北矿冶研究院等单位先后研制成功，高水材料的最大优点是能在很小的体积固液比（$G_v = 0.1 \sim 0.15$）时，在 5~30min 内凝结、硬化，最终形成一种有一定强度的高含水固体。高水材料的最佳使用场合是煤矿沿空留巷的充填袋式支护，以及堵漏、灭火、封闭巷道、壁后充填等，现已在部分金属矿山胶结充填中使用[3]。

A　高水材料的组成

高水材料由甲料和乙料等量配合而成。

甲料由特种水泥熟料、缓凝剂、悬浮剂等组成。其中缓凝剂能使甲料与水制成的料浆有较长时间的可泵性，悬浮剂能提高甲料固体颗粒在料浆中的分散性和悬浮性，避免沉淀泌水现象。

可供高水材料选用的特种水泥熟料有高铝、硫铝、铁铝等水泥熟料。以它们配置的甲料分别称为高铝型、硫铝型及铁铝型甲料。国内各厂均以生产硫铝型熟料为主。

硫铝型熟料的主要矿物是无水硫铝酸钙（$4CaO \cdot 3Al_2O_3 \cdot SO_3$，缩写为 C4A3S）和 β 型硅酸二钙（$\beta\text{-}2CaO \cdot SiO_2$，简写成 β-C2S）。硫铝型熟料的化学成分除含少量 TiO_2、MgO、MnO_2 外，主要是以下 5 种，即 CaO（38%~44%）、Al_2O_3（30%~38%）、SiO_2（6%~12%）、SO_3（8%~12%）、Fe_2O_3（2%~6%）。

硫铝型熟料以石灰石、矾土、石膏和矿化剂等为原料，在 1100~1280℃ 的温度范围内烧成。

乙料由石膏、石灰、悬浮剂、速凝剂等组成。石膏采用不溶性的天然硬石膏（$CaSO_4$），一般要求结晶水小于 5%。石灰易于从空气中吸收水分，因此应采用新制石灰，CaO 含量大于 75%。悬浮剂由膨润土、赤泥、粉煤灰等组成，从而使乙料与水混合后料浆有较好的可泵性。

B 高水材料的水化硬化机理

高水材料与 2.5 倍的水制成的料浆能迅速凝固的关键是其水化过程中生成了含大量结晶水的钙矾石和含有吸附水的硅酸凝胶和铝酸凝胶。甲料中无水硫铝酸钙与乙料中的石膏发生反应生成钙矾石（Ettringite，$3CaO \cdot Al_2O_3 \cdot 3CaSO_4 \cdot 32H_2O$，简写为 E）。

C 高水材料的特性

高水材料用于金属矿胶结充填，与普通水泥相比，具有以下特点：

（1）吸水量大。当采用尾砂为惰性材料，高水材料用量 120~280kg/m³，水灰比 4~5 时，进入材料的料浆能全部凝固。

（2）早期强度高。按上述（1）中配比，其 24h 的抗压强度可达 0.5~2MPa。

（3）体积膨胀。钙矾石可在不同浓度的 $Ca(OH)_2$ 溶液中生成。它析晶的过饱和度很大，析晶快。它在原始含铝固相面上以细小晶粒而生长。其针枝状的晶体因外界水分的补充而增大，并因晶体交叉生长的结晶压力而相互排斥（在具有一定孔隙率的情况下），是引起体积膨胀的根本原因。高水材料的水化体积膨胀，可以解决煤矿沿空留巷和采场充填的接顶问题。

（4）重结晶性。高水材料硬化体在一定时期内（一般在 3d 期龄内）具有可塑性及强度恢复特性。高水材料硬化的初期是一种由枝状晶体组成的骨架结构，其间隙中含有很多自由水和胶凝体。当受到大的外力时，枝状结晶体发生断裂或错位。如果他们相距不远，利用结晶动力可再生晶枝，相互交叉使密实度增大，强度得以恢复，或比前期更大。但在硬化的后期，当骨架间的自由水和胶凝粒子消耗后，不再具有再结晶能力。这种早期的重结晶性和强度恢复能力，对煤矿沿空留巷承受一次来压后继续具有支护功能十分有利。

D 后期强度较低

高水材料在以水灰比 2~2.5 的净浆充填时最终强度约为 5MPa，此时高水材料用量为 300~450kg/m³。若以等量 32.5 标号水泥以相同水灰比制成的砂浆，其最终强度很难达到 5MPa，而早期强度很低。但普通水泥砂浆充填料在大体积的块石胶结充填时具有优势，因不要求早期强度，仅要求砂浆能渗入到石块中和后期强度较高。

E 高水材料的稳定性

高水材料吸水量大和早期强度高的关键性水化产物是钙矾石。而钙矾石的稳定性问题尚无明确结论，总的来说受环境影响很大。钙矾石结晶完好，属三方晶系，为柱状结构。其所含 $32H_2O$ 占钙矾石总体积的 81.2%、质量的 45.9%。在 50℃时已有少量的结晶水脱出，74℃下脱水相当强烈；在 97℃经过 5h 后会失去 20mol 的结晶水；而当温度达 113~144℃后，很快变成 8 水钙矾石。根据 X 射线衍射分析，在 74℃下，钙矾石的晶体结构已被破坏。而有实验指出，在 100~110℃以下，钙矾石能稳定存在。而环境的相对湿度大，相应的脱水温度会提高。当相对湿度 90%，温度达到 100℃时也无明显变化。而高水材料与尾砂组成的充填体，水灰比达到 4~5，充填体内 2/3 的水以自由水和吸附水的形式存在，当大面积暴露于矿井大气中，自由水的流出和蒸发可能使充填体的表面发生"风化"或碳化（粉化）。风化层中存在大量的碳酸钠、碳酸钙、硫酸钙等矿物，钙矾石基本消失，从而使充填体强度大幅降低。

2.2.2.6 全水胶固材料

为克服高水材料双管输送的缺点，西北矿冶研究院开发了单料、单管输送的全水胶固材料。当水灰比为 0.7~1.5 时，能将材料固化，其初凝时间不小于 30min，终凝时间不小于 2h。但不能单独使用，主要用于金属矿的全尾砂胶结充填。

A 全水胶固材料的化学成分和矿物成分

全水胶固配料的化学成分如下（质量分数）：CaO 30%~70%、Al_2O_3 10%~25%、SiO_2 10%~30%、SO_3 8%~25%。

主要矿物为石膏、铝酸一钙、铝酸三钙、二铝酸一钙、硅酸三钙、硅酸二钙等。

主要水化产物为钙矾石、氢氧化钙凝胶、水化硅酸钙凝胶和铝酸凝胶。

全水胶固材料的相对密度为 3~3.2t/m³，堆积密度 1.565t/m³。主要化学成分为 SiO_2（48.95%）、CaO（26.7%）、Al_2O_3（11.9%）、Fe_2O_3（7.08%）、S（4.10%）等。主要矿物为（质量分数）：石英（34%）、方解石（25%）、长石（19%）、绢云母（8%）、绿泥石（6%）、高岭土（5%）等。粒度较细，-0.074mm（-200 目）占 56.3%。其最大粒径 0.25mm，平均粒径 0.087mm，$d_{10} = 0.017$mm，$d_{60} = 0.077$mm，颗粒均匀度系数 $C_n = 4.53$。

全水胶固材料固化料浆拌合用水的水灰比约为 1.5。而满足输送要求，尾砂

浆用水量按水灰比计可能大大超出此数。多余的水将以吸附水和自由水的形式存在，并有泌水现象和采场排水问题[3]。

B　全水胶固材料的稳定性

全水胶固充填体在井下暴露后的风化深度在 1 个月内为 6mm，3 个月为 13mm。当充填体服务期限为 3~5 个月时，这种充填体是稳定的。

2.2.3　胶凝材料对料浆制备、输送、强度、成本的影响

胶凝材料的用量既是决定充填体强度的关键指标，又是影响成本的重要因素，是充填料浆配合比的核心。不同采矿工艺所要求的充填体强度不同，胶凝材料的用量也不一样，一般来讲，胶凝材料费用能占到充填费用 40%~50%，为充填料浆成本最重要的组成部分之一。

制备方面：灰砂比较高的料浆需进行充分搅拌才能使料浆搅拌均匀，增加了搅拌时间。输送方面：胶固粉和粉煤灰等粒径较细，能够提高料浆的流动性、和易性等输送性能，胶凝材料的添加种类、型号以及添加量决定了充填体的强度。

2.2.4　胶凝材料选择的原则

普通水泥使用方便，性能稳定，大多数矿山首选水泥作为胶凝材料。近年来由于胶固粉具有良好的胶结性能和较低的综合成本，而被广泛使用。无论使用哪一种胶凝材料，都需要满足采矿工艺和降低充填成本的要求，胶凝材料的选择一般都遵循以下原则：

（1）要满足充填体强度要求，保证生产安全和创造良好的作业条件；

（2）来源要有保障，便于运输或输送，储存方便；

（3）在保证充填体质量的前提下，采用经济实用、成本低廉的胶凝材料；

（4）应因地制宜、就地取材，尽量利用废弃物料。

2.3　辅助添加剂

近些年来，无论是高浓度料浆充填、高水充填，还是混凝土充填，都已开始研究和使用混凝土外加剂，这是矿山充填工艺的进步。在制备料浆过程中添加外加剂，虽然掺量不多，但可以改善料浆的性能，节约胶凝材料用量，明显提高技术经济效果。

2.3.1　辅助添加剂的种类

辅助添加剂的种类繁多，可分为无机外加剂和有机外加剂两大类。无机外加剂主要是一些电解质盐类，而有机外加剂大多是表面活性物质，较为常用的有絮凝剂、减水剂、早强剂、缓凝剂和泵送剂等。

2.3.2 辅助添加剂的主要成分、性质及作用

2.3.2.1 絮凝剂

金属矿的尾矿浆中含有选矿药剂与金属和非金属矿物颗粒，它们被磨细因而其新鲜表面上吸附矿浆中的电荷而使矿物颗粒带电。有些颗粒（例如金属的氢氧化物）吸附阳离子因而带正电，有些颗粒（例如硫化物、硅酸盐等）吸附阴离子带负电。同一种颗粒在同一种矿浆中总是吸附着相同电荷的离子，因此颗粒之间就产生斥力，阻碍小颗粒相互接近，从而不能合并成大颗粒而沉降。在尾砂浆中添加絮凝剂配置成带有不同电荷的胶体溶液，可以中和尾砂浆中颗粒带的电荷，减弱颗粒间的斥力，使小颗粒凝聚成大颗粒而下沉。有时絮凝剂加入高效浓密机，其底流泵入立式砂仓；有时絮凝剂直接加入立式砂仓在给料口与尾砂浆混合；还可添加到料浆中，使水泥在充填体内均匀分布，减少充填体表面层细泥量，降低水泥用量或在水泥用量不变的条件下使充填体强度提高[3]。

常用的絮凝剂都是水溶性长链高分子聚合物，絮凝剂的品种较多，应根据所絮凝矿浆性质选用絮凝剂。选择合适的絮凝剂，对综合效果影响较大。

2.3.2.2 早强剂

早强剂能提高混凝土早期强度和缩短凝结时间，并对后期强度无显著影响。在胶凝充填料中添加早强剂，是为了满足某些需要早强的工艺要求。早强剂分无机盐类、有机物类、复合早强剂三大类[10]。

无机盐类早强剂有氯化物系列：氯化钠（NaCl）、氯化钙（$CaCl_2$）、氯化钾（KCl）、氯化铝（$AlCl_3 \cdot 6H_2O$）等；硫酸盐系列：硫酸钠（Na_2SO_4）、硫代硫酸钠（$Na_2S_2O_3$）、硫酸钙（$CaSO_4$）、硫酸铝钾（明矾，$K \cdot Al(SO_4)_2 \cdot 12H_2O$）。

有机盐类早强剂有：三乙醇胺、三异丙醇胺、乙酸钠、甲酸钙等。

复合早强剂是有机、无极早强剂复合，或早强剂与其他外加剂的复合使用，一般可取得比单组分更好的效果。早强剂的掺量和增强效果见表2-20。

表 2-20 几种早强剂的掺量和增强效果（与未掺相比）

早强剂	掺量（水泥量）/%	凝结时间差/min		与未掺强度相对比/%		
		初凝	终凝	3d	7d	28d
氯化钙	0.5~1	-215	-2	130	115	110
氯化钠	0.5~1	—	—	134	—	110
氯化铁	1.5	—	—	130	—	100~125
硫酸钠	2	-100	-120	143	132	104
氯化钠+TEA	0.5+0.05	-180	-230	150	—	104~116
三乙醇胺	0.05	—	—	128	105~129	102~108

2.3.2.3 减水剂

减水剂多数为表面活性剂，其分子具有亲水和憎水两个基团，憎水基团吸附于水泥颗粒，亲水基团指向水，组成定向排列的吸附层，使水泥颗粒表面带相同电荷，在电性斥力的作用下，使得水泥颗粒更易分散，从而释放颗粒间多余的水，达到减水目的。另外，加入减水剂，在水泥表面形成吸附膜，影响水泥的水化速度，使水泥晶体生长更完善，网络结构更为密实，从而提高充填体的密实性和强度[11]。

减水剂按化学成分可分为6类：木质素磺酸盐类、多环芳香族磺酸盐类、糖蜜类、腐殖酸类、水溶性树脂类和复合减水剂。

在混凝土中掺入水泥质量0.2%~0.5%的普通减水剂，在保持和易性不变的条件下，能减水8%~20%，提高强度10%~30%。如掺入水泥质量0.5%~1.5%的高效减水剂，能减水15%~25%，提高强度20%~50%。在保持水灰比不变的条件下，能使混凝土的坍落度增加50~100mm。

2.3.2.4 缓凝剂

能延缓混凝土的凝结时间，并对其后期强度无不良影响的外加剂称为缓凝剂。缓凝剂的分类及其适宜掺量见表2-21。

表2-21 缓凝剂的分类及其适宜掺量

类　别	品　种	掺量（占水泥比重）/%
木质素磺酸盐	木质素磺酸盐	0.3~0.5
羟基羟酸盐	柠檬酸	0.1~0.3
	酒石酸	0.1~0.3
	葡萄糖酸	0.1~0.3
糖类及碳水化合物	糖蜜	0.1~0.3
	淀粉	0.1~0.3
无机盐	锌盐、硼酸盐、磷酸盐	0.1~0.2

缓凝剂的作用机理主要是缓凝剂分子吸附于水泥表面，使水泥延缓水化反应而延缓凝结。对于羟基、羟基类主要是水泥颗粒中的铝酸三钙成分首先吸附羟基、羟基分子，使它们难以较快生成钙矾石结晶而起到缓凝作用。磷酸盐类缓凝剂溶于水中生成离子，被水泥颗粒吸附生成溶解度很小的磷酸盐薄层，使铝酸三钙的水化和钙矾石形成过程被延缓而起了缓凝作用。有机缓凝剂通常延缓铝酸三钙的水化[3]。

2.3.2.5 泵送剂

泵送剂是防止膏体充填料浆在泵送管路中离析和堵塞，使其在泵压下顺利输送。减水剂、塑化剂、加气剂以及增稠剂等均可作泵送剂，并常按水泥用量和水灰比的不同，根据实际情况选用。

2.3.3 辅助添加剂对料浆制备、输送、强度的影响

在辅助添加剂的使用中，絮凝剂的使用最为广泛，能促进细粒级的尾砂聚集而快速沉降，可以大幅提高高浓度尾砂的制备能力。

减水剂能减少料浆的用水量，在坍落度相同的条件下可以提高充填料浆的浓度。能够明显改善高浓度充填料的液化能力，即管道输送能力，减少输送过程中的离析和阻力。还具有对水泥的分散作用，使得水泥颗粒与水接触的表面增多，水化更充分，提高充填体的强度。

早强剂能提高混凝土（充填体）早期强度和缩短凝结时间，并对后期强度无明显的影响。

2.4　充填料浆的配比

胶结充填作业分三个阶段完成：（1）充填材料的准备，包括充填骨料的采集运输、储存，胶凝材料的选择、中性水源的准备等；（2）选择合理的配比制备充填料浆；（3）充填料浆的输送，料浆制成后采用管道输送或其他方式，将料浆输送到井下采场，完成充填作业，其中选择合理的充填料配比是胶结充填作业中最关键的环节。

胶结充填料浆的材料配比是指胶凝材料、充填骨料与水的用量比例。充填骨料不止一种时，充填骨料之间也有不同的用量比例；采用其他胶凝材料代替部分水泥时，它们之间同样也有不同的用量比例。水灰比是指水与胶凝材料（主要是水泥）的比例。充填材料的配比是决定充填体强度的主要因素，水泥与骨料的比例，即灰砂比越大强度越高，水泥用量多，充填成本也高。

2.4.1　国内外充填料浆配比概述

根据充填体的不同作用，充填料浆的配合比也不同，重点是灰砂比。国内胶结充填灰砂比一般在 1：4~1：20 之间。当充填体强度为人工顶板或人工底柱时，为保证作业人员在充填体下或充填体上作业安全，要求其强度到达 4~5MPa，灰砂比为 1：4~1：6；当充填体为两步骤回采矿房或充填时，要求其强度达到 1~2MPa，灰砂比为 1：6~1：12；当充填体为两步骤回采矿柱充填或上向分层（进路）充填体时，灰砂比为 1：15~1：20 或更低。

国外胶结充填体所采用的灰砂比一般都低于国内，也取得了较好的效果，值得进一步研究。

2.4.2 充填料浆的配比选择原则

充填料的合理配比是决定充填体质量的主要因素，虽然不同的采矿方法对胶结充填体的强度要求不同，但总的来说，对于充填料浆配合比的选择，都要遵循以下几个基本原则[2]：

（1）选择适合的充填材料。充填骨料用量大，必须是因地制宜选取货源广、成本低的材料，井下废石、经综合利用后的尾砂当属首选，不仅成本低廉，而且可以减少占地，缓解对环境的污染，为创建无废矿山、构建生态矿业工程创造条件。在上述充填材料不能满足生产需要时，可以考虑采用河砂、风砂、海砂、卵石等自然材料或成本较高的人工碎石和人工磨砂等其他材料。

胶凝材料在充填成本中占很大比重，在满足充填体强度的前提下，应尽可能采用矿渣、粉煤灰、粉磨的冶炼炉渣等水泥的替代品，来降低充填成本，并提高料浆性能。

（2）确定合理的灰砂比和料浆浓度。合理选择灰砂比和料浆浓度，是充填材料配比最关键的问题。灰砂比的选择取决于设计充填体的功能，采用胶结充填的着眼点，一方面是提高充填体本身的自立性，另一方面是利用充填体支护围岩，阻止其移动或者做人工假顶、采场底部结构。仅就提高充填体自立性而言，并不要求它具有很高的强度，特别是采用分层充填的情况下。根据加拿大 Levack West 矿的经验，在两个高度不超过 50m 的上向分层充填法采场，采用 1∶30 灰砂比的条件下，中间的第二步骤采场采用 VCR 法回采，充填体的自立性完全能够适应，而国内矿山的水泥用量大都远高于这一比例。如果是利用充填体的后一种功能，则需要较高的强度。至于料浆浓度，如上所述，应尽可能采用略高于临界流态浓度的浓度。总之，充填体强度必须满足采矿工艺的要求。

（3）满足输送工艺的要求。充填料浆输送大多都采用管道输送的方式，所以，料浆的流动性必须满足管道输送的要求。在充填倍线确定的前提下，根据不同料浆管输摩阻损失，保证将充填料浆以自流或泵送的方式顺利地输送到井下采空区。

（4）制备工艺简单。充填材料种类越少，地表储料仓建设和占地越小，建设费用越低，相应的充填制浆系统越简单，充填料浆的配比越容易控制。所以，在满足采矿工艺对充填体强度要求的条件下，应尽可能选择单一的充填骨料和简单的制浆系统，料浆配比的变化也尽量要小。只有在采矿工艺需要、充填规模较大、充填材料来源较多和充分考虑了综合技术经济指标的前提下，才选用多种充填材料的充填方式。

2.4.3 高浓度（膏体）胶结充填料浆配比的特点

以高浓度和全尾砂为标志，从 20 世纪 70 年代后期开始，胶结充填技术发展进入了一个新阶段。1982年，德国普鲁萨格金属公司在巴德格隆德铅锌矿成功应用了泵送膏体充填工艺。高浓度（膏体）细砂胶结充填料浆的配比，除按照上述原则和要求外，由于具有不离析、不分层、不沉淀的特点，其流变模型或为与时间无关的宾汉塑性体，或为与时间有关的触变体，因而其料浆配比也具有另外一些特点：

（1）在充填体相同强度条件下，高浓度（膏体）充填料浆的胶凝材料用量可以比低浓度料浆减少15%以上，为降低充填成本创造了有利的条件，这也是高浓度（膏体）充填的主要优越性之一。在金川有色金属公司的试验研究中发现，膏体料浆中骨料的粒级对配比也具有显著的影响。例如，该公司尾矿库的自然分级粗尾砂与全尾砂制成的膏体相比，在同样料浆浓度、同样试块28d抗压强度条件下，前者水泥用量可以比后者减少近40%。因此，在实际工程中，必须根据骨料的具体情况，进行仔细的试验与研究[2]。

（2）对骨料中细粒级的含量有一定的要求，尤其是膏体充填，$-20\mu m$的含量不应小于15%。此种极细粒级物料比表面积大，含水率大，能保证充填料浆的和易性和稳定性，同时也会提高其黏性系数，增大管道输送阻力。如果骨料中极细粒级含量不足，可添加粉煤灰来补充。膏体充填有时可添加粗骨料，配制膏体可选择的粒度范围较宽，从0~40mm皆可使用，但要遵守一定的规则。

还应当指出的是，高浓度（膏体）料浆的配比决定了高浓度充填在采场会有极少量的水脱出，而膏体充填在采场是不脱水的，因此采场挡墙承受的压力显著降低，也可使挡墙的设计大为简化。

2.5　充填材料计算

2.5.1　日平均充填量

日平均充填量的计算见式（2-13）。

$$Q_d = ZK_1K_2P_d/r_k \qquad (2-13)$$

式中　Q_d——日平均充填量，m^3/d；

　　　P_d——充填法日产量，t/d；

　　　r_k——矿石密度，t/m^3；

　　　Z——采充比，m^3/m^3，一般取$Z = 0.8 \sim 1$；

　　　K_1——沉缩比，$K_1 = 1.05 \sim 1.15$，一般情况下，干式、胶结充填取小值，水力充填取大值；

　　　K_2——流失系数，一般情况下，水力充填$K_2 = 1.05$；胶结充填$K_2 = 1.02 \sim 1.05$，其中尾砂胶结充填取较大值；干式充填考虑运输过程中的损失，$K_2 = 1.00 \sim 1.02$。

2.5.2 年平均充填量

年平均充填量的计算见式（2-14）。

$$Q_a = NQ_d \tag{2-14}$$

式中 Q_a——年平均充填量，m^3/a；

N——年工作天数，d/a。

2.5.3 日充填能力

日充填能力的计算见式（2-15）。

$$Q_r = KQ_d \tag{2-15}$$

式中 Q_r——日充填能力，m^3/d；

K——充填作业不均衡系数，一般取 $K = 2 \sim 3$。

K 值选取原则：对采空区进行连续充填取较小值，进行分层充填时取较大值。井下掘进废石作充填料占比重显著时取较大值。

2.5.4 单位体积充填料浆各组分的重量

单位体积充填料浆各组分的重量计算公式如下。

干物料密度：$$\delta_s = \frac{\gamma_c \gamma_s (1 + n)}{\gamma_s + n\gamma_c} \quad (t/m^3) \tag{2-16}$$

料浆密度：$$\delta_m = \frac{\delta_s}{c + \delta_s(1 - c)} \quad (t/m^3) \tag{2-17}$$

每立方米料浆中水泥的重量：$$q_c = \delta_m \frac{c}{1 + n} \quad (t) \tag{2-18}$$

每立方米料浆中砂的重量：$$q_s = \delta_m \frac{cn}{1 + n} \quad (t) \tag{2-19}$$

每立方米料浆中水的重量：$$q_w = \delta_m (1 - c) \quad (t) \tag{2-20}$$

式中 γ_c——水泥的比重，t/m^3；

γ_s——砂的比重，t/m^3；

c——料浆重量浓度，%；

n——灰砂比。

计算取小数后三位。料浆重量浓度与体积浓度的换算：

料浆体积浓度：$$c_v = \frac{c}{c + \delta_s(1 - c)} \quad (\%) \tag{2-21}$$

料浆重量浓度：$$c = \frac{c_v \delta_s}{1 + c_v(\delta_s - 1)} \quad (\%) \tag{2-22}$$

充填料浆容重：$\qquad r_{\mathrm{m}}=G_{\mathrm{j}}/V$　（t/m^3）$\qquad$（2-23）

式中　G_{j}——充填料浆重量，t；

$\qquad c_{\mathrm{v}}$——料浆体积浓度，%；

$\qquad V$——充填料浆体积，m^3。

采用尾砂胶结充填，充填料浆的容重一般在 1.6~2.1t/m^3。

参 考 文 献

［1］于润沧．采矿工程师手册［M］．北京：冶金工业出版社，2009：55-59.

［2］刘同友，等．充填采矿技术与应用［M］．北京：冶金工业出版社，2001：124-126.

［3］王新民，等．深井矿山充填理论与管道输送技术［M］．长沙：中南大学出版社，2010：58-62.

［4］史才军，等．碱-激发水泥和混凝土［M］．北京：化学工业出版社，2008：2-6.

［5］浦心诚．碱矿渣水泥［M］．北京：科学出版社，2014：4-6，22-23，47-55.

［6］黄赟．碱激发胶凝材料的研究进展［J］．水泥，2011（2）：9-12.

［7］沈威．水泥工艺学［M］．武汉：武汉理工大学出版社，1991：249-251.

［8］赵彬．焦家金矿尾砂固结材料配比试验及工艺改造方案研究［D］．长沙：中南大学，2009.

［9］陈友治．碱矿渣水泥的理论基础［J］．新世纪水泥导报，2000（5）：10-13.

［10］施惠生，等．水泥基材料科学［M］．北京：中国建筑工业出版社，2011：228-229.

［11］沈威．水泥工艺学［M］．武汉：武汉理工大学出版社，1991：249-251.

3 高浓度（膏体）充填料浆流变学特性

3.1 研究充填料浆流变学的意义

胶结充填料浆属高黏塑性非牛顿流体，在搅拌容器中的搅拌效果，在管路输送中的稳定程度、阻力大小等，主要取决于料浆在外加剪切力作用下的流动特性，也就是流变性。充填料的流动、变形、应力的关系影响了充填料的流变性，也是研究流变性的重要参数。因此，研究料浆的流变性能，对于设计可靠的料浆制备和输送系统具有十分重要的意义。近年来，随着充填技术发展，高浓度（膏体）充填系统的日益推广，高浓度物料在临界流态浓度附近流变性能突变，且胶凝材料添加量的变化会使充填料浆流变性能出现较大的改变，因此对高浓度充填料浆流变性能的分析和研究显得尤为重要，这也推动了充填料浆流变学研究手段的发展，并陆续取得了一系列研究成果。

3.2 充填料浆流变学参数测试

流变学本身是一门以实验为基础的学科，因而流变参数的测量技术与测量理论在这门科学中占有重要地位。随着测量技术的发展，流变学也越来越广泛地应用于各个领域。流变测量的目的可以归纳为三个方面[1]：

（1）建立流变性质与体系的成分和结构的关系，即物料的流变学特征；

（2）建立流变性质和实际工程与应用性质的关系；

（3）寻找物料函数的内在联系，即发展和体验本构方程，从而为复杂流动的分析奠定基础。

水泥浆、水泥砂浆及混凝土在各类工程的应用远早于高浓度（膏体）充填的应用。对水泥砂浆和混凝土的流动性能研究也早于高浓度（膏体）充填料浆。由于水泥砂浆、混凝土同胶结充填料浆相似，尤其是混凝土与加骨料的全尾砂胶结膏体充填料更为接近。所以水泥砂浆及混凝土的流变特性研究方法和成果、研究手段和试验方法都值得用于高浓度（膏体）充填物料流变特性研究和借鉴。因此，高浓度（膏体）料浆的流动性研究，早期就从混凝土领域引入坍落度测试，就能简单、直观地反映出充填物料的流动特性，但是这主要用于初步分析流动性能的差异；如果从具体流变参数角度分析，坍落度无法表示充填膏体的黏度、屈服应力等参数。参照水泥砂浆和混凝土流动特性研究中使用黏度计、流变仪等专业流变测试的经验，这些仪器也逐步在高浓度（膏体）充填料浆流变参数测量中推广使用。虽然这些研究结果不仅在定量上缺乏一致性，而且在定性上也有差异，同时也还存在着一些悬而未决的问题，但是这些研究对充填工程设计，特别是充填料浆制备和输送设计还是起到了较好的指导作用。

全尾砂高浓度（膏体）是一种复杂的固液两相浓悬浮体系。从流动和形变方面来讲，这种物质既非胡克固体又非牛顿流体，在外力作用下，呈现突变而复杂的形变和流动特征。进行全尾砂膏体的流变实验研究，就是要通过对其流变性能的探索，确定适应的测试方法测量流变参数，建立流变模型，寻找出适合尾砂浓缩和充填管道输送的模型和计算方法。

全尾砂膏体的流变实验研究是在充填物料室内物理力学性能实验的基础上，先筛选出一系列不同配比、不同浓度的全尾砂胶结膏体物料作为被测对象进行测量的。

全尾砂膏体具体类别可分为以下六类：

（1）全尾砂+水；

（2）全尾砂+水泥+水；

（3）全尾砂+细骨料（-3mm 棒磨砂）+水；

（4）全尾砂+细骨料（-3mm 棒磨砂）+水泥+水；

（5）全尾砂+粗骨料（-25mm 细石、水淬渣等）+水；

（6）全尾砂+粗骨料（-25mm 细石、水淬渣等）+水泥+水。

中国恩菲工程技术有限公司（前身为北京有色冶金设计研究总院）、北京矿冶研究总院及长沙矿山研究院等单位已分别会同中科院化学所、清华大学、中科院成都分院及武汉大桥局桥梁研究所采用不同的测试方法，分别对金川二矿区、招远金矿、凡口铅锌矿、武山铜矿、焦家金矿、铜绿山铜铁矿的全尾砂进行了探索性测量，取得了相应的成果。

就应力、应变、应变速率及黏度、模量等流变参数来讲，应变、应变速率、模量同所要研究的物料及其泵压输送关系不大，本书不作介绍，剪切应力测量、测试方法比较统一，而更多的是融合在黏度测量过程中。比较复杂的是黏度测量，其测量方法大致分为毛细管法、落体法、旋转法、平板法、振动法等。下面就不同的全尾砂膏体材料介绍几种适用的流变参数测试方法及仪器。

3.2.1　桨叶法

采用桨叶法测量静态屈服应力，可按照要求的剪切速率直接对应测量屈服应力，克服了传统外推法的缺点。该类仪器设计制造比较容易，也可由其他仪器改装。中国恩菲工程技术有限公司同中科院化学所合作，进行金川二矿区全尾砂膏体测量实验时，对德国 RV-2 型黏度计进行了改装，新设计加工了弹性传感元件和各种测量头，如 Y 形、十字形、星形桨叶式测量头。实验时采用的是十字形桨叶，如图 3-1 所示。屈服应力由式（3-1）计算。

$$\tau_y = T_{max} / 4\pi R^3 (H/2R + 1/6) \qquad (3-1)$$

式中 T_{max}——测量时的最大扭矩，N·m；

R——桨叶的半径，cm；

H——桨叶的高度，cm。

通过试验，可认为十字形桨叶测量屈服应力的方法简单易行，对塑性材料的测量结果干扰小，数据重复可靠。仪器测量扭矩的大小直接用标准物质（硅油-牛顿体）进行标定，仪器的测量范围主要是由弹性传感元件的性能决定。试验用的半径为 2cm、高为 2.5cm

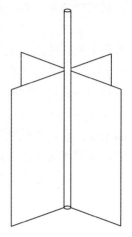

图 3-1　十字形桨叶示意图

的桨叶对于 Ⅰ 类、Ⅱ 类、Ⅲ 类和Ⅳ类全尾砂膏体是适用的。对于 Ⅴ 类、Ⅵ 类全尾砂膏体的屈服应力测量，本书中十字形桨叶的尺寸还不够大，由于仪器扭矩的限制，桨叶的长径比略显不够。只要进行适当的改进，Ⅴ类、Ⅵ类全尾砂膏体的测量问题即可得到解决。

需要说明的是，采用直接测定静态屈服应力的方法所得数值同一般外推法所得的屈服应力值比较，直接法的测定值偏高些。其原因大致有三个方面：

（1）从直接法测量过程的应力变化可知，屈服应力 τ_y 是其中的最大值。

（2）对于一般的水基浓悬浮体系，在经过屈服值之后，易产生泌水和结构破坏，甚至会产生裂纹，用这种条件下测得的数据进行外推，结果肯定低于静态值。

（3）被测物料的触变性也是造成差别的原因之一。

3.2.2　平行板黏度测量法

平行板黏度测量法可以分成两类。一类是挤压两平行板，通过测定两平行板间的距离变化和时间的关系来求黏度。这种方法适用于黏度值较高（$10^3 \sim 10^8$Pa·s）的物料，且主要用于调查塑性流体的流动性。另一类是旋转两平行板。这两种方法所采用的平行板一般均为圆板。在此主要介绍旋转圆板黏度测量法。

旋转圆板黏度测量法的基本原理是，在平行放置的两个圆板之间装满试料，当使其中的一个圆板以一定的角速度旋转时测定作用于圆板上的黏聚力矩而求黏度，其结构示意图如图 3-2 所示。

金川二矿区全尾砂膏体的旋转圆板黏度测量是在美国 Rheometrics 公司生产的 RMS-605 型力学谱仪上进行的。为了适应全尾砂膏体的流动特性，实验采用了能防止表面滑移的圆形槽板。槽板中槽深1.5mm，槽宽2mm，槽间距1mm。圆形槽板上每90°为一分区，各区间槽向相互垂直。实验探索时选用了直径分别为34mm、40mm和44mm的三种槽板，正式实验采集数据时选用的是直径为44mm的槽板。测量结果由仪器的计算机自行计算并打印绘图输出。剪切速率和剪切应力的公式如下：

$$\dot{\gamma} = R\Omega/H \qquad (3\text{-}2)$$

$$\tau = MK = 1981/\pi(R/10)^3 \qquad (3\text{-}3)$$

则

$$y = \frac{\tau}{\dot{\gamma}} \qquad (3\text{-}4)$$

式中　　M——扭矩，N·m；

　　　　Ω——旋转速率，1/s；

　　　　R——圆板半径，mm；

　　　　H——平行板间距离，mm；

　　　　K——仪器常数；

　　　　$\dot{\gamma}$——剪切速率，1/s；

　　　　τ——剪切应力，Pa。

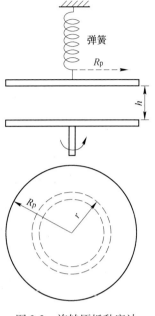

图 3-2　旋转原板黏度计
的原理示意图

试验结果表明，采用旋转圆板黏度测量法，可对 I 类、II 类全尾砂膏体进行测量。但也存在一些问题，带槽的圆形平行板虽可解决全尾砂膏体在平行板表面的滑移问题，但由于呈现塑性的材料本身的影响，在高剪切速率下，则产生泌水现象，材料内部也随着剪切速率增加和剪切时间增长而出现结构破坏，因此测量结果虽可反映各组物料相互间的对比性，但依此数据来决定材料的流变方程仍有一定的差距。

采用平行板进行非牛顿流体的黏度测量，需对测量结果进行修正；若改用锥-板来测非牛顿流体的黏度，则不须对测量结果校正。市场上可以购到旋转圆板黏度计、锥-板黏度计。它们主要的优点是，测量精度高，用材料几立方厘米即可，清洗操作简便。

3.2.3　旋转圆筒式黏度测量法

旋转圆筒式黏度测量法的基本原理是，通过使圆筒与物料作相对旋转运动，测定以一定角速度旋转时所产生的黏性力矩即可求出黏度。

旋转圆筒式黏度计大致可以分为两种，一种是同轴双重圆筒旋转黏度计，另一种是单一圆筒旋转黏度计。单一圆筒旋转黏度计比同轴双重圆筒旋转黏度计操作更简单，携带更方便，其测定原理可以看作是同轴双重圆筒旋转黏度计的外筒半径无限大的情况。但使用较多的仍为同轴双重圆筒旋转黏度计。在此重点介绍这种黏度计。

同轴双重圆筒旋转黏度计的构造如图 3-3 所示。是将外筒和内筒的中心轴安装在同一轴上，在两筒间隙中装满试料，外筒或内筒以一定角速度旋转，测定圆筒所受的黏性力矩，即可求出物料黏度。

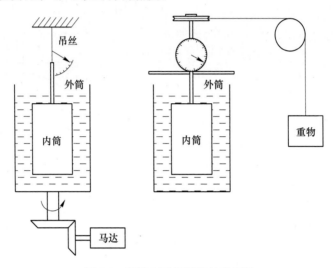

图 3-3 同轴双重圆筒旋转黏度计

同轴双重圆筒旋转黏度计既可用于预想表示流体流动性关系式的场合，也可用于不能预想表示流体流动性关系式的场合。

（1）掺加粗骨料的 V 类、VI 类全尾砂膏体，其特性类似于新拌混凝土，可以近似看成是宾汉体。可采用较大尺寸的同轴双重圆筒旋转黏度计来测量屈服应力 τ_0 和塑性黏度 η，村田次郎等人曾提出过这种旋转黏度计的要求：

1）内外筒之间的空隙 $R_2 - R_1$，由粗骨料的最大尺寸 β 来决定，一般 $(R_2 - R_1) \geqslant 3\beta$。但这间隙也不能太大，以免实验时膏体料分层。

2）内外筒半径的比值 R_1/R_2 不小于 0.6。

3）为了减少端部效应，应该使内筒的高度 h 和内外筒间在端部的空隙 h' 尽可能大一些。但为了避免全尾砂膏体料在测试过程中发生分层，h 和 h' 又不宜过大。最好在内外筒的端部之间放入一些容易滑动的材料，以尽可能消除端部的阻力。

4）为了避免全尾砂膏体料和筒体表面间发生滑移，应该采取适当措施，例如在筒体表面刻槽等。

（2）用于不能预想表示流体流动性的关系式时，采用下列方法实验求流动曲线的黏度。

简单的方法是使用圆筒半径比内外筒间隙大得多的同轴双重圆筒黏度计。这样就可近似看成 $R_1 = R_2$，从而可知 $\tau_1 = \tau_2$，圆筒间的流体不管在什么地方，剪切应力都可以看成是相同的。那么，假设圆筒间流体的剪切应力为 $\tau(\approx \tau_1 \approx \tau_2)$，剪切速率 $D_s[=f(\tau)]$，若剪切应力为 τ 时的非牛顿黏度为 η_a，则近似得

$$D_s = f(\tau) = \tau/\eta_a \tag{3-5}$$

将此关系式代入

$$\omega_2 = \int_{\omega_1}^{\omega_2} d\omega = \frac{1}{2} \int_{\tau_1}^{\tau_2} \frac{f(\tau)}{\tau} d\tau \tag{3-6}$$

则

$$\omega_2 = \frac{1}{2\eta_a}(\tau_2 - \tau_1) = \frac{M}{4\pi h \eta_a}\left(\frac{1}{R_2^2} - \frac{1}{R_1^2}\right) \tag{3-7}$$

又从这个关系式可得：

$$\eta_a = \frac{M}{4\pi h \omega_2}\left(\frac{1}{R_2^2} - \frac{1}{R_1^2}\right) \tag{3-8}$$

式中　ω_1——内筒角速率；

　　　ω_2——外筒角速率；

　　　R_1——内筒半径，mm；

　　　R_2——外筒半径，mm；

　　　M——黏性力矩，N·m。

当内外筒的间隙太大而不能看成 $\tau_1 = \tau_2$ 时，也可进行类似测试，只是计算公式的推导稍繁琐些。

圆筒旋转式黏度计对全尾砂膏体的六类料均可进行测试，在黏度比较高的场合也适用。并且采用这类黏度计，可连续改变旋转角速率，测定对应于这些旋转角速度下的力矩 M，计算各种剪切速率下的剪切应力，从而可以求得非牛顿流体的流动曲线。

对于这类黏度计容易引起误差的原因有以下几方面：

（1）温度的影响。如不能正确测定温度和保持恒温，就不能做正确的黏度测定。现在已有在外筒外加恒温器的装置。

（2）旋转角速率的变动等影响。如果不能正确测定旋转角速率，就不能正确求黏度。且实验选择在圆筒间隙中的试料的流动不会成为紊流的旋转角速率。

（3）偏心的影响。如果黏度计内筒和外筒的中心轴不一致，即有些偏心时，测量肯定会引起误差。

3.2.4　两点式测量法

两点式测量法是在同轴旋转式黏度计单点测量的基础上发展起来的，最早用于混凝土的工作度测试，称作两点式工作度仪，这种仪器的测量头是一个断螺旋式的搅拌叶轮，在液力传动下于被测物料内作单向旋转运动，其转矩可以通过测量传动液压予以确定。

断螺旋式的搅拌叶轮作为搅拌器可以在不引起离析和泌水的情况下搅拌膏体料，其优点是扁平叶片固定在螺旋轴的螺线方向上，这样就可以使被搅拌的膏体

料经由叶片的间隙落下，这一点对于浓度高、稠度大的膏体料来讲尤其重要。因为如果叶轮不是断螺线式的，而是完整螺线式的，那么膏体料受叶片搅拌上移后就不会落回，就没有新的膏体料补充。

该试验装置是由英国的塔特索众（C. H. Tattersall）博士研制的，其基本原理是，全尾砂膏体近似看作宾汉体，转矩和转速的关系是一条直线或很接近于直线，其关系可用以下公式表示：

$$T = g + hN \tag{3-9}$$

式中　　T——转矩，N·m；

　　　　g，h——两仪器常数，它们分别与屈服值 τ_0 和塑性黏度 η 成正比。

$$\tau_0 = K_1 g, \qquad \eta = K_2 h \tag{3-10}$$

式中　　τ_0——屈服应力，Pa；

　　　　η——塑性黏度，mPa·s。

用已知流变特性的牛顿体或假塑性材料进行适当的标定，即可以获得上述比例常数 K_1、K_2。

铁道部大桥局桥梁研究所自英国进口的两点式工作度仪型号为 WF52700。盛装膏体料的圆筒高 304mm，筒径为 254mm，转速调节范围为 0~140r/s，采用此仪器要求各测量点结果的相互系数不小于 0.994。如果小于 0.994，应重新进行校正，然后再测量，并考虑是否转速过大而产生了涡流。

通过对金川全尾砂膏体料的实际测量，对两点式工作度仪取得了下列认识：

（1）两点式工作度仪是建立在宾汉模型基础上的。在这个前提下测量膏体料，其结果能很好地反映料的屈服应力和塑性黏度，各组试料对比性较好，且数值与工程实际应用范围相符。

（2）一般来讲，这种测试方法对于各类型的全尾砂膏体料均是合适的。但由于该仪器是为测量新拌混凝土的工作性而研制的，因而对于特性类似于新拌混凝土即Ⅴ类、Ⅵ类的全尾砂膏体料更为合适。因为这两类比其他四类全尾砂膏体料更似宾汉流体。

（3）两点式工作度仪尽管是测量混凝土流变性较好的仪器，但对于流动性差的全尾砂浆，测量数据的离散度较大。如果全尾砂膏体料浆的坍落度在 10cm 以上，用这种装置测量效果很好。

（4）该仪器制作比较简单，可由食品搅拌机改装；标定、校正也较容易。

3.2.5　管式黏度测量法

细管法的黏度测定法广泛应用于各种流体的黏度测定，可用于从 10^{-4}Pa·s 的低黏度至 10^5Pa·s 的高黏度的牛顿体黏度测定，建立于细管法测定原理之上的加压型管式黏度计，适用于较高黏度的测定且可用于非牛顿流体场合。

（1）在进行金川全尾砂膏状充填料浆流变性能测试时，采用了 $\phi124mm$ 一种管径的闭环管路系统和 $\phi100mm$、$\phi123mm$ 和 $\phi143mm$ 三种管径组成的水平闭环管路系统。三种管径的试验主要是为了分析研究壁面滑移，试验借助泵压输送全尾砂膏体料，管路中设置了同位素密度计、电磁流量计和压力传感器，以进行浓度、流量（或速度）和不同位置压力等各参数的测量。

设管路直径为 D，半径为 R，长度为 L 的细管中流动的流体流量为 θ，L 长管两端的压力差 Δp，施于管壁上的剪切应力为 τ_w，受力分析如图3-4所示。

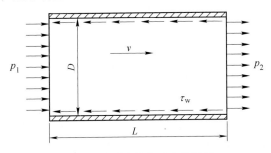

图3-4　管道中浆体受力分析图

测量数据可按下列方法处理。

1）不同平均流速 v_m 下，计算管壁切应力 τ_w 和有效流动度 φ_e：

$$\tau_w = \frac{D}{4} \cdot \frac{\Delta p}{L} \qquad (3-11)$$

$$\varphi_e = (8v_m/D) \cdot (1/\tau_w) \qquad (3-12)$$

2）绘制不同平均流速 v_m 下的 $\varphi_e = f(Ln\tau_w)$ 曲线，并进行回归求出曲线在给定点的斜率；

3）计算不同流速下管壁处的切变率：

$$\left(\frac{dv}{dR}\right)_w = \tau_w \left[\varphi_e + \frac{1}{4} \cdot \frac{d\varphi_e}{d(Ln\tau_w)}\right] \qquad (3-13)$$

4）绘制 $\tau_w = f\left[\left(\dfrac{dv}{dR}\right)_w\right]$ 曲线；

5）将 $\tau_w = f\left[\left(\dfrac{dv}{dR}\right)_w\right]$ 曲线作不同次幂拟合，然后对照典型流体流动曲线进行分析与检验，求出相应的流变参数 τ_0、η 和流动指数 n。上述过程均可在计算机上一次完成。

式中　τ_w——管壁切应力，Pa；

$\quad\quad\varphi_e$——有效流动度；

$\quad\quad v_m$——平均流速，m/s。

利用管输参数确定流变性能的方法，从泵压输送膏体工艺的适用角度来讲，采用此法获得的数据，最接近生产实际。但由于受许多管输条件（如测试仪器的精度、输送速度的变化范围等）的限制和影响，测得的参数不一定完全真实反映膏体充填料的流变特性。此外，大型管输实验需耗费大量人力、物力及财力，实验周期也比较长。

（2）为了解决测量管输参数确定流变性能的方法的缺点，清华大学研制了一套实验室规模的管道输送系统，该装置是以空气压力作为动力使物料在管道中流动，系统安装了两条管道，内径分别为 2.74cm 和 5.08cm，总长度为 347cm，有效管长为 306cm。试验时的平均流速采用的是体积时间法测量，压差用 U 形比压计测量。

在进行实验数据的处理时，他们采用的是计算视切变率 $8V/D$，描述 τ_w 与 $8V/D$ 的关系曲线后，经分析将不同浓度、不同配比的全尾砂膏体物料皆按宾汉流体模型处理，没有采用不预设模型的数据计算处理分析法。

通过对照测试结果，可以看作这种测试方法获得的流变参数与泵压管道输送测量获得的流变参数有可对比性；这些参数在进行管道输送阻力计算时，均可作为依据，只是这种方法还不能适用Ⅴ类、Ⅵ类全尾砂膏体料。经进一步的实验研究，研制一套适用性强、实用价值高、数据准确可靠的管式黏度计是非常必要的。

测定黏度时，有根据黏度定义的绝对测定法和利用黏度或运动黏度已知的黏度标准液作比较的比较测定法。上述介绍的几种方法除管式黏度测量外，都是由相对测定力法求黏度。采用相对测定方法求黏度时，所用的黏度计要用黏度标准液进行正确的校正。

黏度标准液的黏度和运动黏度用另外的黏度标准液校准过的精密黏度计测定（相对测定），而作为基础的第一次的黏度标准液的黏度或运动黏度，必须由绝对黏度测定求得。黏度的绝对测定可以根据黏度的定义来测定。

黏度稳定而且相对容易得到的液体就是蒸馏水。其在各种温度下的黏度、运动黏度在专门的黏度测量工具书上可以查到。蒸馏水的黏度处于低黏度范围，现在在美国、日本、德国等国家广泛采用碳氢油作为黏度标准液，其黏度较高，稳定性好、实用性强。在我国除了碳氢油外，还有一种硅油黏度标准液。黏度标准液需装在深色的玻璃瓶中密封，要避光避热保存。必须注意防止加热至高温或者处于低温而凝固。另外，应该避免把使用过的标准液和未使用过的标准液混放在一起。

3.2.6 流变仪

黏度计只能测试流体在一定条件下的黏度，如低级的 6 速黏度计只能测试 6 个固定转速下的黏度，再好一些的有更多的转速可供选择，而流变仪可以给出一个连续的转速（或剪切速率）扫描过程，给出完整的流变曲线。高级旋转流变仪还具备动态振荡测试模式，除了黏度以外，还可以给出许多流变信息，如储能模量、损耗模量、复数模量、损耗因子、零剪切黏度、动力黏度、复数黏度、剪切速率、剪切应力、应变、屈服应力、松弛时间、松弛模量、法向应力差、熔体拉伸黏度等，可获得的流体行为信息包括非牛顿性、触变性、流凝性、可膨胀性、假塑性等。

屈服应力与黏度是表征膏体流变的两个基本参数。屈服应力的测量通常分为直接法与间接法。直接法是运用旋转黏度计测量，此方法快速简便，但旋转元件与试样会产生滑移效应。间接法是指方程回归法，该方法通过假设的模式方程拟合实验数据获得屈服应力，误差较大，可靠性较差。与间接法相比，直接法重复性好，精度较高。由于采用桨叶式流变仪，转子与壁面滑移效应较小，因此，越来越多流变测试实验采用直接法测量计算。

2010年后，旋转流变仪逐渐开始广泛应用于充填料浆的流变参数测试，旋转流变仪分为控制应力型和控制应变型。

使用最多的流变仪为控制应力型，如德国、美国、英国、奥地利等国家的流变仪。其电机大多采用异步交流电机，惯量小，特别适合于低黏度的样品测试；另也有流变仪如美国部分公司采用永磁体直流电机，从原理上响应速度快，是应力型流变仪的一种发展方向。这一类型的流变仪，采用电机带动夹具给样品施加应力，同时用光学解码器测量产生的应变或转速，并在大扭矩测量方面不会产生大量的热，不会产生信号漂移。

Brookfield 的 R/S Plus 系列流变仪是同时具有控制剪切率（转速，单位 r/min）和剪切应力（扭矩，单位 N·m）两种模式的流变仪，特别适用于复杂流变分析。应用自动数据采集和分析的 Rheo3000 软件。通过剪切率变化而获得相应完全的流动曲线，可实现对物料从初始屈服应力到松弛、恢复和蠕变的流变学行为评估。其测量原理如图 3-5 所示。

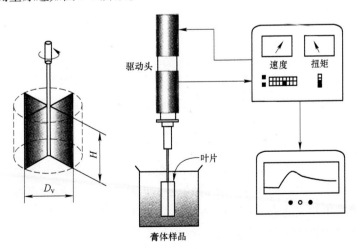

图 3-5　流变仪测试原理

流变仪测试后通过其配套的软件可进行数据分析。通过不同的流变步骤（控制剪切应力、剪切率、温度等）对试样进行分析，从而对物料的黏度流动曲线、蠕变回复、屈服应力、应力松弛、黏弹性模量等流变参数进行完整表征。测试界面如图 3-6 所示。

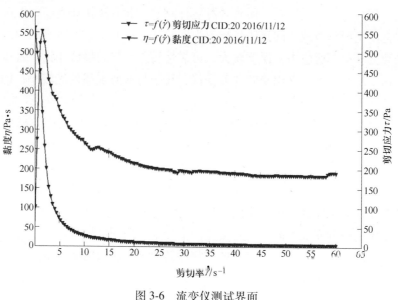

图 3-6　流变仪测试界面

3.3　高浓度、膏体料浆流变学模型

3.3.1　非牛顿体流变学

流变（rhfology）一词来源于古希腊哲学家 Heraclitus 所说"$\pi\alpha\upsilon\tau\alpha\ \ \rho\varepsilon\tau$"，意即"万物皆流"。流变学是研究物质流动与变形规律的科学，其主要任务是研究应力与应变速率及其流动量之间的关系，从而建立本构方程或流变状态方程。

对于牛顿流体，切应力与剪切速率的比值 μ 是一个常数，即

$$\mu = \frac{\tau}{\dot{\gamma}} \tag{3-14}$$

它与剪切速率以及切应力的作用时间无关。如以坐标系的图解来描述，牛顿流体为一条通过原点斜率为 $1/\mu$ 的直线（见图 3-7）。这种"单参数"流体是流体性质最简单的表达式。

所有非牛顿流体切应力与剪切速率之比都不是常数，而是依剪切速率也可能还依切应力作用时间而变化。在非牛顿流体中，最简单的形式当属宾汉体，其流

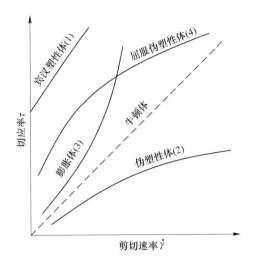

图 3-7 非牛顿流体的切应力与剪切速率曲线

动曲线为在切应力轴上有一截距的直线。这段截距代表屈服应力或初始切应力。低于此值时，流体不会流动。该直线的方程式为：

$$\tau = \tau_0 + \mu_B \dot{\gamma} \tag{3-15}$$

式中　τ_0——屈服应力；

μ_B——具有黏度量纲的常数，称塑性黏度或宾汉黏度。

显然，服从于此种模型的流体需要有两个参数，即 τ_0 和 μ_B 来确定其流动特性，而且在测量中，必须求得不少于两个的剪切速率值。

宾汉模型也还是理想流体的流变模型。大量充填实验研究表明，管道输送高浓度料浆时的雷诺数远低于从层流过渡到紊流的雷诺数，处于层流状态，且料浆均呈"柱塞流"（也称为结构流）。由于"柱塞流"的存在，真实流体的实际变形并不是按图 3-8 中 0-τ_0-4 线的形式。设此种流体在细管中流动，在 0-1 段，由于外加切应力小于流体的屈服应力，细管中没有流动。一旦施加的切应力刚好超过 1 点，伴随结构的破坏流体开始运动，但只限于圆柱表面，这种沿管壁的运动，称为塞流。随着切应力的增长，塞的直径逐渐减少，塞流现象逐渐消失，如图 3-8 中 2-3 段所示。当速度足够时，速度梯度接近抛物线，如图 3-8 中 3-4 段所示，流体进入稳定的全部流动。利用同轴圆筒旋转代黏度计测得的 Ω（角速度）-T（转矩）曲线亦具有同样的特点。

根据图 3-8 中的 3-4 段，其流速分布特征如图 3-9 所示，可得膏体在管内流动过程中流速沿径向分布的公式：

$$v = \frac{1}{\mu_B} \left[\frac{\Delta p}{4L}(R^2 - r^2) - \tau_0(R - r) \right] \tag{3-16}$$

式中，Δp 为压力损失，Pa；L 为计算流体圆柱段长度，m；R 为输送管段半径，m；r 为计算流体圆柱段半径，m。

当切应力为屈服应力 τ_0 时，则：

$$r_0 = \frac{2\tau_0 L}{\Delta p} \qquad (3\text{-}17)$$

即 $r > r_0$ 时，切应力大于屈服应力，流体开始产生切变率，开始流动；$r < r_0$ 时，流体不产生切变率，此范围膏体呈"柱塞流"。

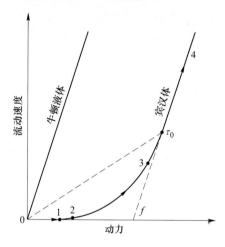

图 3-8　流动的类型

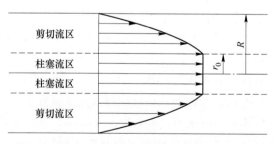

图 3-9　宾汉体流速分布特征

根据料浆管道流速分布，在已知料浆屈服应力和黏度的前提下，通过宾汉体沿程阻力计算公式，可以计算出料浆输送的沿程阻力损失：

$$I = \frac{4L}{D}\left(\frac{4}{3}\tau_0 + \mu_{\mathrm{B}}\frac{8v_{\mathrm{cp}}}{D}\right) \qquad (3\text{-}18)$$

式中，I 为管道沿程阻力损失，MPa；L 为计算管段长度，m；v_{cp} 为管内浆体平均流速，m/s；D 为输送管内径，m。

在工业中实际遇到的流体，其切应力与剪切速率的关系很可能根本不是线性的，在切应力轴上可能有截距，也可能没有截距。有些流体的流动曲线弯向切应力轴方向，表明剪切速率的增长比切应力慢，称为剪切稠化，淀粉糊就有这种特性，它在自重下流动很快，但很难高速搅动。剪切稠化有时伴随着膨胀，质点的结构改造导致体积增大。这种流体称为膨胀型流体，如图 3-7 中（3）所示。流动曲线弯向剪切速率轴方向的流体称为伪塑性体，如图 3-7 中（2）所示，其剪切速率的增长比切应力快，即结构易于被切应力所改变，称为剪切稀化。某些溶液如羧甲基纤维素水溶液便具有这种性质。此种流体可用幂律模型表示：

$$\tau = \mu_P \dot{\gamma}^n \tag{3-19}$$

式中　n——流变特性指数，$n=1$ 为牛顿流体，$n>1$ 为剪切稠化，$n<1$ 为剪切稀化；

　　　　μ_P——稠度或幂律黏度。

当伪塑性流体同时还具有屈服应力时，称为屈服伪塑性体，如图 3-7 中（4）所示，其方程式为式（3-20）。膏体属于宾汉塑性体，其流变特性为：

$$\tau = \frac{4}{3}\tau_0 + \mu_B \frac{8v}{D} \tag{3-20}$$

其他描述内摩擦特性的流变方程模型还有（B，C 为常数）[2]：

Vom Berg，Ostwald-de Waecle：　　$\tau = \tau_o + B \sin^{-1}(\dot{\gamma}/c)$ $\tag{3-21}$

Eyring：　　　　　　　$\tau = \alpha \dot{\gamma}^n + B \sin^{-1}(\dot{\gamma}/c)$ $\tag{3-22}$

Robertson-Stiff 模型：　　　$\tau = \alpha(\dot{\gamma} + C)^b$ $\tag{3-23}$

Atzeni et al. 模型：　　　$\dot{\gamma} = \alpha \tau^2 + \beta\tau + \delta$ $\tag{3-24}$

当固体颗粒很细，其密度又高时，所形成的砂浆性质不像真正的液体黏度。为了区别于牛顿流体定义的黏度，对非牛顿流体的高浓度砂浆来说，采用表观黏度（μ_a）的概念来评定其流动特性。表观黏度可定义为：在特定的剪切速率下，非牛顿体的当量牛顿黏度，即

$$\mu_a = \tau / \dot{\gamma} \tag{3-25}$$

给定流体的表观黏度是剪切速率的函数，

$$\mu_a = K \dot{\gamma}^{n-1} \tag{3-26}$$

从图 3-10 可见，对于宾汉体和伪塑性体，μ_a 值随剪切速率的增加而减小；膨胀流体则相反，μ_a 随剪切速率的增加而增加。牛顿体不论剪切速率如何变化，μ_a 都是一个常数。

有些非牛顿流体在给定的剪切速率和温度条件下，切应力随时间增加而减小，即表观黏度随切应力作用的持续时间增加而减小。其原因是切应力正在逐渐破坏流体静止状态时的某种三维结构。剪切速率越高，破坏的过程越快。这就是触变性。具有触变性的流体，其流动曲线呈滞变环（hysteresis loop），如图 3-11 所示。剪切速率降低时的曲线与剪切速率增加时的曲线不能重合，下行曲线偏向剪切速率轴一侧。此完整曲线所围成的面积 A 表示该流体触变性的大小。具有触

变性的流体，被搅动时变稀，静止时变稠。

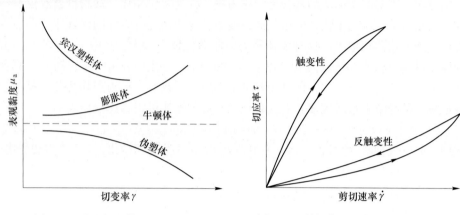

图 3-10　非牛顿流体的表观黏度　　　　图 3-11　剪切作用下结构破坏的滞变环
　　　　　与切变率的关系

　　有时下行曲线可能偏向切应力轴一侧而构成负滞变环。这种现象称为反触变性或负触变性。水泥浆在水化过程的不同阶段，就分别具有这两种相反的特性。

　　必须注意，不能把触变性和伪塑性混为一谈。伪塑性是表观黏度随切应力的增加而减小。同样的也不能把反触变性和膨胀性相混淆，膨胀性是表观黏度随切应力的增加而增加，反触变性则是表观黏度随切应力作用的持续时间增加而增加。

3.3.2　临界流态浓度

　　充填料浆浓度对于胶结充填具有极为重要的意义，高浓度（膏体）不仅能够有效提高充填体强度，而且也是降低水泥单耗、节约充填成本的最佳措施。可是在胶结充填技术应用了十多年后，人们才开始认识到这一点。所谓高浓度，有特定的物理含义，即随着料浆浓度的提高，其流变特性逐渐发生变化。从图 1-1 的 i-v 关系曲线可知，当浓度低于某一临界值时，曲线为上凹曲线；当浓度达到此临界值时，i-v 关系基本呈线性关系；如继续提高料浆浓度，i-v 曲线成为下凹曲线，此临界值称为临界流态浓度。

　　也就是充填料浆达到一定浓度时，在管路截面垂直方向上的浓度梯度为零，此时料浆的浓度即为临界流态浓度。临界流态浓度是料浆呈均质性或非均质性的分界浓度，大于等于这个浓度时，浆体呈均质流特性。均质流（homogeneous flow）系统中，固体颗粒均匀地分布在整个液体介质中。固体颗粒的存在对均质流的性质有重大的影响，通常是使黏度增大，因而这些系统常常呈现非牛顿体的流变特性，似宾汉体。此时，料浆流态特性已发生变化，呈似均质状态，基本不产生离析，可在很低的流速下正常输送，但摩擦阻力增长很快。

不同矿山充填料浆的临界流态浓度值是不同的，而不同物料具有不同的临界流态浓度，须通过试验确定。金属矿山常见充填料浆的临界流态浓度变化区域普遍在 75% ~ 78% 之间。图 1-1 所示料浆的临界浓度为 77.5%。

考虑到临界流态浓度对确定充填配比和输送参数的重要意义，而不同的充填料浆的临界流态浓度不同，因此确定临界流态浓度是相关试验一个极为重要的内容。

3.3.3 细粒级尾砂流动特性的影响因素

尽管大多数尾砂料浆屈服应力随料浆质量浓度增加呈指数增加，需要引入一个特定的浓度或屈服点描述曲线的斜率突变和实际料浆浓度的关系。在图 3-12 中，表示了利用桨叶式流变仪测试许多类高浓度（膏体）尾砂的屈服应力随浓度变化趋势。如果设计一个屈服应力为 250Pa 的膏体充填系统，从图 3-12 中可以看出，对应不同尾砂、不同选厂和充填站条件，其质量浓度范围在 22% ~ 80% 之间，这也说明了在设计伊始，料浆屈服应力可靠的测量和理解的重要性。料浆流变性能随浓度的变化都是不同的，差异一般还特别大，即使是同一种矿石尾砂，

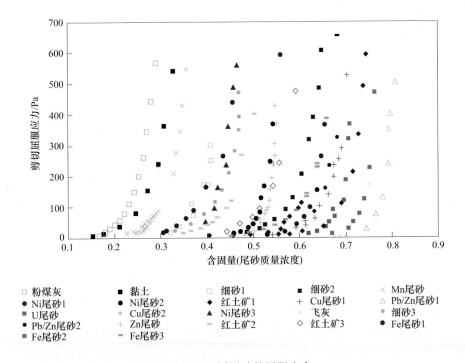

图 3-12 不同尾砂的屈服应力

由于矿床赋存的深度，化学成分的变化也会造成其流变参数的差异。如果要使用一套高浓度（膏体）尾砂系统，首先就是认识到这些变化带来的差异。尽量将实际作业浓度控制在"拐点"以下，否则料浆浓度波动±1%，屈服应力可能变化100%，这可能导致充填料制备及输送的困难，甚至发生堵管事故。

3.3.3.1 尾砂浓度

矿浆流变学研究中常见的是低浓度料浆浓度增加到某一浓度（临界流态浓度）时，料浆就由牛顿体变为了宾汉体。图3-13表示了某铜矿膏体充填料浆流变参数随浓度和水泥添加量变化曲线，从屈服应力角度来说，料浆在较高的特定浓度时出现了明显的剪切稀化现象，除了屈服应力，该浓度还和矿物性质、尾砂粒级分布、是否添加水泥有关。

对于触变性材料——通常为添加了絮凝剂的尾砂料浆，确定屈服应力、黏度和料浆浓度的关系时，需要综合考虑这些物料的剪切力变化过程，在设计阶段，不能将这几个已知因素分开考虑。所以，决定料浆浓度和流变性能时，料浆必须是从没有剪切状态到平衡状态，通过这些数据，就能决定实际设计和生产作业参数选择范围。

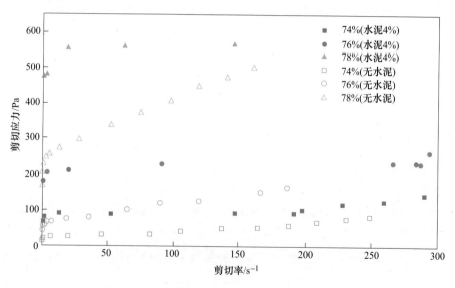

图3-13　流变参数随浓度和水泥添加量变化曲线

3.3.3.2 尾砂粒级及级配

如果其他条件一样，一定浓度下，更细的尾砂具有更高的屈服应力和黏度，因为更细的尾砂料浆有更大的比表面积，从而有更大的粒子之间相互作用面积。图3-14中混合了沙的铝土矿渣证明了这点，屈服应力随不同沙的添加量而变化（图3-14中配比为铝土矿渣∶沙）。掌握了尾砂料浆的粒级和级配对料浆流变参数的影响，在膏体充填设计和生产中，就可通过在料浆中添加骨料调节特定浓度下膏体的屈服应力，或者特定屈服应力调节膏体的浓度。

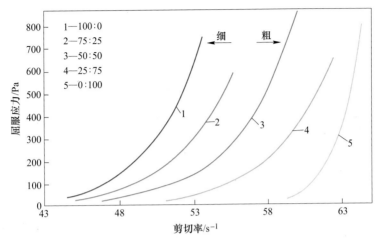

图 3-14　不同铝土矿渣和沙配比的屈服应力

图 3-15 描述了铅锌银矿尾砂膏体中添沙的影响。脱泥尾砂在特定浓度下，屈服应力一般较低。通过料浆测试，脱泥尾砂和添加 13% 沙质量浓度达 87% 的尾砂对比结果如图 3-15 所示。在图 3-15 中，屈服应力剖面向右侧位移明显，100% 浓度的尾砂的屈服应力才能达到 200Pa，也可通过添加 25% 的沙制成最终尾砂浓度达到 69%~75%。

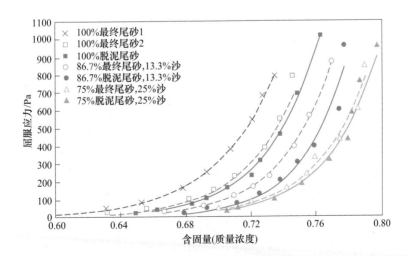

图 3-15　铅锌银矿脱泥尾砂和添加沙对屈服应力的影响

采场充填一般需要添加水泥（也包含其他非水泥胶凝材料），水泥的添加效果一般取决于短期水化反应，以及对固化有害作用的细粒级尾砂含量，测试在添加水泥 2h 内完成，但是最好在 1h 内完成。

图 3-16 表示不同水泥添加量的铅锌尾砂的剪切屈服应力-质量浓度关系曲线。图 3-17 表示尾砂和普通波特兰水泥的粒级分布。在测试固体样品中，任意浓度添加水泥的全尾砂的屈服应力均较低。由于添加了较细颗粒的水泥影响了尾砂料浆的流变参数，所以添加水泥的料浆试样有较高屈服应力。胶结充填有一种典型现象：当添加水泥确实有作用时，它的作用随着超出最初添加量而下降。添加 7% 水泥的料浆的屈服应力比添加 3%~5% 水泥的大，但是这些差异相对于充填料浆有无水泥的差异是很小的。

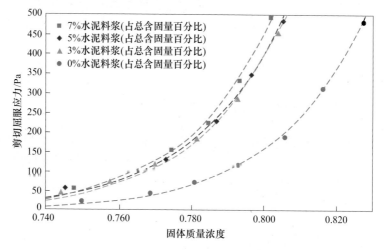

图 3-16 添加水泥的铅锌尾砂剪切屈服应力变化曲线

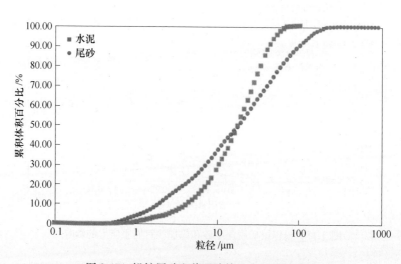

图 3-17 铅锌尾砂和普通波特兰水泥粒级分布

3.3.3.3　尾砂粒形状

金属矿尾砂常见高宽比率大和形状扁平的颗粒。在流体中，这种颗粒一般会旋转从而表现为球形，从而使尾砂料浆表现出高体积浓度悬浮液的特征。所以，这种颗粒悬浮液在较低质量浓度下就有很高的屈服应力和黏度，含有膨胀型泥的材料通常也有这种特征。当这类型料浆流动时，需要时间将颗粒改变当前状态统一流动，在此期间，通过固定剪切率，剪切应力随时间降低到一个稳定值，这种现象在红土矿尾砂中得到了广泛证明，也常见于高宽比率大的尾砂颗粒脱水和非标准流体。

3.3.3.4　剪切率和剪切史

剪切率和剪切史对于已经产生絮凝网络结构的高度絮凝的尾砂是特别重要的。例如，在浓密机形成的这种絮凝网络结构在输送至尾矿库的过程中，通过输送泵和管线破坏了。通过控制剪切率和剪切史，在特定场合需要优化流变参数的时候，就能提供有效的操作途径。

图 3-18 表示了剪切史中屈服应力函数的变化曲线。图 3-18 所示物料的剪切史是从一个从未剪切过的状态到一个充分剪切的状态，完全剪切是指流变参数不会随搅拌、泵送、管道输送而改变。图 3-18 中表示了同样矿体的两种材料，一种主要由红土矿组成，另一种主要由其他矿岩组成，不同剪切史的红土矿样的流变特性差别很明显，但是矿岩样的流变特性参数受剪切史的影响很小。图 3-19 表示对比数据，这些数据对于设计这两种材料的浓缩设备是非常重要的。

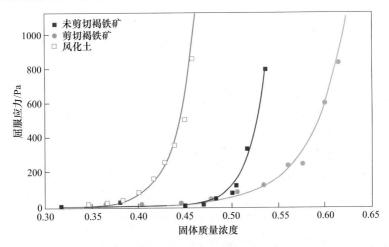

图 3-18　风化土和不同剪切史的褐铁矿屈服应力对比

前文已讨论过，剪切史对于浓缩、过滤过程中使用了絮凝剂脱水的物料有非常显著的影响。很明显，絮凝剂使浓缩脱水便利了，但是通常絮凝剂的使用也制约了脱水率，絮凝剂通过将细颗粒尾砂絮凝在一起，形成更紧密的絮凝团体，从

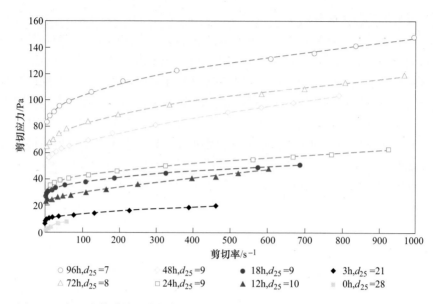

图 3-19　长距离管道输送剪切率和剪切应力的函数变化关系曲线（未添加水泥）

而比单个粒子更快沉降，但是絮团中的水也留在其中，这些水只有通过压缩才能完全排出。例如，利用带式过滤机生产的滤饼，滤饼拥有更高的剪切应力和屈服应力，这些应力均可通过剪切破坏掉。

通过测量流变参数来确定剪切对絮凝团的影响，并鉴别出适合脱水要求的絮凝剂，合适的絮凝剂要求能高效脱水，其形成的絮凝团容易被剪切或压缩，从而排出絮凝团内部的水并降低屈服应力。值得注意的是，所有浓缩尾砂对剪切史都是敏感的，但并不表明他们的屈服应力和黏度随时间和剪切而降低。

一些物料显示了由于剪切引起的聚合，这会导致由于剪切增加结构强度；一些脆弱的材料由于剪切时间增加，表现出了剪切流动特征的增强。从图 3-19 中可以看到，这些由于减少输送物料粒级而导致剪切应力的增加，这在确定长距离管道输送相关参数特别重要。在图 3-19 中，d_{25} 表示占样品中 25% 的颗粒低于该粒级，单位是 μm。

3.3.3.5　泥

很多矿物含泥，众所周知，泥很难脱水，其流变性也不确定，一些泥会有水化反应和膨胀，这会导致泥层彻底破解和分离。控制泥的膨胀程度可通过提高添加在泥中的水的离子强度实现。由于离子强度增加了，电离层被抑制，减少凝结并抑制泥层膨胀。如果保留了足够的钙离子，它会和内部的阳离子交换。由于钙是二价离子，浓度较低时，中和反应和凝结将会增加。凝结会导致颗粒的总有效接触面积降低，从而弱化颗粒的网络连接结构和内部反应。图 3-20 表示了通过控制高含泥黏土尾矿钙离子扩散降低屈服强度。控制扩散度的方式以前就有，为了避免泥层膨胀和凝结，需要有高浓度的钙离子，由于经济原因所以在尾矿处置中应用并不广泛，但是完全抑制泥层膨胀和分解没有必要。抑制颗粒分解能显著改善单独颗粒的脱水性能。

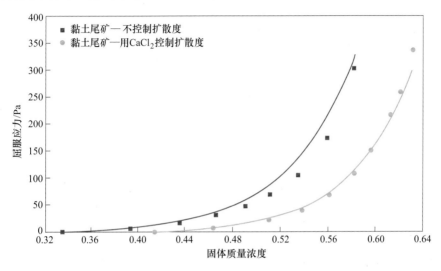

图 3-20　控制扩散度的黏土尾矿的屈服应力对比

3.3.3.6　水化学——pH 值和离子强度

为了提高选矿指标，选矿的趋势是将矿物磨得越来越细，所以细颗粒在料浆流变学中占有主要地位，而细颗粒尾砂会导致浓缩更加困难。悬浮的细颗粒带来的难题在于，颗粒越细，对颗粒的表面化学影响越大。这为通过控制选矿工艺水化学指标改善料浆的悬浮物流变性能提供了方向。

在许多情况下，改变选矿工艺水的化学指标被认为是不切实际、不经济的。然而随着资源、环境、法规等要求的提高，改善尾矿研究和管理的投入意愿也有所增加，这其中就包括评估研究选矿工艺水水质对尾矿脱水、输送、扩散和最终强度等特性的影响。对于细粒尾矿浓缩系统，絮凝剂、水泥和其他黏合剂、黏度改良剂等添加剂的效果都受到细尾矿颗粒矿物学和水化学的影响，其中水化学主要受到表面化学的影响。理解表面化学的作用可通过了解粒子表面电荷、表面电荷对流变学的影响以及表面电荷如何被改变来实现。表面化学首先可通过测量Zeta 电位评估——这是基于 pH 值评估表面电荷的依据。等电位（isoelectric point，IEP）是该 pH 值下颗粒表面电荷为零，范德华力最大。图 3-21 表示等电位时，颗粒相互吸引和凝结，此时屈服应力最大。远离等电位时，Zeta 电位最大，颗粒分散，屈服应力小且没有静电[3]。图 3-21 表示随着 pH 值增加料浆的屈服应力随之增加。

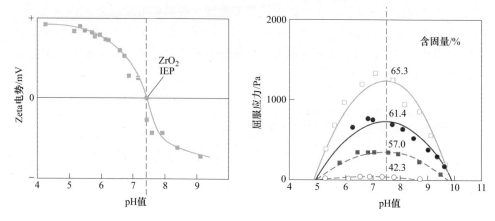

图 3-21　Zeta 电位和 pH 值、屈服应力函数关系曲线

　　表面作用和流变参数能通过改变工艺水的离子浓度实现。图 3-22 表示了高离子浓度下抑制了表面静电作用，降低了颗粒之间的排斥，平滑了等电位曲线，相应地，低浓度下的屈服应力随 pH 值变化没那么明显。

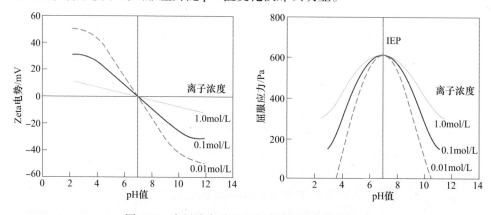

图 3-22　离子浓度对 Zeta 电位和屈服应力的影响

3.3.3.7　絮凝

　　为了研究和对比浓密絮凝过程，从图 3-23 可看出，细粒级尾砂料浆在加入高分子絮凝剂后，尾砂料浆的屈服应力和悬浮浓度都大为增加。压缩浓密机的进料通常来源于上一级浓密机或澄清器，然后再添加絮凝剂，在压缩浓密机形成絮凝团，水被分离。耙架转动，通过剪切效应将絮凝团形成泥层、被压缩，并排出其中额外的水。例如在图 3-23 中，压缩浓密机的物料浓缩工艺起始于 c 点，在曲线 a 向上移动，在 d 点形成浓缩的絮凝体。这时的物料通过尾矿泵和管线输送至尾矿库，通过泵和管线的剪切，d 点高浓度的浓缩物料的屈服应力降至曲线 b 上的 e 点，絮凝团网络结构已经破坏[3]。

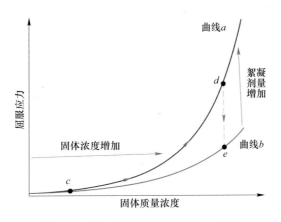

图 3-23 添加絮凝剂后的屈服应力变化

3.3.4 水泥浆体、水泥砂浆和混凝土的流变特性

由于水泥浆体较易测试，人们对其流变性的研究开展得较早，研究得也较多，其研究成果对高浓度（膏体）充填料浆研究也有一定的参考价值。对于水泥砂浆的研究，则视其为砂子悬浮于水泥浆体中的混合流体。同样，对混凝土的研究，则视水泥砂浆为骨料的载体。尽管这三种浆体的结构迥然不同，但研究者都从宏观流变学分析出发，把它们全部划入宾汉体的范畴，通过黏度计测定其屈服应力和塑性黏度，研究其流动特性，现将主要研究成果扼要汇集如下。

3.3.4.1 水泥浆体

水泥浆体的流变特性非常复杂，在剪切作用下显示不可逆的结构破坏，在低剪切速率时具有宾汉体的性质，可近似地用宾汉模型来表示。这是 30 多年前首次提出，又被后来的研究工作一再证实的结论。

水泥浆体具有很强的触变性和反触变性。绝大多数研究者所获得的流动曲线，趋势均为滞变环，屈服应力和塑性黏度可利用下行曲线求得。然而由于黏度计的几何形状、最大剪切速率、完成一次剪切时间的长短，以及浆体拌和程序的影响，可以得到差异很大的不同的滞变环。水泥浆体的流变参数受水灰比、水泥细度和比表面积、水泥成分、水化时间、拌和条件、温度等很多因素的影响。一般认为，屈服应力和塑性黏度是水灰比的指数函数。水泥细度直接影响其比表面积。水泥比表面积的增加将使活性增强，水化速度加快，因而水泥的比表面积越大，屈服应力和塑性黏度越高。除上述因素外，拌和条件对水泥浆体流变参数的影响也较为明显。

3.3.4.2 水泥砂浆

一般认为，高浓度水泥砂浆亦可近似地看作宾汉体，用同轴圆筒旋转式黏度计测定其流变参数。水泥砂浆的屈服应力和塑性黏度与水泥浆的类似，也随水泥水化时间而增加，随浆体体积浓度的增加而增加，亦呈指数函数关系。

水泥砂浆与水泥浆相比，主要差异在于固相砂粒与液相浆体之间的界面层存在着不同于水泥浆本身的结构，P. S. Poller 通过平板无侧限压缩实验揭示了水泥砂浆和水泥浆流变性的差异，如图 3-24 所示。

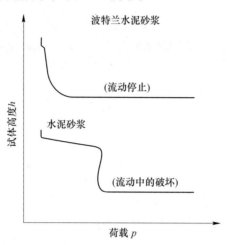

图 3-24　水泥砂浆与砂浆流变性的差别

从图 3-24 中可以看出，水泥浆由于黏性抗力随荷载的增加而增大，因此出现 h 停止降落的现象；而水泥砂浆则在荷载 p 达到某一限度时出现 h 的突然跌落。

3.3.4.3　新拌混凝土

流变学应用于混凝土，最突出的一点就是对"工作性"的研究。工作性集中反映了新拌混凝土的物理特性，但至今尚缺乏满意的定量测试方法，甚至还没有一个确切的定义。Powers 给工作性下的定义是："混凝土浇灌的难易程度和抵抗离析的能力"。W. H. Clanville 等人提出以"克服内摩擦达到完全密实所耗的功"来表达工作性。黄大能提出"工作性＝流动性＋可塑性＋稳定性＋易密性"。近年来越来越多地使用泵送混凝土，对工作性提出了更高的要求。最常用的方法还是古老的 Abrams 坍落度法，但坍落度并不能全面反映工作性。岩崎训明研究表明，混凝土的坍落度主要取决于混凝土的容量和屈服应力。塑性黏度虽与变形速率有关，但对坍落度仅是间接的影响。

Tattersall 指导研制了两点式混凝土工作度仪，用以研究新拌混凝土的流变性质。这种实验方法的基础是建立在新拌混凝土的流动性非常接近宾汉体的前提下的。实验时用一定形状的搅拌叶片以一系列速度 N 在试样中旋转，记下每种速度所需的扭矩 T。这两者的关系是线性的，可用以下方程描述：

$$\tau = g + hN \tag{3-27}$$

对照式（3-27）可知，g、h 两参数分别量度屈服应力 τ_0 和塑性黏度 μ_B，并与之成正比，即

$$\tau_0 = k_1 g \tag{3-28}$$

$$\mu_B = k_2 h \tag{3-29}$$

k_1、k_2 两比例常数可用已知流变性的牛顿体或伪塑性体经适当标定求得。Tattersall 认为 g、h 两参数比其他单参数法的结果更好地表征工作性。对此也还有不同的意见。如 Sandor Popovics 认为 Tottersall 忽视了新拌混凝土的膨胀性，在实践方面也没有直接证明 g、h 与工作性之间的关系。但是这种搅拌实验法无疑更接近工业生产实际。

根据 Powers 的意见，新拌混凝土流变学包括下列三个基本因素：（1）刚性模量，即增加单位应变所需提高的应力；（2）内聚强度，即垂直应力为零时的抗剪强度；（3）剪应变，即剪切破坏时的剪应变值。刚性模量反映了基体（Matrix）的流变性对新拌混凝土性质的复杂影响以及新拌混凝土的膨胀性能。内聚性差则导致混凝土的离析、泌水，可泵性变差。对于这种流变性能的分类也存在着不同的见解。

从泵送混凝土的角度看，特别重视下列因素的影响：

（1）混凝土的粒级组成。易于泵送的混凝土，其粒级组成应处于非常合适的范围，即在筛分曲线之间的上半部分。这与最大颗粒的粒径无关。但为了达到同样的泵送效果，混凝土中最大颗粒粒径越小，−0.25mm 细粒级物料的含量应越高。这是第一经验法则。通过剔除中等尺寸的骨料，并用粗砾石或砂子代替，可以将不适合泵送的混凝土变成可泵送的。这是第二经验法则。0~4mm 细砂含量应为混凝土 0~32mm 砂砾全量的 40% 左右，为达到良好的泵送效果，增加 0~4mm 细砂比增加水对混凝土的强度影响小。这是第三经验法则。

（2）−0.25mm 粒级的含量。混凝土颗粒组成为 0~32mm 时，−0.25mm 即水泥和自然超细骨料之和应不小于 $400~420\text{kg/m}^3$；粒级组成为 0~16mm 时，不应低于 $420~450\text{kg/m}^3$。这是第四经验法则。

（3）稠度。不同稠度的混凝土所对应的坍落度见表 3-1。

表 3-1　混凝土坍落度数据

稠度	k_1（黏稠的）	k_2（塑性的）	k_3（稀软的）
坍落度/mm	20~50	50~100	>100

稠度居中间范围 k_2，即坍落度接近于 70~100mm 的混凝土是最适于泵送的，稠度相差一级，含水量相差约 20L。像这样一些生产中适用的经验法则还缺乏流变学的解释。

3.4 尾砂特性、灰砂比、添加骨料对
充填料浆流变学特性的影响

全尾砂高浓度充填料浆是一种多相复合体，包含不同粒级的尾砂、水泥、水，有时还包含无机集料和其他添加剂、水泥替代品等，往往还会有一定的气体被裹入，其性质非常复杂，影响性质的变量很多，而且某些变数又不易估量。虽然全尾砂高浓度充填料浆与水泥砂浆、新拌混凝土有诸多类似之处，但由于工艺要求的差异，又不能等同视之。

全尾砂用作充填料，历史还不是很长，国内外对其流变性质的研究也仅仅作了一些探索性的工作。

全尾砂高浓度充填料浆包括以下各种类型：

（1）适合自流输送的全尾砂高浓度（膏体）胶结充填料浆；

（2）适合泵送的全尾砂高浓度（膏体）胶结充填料浆；

（3）适合泵送的全尾砂高浓度（膏体）充填料浆（在井下工作面附近加入水泥）；

（4）适合泵送的加粗骨料的全尾砂高浓度（膏体）充填料浆（在井下工作面附近加入水泥）。

不脱水速凝全尾砂充填料浆，因其在制备和输送过程不属于高浓度的范畴而未包括在内。从微观流变学的观点看，这些浆体的结构是不相同的，本文拟以第一、二类为主来探讨其流变性。

3.4.1 屈服应力

全尾砂高浓度充填料浆都具有较高的屈服应力，这是各研究者的共同结论，也是这种浆体有别于过去分级尾砂水力输送时的两相流体的一个质变。

表3-2是清华大学水利系利用管式黏度计对招远金矿全尾砂充填料浆体屈服应力值测定结果。

表3-2 招远全尾砂充填料浆屈服应力

$c_w/\%$	纯全尾砂浆				添加5%水泥	
	75.1	76.0	77.3	78.0	76.0	77.2
τ_0/Pa	53.9	69.6	109.8	168.6	74.5	79.4

表3-3是长沙矿山研究院利用水平环管测算所得凡口铅锌矿全尾砂充填料浆的屈服应力。

表 3-3　凡口全尾砂充填料浆屈服应力

$c_w/\%$	纯全尾砂浆		灰砂比 1:8		灰砂比 1:4	
	67.17	72.57	70.01	71.97	70.31	72.47
τ_0/Pa	43.60	170.09	102.23	187.78	95.52	175.59

中国科学院化学所采用德国 RV-2 型黏度计，十字形桨叶式测量头测定了不同浓度、不同灰砂比的金川全尾砂膏状充填料的静态屈服应力，结果见表 3-4。

表 3-4　金川全尾砂膏状充填料浆静态屈服应力　　　　（Pa）

灰砂比 ＼ 浓度	71%	73%	75%	76.5%	78%
0:1	428	863	1421	2209	4512
1:4	545	1010	2431	4084	7353
1:8	594	1088	2234	4215	6784
1:10	666	1170	2612	4479	7431
1:15	576	1070	2264	4281	7267
1:20	766	1227	2453	4545	7546

全尾砂膏状充填料的屈服应力与质量浓度呈现较为典型的指数关系，如图 3-25 所示。

利用管输实验结果求得金川全尾砂充填料浆的屈服应力见表 3-5。

德国埃森矿业研究有限公司 W. Mez 利用管式黏度计测定选厂尾砂加电厂粉煤灰浆体的流变参数，当 $c_w=67.6\%$ 时，其屈服应力值为 92.99Pa。

从以上所引资料可以看出，采用不同方法测得的 τ_0 值相差甚为悬殊。这既有被测物料不同的影响，更重要的还是测量方法不同又缺乏统一的标准所致。因此在引用这些数据时必须格外小心。例如，采用十字桨叶测头测得的静态屈服应力一般明显偏高，其原因是：（1）由直接法测试过程的应力变化可知，屈服应力是其中的最大值，因为测试时的扭矩峰值是由屈服应力产生的扭矩和黏聚力产生的扭矩两部分组成的；（2）对于水基完全悬浮体，在剪切力场的持续作用下，会发生结构破坏和泌水；（3）被测物料的触变性也会产生一定的影响。

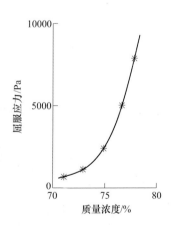

图 3-25　全尾砂充填料浆静态屈服压力与质量浓度的关系

表 3-5　金川全尾砂充填料浆屈服应力

$c_w/\%$	纯全尾砂浆体			灰砂比 1:4
	72.2	75.8	78.9	78.1
τ_0/Pa	144.4	271.2	564.5	208.7

3.4.2　触变性

所谓"触变性"是"某些凝胶的一种性质，即搅拌时液化，放置后又重新凝固"（《简明大不列颠百科全书》）。全尾砂高浓度充填料浆，不论是否添加水泥，在低剪切速率、短时间的条件下，都具有一定的触变性，但不明显。图 3-26~图 3-28 是中科院化学所测试金川全尾砂充填料浆时得到的触变环。清华大学水利系利用招远全尾砂，长砂矿山研究院利用凡口全尾砂所做的实验均证实了这一观点。产生触变性的原因，可以解释为主要是全尾砂中细粒级固体物料含量大，虽然外加剪切力可以破坏其颗粒间表面电场作用形成的絮网结构，但还没有内聚作用的影响明显。

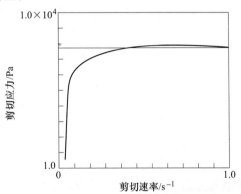

图 3-26　未加水泥，浓度为 73% 全尾砂膏体物料的触变环

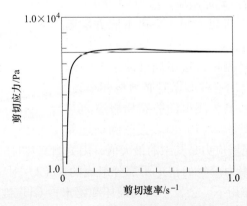

图 3-27　灰砂比为 1:20，浓度为 71% 全尾砂膏体物料的触变环

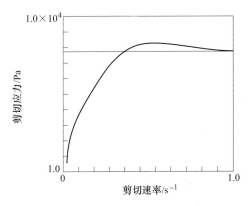

图 3-28　灰砂比为 1∶10，浓度为 75% 全尾砂膏体物料的触变环

哈萨克斯坦公司为利用充填料浆的触变性，达到水泥更均匀的搅拌，对 $-43\mu m$ 含量为 70%～100% 的全尾砂浆体采用搅拌均化器破坏颗粒间的内聚力，使之成为胶体；与此同时也强化了水泥的水化过程。该公司已利用此机理建造了利用尾砂库尾砂和选厂尾砂两种不同的充填系统。

3.4.3　流动曲线

中科院成都分院非牛顿体实验室采用 NXS-11 型旋转黏度计测试金川全尾砂膏体和加水泥（灰砂比 1∶4）的全尾砂膏体的流变特性，得到如图 3-29 和图 3-30 的结果。从图上可以很清楚地看出，流动曲线的形状与料浆浓度有直接的关系。无论含水泥还是不含水泥，对特定的金川的全尾砂浆体，当浓度达到 77% 左右时，切应力与剪切速率的关系基本呈线性，表现出宾汉体的特征。但当浓度降

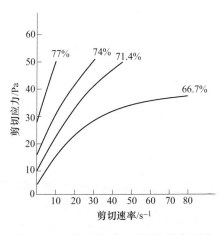

图 3-29　未加水泥时，不同浓度全尾砂膏体切应力与剪切速率的关系曲线

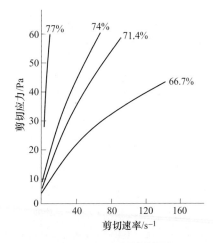

图 3-30　灰砂比为 1∶4 时，不同浓度全尾砂膏体切应力与剪切速率的关系曲线

低，便发生剪切稀化，剪切速率的增长比切应力快。在这种情况下，呈现赫歇尔-伯克利（Hershel-Bulkley）体的特征。因此，全尾砂膏体的流变模型应为赫歇尔-伯克利模型，可简称 HB 模型。

$$\tau = \tau_0 + \mu_{HB} \cdot \dot{\gamma}^n \qquad (3\text{-}30)$$

式中，n 为流变特性指数，此处 $n<1$。n 对料浆浓度敏感，随着浓度的增加也逐渐增加，最后接近于 1。全尾砂膏体的表现黏度 μ_a 是剪切速率的函数，随剪切速率的增加而减小。

德国埃森矿业研究有限公司 W. Mez 用管式黏度计研究选厂尾砂加电厂粉煤灰浆体，也得出同样的结论，认为最好用式（3-31）来描述其流变特性：

$$\tau = \tau_0 + K\left(-\frac{dv}{dr}\right)^n \qquad (n < 1) \qquad (3\text{-}31)$$

式中　K——与 μ_{HB} 相同，称为稠度，与黏度量纲相同。

W. Mez 推荐用下述方法求上式流变参数。

（1）根据测得的压降 Δp，利用式（3-29）求管壁切应力。

$$\tau_w = \frac{\Delta p}{L} \cdot \frac{D}{4} \qquad (3\text{-}32)$$

（2）借助关系式（3-30），对 τ_0、K 和 n 进行迭代法反复计算。

$$\frac{8v}{D} = \frac{4n}{k^{1/n} \cdot \tau_0^3} \cdot (\tau_w - \tau_0)^{1+n} \cdot \left[\frac{\tau_w - \tau_0}{1+3n} + \frac{2\tau_w(\tau_w - \tau_0)}{1+2n} + \frac{\tau_0^2}{1+n}\right]$$

$$(3\text{-}33)$$

值得注意的是，材料的流变性质在很大的切应力范围内是不一致的，几乎所有试验都是在一定的剪切速率范围内进行的，根据试验结果建立的流变方程，一般只在试验范围内应用才能保证其准确有效。同时，应尽可能对给定的浆体在较大的剪切速率范围内（包括实际管路中可能遇到的）进行试验来确定其流变参数。

3.4.4　临界雷诺数

如果已知临界雷诺数，则可判别流动状态是层流还是紊流，从而确定管道中压力损失的计算方法。

对 HB 流体，R. W. Hanks 等人曾提出确定其临界流速的研究成果。

$$N_{ReHBC} = 8\left(\frac{n}{6n+2}\right)^n \cdot \frac{Pv_m^{2-n}D^n}{\mu_{HB}}$$

$$= \frac{6464\,(n+2)^{\frac{n+2}{n+1}}}{(3n+1)^n\,(1-a_c)^n} \cdot \left[\frac{(1-a_c)^n}{(3n+1)^n} + \frac{2a_c(1-a_c)}{2n+1} + \frac{a_c^2}{n+1}\right]^{2-n}$$

$$(3\text{-}34)$$

式中，v_m 为平均流速；D 是管径，临界比栓半径 $a_c(= r_p/R)$ 值可由式（3-35）求得。

$$N_{HeHB} = \frac{\rho D}{\mu_{BH}} \left(\frac{\tau_Y}{\mu_{HB}} \right)^{\frac{2-n}{n}}$$

$$= \frac{3232(n+2)^{\frac{n+2}{n+1}}}{n(1-a_c)^n} \cdot \left[\frac{a_c}{\sqrt{(1-a_c)^{n+1}}} \right]^{\frac{2-n}{n}} \quad (3-35)$$

式中，N_{HeHB} 为赫德斯托姆数。

金川全尾砂膏体 $N_{ReC} = 2300 \sim 2350$，加水泥（灰砂比 1：4）后增大到 2540，增加 -25mm 粗骨料后，N_{ReC} 降到 $2100 \sim 2200$。

尾砂高浓度充填料浆在管道输送时的雷诺数远低于从层流过渡到紊流的临界雷诺数，例如招远金矿 $c_w = 75\%$ 的全尾砂浆体在 150mm 管道中以 1m/s 流速输送时的雷诺数为 130.7，金川 $c_w = 78.9\%$ 的全尾砂膏体在 124mm 管道中以 1m/s 流速输送时的雷诺数为 18.24，因此，输送都处于层流状态。

当已经测得全尾砂浆体的流变数后，可利用式（3-36）计算不同输送条件下的雷诺数。

$$N_{Re} = \frac{Dv\rho}{\mu_e} \quad (3-36)$$

式中 ρ——浆体的密度，kg/m^3；

v——平均流速，m/s；

D——管径，m。

有效黏度 μ_e 按式（3-37）计算：

$$\mu_e = \mu_{HR} \left(\frac{8V}{D} \right)^{n-1} \left(\frac{3n+1}{4n} \right)^n \quad (3-37)$$

（注：本节所引金川及招远的具体数据均为按宾汉体计算所得，作定性描述尚可参考。）

3.4.5 加粗骨料后的变化

加粗骨料（一般粒径为 -25mm）后的全尾砂膏体与混凝土类似。由于其流变参数测量困难，可近似地将其当作宾汉体看待，采用两点式工作度仪或管黏度计测定其流变参数。

根据金川泵压输送试验资料（见表 3-6）可知：

（1）在全尾砂膏体中添加粗骨料，在同样质量浓度下，屈服应力和塑性黏度都下降。从反映流动性及可塑性的坍落度值的悬殊差别便不难理解，加粗骨料后可以而且应当用更高的浓度输送，才能保证输送的稳定可靠。

表3-6 金川全尾砂膏体流变参数

序号	材料名称	m₁	m₂	m₃	料浆容重 /kg·m⁻³	料浆坍落度 /cm	料浆质量浓度 /%	料浆体积浓度 /%	料浆中各物料的体积分数/%						屈服切应力 τ₀/Pa	塑性粘滞系数 η/Pa·s	过渡雷诺数 Rec	过渡流速 vᴛ /m·s⁻¹	赫氏数 He
									水泥	粉煤灰	尾砂	棒磨砂	细砂	水					
6	全尾砂	—	—	—	2059	3.0	78.9	56.6	—	—	56.6	—	—	43.4	564.538	3.655	2350	33.64	1338
6.1	全尾砂	—	—	—	1976	14	75.8	52.2	—	—	52.2	—	—	47.8	271.528	2.720	2310	25.5	1115
6.2	全尾砂	—	—	—	1890	27	72.2	47.5	—	—	47.5	—	—	52.5	144.395	1.5189	2420	15.7	1819
7	全尾砂、水泥	—	1:4	—	2052	3.50	78.1	55.0	10.34	—	44.66	—	—	45.0	208.701	1.5566	2540	15.6	2718
8	全尾砂、棒磨砂、水泥、粉煤灰	60:40	1:8	1:0.5	2046	25.0	79.9	59.0	5.56	3.94	28.84	20.66	—	41.0	94.480	1.880	2260	16.7	841
8.1	全尾砂、棒磨砂、水泥、粉煤灰				2051	12.5	80.5	59.8	5.54	3.99	29.23	20.94	—	40.2	147.716	4.1214	2160	35.0	274
8.2	全尾砂、棒磨砂、水泥、粉煤灰				2076	8.5	81.0	60.6	5.51	4.04	29.62	21.23	—	39.4	206.185	4.437	2170	37.4	334
9	全尾砂、棒磨砂、水泥、粉煤灰	50:50	1:8	1:0.5	2051	22.5	80.4	59.8	5.60	3.97	24.20	26.02	—	49.2	81.661	2.880	2165	24.5	310
9.1	全尾砂、棒磨砂、水泥、粉煤灰				2071	7.0	84.1	60.9	5.7	4.04	24.65	26.5	—	39.1	178.787	4.212	2168	35.6	321
9.2	全尾砂、棒磨砂、水泥、粉煤灰				2100	5.0	82.2	62.6	5.83	4.15	25.34	27.24	—	37.4	345.057	5.016	2110	40.6	480
10	全尾砂、棒磨砂、水泥、粉煤灰	40:60	1:8	1:0.5	2067	25.0	81.3	61.3	5.71	4.04	19.73	31.82	—	38.7	60.355	1.872	2205	16.1	547
10.1	全尾砂、棒磨砂、水泥、粉煤灰				2067	19.0	81.6	61.8	5.76	4.07	19.89	32.08	—	38.2	78.995	2.675	2170	22.5	352
11	全尾砂、细砂、水泥、粉煤灰	60:40	1:8	1:0.5	2100	14.5	81.9	62.0	5.84	4.14	30.3	—	21.72	38.0	190.586	3.289	2210	27.9	569
11.1	全尾砂、细砂、水泥、粉煤灰				2130	5.0	82.9	63.6	6.00	4.24	31.08	—	22.28	36.4	299.547	4.539	2180	37.5	476
11.2	全尾砂、细砂、水泥、粉煤灰				2040	25.0	79.7	58.6	5.52	3.91	28.64	—	20.53	41.4	115.152	1.577	2360	14.7	1452
12	全尾砂、细砂、水泥、粉煤灰	50:50	1:8	1:0.5	1946	27.0	76.5	53.8	5.04	3.57	21.78	—	23.41	46.2	41.542	0.9997	2330	9.7	1244
12.1	全尾砂、细砂、水泥、粉煤灰				2123	12.5	83.0	63.9	5.99	4.24	25.87	—	27.80	36.1	120.330	3.8634	2155	31.6	263
12.2	全尾砂、细砂、水泥、粉煤灰				2140	6	83.6	64.9	6.08	4.31	26.27	—	28.24	35.1	215.104	4.017	2170	32.8	439

注：m_1—尾砂与细砂（或棒磨砂）的质量比；m_2—灰砂比；m_3—水泥与粉煤灰的质量比。

（2）粗骨料添加量的多少对流变参数也有显著影响，随着粗骨料所占比重加大，屈服值和塑性黏度均相应降低。但从可泵性角度看，坍落度控制在10~20cm范围内较适宜。

（3）在固体物料配比不变的情况下，加粗骨料全尾砂膏体的屈服应力和塑性黏度均随膏体浓度的增加而增大。

参 考 文 献

［1］于润沧，刘大荣．全尾砂高浓度（膏体）料浆充填新技术［R］．1992.

［2］刘浪．矿山充填膏体配比优化与流动特性研究［D］．长沙：中南大学，2013.

［3］Fiona Sofra. Paste and Thickened Tailings-A Guide［M］. Third edition. Australia, 2015.

4 充填系统设计原则

4.1 生产能力

充填系统生产能力的大小与其建设投资密切相关，应与矿山的生产任务需求相适应。确定充填系统总生产能力和单套系统生产能力是充填系统后续设计的基础。系统总生产能力的确定需要考虑矿山充填量任务、有效充填时间等因素；单套系统生产能力的确定需要考虑采场一次最大充填量、配套设备设施的应用情况、生产管理和投资等因素。

4.1.1 系统总生产能力的确定

根据矿山生产能力可以计算出日平均充填量，进一步由日均充填量计算日均充填能力或小时间充填能力，需要确定充填作业小均衡状况或日有效充填时间。

日有效充填时间与工作制度、充填作业的复杂程度相关。设计时，系统工作制度及总生产能力的确定参考如下原则：

（1）小型矿山每天两班，大中型矿山每天三班，每班纯充填作业按五小时计算；年工作天数与采矿作业天数相同。

（2）考虑生产能力富余或系统备用后，充填系统总生产能力宜大于日平均充填量的两倍，大型矿山可以适当降低。

（3）充填料采用泵送的充填系统相比自流输送的充填系统应考虑增加更多的生产能力富余。

4.1.2 单系统生产能力的选择

根据生产维护和管理的需要，矿山充填系统一般由多套相同的单系统所组成，单系统之间可通过增加旁路等措施来提高生产组织的灵活性。每套单系统一般由尾砂浓缩装备、充填料制备、充填料输送等设施组成，多套单系统可以共用一台尾砂浓缩装备。

在充填系统总生产能力基本确定后，选择不同的单系统生产能力，所需要的单系统数量也不同，其总建设投资亦有所区别。根据需要，可以进行投资和运营成本对比分析。通常，充填系统投资所占矿山建设投资的比例较小。单系统生产能力的选择可参考如下原则：

（1）矿山充填系统一般应由不少于两套的单系统组成。这样，当一套系统检修或出现故障时，矿山还有其他的系统能用于生产，而且能通过增加作业时间等措施尽量满足矿山的生产需要。

（2）矿山充填系统所包含的单系统数量不宜过多。单系统的数量过多，会使得系统的复杂程度增加，并增加投资和运营成本。

（3）单系统生产能力应与采矿作业相匹配。充填单系统的个数要能满足矿山对多个采场同时充填的需求。单系统生产能力过大，会造成充填管径的增加，从而使得采场充填临时敷设管路的成本增加。

（4）单系统生产能力的确定可以借鉴类似矿山的生产经验。根据国内矿山充填系统的应用现状，小型矿山一般选择单系统生产能力 $30 \sim 50 \mathrm{m}^3/\mathrm{h}$ 或 $60 \sim 90 \mathrm{m}^3/\mathrm{h}$；大型矿山一般选择单系统生产能力 $100 \mathrm{m}^3/\mathrm{h}$ 以上。

4.2 充填站选址

充填站位置选址是充填系统设计的首要任务。充填站选址需要考虑诸多因素，包括充填能力的需求，充填系统的构成，充填系统的数量，充填倍线的构成，地面建站的地形及环境条件，充填站与选矿厂、尾矿库的关系，外部胶凝等材料的进站输送等。综合考虑这些因素，理想的充填站位置应当满足以下设想，即浓度稳定的高浓度（膏体）充填料浆能够自流输送到采场，基本无需脱水[1]。这其中涉及许多技术问题，而充填站的位置是一个重要因素，它对整个充填系统的经济、稳定、高效运转具有决定性的作用。

下面讨论若干制约充填站位置，合理位置选择的因素。

（1）矿体形态。为有可能使高浓度（膏体）料浆实现自流输送，总是希望将充填站布置在距离矿体较近的地方。有时会遇到一种情况，即对于特厚大矿体，充填站可否选择在地面监测线范围之内，这是一个不易确定的问题。关键是充填能否有效阻止上覆岩层的移动。即使在充填料浆质量比较理想的情况下，矿岩稳定程度、地质构造、水文条件、开采顺序、采矿方法具体方案等都会对充填能否有效阻止岩层移动产生影响，也就是说影响充填站位置的选择。此外，矿体规模大小与影响程度的关系又有何种规律，亦为未知因素，因此必须认真评估，而不要轻易放弃自流输送的可能。在这种情况下，岩石力学基础数据、可靠的数值模拟会有重要的参考价值，地表和井下的联合实时监测也是必要的条件。

（2）所选用的采矿方法。不同采矿方法在生产过程中充填接顶次数及难易程度有很大差异，如分层下向充填法由于接顶次数频繁，接顶实施难度很大，对控制岩层移动甚为不利，当矿体厚大且地质条件又不佳时尤为突出。在这种情况下，充填站一般不宜布置在移动线之内，因此需要研究调整充填倍线结构有无实现自流输送可能，否则泵送将会成为自然的选择。对于改善接顶条件，当属另外的课题。

（3）矿体埋藏深度。如充填站可布置得靠近矿体，深井开采对实现自流输送自然甚为有利，但重点要考虑剩余压头的处理。第三类型的深井开采能否用调整充填倍线的方法适当处理剩余压头，这也与充填站的位置选择有一定的关系。但这是比较特殊的情况。

（4）充填站位置与选矿厂的关系及与尾矿库的关系。在采用全尾砂充填的情况下，如欲实现尾矿干（膏）堆，是利用充填站的尾矿浓缩设置将不需要充填时的浓缩尾砂泵送到尾矿库，还是在尾矿库旁设置脱水浓缩装置，由选矿厂直接将尾矿泵送到尾矿库脱水浓缩装置，通常需要通过技术经济比较来选择。实际上这也涉及充填站位置的选择和设置。

（5）关于分散建站。有时由于矿体沿走向长度特别大，为了调整充填倍线，避免采用泵送，而采用分散建立充填站的方案。此时的分散建站比集中建站的充填运转将更为顺利，但投资会增加。如何选择，在什么样的矿体走向长度时宜采用分散建站，也需要通过技术经济比较来确定。如果希望采用分散建站，自然应当考虑信息化的管理模式。

（6）什么情况下采用地面和地下联合建站。需要泵压输送，输送距离很长，采用地面和地下联合建站具有一定的优越性，但井下设站也会带来某些问题，如何选择的关键是要通过严格的试验，确定满足充填体强度要求，满足采场不脱水要求的料浆浓度和最低灰砂比。以这种料浆的输送阻力来确定是否需要联合建站。采用膏体充填的会泽铅锌矿充填系统的设计和生产运行，提供了可供思考的实践经验。该矿设计时的料浆输送距离超过4km，当时设置了地面和井下输送泵站，设计的料浆浓度为82%，约三个月的试验阶段，采用了井下泵站，试验效果正常。投入生产后，适当降低料浆浓度到80%左右，灰砂比有所提高，开采深度在逐渐增加，避开了井下泵站，目前料浆输送长度已接近6km，可以做到充填体强度满足要求，采场基本不脱水。

4.3 充填站设计

充填站是充填系统最主要的组成部分，其设计需要综合考虑外部胶凝材料的运输与存储、选厂尾砂输送接口条件、选厂尾砂供应与充填能力的匹配、充填料制备工艺装备的合理布置、充填钻孔的位置或输送管路的接口条件等诸多因素。其设计可参考如下原则：

（1）充分利用地形地势条件，尽可能减少充填物料的转运、分配和输送环节，使得系统尽可能简洁、顺畅。

充填系统中阀门、输送泵、管路的维护成本较高，在最初设计阶段就应该考虑如何使得系统简洁。

（2）针对不同类型的充填物料，采用不同的存储方式，各充填物料储存量的大小与其充填量和供应条件相适应。

充填用碎石、细砂等必须分别设仓贮存，其有效容积根据来料的情况确定，一般平均用量不小于2~3d。贮仓形式按骨料粒度、含水率及来料与出料的方式而定，主要有槽式仓与立式仓两类。应按工程条件采取适用而经济的形式。

含水尾砂贮存宜选用立式砂仓，有效容积应能满足井下2~3d的平均充填量或一次最大充填量需要，同时考虑供砂与充填作业不均衡的贮存要求，其有效容积仅按仓身圆柱体部分计算。砂仓一般设两座或两座以上[2]。

水泥贮存仓尽量采用圆筒形，仓顶应设置收尘器和检修密封盖。收尘器应配有安全保护装置。水泥仓一般为钢板结构，应设有松动装置，仓底侧壁与水平倾角不宜小于60°。

（3）选择先进、成熟的工艺及装备。

尾砂给料系统应考虑尾砂浓密脱水设施稳定给料的需求，必要时可以设置专门的尾矿给料分配泵站。

砂仓可兼作尾砂浓缩装置，立式砂仓用于尾砂浓缩时仓顶设有进料管路装置、料位计、溢流槽及清洗水管；仓底下设放砂管路设施。立式砂仓的放砂浓度一般为60%~70%，设计时选择低值。经过改进后的立式砂仓放砂浓度可选择70%以上。传统立式砂仓一般用于分级尾砂充填，改进后的立式砂仓可以适用全尾砂充填，可以用于高浓度甚至膏体充填。深锥浓密机可用于全尾砂的浓缩，也可在订货时要求承担少量的储料功能，可用于高浓度和膏体充填。

充填料搅拌设施有立式搅拌槽和卧式搅拌槽，充填浓度为高浓度或浓度较低时一般选择立式搅拌槽，较高时选择卧式搅拌槽。

尽量留有后续改进和发展的接口或空间。

（4）充分考虑收尘、作业场地清洗、污水收集等清洁生产需求。

首先要保证必需的劳动卫生条件，配备有效的收尘装置。采用袋装水泥时，拆包处应有负压收尘设施。

充填站应配有高位水池，具备冲洗功能。当发生故障或停止供电时，应及时冲洗管道，防止管道堵塞。

充填料制备站整理布置应充分考虑各种物料的外部和内部运输、检修维护、污水清理等。

4.4 输送系统设计

充填管路系统的设计要以实现满管输送为目的，以降低管路磨损，减少剩余压头。其主要设计内容包括充填管径和壁厚的选择、充填料输送阻力的选取、充填管网的设计。下面讨论输送系统设计时应考虑的主要因素及设计原则。

4.4.1 充填管径和壁厚的选择

充填管径和壁厚的选择包括以下内容：

（1）充填管径的选择应以实现满管输送为目的，当充填料浆的浓度低于临界流态浓度时，充填料浆的输送速度应大于临界流速。当采用泵送时，需要综合考虑运营成本与投资的关系，不宜选择过高的充填料浆速度。通常，膏体管道输送流速取 0.8～1.5m/s。

（2）充填管径的选择还应考虑大粒径充填骨料的输送要求。充填骨料粒径应根据充填工艺要求和脱水方式通过试验取得。通过胶结充填管路的最大粒径参考值为管径的1/5；通过溜口的最大粒径参考值为溜口最小尺寸的1/3。

（3）充填管在服务年限内磨损与腐蚀的条件下应能承受可能的最大动压力和静压力，其壁厚可根据压力变化分段计算，选择厚度不同的管道分段安装以降低投资和方便井下安装作业。

（4）充填管材质的选择，应考虑耐磨、耐腐方面的要求。另外，充填钻孔管道的选择应避免选用内衬层容易脱落的管道。

4.4.2 充填料输送阻力的选取

充填料输送阻力的选取如下：

（1）充填料输送阻力一般应通过实验来确定，在风险可控的情况下，可以参考类似矿山的经验进行取值。

（2）深井、充填料输送管路较长、充填倍线较大的矿山在充填输送系统确定前，宜对充填料输送阻力进行较为精确的测试。

4.4.3 充填管网的设计

充填管网的设计如下：

（1）充填管路系统呈阶梯布置时，应分别验算各梯段的倍线，使各梯段的水平长不超出有压区。对于倍线小的矿山，管路宜呈多梯段形式布置，但应保证上梯段的倍线不大于下部梯段的倍线。

（2）水平管路尽量不呈逆坡布置，否则应在最低处设放浆阀。应避免在回风巷道内敷设充填管道，否则应提出对充填工作人员可行的防尘保护措施。需经常拆卸及易发生堵管的管路宜采用快速接头连接。

（3）充填钻孔在孔壁岩层坚硬、稳固，服务年限不长时不设套管；位于腐殖土或不稳固岩层中的钻孔应设套管。充填钻孔位置的选取根据井上、井下对照图和现场情况确定。一般情况下，需要考虑设置备用钻孔。

（4）充填工作面，一般使用塑料软管。

4.5 采场充填工艺及设施设计

采场充填工艺及设施包括充填料浆排放，挡墙、采场脱水设施等内容，其设计应考虑有利于充填接顶，有利于提高充填体的有效强度、采场生产效率。充填浓度的提高对减少采场充填料浆脱水时间、胶结材料的消耗量具有重要作用，有条件的矿山应该尽量做到采场不脱水或少脱水。

下面讨论采场充填工艺及设施设计时应注意的几点内容。

（1）关于充填料的渗透性。胶结充填体强度与胶结材料含量和料浆浓度有关，因此应尽量提高料浆浓度，同时也减少了采场脱水量，故对胶结充填料的渗透性要求不甚严格。

（2）关于充填挡墙。作用在充填挡墙上的压力大小受众多因素影响，可以通过对采场充填挡墙侧压力进行监测，以了解挡墙的受力变化规律，选择合理的挡墙尺寸。在满足矿山生产要求前提下，应充分考虑充填挡墙的安全性。确定挡墙设置位置时，在有条件的情况下，密闭墙应尽量远离空区；确定充填量时，应结合挡墙所受压力的情况合理确定分次充填高度。

在挡墙上预留观察管，观察管安装高度根据设计要求的单次充填高度布置。

（3）尽量减小充填料的离析。胶结充填料应尽量减少采场脱水量或取消采场脱水，以减少充填料的离析。胶结充填料应从充填料级配、充填料浓度、充填料制备、充填料输送等环节考虑减小充填料的离析，必要时考虑通过试验在充填料中使用添加剂。采用膏体充填时，一般要求 $-20\mu m$ 细颗粒含量大于 15%。

充填管路及搅拌设施的清洗水应尽可能外排，不宜进入充填采场。

（4）减少充填作业对井下环境的影响。充填料进入采场后在保持强度的前提下应尽量减少或不脱水，减少充填脱水对井下的影响，减少脱水设施工作量。采场附近应设置污水收集池和事故池。

（5）尽可能保证充填接顶。对于流动性较好的高浓度料浆，可将管道出口布置在采场上口，单点自然排入充填区。对于流动性较差的充填料浆，由于充填料浆堆放不均匀，宜采用多点充填，以保证充填质量。为了提高充填接顶率，在采空区即将充满时，可采用多次接顶充填。

4.6 仪表及阀门选择

充填站中仪表及阀门装置标志着充填系统自动化水平的高低，其设计选型非

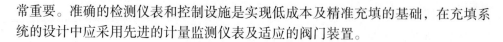

常重要。准确的检测仪表和控制设施是实现低成本及精准充填的基础，在充填系统的设计中应采用先进的计量监测仪表及适应的阀门装置。

4.6.1　阀门装置选择

阀门装置的选择应注意以下内容：

（1）在充填料制备与输送中应尽量优化工艺，减少必须的阀门安装。

（2）用于控制高浓度充填料及尾砂输送开关的阀门优先考虑高质量的刀闸阀。

（3）用于调节充填料流量的阀门宜选用高质量的管夹阀。

（4）为了方便检修维护，管路的连接尽量采用快速接头。

4.6.2　计量仪表选择

计量仪表的选择应注意以下内容：

（1）为了保证充填料连续给料的配比准确及稳定，各给料装置应具有计量和监测调节功能。

（2）砂石采用胶带机给料时，宜选用精度较高的电子皮带秤计量。

（3）水泥一般采用微粉秤、冲板流量计进行计量。

（4）料浆流量检测常用电磁流量计配夹管阀或流量调节阀控制；浓度连续检测可采用核辐射密度计。

4.6.3　控制系统功能

控制系统功能应注意以下内容：

（1）充填料各相关物料的给料设备、充填料的搅拌及输送设备应实现集中控制操作，各种给料量、流量、浓度、料位等应在控制界面中显示，并方便查询。

（2）为了加强充填料的质量控制及降低材料消耗，除了对砂、水泥、水等必须配置有效的计量设备外，还应设置保证浓度及灰砂比给定值的自动调节。

（3）水泥仓、砂仓、浓密机等都需设置料位测定仪并在控制室显示，以便于控制。

（4）充填料制备站与井下充填点间需装设直通电话和信号联系。

（5）井下充填料输送的关键位置，都应设置与控制室直通的检修电话及管路堵塞报警信号。

4.7　生产成本控制

充填成本占采矿生产成本的比重较高，降低成本是充填技术发展的永恒主题。在充填系统的设计中应综合考虑提高充填浓度、改进胶结材料、采用先进和适用的充填工艺、提高装备和控制水平、减少工人数量等措施来降低充填生产成本。

4.7.1 充填浓度的确定

充填浓度的确定应注意以下内容：

（1）充填料浓度的确定需要综合考虑充填料制备成本、输送成本、充填材料成本以及矿山对充填体强度的需求、充填作业所能获得的综合效益等众多因素。

（2）充填料浓度在脱水浓缩成本增加不大的前提下，一般浓度越高越好，有利于降低水泥等胶结材料的用量，提高充填体的质量，降低充填成本。

（3）充填料浓度在满足自流输送的前提下，通常浓度越高越好。

（4）对于规模大的矿山在具备条件时应尽量采用膏体充填。

4.7.2 胶结材料的选择与配比

胶结材料的选择与配比应注意以下内容：

（1）胶结材料及其用量对充填成本影响最大，不同胶结材料的用量应结合矿山对充填体强度的需求通过试验来确定。

（2）应根据使用不同胶结材料的成本对比分析来选择胶结材料。其中需关注胶结材料的运输成本和来源的可靠性。

（3）有条件的矿山应尽量考虑在充填料中添加粉煤灰、炉渣等，并通过试验确定其添加量甚至级配，以减少胶结材料的消耗或减少充填采场脱水量。

4.7.3 采用先进和适用的充填工艺

采用先进和适用的充填工艺应注意以下内容：

（1）除高浓度充填和膏体充填外，其他浓度较低的充填工艺应尽量避免采用。

（2）充填料制备工艺应有利于保证充填料的质量，能廉价地制备出高浓度的充填料。

（3）根据矿山的生产实际情况，应优先考虑新型立式砂仓和深锥浓密机充填料制备工艺。

4.7.4 提高装备和控制水平

提高装备和控制水平应注意以下内容：

（1）在满足充填需求的前提下，尽量采用大型的浓缩装置，尽量减少充填单系统的数量，减少操作工人的数量。

（2）尽量采用先进可靠的阀门装置、搅拌及泵送设备，减少充填设施及装备的维护工作量，提高系统的工作效率。

（3）尽量采用现代化的监控手段，减少巡检工人的数量。

（4）采用现代的智能控制技术提高充填料浓度和配比的稳定性。

参 考 文 献

［1］于润沧 . 我国胶结充填工艺技术发展的技术创新［J］. 中国矿山工程，2010（5）：1-3（转 9）.

［2］中华人民共和国住房和城乡建设部，中华人民共和国国家质量监督检验检疫总局 . GB 50771—2012 有色金属采矿设计规范［S］. 北京：中国计划出版社，2012.

5 充填料浆制备技术

5.1 概　　述

充填料制备工艺和设备取决于采矿方法对充填工艺的要求与所选择的充填材料。充填材料中通常包括占比较大的充填骨料和占比较小的胶结材料。充填制备过程中常用作充填骨料的主要有尾砂、戈壁集料、河砂、废石等。尾砂作为矿石选别作业选出有用矿物成分之后的废弃物，用作充填材料制备成充填料浆回填井下采空区最为普遍。尾砂料浆充填井下采空区在处置了矿山废弃物的同时，形成的充填体也起到了有效支撑围岩、防止地表沉降塌陷的作用。在我国西北甘肃、新疆等地区，依靠当地丰富的戈壁资源发展了利用戈壁集料作为骨料的干料添加胶结充填；有些矿山利用块石作为大块骨料进行充填既处理了采出废石，也有效增强了充填体的强度，块石胶结充填系统在国内外仍有一定的应用范围；其他比如高水速凝胶结充填系统和采用不同组分材料作为胶凝固化剂的尾砂充填系统在国内外的矿山也有所应用[1]。

充填制备工艺流程主要是充填骨料拌合胶结材料共同制备成充填料浆的过程。从制备工艺过程连续性角度可以分为连续制备工艺和不连续批量制备工艺。以尾砂作为充填骨料的制备方式应用广泛，尾砂可以干式（带滤、过滤、压滤）添加制备，也可以湿式（分级、沉降浓缩）添加制备；而戈壁集料、河砂、废石等充填骨料均采用干式添加制备为主。

由于各个矿山充填材料的组成各有不同，物料添加方式、尾砂脱水方式和设备存在差异，料浆的搅拌方式和设备不尽相同，胶结材料的组分、添加形式也有所区别，使得目前各个生产矿山充填料浆制备技术工艺并无统一的模式，通常需要根据矿山具体条件和技术经济比较后选择。目前，常用的尾砂充填制备系统主要包括分级尾砂高浓度胶结充填系统、全尾砂高浓度胶结充填系统以及应用日益广泛的尾砂膏体充填系统。

以典型尾砂连续制备充填工艺为例，其主要流程为：选厂产出的湿式尾砂经泵送进入尾砂浓缩脱水储存装置浓缩，浓缩后的料浆输送进入搅拌装置，同时根据胶结比例加入胶结材料（如水泥、胶固粉、粉煤灰等），经充分搅拌混合均匀，制备成符合输送要求的充填料浆，通过充填管路自流输送或经料浆输送泵加压输送，沿充填钻孔和中段平巷充填管路充入采空区。图 5-1 所示为典型的尾砂充填系统高浓度（膏体）胶结充填工艺流程。

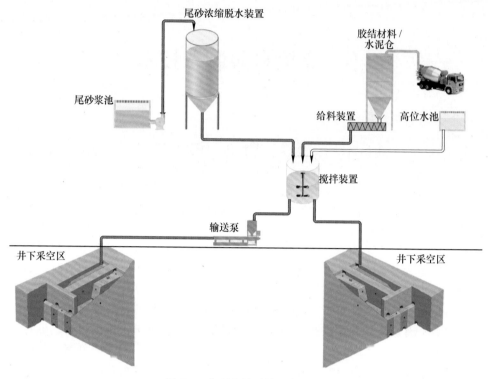

图 5-1　典型充填系统工艺流程

　　尾砂充填是实现矿山无废或少废开采的关键技术。随着对矿石回收率的要求越来越高，选别流程磨矿粒度越来越细，相应的尾砂粒级也变得更细。当尾砂分级后，有利于粗颗粒沉降脱水以及充填到采场空区形成强度；但与此同时，也面临着粗尾砂产率有限，细颗粒尾砂处理后续难以消纳的问题。所以在传统采用分级尾砂充填工艺的基础上，采用全尾砂充填工艺的需求也越来越迫切。

　　全尾砂充填需要尽量提高和稳定制备充填料浆的浓度，采用高浓度或膏体充填，减少管路磨损，使充填料浆在采场极少脱水或不脱水，减少水泥等胶结材料的流失，改善井下作业环境，减少井下排泥量。

　　根据充填料浆制备过程中采用的制备技术将充填料浆制备技术分为尾砂分级技术，尾砂浓缩脱水技术，充填料储存、给料与计量，充填料搅拌技术。与此相对应，充填站制备所配置的主要设备包括分级设备，浓缩脱水装置，充填料存储、给料装置，充填料搅拌装置及与充填制备工艺流程配套的计量仪表、控制阀门等。结合目前广泛应用的尾砂高浓度充填和膏体充填工艺，本章着重介绍满足高浓度、膏体充填料浆制备要求的充填制备技术与设备。充填料浆制备过程中选用浓缩脱水储存装置和搅拌装置，对于制备合格充填料浆起着决定性作用，而充填制备浓度的控制，尤其是充填料给料与计量关系着充填体的质量与充填综合成本。

5.2　尾砂分级

5.2.1　尾砂分级基本原理

分级的主要目的是得到所需的粒度，分级基本方式包括湿式分级和干式分级。尾砂一般在选矿环节末段以矿浆形式产出，所以尾砂的分级多采用湿式分级的方式。湿式尾砂在重力或离心力的作用下实现尾砂粗细颗粒的分离。尾砂湿式分级原理如图 5-2 所示[2]。尾砂密度相同时，粒度越大，颗粒沉降速度越快；尾砂粒度相同时，密度越大，颗粒沉降速度越快。无论是采用重力分级还是离心力分级，颗粒均存在自由沉降与干涉沉降共同作用的现象。

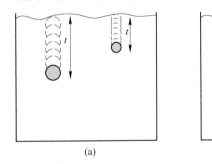

图 5-2　分级原理图
（a）密度相同，粒度越大，颗粒沉降速度越快；（b）粒度相同，密度越大，颗粒沉降速度越快

金属矿选别作业经磨矿后产出的全组分尾砂粒度较细，一般小于 1mm。全尾砂自然沉降脱水较难，采用全尾砂制备充填料浆的充填体脱水困难，早期形成强度较低，对于有早强要求的充填采矿工艺并不合适。矿山充填料浆制备和输送工艺对尾砂粒度组成要求不同，分级尾砂的加工程度也不同。尾砂湿式分级是按等降速度将颗粒分成级别，每一级别包含粗而轻和细而重的，但在水中沉降速度相等的粒级。尾砂的分级界限一般为 30~37μm，经分级后除去大部分小于 30~37μm 的含泥部分颗粒。分级后的尾砂，粗粒级占比大，易于脱水，充填浆体制备浓度容易提高。用分级尾砂制备高浓度料浆形成的非胶结或胶结充填体脱水快，早期强度较高，适合对早强有较高要求的充填采矿工艺。

5.2.2　尾砂分级主要设备

湿式分级设备按分级原理分为水力分级机和机械分级机两类。水力分级机主要包括筛板槽式分级机、水力旋流器等。机械分级机主要包括耙式分级机、浮槽式分级机、螺旋分级机等。在湿式分级设备中水力旋流器分级高效，结构紧凑，使用最为普遍。

水力旋流器利用离心力使得物料按粒度或质量分级，其分离原理是离心沉降。固液混合浆体以一定压力沿切线方向由旋流器顶部进料口进入，物料在旋流器内形成强烈旋流，质量大的颗粒由于受到较大的离心力，能够克服物料颗粒的摩擦阻力，被甩向旋流器内侧边壁，受到外壁限制，大颗粒物料沿边壁并在自身重力的共同作用下向下旋流；质量小的颗粒所受离心力小，未及靠近边壁即随料浆向旋流器中心作螺旋上升运动。随着料浆从旋流器的柱体部分流向锥体部分，流动断面逐渐减小，在外层料浆收缩压迫之下，含有大量细小颗粒的内层料浆不得不向上运动形成内旋流，自溢流管口排出，成为溢流；而粗大颗粒则继续沿器壁螺旋向下运动，形成外旋流，最终由底流口排出，成为沉砂。粗细颗粒分别进入底流和溢流从而达到了颗粒分离分级的目的。水力旋流器工作原理如图 5-3 所示。

水力旋流器是非运动型分离设备，构造简单，其主要由上部筒体和下部锥体两大部分组成，二者组成水力旋流器的工作筒体。水力旋流器还有进料口、溢流管、上端管和沉砂嘴。水力旋流器结构示意图如图 5-4 所示。水力旋流器单位容

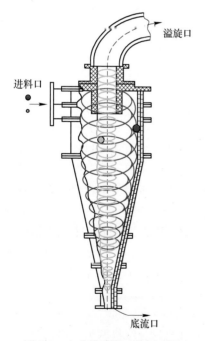

图 5-3　水力旋流器工作原理图

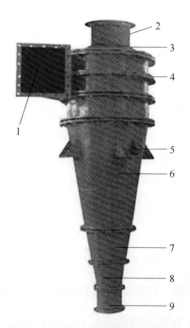

图 5-4　水力旋流器结构示意图

1—进料口；2—溢流管；3—上端管；4—旋涡室；
5—机座；6—上锥体；7—中锥体；
8—下锥体；9—沉砂嘴

积的生产能力大，分级效率高，分级粒度细。水力旋流器不仅能够用于分级，还可用于浓缩、脱水、脱泥、除砂、洗涤等。

影响水力旋流器工作性能的主要因素是结构参数、进料口压力、进料浓度和粒度。旋流器主要结构参数包括：

（1）旋流器直径。旋流器的处理能力随直径的增加而急剧增加，而直径小时，则有利于降低分级浓度。其直径一般为 $\phi 200\sim600mm$。

（2）进料管直径。进料管直径增大，处理量增大，溢流浓度变粗。

（3）溢流管直径。在进料口压力保持不变，溢流管直径增加能使分级粒度和处理量近似正比增加。

（4）排砂管直径。排砂管直径增大，则沉砂量增大并混入细粒级，排砂管直径较小时不易排砂，溢流中会含有较多的粗粒级。

（5）锥角。锥角增大可降低旋流器的高度，处理量会减少，但溢流的粒度增大。锥角小则分级效果好。锥角一般为 $15°\sim30°$。

进料口压力稳定时分级效果最好。进料浓度低可获得较好的分级效果，浓度高则溢流粒度大。由于各矿的尾砂粒度差别很大，旋流器分级的各项结构参数，最终要以试验数据为准。表5-1列出了水力旋流器设备主要技术参数。在充填尾砂分级、尾矿库尾砂筑坝分级等领域，水力旋流器均有着广泛的应用。

表5-1 水力旋流器设备参数

内径 /mm	溢流管径 /mm	底流口径 /mm	最大给料粒度 /mm	入料压力 /MPa	处理能力 /m³·h⁻¹	分离粒度 /μm	外形尺寸/mm			单机质量 /kg
							长	宽	高	
850	280~380	130~220	22	0.04~0.15	500~900	74~350	1600	1300	3300	2600
710	220~300	100~180	16	0.04~0.15	400~550	74~250	1255	1185	3040	1250
660	200~280	90~160	16	0.04~0.15	260~450	74~220	1215	1005	2520~2660	1060~1300
610	160~220	70~130	12	0.04~0.15	200~280	74~200	1160	935	2390	910
500	140~200	60~120	10	0.04~0.2	140~220	74~150	2060	830	1610~2490	480~670
400	80~150	40~90	8	0.06~0.2	100~170	74~150	825	770	1770	320
350	90~135	30~85	6	0.06~0.2	70~160	50~150	820	580	1410~2640	160~380
300	70~120	25~60	5	0.06~0.2	45~90	50~150	615	520	1400~2020	105~180
250	60~90	20~50	3	0.06~0.3	40~80	40~100	575	540	1160~1840	70~150
200	50~85	25~40	2	0.06~0.3	25~40	40~100	355	350	1110	35~65
150	40~50	12~35	1.5	0.08~0.3	14~35	20~74	315	275	735~1815	30~55
125	25~40	8~18	1	0.1~0.3	8~20	25~50	265	250	620~1220	10~45
100	20~40	8~25	1	0.1~0.3	8~20	20~50	260	215	415~1070	7~40
75	15~20	5~14	0.6	0.1~0.4	3~7	10~40	220	190	795~825	5~30

5.3 尾砂浓缩脱水

5.3.1 尾砂浓缩脱水基本原理

金属矿选矿流程末段产出尾砂浆体质量浓度一般在 10%~35%，尾砂浆体须进一步浓缩脱水以满足井下充填、地表尾矿干堆以及排往尾矿库的料浆浓度或综合回水需要。尾砂浓缩脱水常采用沉降浓缩脱水和机械压力脱水两种方式。

沉降浓缩脱水是靠颗粒自身重力实现的连续固液分离过程，包括澄清与浓密。澄清是指脱除悬浮液中的固体颗粒；浓密是靠颗粒自身重力，使得悬浮液中固体颗粒得到密集和浓缩。如图 5-5 所示，上升水流的速度 v_1 小于颗粒沉降速度 v_s 时，可以实现澄清和浓密的沉降浓缩脱水过程[2]。反映沉降效率的两个指标是溢流澄清度和底流排放浓度。

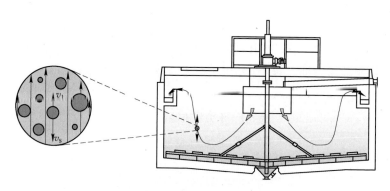

图 5-5 沉降原理示意图

沉降工艺与颗粒粒度紧密相关，通常采用增大粒度的方法提高颗粒的沉降速率。高分子絮凝剂通过分子链的桥联作用可使悬浮液中细小颗粒形成粒度较大的絮团，与单个细小颗粒相比，絮团的沉降速率更高。絮凝沉降是细粒级尾矿沉降浓缩脱水的关键环节。絮凝剂配制添加系统包括絮凝剂的制备、存储和投加稀释三个主要部分组成，絮凝剂添加工艺流程如图 5-6 所示。絮凝剂在作用于沉降过程前，先进行稀释可以达到更好的絮凝沉降效果。

机械压力脱水是采用机械外力的方法脱去矿浆中液体，得到适宜形态的固液混合物，呈现固体形态或浆体形态。物料粒度较大时，颗粒间隙水利用重力沉降即可脱去；物料粒度越小，细粒级物料的脱水不宜采用重力沉降脱水，而应采用机械压力脱水方式。如图 5-7 所示，通过空气排出浆液中的液体，真空过滤机就是采用吹气脱水方法；如图 5-8 所示，通过施加外力将浆液中液体压榨出来，压滤机就是采用压榨脱水的方法。

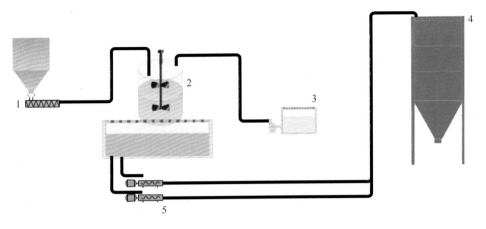

图 5-6 絮凝剂添加工艺流程

1—粉料添加；2—药剂制备；3—水箱；4—尾砂浓缩装置；5—泵送投加

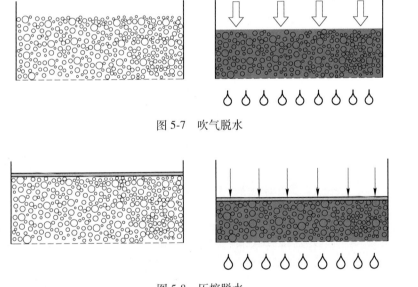

图 5-7 吹气脱水

图 5-8 压榨脱水

5.3.2 尾砂浓缩脱水装置

国内外诸多矿山的实践表明，尾砂脱水是充填料制备的核心问题，是整个充填工艺成败的关键，也是一直制约矿山充填技术（包括尾矿干堆）发展的一大障碍。全尾砂充填工艺需要解决全尾砂脱水问题，全组分粒级的尾砂中含有更多的细粒级颗粒，在不添加干料的条件下，只有将全尾砂脱水到接近膏体或达到膏体的程度，才能稳定地制备出合格的高浓度或膏体的充填料浆来，以满足充填采矿工艺的要求。浓缩脱水装置高效、稳定、经济地制备尾砂料浆成为尾砂浓缩脱水设备的核心诉求。表 5-2 将几类典型制备方式或制备工艺及其存在的主要特点、适用范围做出了分类说明。

表 5-2　充填料浆典型制备方式及其特点

典型装置及制备工艺	主要特点	适用范围
卧式砂池储存制备	存储容积大，设施简单； 占地面积大，脱水效率低，制备浓度可控性差，自动化程度低，生产连续性差	适用于小规模矿山，对充填的总体要求不高
立式砂仓储存制备	存储容积大，节约占地，有较大的缓冲存储能力，底部饱和浓度较高，来料波动适应能力强； 浓度和流量稳定性会受一定制约，底流浓度提高受限	适用于分级尾砂或全尾砂高浓度充填
过滤、压滤、离心脱水制备	制备浓度高，脱水效果有保障，回水率高； 要求来料稳定性高，占地面积大，设备维护量大，能耗高。工程投资和经营费用高	适用于膏体充填及细颗粒处置
水力旋流器分级	同时实现分级并浓缩，设备体积小，可组合使用，设备工作高效，流程简单； 尾砂综合利用率低，需考虑细颗粒尾砂处理，及选厂生产与充填作业的衔接	通常与立式砂仓等设备组合使用于分级尾砂充填及尾矿堆存
深锥浓密机制备	设备连续运转，制备控制过程可控，浓度流量稳定； 设备贮料和缓冲能力不足，要求进料浓度流量稳定性高，需考虑选厂生产与充填作业的衔接问题，受尾砂性质及工况影响可能出现压耙等	可用于高浓度和膏体充填
干料混合添加制备	制备浓度可控，制备浆体稳定； 当地需有充足的充填干料，大块度物料需要破碎设备破碎到一定粒度，料浆磨蚀性强	适用于各种充填方式

基于满足高浓度和膏体充填制备的要求，尾砂浓缩脱水储存装置需要高效、高质量地制备出合格充填料浆，且充填系统易于操控、方便维护。依据尾砂浓缩脱水原理，以下分别介绍沉降浓缩脱水装置和机械压力脱水装置。

5.3.2.1 沉降浓缩脱水装置

沉降浓缩脱水装置依靠颗粒重力自然沉降或添加絮凝剂进行絮凝沉降，浓缩处理规模大，制备综合成本低，因而有着广泛的应用。应用沉降浓缩原理进行脱水的装置主要有立式砂仓、高效浓密机、深锥浓密机、斜板浓密机等。

A 立式砂仓

20 世纪 70 年代末，立式砂仓被引入国内用作充填尾砂浓缩脱水设施。立式砂仓为圆筒仓，仓体常用钢结构形式，仓体由圆柱形筒体和半球形底或锥形底组成，圆柱筒体段高度一般为直径的 2~3 倍。立式砂仓直径通常为 6~10m。半球形底具有多个放砂口，而锥形底通常只有一个放砂口。立式砂仓的仓底形式经历了半球形底向锥形底发展的过程。半球形底立式砂仓和锥形底立式砂仓示意图如图 5-9 和图 5-10 所示。

图 5-9 半球底立式砂仓　　　　　　图 5-10 锥形底立式砂仓

仓底采用半球底的本意是可以多点放砂，易于均匀沉降，稳定放砂浓度。国内焦家金矿、三山岛金矿、铜绿山铜铁矿、安庆铜矿、金川镍矿等充填矿山早期均使用了半球底多孔放砂立式砂仓[3]。根据半球底多孔放砂立式砂仓的使用情况，各个矿山应用效果差别较大，基本上采用半球底立式砂仓放砂只能满足一般的胶结充填工艺要求，在要求高效率放砂的前提下难以实现放砂浓度的持续稳定，而且为了配合多孔放砂，充填系统的放砂操作则变得较为复杂。

锥形底立式砂仓配合仓内不同的结构（压缩空气和高压水喷嘴、导流锥等），能够提高放砂浓度，更好地提高放砂过程的稳定性，满足制备高浓度料浆甚至膏体的要求。

考虑到实际矿山生产中充填作业具有不均衡性，采用立式砂仓进行充填料浆制备的有效容积应不小于日平均充填量的1.5倍；同时，能满足分层充填的一次最大充填量的需要。

B　新型尾砂浓缩贮存装置

采用立式砂仓制备高浓度全尾砂充填料浆，在传统的锥形底立式砂仓基础上，国内一些研究单位和使用单位做了很多有益探讨、研究和实践。加拿大矿物能源工艺中心（CANMET）研究成功利用立式砂仓，通过全尾砂浓缩和流态化过程制成适合膏体用的高浓度尾砂浆。中国恩菲工程技术有限公司开发出内部具有整体优化结构的新型立式砂仓——新型尾砂浓缩贮存装置，砂仓底流的全尾砂浓度可稳定达到73%~75%，完全可以满足全尾砂及膏体充填的要求。这种方式不需要专门的全尾砂脱水设备，对于膏体充填的推广应用将大有裨益。目前，新型尾砂浓缩贮存装置已成功应用在冬瓜山铜矿、会宝岭铁矿、铜绿山铜铁矿等矿山。

以冬瓜山铜矿为例。冬瓜山铜矿充填搅拌站尾砂脱水采用了新型尾砂浓缩贮存装置，应用控压助流脱水技术方案，使得立式砂仓中尾砂形成高质量的"流态化"的底流浓度。图5-11为冬瓜山铜矿所采用的控压助流方案软件界面。控压助流方案采用新的流体力学模型，在整体优化立式砂仓结构的基础之上增加了一套控压助流辅助设施，通过在仓底布置间隔的环形管路设置"流态化"喷嘴，保持底部可控流动，控压助流方案安装原理如图5-12所示[4,5]。

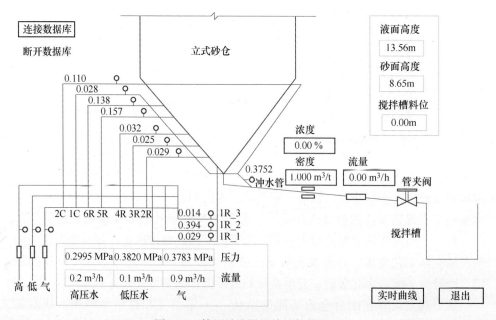

图5-11　控压助流设施放砂软件界面

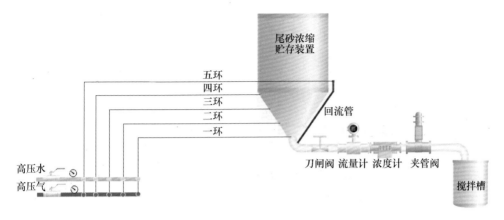

图 5-12 控压助流设施安装原理

在新型尾砂浓缩贮存装置的工业试验期间，控压助流辅助设施采用特殊的喷水、喷气的方法，在一些部位向仓内注入高压水或高压气来控制砂浆孔隙压力和改善沉淀尾砂的流动性能，以保持或增加仓底尾砂的流动性，提高砂仓放砂浓度和流量的稳定性、可控性。图 5-13 为新型尾砂浓缩贮存装置放砂浓度-时间关系图。通过新型尾砂浓缩贮存装置应用实现了深井高浓度充填料连续排放，大规模输送井下采场充填，降低了充填输送成本和井下采场脱水处理成本，解决了矿山实际生产中的技术难题[4]。图 5-14 为应用新型尾砂浓缩贮存装置的冬瓜山铜矿充填搅拌站。

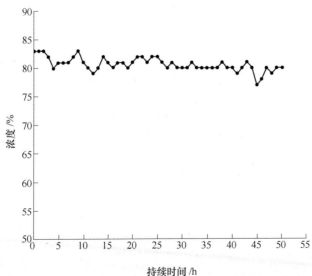

图 5-13 连续放砂浓度-时间关系图

（时间：11.09 19：00 至 11.11 20：30）

图 5-14　冬瓜山铜矿充填搅拌站

新型尾砂浓缩贮存装置与传统的立式砂仓制备效果相比，底流浓度更高，流量更稳定，较好地解决了极细粒级的全尾砂脱水难题。尾砂浓缩贮存装置仓顶溢流脱水与仓底造浆同步进行，彻底摒弃了传统间断充填作业与选矿连续作业制度的不协调，在提高充填能力的同时，达到了选矿水闭路循环目的。

C　高效浓密机与深锥浓密机

浓密机是一种固液分离设备，通过它将原浆料分成一定浓度的浆体（底流）和一定澄清度流体（溢流）。大约 1905 年前后，Dorr 博士发明世界首台连续沉降式浓密机。随着工业化生产中固液分离应用的增加，普通浓密机、高效浓密机被陆续开发出来，美国 Emico 公司和 ALCAN 公司合作，研发成功了 Emico 深锥膏体浓密机。无论是普通浓密机、高效浓密机还是深锥膏体浓密机，均实现将较低浓度料浆通过底流获得较高底流浓度的目的。表 5-3 列出了浓密机发展变化。

表 5-3　浓密机发展变化

	无絮凝设计浓密机： 慢速低效沉降 大沉降面积
	絮凝设计浓密机： 缩小的沉降面积 更好的沉降效果 提高了底流浓度

续表 5-3

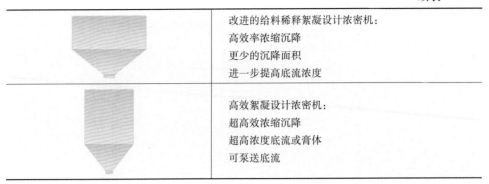

	改进的给料稀释絮凝设计浓密机: 高效率浓缩沉降 更少的沉降面积 进一步提高底流浓度
	高效絮凝设计浓密机: 超高效浓缩沉降 超高浓度底流或膏体 可泵送底流

浓密机根据传动形式主要分为中心传动浓密机和周边传动浓密机。中心传动浓密机主要由浓缩池体、支撑架、驱动装置、中心传动轴、耙架、过载保护装置、进料装置等组成。在浓缩池的中间安装有一根中心竖轴,轴的下端固定有一个十字形耙架,竖轴由固定在支架上的驱动装置带动旋转;周边传动浓密机由浓缩池体、固定中心柱、耙架、固定桥架及驱动小车等组成。驱动小车固定在耙架的外端,由电机经带动回转的滚轮沿浓密机的周边圆形轨道滚动。

高效浓密机是一种常用的固液分类浓缩设备。高效浓密机是借助高分子絮凝剂的作用,使矿浆浓缩过程中的小颗粒矿物形成大絮团,加快其沉降速度,提高浓密机效率,排矿质量浓度一般在 50%~55%,絮凝剂用量为 10~15g/t。高效浓密机现场应用如图 5-15 所示。高效浓密机常用作尾矿第一段浓缩设备,用于初步提高底流浓度和澄清溢流回水。

图 5-15 高效浓密机

深锥膏体浓密机最早由 Eimco 公司研制,其制浆浓度可达 65%~78%,甚至更高。这种浓密机适用于制备尾矿膏体充填料和尾矿干堆,一般不需要对尾砂再进行其他方式的脱水处理,深锥膏体浓密机的结构图和外形图如图 5-16 和图 5-17 所示。

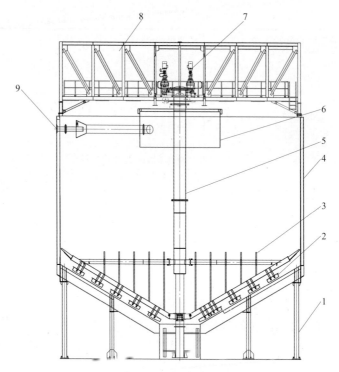

图 5-16 深锥膏体浓密机结构图
1—支柱；2—刮泥耙；3—引水杆；4—罐体；5—中心主轴；
6—进料井；7—驱动头；8—桥架；9—进料口

深锥浓密机的规格依据要求的处理能力来确定，深锥的核心部分是尾砂进料装置和絮凝剂混合装置。从选厂输送来的全尾砂经外部加水将其质量浓度稀释到15%～25%，再加入絮凝剂的进料井中采用自稀释加水或强制稀释加水将料浆的质量浓度局部降到 5%～10%，达到絮凝剂作用下尾砂沉降浓缩的最佳状态，此时不仅下部的料浆浓度很高，而且排出的溢流水是不含泥沙的清水。深锥浓密机顶部的驱动头以长轴连接下部的耙架机构，耙架机构的作用是推动浓缩的尾矿流向排料口，同时使沉淀床处于活动和均值状态，在松耙机构长臂上的钢管作为排水引水杆，将沉淀尾矿床

图 5-17 深锥膏体浓密机

中的水析出。膏体深锥浓密机不设置常规浓密机和高效浓密机的提耙机构[1]。

EMICO 深锥浓密机的传统使用领域为赤泥处理。赤泥作为氧化铝工业生产的废弃物，一直以来对环境造成很大影响。深锥浓密机用于氧化铝固液分离、洗涤系统中，是一种高效浓缩设备，可用于改善氧化铝生产中赤泥含固量偏低这一现状。在赤泥处理中，需要的是沉降后的上清液体，深锥浓密机内的泥层厚度不需要保持很高，在适当的高度就可以将其排出，用过滤机制成滤饼，而滤液则再次进入深锥内沉降。所以该工艺不会对深锥造成压耙危险。

在尾砂浓密工艺中，由于井下充填的不连续性和选厂生产的连续性的不均衡冲突，造成深锥内的尾砂量不稳定。当井下不能充填时，选厂的尾砂若只能进入深锥内存放，就造成深锥内料层厚度很高。根据会泽的生产情况和深锥容积计算，3 天不充填时深锥内的料层厚度约 7m（锥体以上），这样的泥层高度对耙子的运转造成很大威胁，稍有疏忽就会造成"压耙"。因此，建议在生产中加强管理，尽量做到采充平衡，必要时也可以做一个储砂仓池。同时，根据物料性质及充填作业中可能的波动情况，在设计阶段选用深锥浓密机作为浓缩制备装置时，应适当放大浓密机直径及适配驱动功率，以适应充填不均衡工况。图 5-18 和图 5-19 为中国恩菲设计的采用 $\phi11m$ 深锥浓密机的会泽铅锌矿充填搅拌站和采用 $\phi18m$ 深锥浓密机的羊拉铜矿充填搅拌站。

图 5-18　会泽铅锌矿充填站深锥浓密机

图 5-19　羊拉铜矿充填站深锥浓密机

D　斜板浓密机

斜板浓密机采用斜板原理，当上升水流速度小于固体颗粒沉降速度，固体颗粒可沉降至倾斜板上，从而实现澄清。如果上升水流速度过高，固体颗粒无法沉降到倾斜板上，则不能实现澄清。斜板浓密原理如图 5-20 所示[2]。

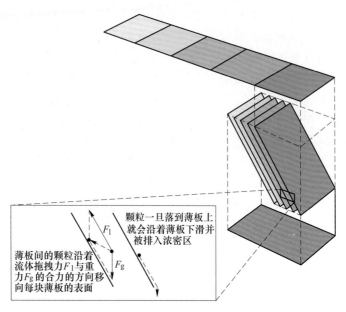

图 5-20　斜板浓密原理图

　　斜板浓密机由上下两个箱体构成，上部箱体内含倾角的薄层倾斜板，下部箱体为锥形或柱形泥斗。矿浆从进料口进入浓密机上部箱体的搅拌槽中，通过槽形入口进入每个薄层倾斜板间隙中。矿浆在入口以上的倾斜板内实现澄清过程。每组倾斜板上方都有溢流槽，出口端液面比给料口液面要高一些，形成负压，可以保证矿浆均匀进入每个薄层沉降室内，同时减弱紊流作用。固体颗粒先沉降到倾斜板上，沿倾斜板滑至泥斗中，再利用驱动耙使得泥斗中固体颗粒进一步浓缩。斜板浓密机结构示意图如图 5-21 所示[2]。斜板浓密机现场安装图如图 5-22 所示。斜板浓密机与高效浓密机类似，一般用于尾矿一段浓缩，初步提高底流浓度至 35%～50%，以进行下一步处置。斜板浓密机底流一般达不到充填所需的制备要求，不能直接用于充填。

5.3.2.2　机械压力脱水装置

　　物料粒度越小，脱水难度越大。而对于细粒级或极细粒级尾矿的脱水往往通过自然沉降或是絮凝沉降也不能达到理想的效果，通常采用机械压力脱水方式来获取适宜的物料状态。机械压力脱水装置主要包括真空过滤机和压滤机。真空过滤机是通过将外部空气吸入过滤机内实现脱水的。真空过滤机包括滚筒真空过滤机、圆盘真空过滤机、陶瓷过滤机、水平带式真空过滤机，压滤机主要是板框压滤机等。

A　滚筒真空过滤机

　　滚筒真空过滤机由滚筒筒体、传动装置、支撑框架、槽体、分配头和搅拌器

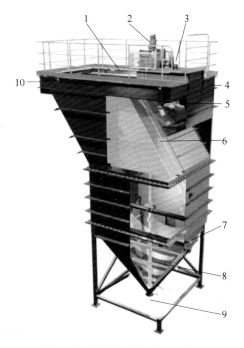

图 5-21 斜板浓密机结构示意图

1—溢流槽；2—耙提升装置（选项）；

3，5—絮凝搅拌器；4—进料口；

6—倾斜板组；7—矿泥斗；8—带驱动装置的耙；

9—底流出口；10—溢流出口

图 5-22 斜板浓密机

组成，如图 5-23 所示。整个滚筒筒体外面裹着滤布，传动装置驱动筒体回转，转动速度可调。分配头位置固定不动。滚筒真空过滤机由真空泵将滚筒内部抽成真空，使得内外两侧形成压差，空气由外部吹入，浆体在压力差的作用下固体颗粒被阻留并吸附在滤布上成为滤饼，滤饼由旋转滚筒带至卸料点卸下。滚筒真空过滤机设备图外形如图 5-24 所示[2]。

带式滚筒真空过滤机优化了卸料方式，与普通滚筒真空过滤机相比，其卸料方式的不同在于折带式滚筒真空过滤机卸料时滤布与旋转滚筒是分离的，滤饼卸除方式可以采用卸料辊或刮刀。折带式滚筒真空

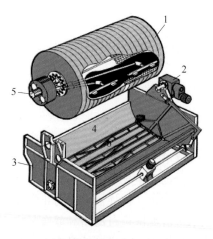

图 5-23 滚筒真空过滤机结构示意图

1—筒体；2—传动装置；3—框架；

4—槽体；5—分配头；6—搅拌器

图 5-24　滚筒真空过滤机

过滤机具有清洗带功能，适于细粒级物料的脱水，可卸下黏性物料。表 5-4 列出了 GW 型滚筒真空过滤机的主要技术参数。

表 5-4　GW 型滚筒真空过滤机主要技术参数

过滤面积/m²	筒体规格/mm	筒体转速/r·min⁻¹	真空计示压力/kPa	抽气量/m³·min⁻¹·m⁻²	外理能力/t·h⁻¹	筒体功率/kW	电机搅拌器型号	搅拌器功率/kW	质量/kg
3	φ1068×910	0.156~1.56	60~80	0.5~2	0.8~1.5	1.5	XWD0.75-4-59	0.75	2635
5	φ1600×1060	0.156~1.56	60~80	0.5~2	1.6~2.4	1.5	XWD0.75-4-59	0.75	3760
8	φ2000×1400	0.1~0.6	60~80	0.5~2	2.8~3.6	2.2	Y112M-6	2.2	5455
10	φ2000×1800	0.1~0.6	60~80	0.5~2	3.0~4.0	2.2	Y112M-6	2.2	6017
12	φ2000×2000	0.1~0.6	60~80	0.5~2	3~5	2.2	Y100L-6	1.5	6365
20	φ2500×2650	0.14~0.54	60~80	0.5~2	3~8.0	3	XWD3-4-17	3	10600
30	φ3350×3000	0.1~0.6	60~80	0.5~2	4.5~12	2.2	XWD3-4-17	2.2	17200
40	φ3350×4000	0.1~0.6	60~80	0.5~2	6.0~16	3.7	XWD4-4-17	3.7	19500
50	φ3350×5000	0.1~0.6	60~80	0.5~2	7.5~20	5	XWD5.5-7-59	5.5	21500

B　圆盘真空过滤机

圆盘真空过滤机由具有多个单独的扇形片的圆盘构成。每一个扇形片为单独的过滤单元，由滤布做成布套在扇形片上形成滤室。过滤圆盘在矿浆槽中缓慢转动，借助真空泵形成的压力差，使固体颗粒吸附在圆形盘面的滤布上，形成一定厚度的滤饼。搅拌器旋转防止固体沉淀，滤饼离开液面后，在真空作用下继续脱去水分。滤液透过滤饼和滤布从中心轴排出，滤饼在刮刀和真空泵产生的压力反吹风作用下，掉进卸滤饼槽中。整个作业过程连续循环进行。圆盘真空过滤机工作原理图如图 5-25 所示。圆盘真空过滤机设备外形如图 5-26 所示。表 5-5 列出了 PG 型圆盘真空过滤机的主要技术参数。

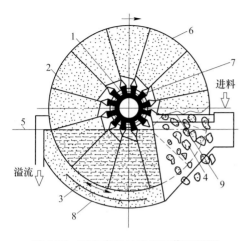

图 5-25 圆盘真空过滤机工作原理图

1—滤液孔；2—滤叶；3—搅拌器；4—滤饼；
5—液面；6—滤盘；7—中心轴；
8—滤浆槽；9—刮板

图 5-26 圆盘真空过滤机

表 5-5 PG 型圆盘真空过滤机主要技术参数

过滤面积/m²		18	27	39	58	78	97	116
过滤盘数		4	6	4	6	8	10	12
过滤盘直径/mm		1800	1800	2700	2700	2700	2700	2700
过滤盘转速 /r·min⁻¹	1	0.135~0.607	0.135~0.607	0.135~0.607	0.15~0.67	0.15~0.67	0.148~0.66	0.148~0.66
	2	0.254~1.14	0.254~1.14	0.254~1.14	0.254~1.14	0.254~1.14	0.285~1.285	0.285~1.285
	3						0.44~1.98	0.44~1.98
搅拌器转速 /r·min⁻¹		60	60	60	60	60	60	60
主传动电机	型号	YCTL132-4B	YCTL132-4B	YCT160-4A	YCT160-4B	YCT160-4B	YCTL180-4A	YCTL180-4A
	功率/kW	1.5	1.5	2.2	3	3	4	4
	转速 /r·min⁻¹	1230~125	1230~125	1250~125	1250~125	1250~125	1250~125	1250~125
搅拌器电机	型号	Y90L-4	Y90L-4	Y90L-4	Y100L1-4	Y100L1-4	Y112M-4	Y112M-4
	功率/kW	1.1	1.1	1.5	2.2	2.2	4	4
	转速 /r·min⁻¹	1440	1440	1440	1440	1440	1440	1440
真空泵	型号	SZ-4	2YK-27	SZ-4	SZ-4	SZ-4	2YK-110	2YK-110
	台数	1	1	1	2	2	1	1
鼓风机	型号	SZ-2	SZ-2	SZ-2	SZ-3	SZ-3	SZ-3	SZ-3
	台数	1	1	1	1	1	1	1
质量/kg		3500	4500	6000	8000	9000	10000	12000

C 陶瓷过滤机

陶瓷过滤机是新型固液分离设备，其基本原理与普通圆盘真空过滤机相同，关键区别在于采用多孔陶瓷过滤板作为过滤介质，由于毛细管力的作用，过滤过程中，只有水能通过陶瓷滤板，而空气始终不能通过。

陶瓷过滤机主要由转子、分配头、搅拌器、刮刀、陶瓷板、料浆槽及反冲洗系统组成。其工作原理为：利用陶瓷板上的微孔产生毛细作用，液体在无外力条件下自动进入陶瓷板的孔道中，在真空泵产生的负压作用下，液体被连续排出成为滤液，而固体颗粒被阻挡在陶瓷板表面成为滤饼，从而实现了固体和液体的分离。陶瓷过滤机工作原理如图 5-27 所示，陶瓷过滤机设备外形如图 5-28 所示。

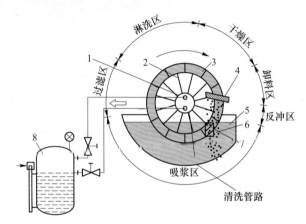

图 5-27　陶瓷过滤机工作原理

1—转子；2—滤室；3—陶瓷板；4—刮刀；5—料槽；6—超声装置；7—滤饼；8—真空桶

图 5-28　陶瓷过滤机

与传统过滤设备相比，陶瓷过滤机配套设备少、占地面积小、规格多，具有节能、高效、生产成本低、自动化水平高、运行平稳等特点，滤液悬浮物低，符合排放标准，无需再处理。陶瓷过滤机可用于过滤尾矿，但处理磨矿细度过细的尾矿时，其过滤效果存在着较大差异，此外，陶瓷过滤机生产能力不高，为 $400 \sim 500 \text{kg}/(\text{m}^2 \cdot \text{h})$。表 5-6 列出了 TC 型陶瓷过滤机的主要技术参数。

表 5-6 TC 型陶瓷过滤机主要技术参数

过滤面积 /m²	滤盘/圈	滤板数量 /块	槽体容积 /m³	装机功率 /kW	运行功率 /kW	主机尺寸 /m×m×m
1	1	12	0.21	3.5	2	1.6×1.4×1.5
4	2	24	1	7	3	2.4×2.5×2.1
6	2	24	1.2	7	6	2.4×2.9×2.5
9	3	36	1.7	9	7	2.7×2.9×2.5
12	4	48	2.2	11	7.5	3.0×2.9×2.5
15	5	60	2.7	11.5	8	3.3×3.0×2.5
21	7	84	4	13.5	9	4.6×3.0×2.6
24	8	96	4.5	16.5	10.5	4.9×3.0×2.6
27	9	108	5	17	11	5.2×3.0×2.6
30	10	120	5.5	17.5	11.5	5.5×3.0×2.6
36	12	144	7	23	16	6.6×3.0×2.6
45	15	180	8.5	25	19	7.5×3.0×2.6
60	15	180	12.5	33	22	7.5×3.3×3.0
80	20	240	16.2	40	24	9.0×3.3×3.0
102	17	204	18.5	53	35	8.8×3.6×3.3
120	20	240	20	60	40	9.7×3.6×3.3
150	25	300	24	75	47	11.2×3.6×3.3

D 水平带式真空过滤机

水平带式真空过滤机以滤带为过滤介质，主要可分为移动室型和固定室型水平带式真空过滤机。移动室水平真空带式过滤机喂料、过滤洗涤、卸饼、滤布清洗、纠偏等均自动进行，是一种连续自动操作的过滤机。移动室式过滤机往复动作的托盘完成吸滤，每一个过程中，托盘将滤布送往卸滤端，同时过滤，然后停止过滤，托盘快速返回，再开始下一动作。所以该机实际是连续排料、间断过滤，其单位面积过滤效率低于固定室水平带式过滤机。固定室水平真空带式过滤机是以循环移动环形滤带作为过滤介质，采用了固定真空盒，水平带在真空盒上滑动，真空盒与带间构成运动密封的结构形式。它能连续自动完成过滤、滤饼洗涤、卸渣、滤布再生等工艺操作，并且母液有与滤饼洗涤液可以分段收集利用真空设备提供的负压和重力作用，使固液快速分离的一种连续式过滤机，适合处理含粗颗粒的料浆。移动室水平带式真空过滤机原理图和固定室水平带式真空过滤机工艺示意图分别如图 5-29 和图 5-30 所示。

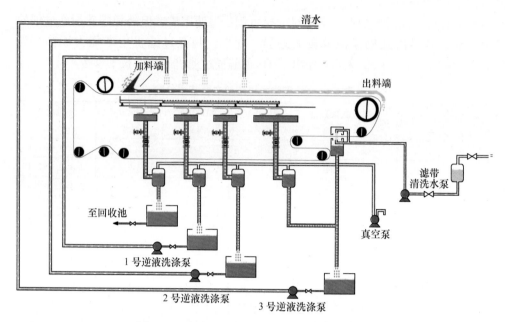

图 5-29　移动室水平带式真空过滤机工作原理

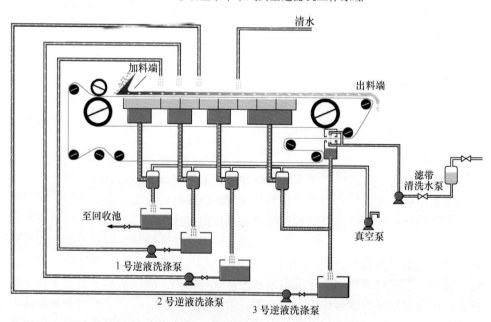

图 5-30　固定室水平带式真空过滤机工艺原理

水平带式过滤机过滤效率高，洗涤效果好，滤饼厚度可调节，含水量小，卸料方便，滤布可正反两面同时清洗，操作灵活，维护费用低。DU 型固定室水平带式真空过滤机设备如图 5-31 所示，设备主要技术参数见表 5-7。

图 5-31　DU 型固定室水平带式真空过滤机

表 5-7　DU 型固定室水平带式真空过滤机主要技术参数

过滤宽度/m		1.3		1.8		2		2.5		3.2		4		4.5	
过滤长度/m	N（整数）	过滤面积/m²	质量/t	过滤面积/m²	质量/t	过滤面积/m²	质量/t	过滤面积/m²	质量/t	过滤面积/m²	质量/t	过滤面积/m²	质量/t	过滤面积/m²	质量/t
8	3	10.4	7.9	14.4	10.4	16	11.7	20	14.6						
10	4	13	8.9	18	11.9	20	13.4	25	16.8	32	27.6				
12	5	15.6	9.9	21.6	13.4	24	15.1	30	19	38.4	30	40	42.4	54	45
14	6	18.2	10.9	25.2	14.9	28	16.8	35	21.2	45	32.4	56	45	63	47.9
16	7	20.8	11.9	28.8	16.4	32	18.5	40	23.4	51.2	34.8	64	47.6	72	50.8
18	8	23.4	12.9	32.4	17.9	36	20.2	45	25.6	58	37.2	72	50.2	81	53.7
20	9	26	13.4	36	19.4	40	21.9	50	27.8	64	39.6	80	52.8	90	62
22	10			39.6	20.9	44	23.6	55	31	70.4	42	88	56.4	99	65.2
24	11					48	25.3	60	33.2	77	44.4	96	59	108	68.4
26	12							65	35.4	83.2	46.8	104	61.6	117	71.6
28	13									89.6	49.2	112	64.2	126	74.8
30	14									96	51.6	120	66.8	135	78

E　板框压滤机

板框压滤机是一种间歇性固液分离设备，主要由固定板、滤框、滤板、压紧板和压紧装置组成。制造板框的材料有金属、工程塑料和橡胶等，滤板表面槽作为排液通路，滤框是中空的。压滤机将带有滤液通路的滤板和滤框平行交替排列，板和框间夹过滤介质（如滤布），滤框和滤板通过两个支耳架在两根平行横梁上，一端是固定板，另一端是压紧板。在工作时浆体从进料口流入，通过压紧装置压紧或拉开，水通过滤板从滤液出口排出，滤饼堆积在框内滤布上，滤板和滤框松开后滤饼就很容易剥落下来。板框压滤及结构与工作原理如图 5-32 所示。

板框式压滤机的工作压力一般为 0.3~0.5MPa，滤饼的含固量较高。用于处置尾矿的板框压滤机一般只采用卧式板框压滤机，设备外形如图 5-33 所示。

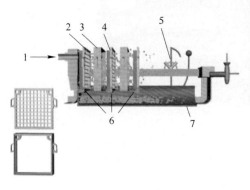 

图 5-32　板框压滤机工作原理　　　　　　　图 5-33　板框压滤机
1—进液口；2—滤板；3—滤框；4—滤饼；
5—压紧装置；6—出液口；7—集液管

5.3.3　尾砂浓缩脱水工艺及实例

根据矿山实际尾砂浓缩制备工艺会有不同的方案选择。根据制备工艺过程，可以将尾砂浓缩脱水分为一段脱水、两段脱水或多段脱水。

一段脱水工艺流程简单，管理环节少；由于制备质量需求的不同或根据具体现场条件进行的技术经济比选后，采用二段脱水或多段脱水的工艺对某些矿山也具有可行性。通常二段脱水采用分级设备+浓密设备+过滤、压滤设备中的两种设备或多种设备组合脱水。比如，高效浓密机+过滤机脱水是国外普遍采用的全尾砂脱水方式，过滤后的滤饼完全能够满足膏体充填的要求；分级旋流器+立式砂仓脱水通常应用于分级尾砂高浓度充填料浆制备，制备后浆体可以在采场快速脱水形成强度；斜板分级机+高效浓密机+带式过滤机及板框压滤机设备用于将尾砂先进行分级，然后对底流和溢流分别进行浓缩、压滤后用于地表干堆或充填。

5.3.3.1　国内某矿山尾砂多段脱水工艺

国内某矿山采用多段脱水尾矿处置工艺，处置后尾矿进行干式堆存。其尾砂脱水工艺流程如图 5-34 所示。选矿厂的尾矿浆由尾矿泵站输送至斜板分级机进行尾矿分级；粗颗粒尾矿浆从分级机底流排出，分配至带式真空过滤机过滤脱水形成滤饼；细颗粒尾矿浆经分级机溢流口自流进入高效浓密机，经浓密机浓缩后，底流尾矿浆自流进入搅拌槽进行缓冲搅拌，然后，通过渣浆泵泵送尾矿浆至高效板框压滤机进行高压脱水形成滤饼。高效浓密机的溢流水和压滤机的滤液进入循环水池，返回选矿系统循环利用，滤饼通过胶带输送机转运堆存利用。

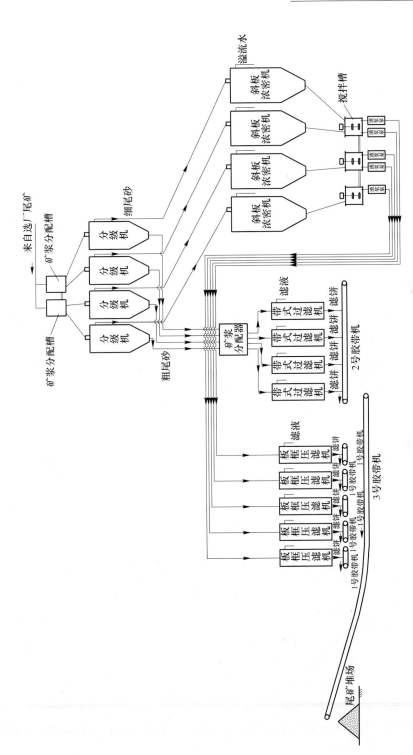

图 5-34 某矿山多段脱水尾矿处置工艺流程

5.3.3.2 秘鲁两座矿山尾砂多段脱水工艺

秘鲁的这两座典型矿山膏体充填站采用多段脱水制备工艺，其中一座矿山采用不连续多段批量制备充填工艺，另一座矿山采用连续多段制备充填工艺[6]。

A 秘鲁普诺某矿山概况

该矿位于秘鲁的普诺（Puno），采矿方法为空场嗣后充填法，利用胶结膏体充填技术充填采空区，以保持现有采场稳定性，并安全地收回矿柱和底柱。普诺某矿山典型的采场尺寸为15m×30m×100m，充填管路系统输送多种灰砂比的充填膏体到现有的多个采场。设计为充填料搅拌环节带称重料斗的批量制备工艺。充填料泵送或自流输送到采场，充填站作业采用自动监测控制。普诺某矿山批量制备工艺流程如图5-35所示。

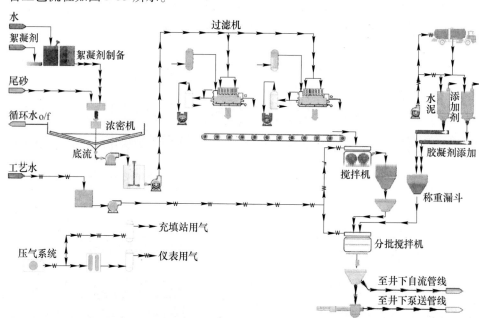

图 5-35 不连续批量制备工艺流程

B 伊卡某矿山概况

该矿位于秘鲁伊卡（Ico），采矿方法为胶结膏体嗣后充填，典型采场尺寸3m×4m×15m。井下充填料要求不离析，废水零排放。设计采用无称重料斗搅拌环节的连续制备工艺。充填料泵送或自流输送到采场，充填站作业采用自动监测控制。伊卡某矿山连续制备工艺流程如图5-36所示。

C 两种充填工艺的比较

这两座矿山充填站采用设备设施基本相同。主要设备和设施均包括高效浓密机、过滤机、胶带输送机、搅拌机、膏体泵等。

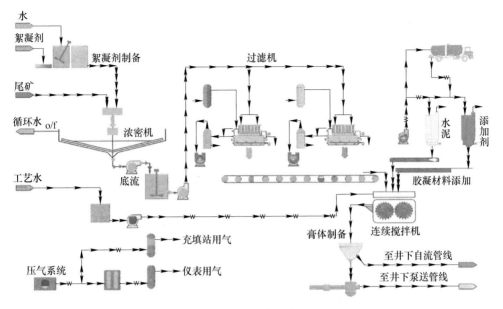

图 5-36　连续制备工艺流程

不连续批量制备和连续制备两种工艺的主要区别在于：批量制备工艺与连续制备工艺搅拌称重计量环节不同（见图 5-37），两种工艺原理分别如图 5-38 和图

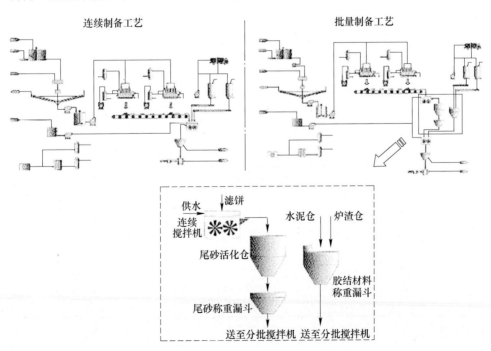

图 5-37　批量制备与连续制备的装备差异

5-39 所示。前者各种充填料在料斗中分别称重，后者水泥与尾砂连续加入搅拌机。搅拌机形式也不同，前者物料搅拌后通过底部卸料口排放充填料，后者搅拌混合过程连续排料。两种工艺对比见表 5-8。

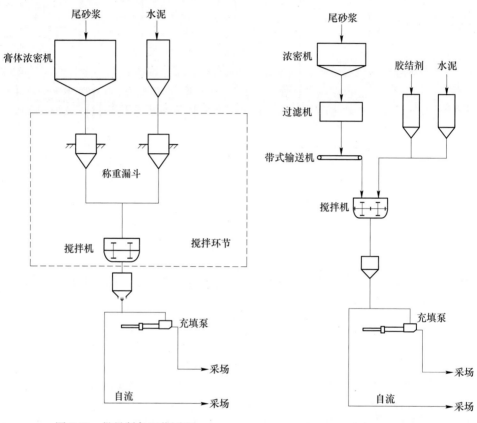

图 5-38　批量制备工艺原理　　　　图 5-39　连续制备工艺原理

表 5-8　两类充填制备工艺对比

充填站关键设计点	不连续批量制备工艺	连续制备工艺
充填站层数	6 层	4 层
PLC 输入变量/子程序	很多/复杂	较少/简单
膏体搅拌质量	好	好
搅拌机类型	加强搅拌，侧排或底排	连续，端部排放
重量控制	称重传感器	称重给料机
不同膏体料浆配比适应情况	是，碎骨料	是，适合的碎骨料
物料残留	有残留	较干净

批量制备工艺搅拌供料对膏体添加干水泥效率较高。例如，批量制备搅拌混料时允许改变搅拌运转时长，通用性好。批量制备搅拌适合用于混凝土搅拌、粗

骨料和其他多种配料比例的集料搅拌。

连续制备工艺的搅拌更适用于浓密的尾砂和干水泥搅拌。在主搅拌区，干水泥易在松散、厚片的滤饼中散开，供料口布置也应能形成带状流，滤饼中干水泥的均化比湿润膏体中的干水泥均化更为便利。

5.4 充填料储存

充填材料组分主要包括充填骨料和胶结材料。我国充填制备最常见的骨料为选厂产出的尾砂，西北地区的甘肃、新疆等地依靠当地丰富的戈壁资源，利用戈壁集料作为骨料，部分矿山采用破碎后废石、河沙等作为骨料等。胶结充填时，充填骨料需要拌合胶结材料共同制备形成胶结充填料浆。胶结材料中使用最为普遍的为水泥，如普通硅酸盐水泥、矿渣水泥、复合硅酸盐水泥等。根据充填项目所在地胶结原料供应情况，也有使用燃煤电厂粉煤灰、冶炼炉渣作为部分胶结材料与水泥等共同作为胶结料。同时，随着充填制备中水泥胶结替代材料研究，新型充填胶结材料胶固粉也在诸多矿山作为胶结料推广使用，以降低水泥量耗用或充填综合成本。

充填骨料的存储可分为湿式存储和干式存储，湿式尾砂一般用砂仓储存，干式尾砂可用下沉式砂仓和地表砂场储存。胶结材料遇水会发生水化作用，并凝固成块状，所以胶结料的储存以地表采用仓式存储居多。

5.4.1 充填骨料储存

金属矿山的尾砂在选别作业末段以浆体的形式产出。湿式尾砂通常采用仓式存储，尾砂仓分为卧式砂仓和立式砂仓两大类。卧式砂仓或卧式砂池一般仓长25~40m，仓宽 3~5m，仓深 3~5m。仓尾端设有溢流槽，仓底设有排水孔。卧式砂仓可以采用电耙出料、水枪出料等方式，如图 5-40 和图 5-41 所示。卧式砂仓也可储干式尾砂或尾砂滤饼，也可以储存棒磨砂、河砂等。卧式砂仓储存的干式尾砂等常采用抓斗出料，如图 5-42 所示。卧式砂仓建设灵活性较大，基建时间短，能满足矿山生产基本需要。但是卧式砂仓占地面积大，不能自流，浓度控制不准确，难于自动化操作。卧式砂仓存砂适合对充填浓度、充填质量要求不高的小型矿山使用[1,7]。

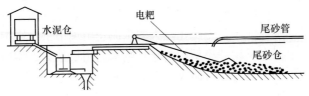

图 5-40　卧式砂仓电耙出料

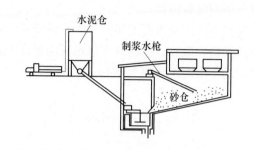

图 5-41　卧式砂仓水枪出料

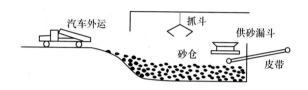

图 5-42　卧式砂仓抓斗出料（干式）

立式砂仓兼有浓缩和存储的功能，详见第 5.3.2.1 节沉降浓缩脱水装置的立式砂仓。立式砂仓的储砂容积结合采矿一次最大充填量综合考虑，可以由多个立式砂仓组成的充填站共同满足采矿日常充填与最大充填任务时的需求。

5.4.2　胶结材料储存

矿山采用添加水泥或类水泥的胶结材料制备充填料浆，充填至井下形成符合采矿工艺要求的充填体。水泥或类水泥的胶结充填材料，其添加形式包括干式添加和湿式添加，添加地点包括在地表添加或在井下添加。而目前国内最为常用的水泥添加方式为地表储仓干式添加。

水泥、粉煤灰等胶结材料储存，一般来说可采用混凝土仓和钢结构仓两种结构形式，在地面建圆形、矩形混凝土仓或圆形钢结构仓。一般一个充填系列设一个水泥仓，其储存量以满足连续一次最大充填量为准，按不同充填要求为 150 ~ 500t。有时在多个系列的情况下，也可根据水泥添加工况设计成每两个充填系列共用一个水泥仓。但是，单个水泥仓存储量不宜过大，存储时间不宜过长。尤其是在我国南方地区或在空气湿度较大季节，水泥仓内水泥容易结拱、板结，甚至发生水化反应形成水泥硬块。为防止过大的水泥仓出现结拱，影响水泥的正常添加，有时可在大水泥仓下设一小型稳料仓。当水泥用量很大，供应易受外部影响时，可建一大型中转水泥仓，可储存 1000 ~1500t。混凝土水泥仓如图 5-43 所示，钢结构水泥仓如图 5-44 所示[8]。

图 5-43 混凝土水泥仓

图 5-44 钢结构水泥仓

混凝土结构水泥仓一般布置在搅拌站内，与充填搅拌站整体结构共同考虑。钢结构水泥仓设置较为灵活，通常可以布置在搅拌站外，不与现有建筑发生干涉。混凝土结构水泥仓有利于寒冷天气保温，钢结构水泥仓保温性能及对于外部水汽防御性能上要弱于混凝土水泥仓。总体上看，混凝土水泥仓适合于北方寒冷地区、新建搅拌站，而钢结构水泥仓更适合相对干燥气候地区、搅拌站外加水泥仓的形式。

5.5 充填料给料

5.5.1 充填干砂给料

充填干砂骨料主要包括过滤、压滤后的干尾砂，河沙，破碎后废石、棒磨砂等，一般采用地表堆存或下沉卧式仓、立式筒仓存储等。通过给料设备将干砂输送分配至搅拌设备搅拌制备。干砂给料设备有圆盘给料机及胶带定量给料机等。

A　圆盘给料机

圆盘给料机是一种连续喂料的容积式给料设备，利用物料的流动性，通过转动的圆盘和可调节刮料板把物料从容积仓中均匀、连续输送到下一级受料设施。圆盘式给料机适用于 50mm 以下非黏性物料，不适用于喂送黏度较大物流性较差的物料。圆盘式给料机由驱动电机、减速器、机座、圆盘、刮料板等组成，电动机通过带动减速机，使圆盘均匀地转动，当物料到达到圆盘时，物料跟圆盘一起转动，通过在圆盘之上设置的一块固定刮料板将物料刮出，从而达到给料的目的。

圆盘给料机结构紧凑简单，物料流量调节方便，使用可靠。根据安装方式，圆盘给料机可分为座式和吊式两种。图 5-45 所示为座式圆盘给料机，表 5-9 列出了座式圆盘给料机的主要技术参数。为了便于调节给料能力，圆盘给料机可以设置变频调速控制圆盘转速以调节给料量。充填干砂采用圆盘给料机给料时，下一级通常接胶带输送机或卸溜槽将充填物料给至搅拌槽中用于浆体制备。

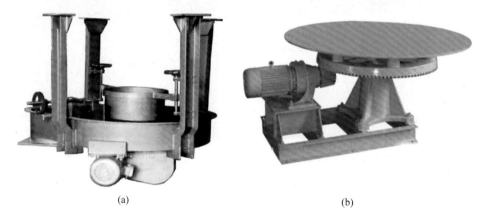

(a)   (b)

图 5-45 圆盘给料机

（a）吊式；（b）座式

表 5-9 座式圆盘给料机主要技术参数

圆盘直径 /mm	圆盘转速 /r·min^{-1}	额定给料量 /t·h^{-1}	电机功率 /kW	质量 /t
2000	0.6~6.9	20~200	11~15	8.4
2200	0.6~6.9	25~250	15~18.5	9.2
2500	0.6~6.9	30~300	18.5~22	10
2800	0.5~6.7	40~400	22~30	11.5
3000	0.5~6.7	50~500	30~37	12.4
3200	0.5~6.7	60~600	37~45	14.3
3600	0.5~6.3	80~800	45~55	15.5
4000	0.5~6.3	100~1000	55~75	17

B   胶带定量给料机

胶带定量给料机是一种结合胶带输送机与计量装置，能对散状干式物料进行连续称量给料的设备。定量给料机采用水平挡边胶带作为物料载体，物料布料均匀，在端部设置称重传感器计量准确，胶带带速可控，下料稳定可靠，日常维护量较低。图 5-46 为胶带定量给料机设备及现场安装图，表 5-10 列出了胶带定量给料机宽度与流量对应关系。

图 5-46   胶带定量给料机

表 5-10   胶带定量给料机宽度与流量范围

带宽/mm	流量范围/m³·h⁻¹	带宽/mm	流量范围/m³·h⁻¹
500	0.05~6	1200	10~200
650	0.5~10	1400	30~300
800	2~30	1600	50~500
1000	5~100	1800	100~1000

5.5.2   胶结材料给料

胶结材料储仓如水泥仓、粉煤灰仓底部安装有给料设备将仓内胶结料干料输送进入搅拌设备与其他充填物料混合，常用的仓下给料设备包括单管螺旋给料机、双管螺旋给料机以及附带稳料及计量功能的微粉秤等。根据水泥等细粒级胶结料输送量大小和布置方式，可以设置单管螺旋给料机或双管螺旋给料机输送粉料。

单管螺旋给料机是单根钢管内设置螺旋推动进料口处的物料向前出料口输送，单管螺旋也可根据使用要求设置成水平输送、倾斜输送。图 5-47 所示为单管螺旋给料机。双管螺旋给料机是在普通单管螺旋给料机和普通管式螺旋给料机的基础上发展而来的，一般在水平情况下工作，比较适宜用于物料入口尺寸宽、物料流动性不好场合，但其输送长度不宜过长。图 5-48 所示为双管螺旋给料机。双管螺旋给料机由两个类单管式螺旋给料机组合而成，在两根钢管内分别装有一根螺旋，两管内螺旋方向相反，其中一根是左旋，另一根为右旋。工作时，两根螺旋通过在轴身位置的一对齿轮啮合转动，由于螺旋体的转动，使物料作轴向移动，在进料段能起到输送和局部搅拌物料的作用。进料口位置可以配备进料调节控制闸门，控制料仓物料对进料口处螺旋轴的压力，改善运行工况。

图 5-47　单管螺旋给料机　　　　　图 5-48　双管螺旋给料机

螺旋给料设备一般与冲板流量计配合使用或对给料螺旋采用称重计量的方式，用于胶结料定量计量给料。当螺旋给料机与冲板流量计配合使用时，其出料口连接冲板流量计的入料口，利用冲板流量计的称重计量来定量给料；当对给料螺旋采用称重计量时，螺旋给料机称重设施由称重桥架、称重传感器、测速传感器、称重控制仪表和电控系统等组成。称重桥架采用杠杆式，其杠杆支点采用耳轴支撑，不受腐蚀及外界因素对计量精度影响；测速传感器置于螺旋体非驱动端。给料机将料仓物料输送并通过称重桥架进行重量检测，同时装于端部的测速传感器对螺旋体进行速度检测，被检测的重量信号及速度信号进行微积分处理，显示以吨每小时为单位的瞬时流量及以吨为单位的累计量，从而实现精准测量。图 5-49 所示为搅拌站现场使用双管螺旋给料机。

图 5-49　双管螺旋给料机现场安装图

微粉秤是一种集粉体物料稳流输送、称重计量和定量给料控制为一体化的设备，主要由控制闸门、稳流给料螺旋、计量输送螺旋、变频器、称重传感器、测速传感器及电控部分组成。在计量输送螺旋非驱动轴端部设置称重传感器用于定量粉料给料的控制。给料螺旋具有稳流结构，在整个进料口截面上料粉均匀下沉，料流稳定，不易结拱，受冲击较小。稳流给料螺旋与计量螺旋同步调速，物料填充稳定，重量信号可靠，计量精度较高。稳流给料螺旋和计量输送螺旋之间为软连接，可根据现场要求任意调整水平安装角度。微粉秤能适用于充填工业生产环境的粉体物料连续计量和高精度配料控制系统。图 5-50 和图 5-51 分别为微粉秤设备配置和设备外形图，表 5-11 列出了微粉秤主要技术参数。

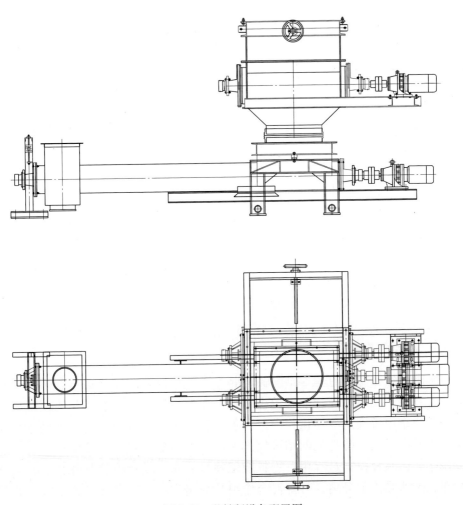

图 5-50　微粉秤设备配置图

图 5-51　微粉秤

表 5-11　微粉秤设备主要技术参数

型　号	稳流装置规格 /mm×mm	计量装置规格 /mm×mm	流量范围 /m³·h⁻¹
单管 250-2500	800×500	ϕ250×2500	1～10
单管 300-3000	800×500	ϕ300×3000	6～30
双管 250-2500	800×500	2-ϕ250×2500	10～50
双管 300-3000	1100×550	2-ϕ300×3000	15～70
双管 350-3500	1100×550	2-ϕ350×3500	25～120

5.6　充填料搅拌

5.6.1　搅拌基本原理

搅拌装置对物料的基本作用就是混合，这种混合主要是通过物料拌合运动来实现的。充填用搅拌装置混合对象是充填料浆，充填料浆作为固液两相流搅拌的作用机理与液体搅拌类似，表现为对流、扩散及剪切三种基本作用方式的混合。虽然搅拌机的结构形式不同，但多数搅拌机操作时以上三种作用并存。在混合搅拌过程中，物料颗粒随机分布，受混合搅拌作用，物料同时开始流动混合与分离，一旦混合作用与分离作用达到平衡状态，搅拌作用完成。

5.6.2 搅拌装置

在充填料浆制备过程中，作为充填料浆搅拌拌合、混料的中枢装置，搅拌设备是影响充填料浆制备质量的关键设备，在料浆制备过程中起着极其重要的作用。搅拌装置一般由搅拌槽体、传动装置、搅拌轴、联轴器、搅拌器等组成，按照不同的分类形式，搅拌装置分类见表5-12。以下按搅拌轴设置方向，分别结合立式搅拌装置和卧式搅拌装置进行介绍。

表 5-12　充填搅拌装置分类

分类形式	类　别
搅拌轴布置	立式搅拌
	卧式搅拌
搅拌级数	一级搅拌
	二级搅拌
搅拌作业方式	间歇搅拌
	连续搅拌

5.6.2.1　立式搅拌装置

立式搅拌装置的搅拌轴垂直布置，搅拌轴的一端连接驱动装置，搅拌轴的另一端设置不同形式的搅拌叶轮作为搅拌器，在驱动装置带动搅拌轴连接叶轮转动，搅拌物料制备充填料浆。其主要尺寸关系基本遵循的比例为：搅拌槽高度/搅拌槽直径≈1。

在金川二矿区高浓度料浆自流充填系统建设中，由中国恩菲工程技术有限公司（原北京有色设计研究总院）设计了 $\phi2000\times2100$ 高浓度立式双叶轮强力搅拌槽，经过一系列工业试验和现场大负荷联动试验，对搅拌槽进行改进和定型。目前 $\phi2000\times2100$ 规格立式搅拌槽已成为国内矿山充填制备中最为普遍使用的充填料浆搅拌装置。$\phi2000\times2100$ 立式搅拌槽外形如图5-52所示，其主要技术参数见表5-13。

表 5-13　$\phi2000\times2100$ 立式搅拌槽技术参数

项　目	参数	项　目	参数
搅拌槽直径×高度/mm×mm	$\phi2000\times2100$	电机功率/kW	45
有效容积/m³	约6	生产能力/m³·h⁻¹	60~80
叶轮数量/个	2	搅拌浓度/%	<80

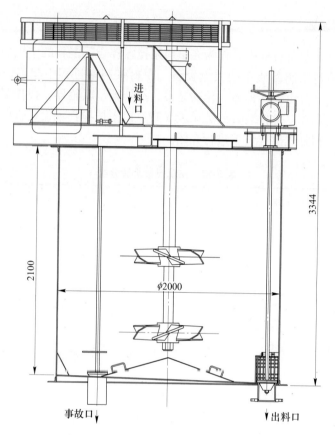

图 5-52　φ2000×2100 立式搅拌槽

在金川二矿区扩能改建新建高浓度料浆自流充填系统建设中，为了提高单套系统充填能力，减少设备台套数，降低充填生产管理成本和综合能耗等，由中国恩菲工程技术有限公司（原北京有色设计研究总院）根据 φ2000×2100 立式搅拌槽重新设计了大容量高浓度立式搅拌槽，同样经过矿山现场工业试验验证，对搅拌槽进行优化改进和定型。目前新设计的 φ2600×3000 规格立式搅拌槽已在多个矿山充填制备中投入应用。φ2600×3000 立式搅拌槽外形如图 5-53 所示，其主要技术参数见表 5-14。

表 5-14　φ2600×3000 立式搅拌槽技术参数

项　目	参数	项　目	参数
搅拌槽直径×高度/mm×mm	φ2600×3000	电机功率/kW	90
有效容积/m³	约 12	生产能力/m³·h⁻¹	150~200
叶轮数量/个	2	搅拌浓度/%	<80

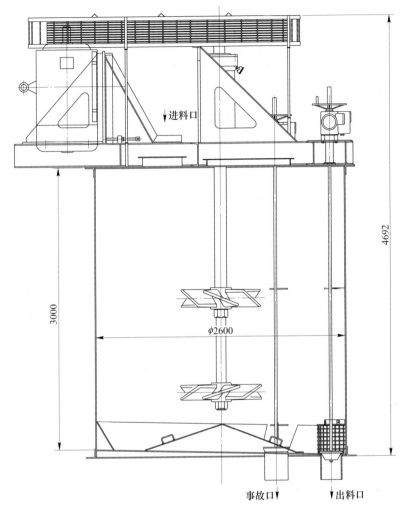

图 5-53　φ2600×3000 立式搅拌槽

　　高浓度立式搅拌槽进料口在顶部面板上设置，浆体或添加的干料、水等从顶部沿叶轮外缘进入槽内，搅拌轴上两个叶轮的上叶轮左旋使得料浆下压，下叶轮右旋使得料浆上扬，料浆在上下叶轮的作用下翻转拌合，达到均匀搅拌保证制备高质量料浆的目的。同时，在立式搅拌槽设计上底部出料口设有隔筛网罩，防止大块杂物排出。立式搅拌槽内底部设置斜坡底面，防止底部物料沉积。另外，除了正常设置进料口、出料口外，还设有事故排料口及溢流口等。在一般工作条件下，搅拌槽的顶部设置进料口，底部设置出料口，根据实际工况需要也有在搅拌槽侧面上部设置进料口，在侧面下部设置出料口。立式搅拌槽现场安装如图 5-54 所示。

图 5-54　立式搅拌槽

5.6.2.2　卧式搅拌装置

卧式搅拌装置的搅拌轴水平布置，搅拌轴的一端与槽体外的驱动装置连接，在槽体内的搅拌轴上设置不同形式的叶轮、桨叶、刮板等作为搅拌器，在驱动装置带动搅拌轴连接搅拌器转动，翻转搅拌槽内物料来制备充填料浆。根据搅拌装置不同的结构形式，以及为了适应搅拌物料不同的制备要求，卧式搅拌装置应用在充填制备方面主要有一级（单级）搅拌制备和二级搅拌制备两类。

A　一级搅拌

一级搅拌为采用一段搅拌装置完成制备的搅拌环节，通常一级搅拌设备都具有一定容积，供待搅拌物料在其间拌合均匀。例如，BHS 公司生产的双轴连续卧式搅拌机和单轴连续卧式搅拌机，以及 Loedige 公司生产单级连续搅拌机都是通过一段卧式搅拌作用对制备料进行制备。

BHS 双轴连续搅拌机如图 5-55 所示，物料由上部进料口进入搅拌机内部，两个搅拌轴的相对反向旋转运动以及斜置的搅拌器确保在垂直和水平方向上产生剧烈的三维搅拌，拌合制备完成，料浆由下部出料口排出。粘固在搅拌槽体上的物料会形成一个自然耐磨防护层，降低物料对搅拌机的磨蚀。

BHS 单轴连续式搅拌机如图 5-56 所示，Loedige 单级连续搅拌机如图 5-57 所示。充填物料由上部进料口进入搅拌机内部，单根搅拌轴在向前推动物料同时斜置的犁式搅拌器作用下，物料在有限密闭空间内产生强烈搅拌作用，使混合料在整个搅拌容积内进行高湍流的相对运动，拌合制备完成料浆由下部出料口排出，确保在极短时间内可获得恒定均匀的搅拌效果。单卧轴连续式搅拌机用于连续搅拌过程，尤其用于加工处理细骨料，适用于连续式生产干性、浆状、湿性混合物及可泵送混合物[9,10]。

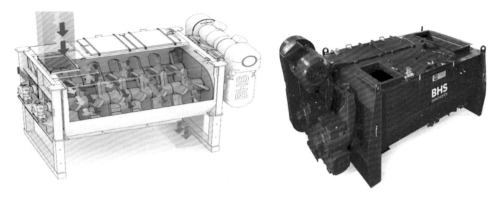

图 5-55　BHS 双轴连续搅拌机

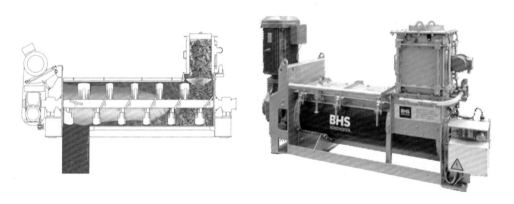

图 5-56　BHS 单轴连续式搅拌机

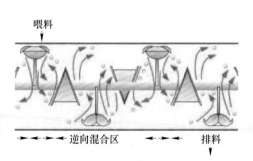

图 5-57　Loedige 单轴连续式搅拌机

B　二级搅拌

二级搅拌机适合与制备充填料浆中加入多种物料，尤其是粗骨料时，其第一段搅拌作用是物料初步混合搅拌，第二段搅拌机具有搅拌、拌匀、存贮、输送的作用。通常在添加胶结材料时，通过两段搅拌往往能够使得胶凝剂与砂浆充分混合，更好地发挥水化作用。

ATD 型二级搅拌机是为矿山膏体充填工艺中正排量泵配套使用设备，中国恩菲工程技术有限公司根据工程项目需要开展国家科技项目攻关，满足 $60 \sim 120 m^3/h$ 制备能力需要，为金川、会泽等矿山研发了 ATD 系列二级搅拌机。

一级搅拌机采用双轴叶片式搅拌器，叶片形式为间断等螺距交叉组合型叶片。两根轴水平配置，轴上布置多组交叉叶片，叶片随着轴旋转推进。工作时，待搅拌物料由搅拌机顶部进入，经双轴叶片搅拌向前一边混合翻动一边快速推进，由出料口排出进入下一级搅拌。一级搅拌机的两根轴可由一个电机驱动。

二级搅拌机位于一级搅拌机出料口下方。二级搅拌机采用双螺旋式搅拌器，搅拌机内水平布置两根并列的搅拌轴，单根搅拌轴上装有外螺带螺旋和内螺带螺旋，内外螺带螺旋旋向相反。工作时，物料进入搅拌机内，单根轴上外螺带向前或向后推进，内螺带则与之相反。两根搅拌轴分别有两台电机驱动，电机可以由变频器调节。这样可以灵活地实现对二级搅拌机控制。比如，两根轴上的螺旋可以同时向前推进物料，可以一根轴带动螺带向前推进另一根轴带动螺带向后推进，增加物料的混合搅拌速率。如果需要，可以两根轴带动螺带向后推进，使得物料在搅拌机内短时积聚，应对一些特殊工况。

根据不同能力和工况的需求，形成了 ATD600+ATD700 二级搅拌机满足 $60 \sim 80 m^3/h$ 制备能力，ATD680+ATD750 二级搅拌机满足 $80 \sim 120 m^3/h$ 制备能力系列化配套设备。ATD600+ATD700 二级搅拌机如图 5-58 所示，ATD680+ATD750 二级搅拌机如图 5-59 所示，ATD680+ATD750 二级搅拌机现场安装如图 5-60 所示。

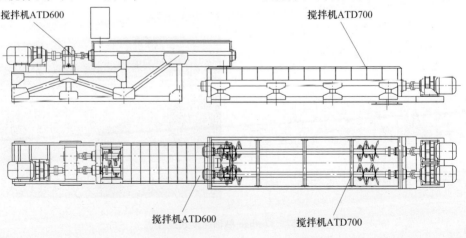

图 5-58　ATD600+ATD700 搅拌机

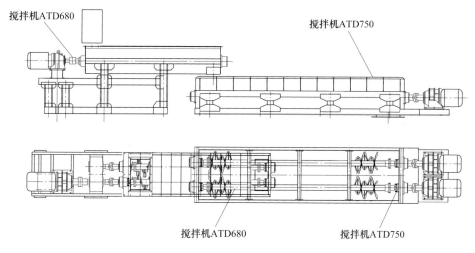

搅拌机ATD680

搅拌机ATD750

搅拌机ATD680

搅拌机ATD750

图 5-59　ATD680+ATD750 搅拌机

图 5-60　ATD680+ATD750 搅拌机现场安装

5.7　自动化仪表及控制系统

5.7.1　自动化仪表

为了及时、准确地反映充填系统中工艺过程参数的变化情况，设置必要的过程计量、检测仪表是实现自动控制的前提。同时，为了对变化的工艺参数进行及时调整，一些关键位置控制阀门的选型及可靠调节就显得尤为重要。在计量检测仪表和关键控制阀门共同作用下，实现充填系统的自动控制才成为可能。

仪表须能及时反馈工艺过程参数的变化，其选型首先要满足工艺设计精度的要求。在充填系统中，由于充填料浆介质的特殊性，关键的计量检测仪表必须性能可靠。常用的计量检测仪表有流量计、浓度计（密度计）、物位计（料位计和液位计）等。

自动化仪表及阀门的主要作用如下：

（1）自动化仪表是整个控制系统及信息管理系统的重要数据来源，它的准确性、耐用性、安全性是生产的根本保证。

（2）阀门是整个控制系统及信息管理系统的重要执行机构，它的准确性、耐用性、安全性是生产的基础。

（3）自动仪表及阀门的广泛应用，有助于对生产状态的实时掌控和精准控制，减少人工的投入和资源的浪费，是提高生产效率的重要保障。

5.7.1.1 流量计

电磁流量计用于水、浆体流量的计量。电磁流量计的测量原理基于法拉第电磁定律。测量流量时，流体流过垂直于流动方向的磁场，感应出一个与平均流速成正比的电压，电压通过两个与液体直接接触的电极检出，并通过电缆传送至转换器进行放大，转换为标准模拟信号输出，并在仪表或远程控制端显示。电磁流量计测量原理如图 5-61 所示。电磁流量计可以在管道上垂直安装或水平安装，垂直安装时需要保证流体自下而上流动；为了防止沉积物和气泡对电极的影响，电极轴向最好保持水平。确保测量时，电磁流量计前后均有一定的直管段长度，管路中充满流体，尽可能避免测量管路段含有气泡等。电磁流量计测量现场安装如图 5-62 所示。充填料浆具有浓度高、充填物料粒径大、物料具有磨蚀性、通过管段流速快等特点。由于电极直接接触料浆，粗骨料高速冲刷电极会引起很大干扰信号，且造成磨损。因此，对于介质为充填料浆的电磁流量计，其电极材料的抗干扰性和耐磨蚀性将直接影响着电磁流量计测量准确性和使用寿命。

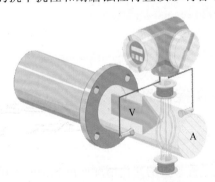

图 5-61　电磁流量计原理图

图 5-62　电磁流量计

冲板式流量计用于粉状、小颗粒物料（水泥、粉煤灰）的计量。冲板流量计是根据动量原理工作的一种质量流量检测设备，其检测对象是连续流动的固体颗粒物料或粉体物料。冲板流量计测量原理如图 5-63 所示。计量时通过传感器检测到感应板所受到冲击力，为了克服测量组件自身质量变化在垂直方向上的误差，冲板流量计感应板只检测水平方向上分力。物料在接触到感应板时由于重力势能变化而获得冲击速度，冲击到感应板上的物料会产生冲击力，垂直分力被冲板流量计的承载机构所抵消，而水平分力信号被采集成电信号发送给积分仪，积分仪通过换算得到物料通过的瞬时流量，经过一段时间累加得到累计流量，以此来实现对物料流量计量。冲板流量计在使用前通过标定分料口对现场的物料进行标定后实现物料准确计量。在标定过程中，一般使用人工接灰称重标定的方法，在整个标定过程中误差相对较大，造成一次仪表计量不准确，在后续日常使用过程中，也需要定期进行物料标定校核。图 5-64 为现场安装冲板流量计。目前水泥等粉料的计量也可以在输送设备段增加称重传感器的方式进行计量，见胶结料给料装置章节。

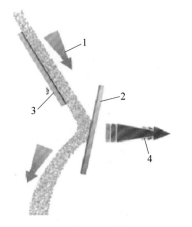

图 5-63　冲板流量计原理图
1—冲击物料流；2—感应板；
3—导流槽；4—水平力

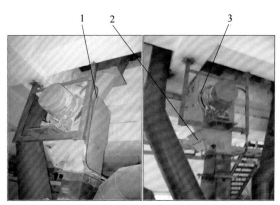

图 5-64　冲板流量计
1—入料口；2—标定分料口；3—冲板室

5.7.1.2　浓度计

浓度计用于测量浆体或膏体的密度来换算浓度，也称为密度计。核子工业密度计是目前充填生产中实时测量料浆浓度的较为可靠选择。核子密度计由放射源、探测器、主机三部分组成。核子浓度计测量原理如图 5-65 所示，核子浓度计测量原理是根据 γ 射线穿过被测介质，被介质吸收后射线强度按规律衰减，探测器接收射线的强弱信号送给主机处理，由主机计算出物料的密度，再根据密度值计算出物料的浓度，并将密度和浓度值转换为标准模拟信号分别输出。安装现场应有必要的防辐射安全设施，浓度计的精度与管道中浆体是否满管及满管的程度有直接影响，所以要保证测量管段满管，且仪表前后应留有适当的直管段。图 5-66 为现场安装核子密度计。核子浓度计在使用前需要现场标定，实现对浆体或膏体密度的准确测量。浆体密度经物料配比稳定时经多次取样平均后获得。在后续使用过程中，也需要定期对待测浆体进行标定校核。

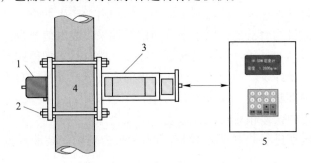

图 5-65　核子浓度计测量原理

1—放射源；2—固定支架；3—密度计闪烁探测器；4—工艺管道；5—智能仪表主机

5.7.1.3　物位计

物位计是用于对封闭或敞开容器中固体或液体的高度进行测量的仪表。物位计按是否接触物料方面分类主要分为接触式测量和非接触式测量，按时间延续性方面分类主要分为连续测量和非连续测量。在充填系统中需要测量的物位主要包括搅拌槽或搅拌机中充填料浆的料位，尾砂浓缩储仓中砂面高度，胶结粉料仓如水泥仓、粉煤灰仓中料位等。

搅拌槽浆体料位是充填系统中一个重要参数，通常可采用压差式料位计和超声波料位计测量。搅拌槽中浆体料位高度在充填开始和结束阶段会发生较大的变化，在搅拌过程中料位并非静止不动，而是随着叶轮的转动形成波动。同时受添加物料搅拌

图 5-66　核子浓度计

均匀程度和工艺配比的影响，搅拌槽中浆体的密度会发生变化。而超声波料位计可用于监控精度要求较高的料位测量，用于搅拌槽料位测量具有较好的应用效果。超声波料位计安装于容器的上部，在电子单元的控制下探头向被测物体发射一束超声波脉冲，声波被物体表面反射，部分反射回波出探头接收并转换为电信号。超声波从发射到重新被接收，其时间与探头至被测物体的距离成正比。根据检测到的时间和声速计算出被测距离。由于超声波探头与容器底部的距离是一定的，通过减法运算就可得出料位高度。超声波料位计测量原理如图 5-67 所示。超声波料位计在对搅拌槽料位测量之前可采用水作为标定物进行静态和动态料位测量标定，尽可能保障在充填搅拌作业过程浆体料位测量的准确性。图 5-68 为现场安装超声波料位计测量搅拌槽料位。

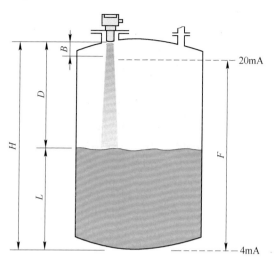

图 5-67　超声波料位计原理　　　　图 5-68　超声波料位计

　　尾砂浓缩储仓中砂面高度是反映尾砂储量的关键参数，在充填生产中常采用超声波料位计或重锤式料位计测量仓中砂面高度。仓中砂面以上分布着不同浓度的沉降层和一定高度的澄清层，水中界面料位采用重锤式料位计测量砂面高度具有较好的使用效果。重锤料位计安装于料仓顶部，通过电机驱动钢带或缆绳卷轮，下放固定在钢带或缆绳末端的感应重锤进入料仓内部去测量，当感应重锤接触到（水中）物料表面时，电机反转把感应重锤拉回至顶部停止位置。感应重锤向下进入料仓内的移动距离通过测量钢带或缆绳的旋转经处理后输出信号，通过该信号重锤料位计直接测量顶部无料空间距离，间接测量料仓内的物料高度。重锤料位计测量原理如图 5-69 所示。重锤料位计现场使用时，最大测量高度一般确定在直筒仓体的最低位置，通过两个位置以上实测双标定后可在工业生产中投入使用。重锤料位计安装如图 5-70 所示。

　　水泥仓、粉煤灰仓中储存着粉末状介质，在向仓中气力输送粉料或使用过程中料位下降，往往会造成粉尘升腾，雷达料位计测量料位可以较好地克服粉尘对测量的影响，在用于固体粉料仓料位测量时应用广泛。雷达料位计采用行程时间原理的连续、非接触式的物位测量，测量时天线发射出电磁波，这些波经被测对象表面反射后，再被天线接收，电磁波从发射到接收的时间与到料面的距离成正比。雷达料位计记录脉冲波经历的时间，根据电磁波的传输速度可算出料面到雷达天线的距离，从而确定料位高度。雷达料位计测量原理如图 5-71 所示。雷达料位计有两种方式即调频连续波式和脉冲波式。采用雷达脉冲波技术的液位计，功耗低，容易实现本质安全，精确度高，适用范围更广。图 5-72 为水泥仓顶部安装的雷达料位计。

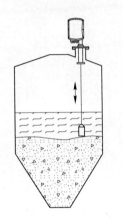

图 5-69　重锤料位计原理

图 5-70　重锤料位计

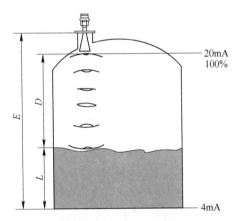

图 5-71　雷达料位计原理

图 5-72　雷达料位计

5.7.1.4　其他

在某些矿山充填系统中除了使用广泛应用的尾砂外，还会根据工艺要求及现场条件加入棒磨砂、破碎后的废石、干河砂等粗骨料。这些粗骨料加入充填中常采用储仓+输送设备的形式，对于这些干式物料的计量常用的有皮带秤和定量给料机配套称重计量单元的方式，通过对物料输送环节的称量实现定量给料添加。

制备后高浓度和膏体充填料浆输送至井下采空区，料浆输送管路的压力检测和控制对充填输送环节至关重要。根据管路系统的布置，在地表和井下设置压力变送器实时传送管路系统压力变化，是预防堵管事故的可靠手段[11]。

膏体充填工艺与传统的高浓度充填相比，无论在充填料制备或在生产操作等方面均有更加严格的要求，主要有以下几个方面：

（1）浓度的变化对充填料浆特征的影响极为敏感，因此，控制膏体料浆浓度是充填平稳运行的重要条件。

（2）膏体料浆具有良好性能的浓度范围很小，要求集料的筛分特性和浓度的波动误差较小，这给充填料制备的计量与控制带来一些难度较大的技术问题。

（3）在全尾砂中需要添加粗粒级集料时（如棒磨砂或细石），为保证充填料浆不产生离析与堵管，粗、细充填骨料的比例必须严格计量。

（4）有剩余压头垂直管路中的充填料输送与启动操作是高浓度充填的技术难题之一，为防止管内料流中断、分层，保证最小的空气吸入量及减少真空的出现，对充填作业应进行连续检测与自动调节。

充填制备工艺，尤其是膏体充填制备工艺的技术要求较高，流量检测、浓度控制、物料给料、物料配比、泵压调节等都需要通过计算机进行检测和控制。流量计、浓度计、密度计、压力传感器的数据参数均需计算机分析处理，并进行实时调控。所以，建立和完善检测与控制是膏体充填不可缺少的重要部分。

需要说明的是，尽管随着技术发展和进步，仪表测量的准确性和反馈的及时性均得到了很大的提高，但是由于充填料浆固液两相流物料的特殊性，充填过程的复杂性，仪表在充填作业生产中所发挥的反馈和控制作用尚有很大的提升空间。

5.7.2 控制阀门

在充填作业环节所应用的阀门有很多，包括实现对水、气、浆体、添加剂等控制的开关阀门和调节阀门。其中尾砂储存装置料浆出口处的刀闸阀与调节尾砂料浆和充填料浆流量的管夹阀在充填工艺环节中发挥着重要作用。

刀闸阀，启闭件是刀型闸板，也称为刀型闸阀。刀闸板的运动方向垂直流体流动方向。刀闸阀关闭时，在外力作用下将闸板压向阀座，形成楔形密封。刀型闸阀驱动方式有手动、电动、气动、液动等驱动方式。刀闸阀既可以水平安装，也可以垂直安装。安装在尾砂储存装置出口处的刀闸阀工作介质为浓稠尾砂料浆，具有冲击流速快、颗粒磨蚀性强等特点；同时，阀门开启和关闭时均需要承受仓压。相对普通闸板阀，刀闸阀可以更好应对砂浆介质工况。因此，在料浆出口处的刀闸阀要求具有可靠的承压密封性、良好的耐磨性和抗冲击性，才能保证充填料浆排放顺畅、可靠。图 5-73 和图 5-74 分别为手动刀闸阀外形图和电动刀闸阀外形图。

管夹阀，也称夹管阀。管夹阀的橡胶套管作为核心部件，通常由内层、外层和加强纤维组成，通过一次硫化或二次硫化工艺复合成型，橡胶套管提供抗磨

图 5-73　手动刀闸阀　　　　　　　　　　图 5-74　电动刀闸阀

损、抗腐蚀、承压性能，管夹阀的质量取决于套管的质量。图 5-75 为管夹阀套管示意图。通过手动、电动或气动等驱动方式挤压橡胶套管实现流量调节，从而获得对料浆流量精确控制的调节能力。图 5-76 为充填料浆输送管路上安装的电动管夹阀。

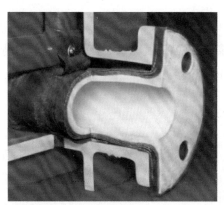

图 5-75　管夹阀套管示意图　　　　　　　图 5-76　电动管夹阀

5.7.3　充填控制系统

5.7.3.1　控制策略

充填料浆由充填骨料、胶结材料与水搅拌制备而成，料浆制备合格、浓度稳定是充填料浆制备过程中的关键所在，是料浆管路稳定输送的前提，也是进入采场形成充填体并达到质量要求的保障[12,13]。

在料浆浓度控制过程中，需要分别对充填骨料添加量、胶结材料如水泥量和水添加量进行控制。充填骨料包括干式骨料（如干砂）和湿式骨料（如尾砂）。充填干砂的计量一般采用给料设备配套称重传感器方式，湿式尾砂一般通过浓度计和流量计仪表进行计量计算。已知设计灰砂配比，确定胶结材料如水泥添加量。同时，根据设定充填料浆浓度值，就可以计算出添加水量。

充填料浆制备过程中料浆浓度受到许多因素的影响，如尾砂性质变化、设备性能稳定性、仪表检测精度、控制系统检测滞后性以及其他不可预知干扰等因素，致使搅拌机中料浆浓度的变化呈非线性及纯滞后的特点，传统的 PID 算法难以将浓度控制在充填体质量要求的范围内，这直接影响料浆制备质量。为此，在矿山实际生产中建议通过改进控制策略来实现料浆浓度的稳定控制，如利用模糊 PID 控制算法来进行工控系统优化[14,15]。

结合目前的自动化控制方法，充填系统控制方法采用模糊 PID 控制，此方法是目前在复杂工业控制领域应用广泛的控制手段，其特点是响应速度快、超调量小、过渡时间较短、抗干扰能力强，具有很好的动态特性和稳定性，并且 PLC 中直接含有 PID 控制功能模块，只需要设置相关参数即可。

胶结材料水泥量和水量的控制框图如图 5-77 和图 5-78 所示[12]。

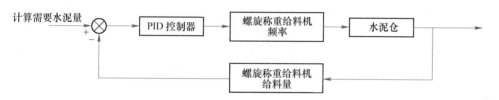

图 5-77　水泥给料量控制框图

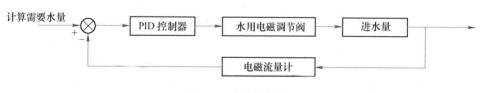

图 5-78　水量控制框图

充填料浆制备系统总体控制框图如图 5-79 所示。

5.7.3.2　控制系统内容及功能

A　控制系统的主要内容

（1）根据工艺流程图和控制对象的需要，对控制系统上位机画面进行组态，实现控制流程的可视化、直观化和控制过程可操作化，满足用户对生产控制的需要。

（2）根据电气的二次原理图和产品控制要求，完成单个设备控制逻辑组态和自身保护控制编程，实现控制系统对单体设备的控制。

（3）根据工艺流程、操作员的操作习惯和设备之间的连锁关系，编译画面

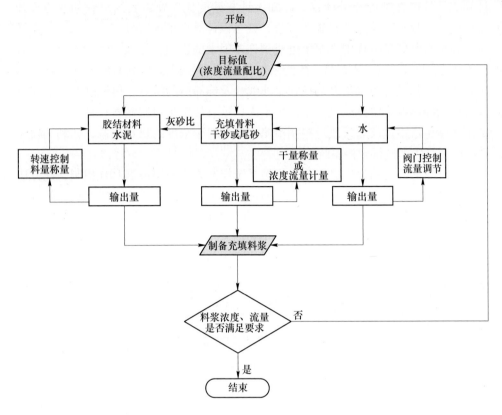

图 5-79 充填料浆制备系统控制框图

和操作模式，使系统控制、设备管控等日常管理更加便捷。

（4）将远程控制的设备、阀门和仪表引入 PLC 控制系统，实现设备的远程控制，并根据连锁关系编辑连锁程序。

B 主要软件包

（1）浓密设备控制软件包；

（2）采集信号图形化滤波修改软件包；

（3）搅拌控制软件包；

（4）工艺参数控制软件包；

（5）各种参数报警设定及报警值修改软件包；

（6）生产资料统计软件包；

（7）一般回路 PID 控制软件包；

（8）触摸式人机接口生产系统切换软件包；

（9）自动控制与人工集中控制无扰动切换软件包；

（10）故障紧急停车保护软件包。

C　主要功能

（1）充填配比数据功能。充填配比数据主要包括：水泥用量、尾砂用量、水用量等数据。能够记录用户对充填配比的操作内容、修改内容及保存时间，并存储在数据库中。

（2）设备管理功能。能够读取 PLC 系统的工艺设备状态，根据设备的准备、运行、故障等状态分析出设备是否正常停车、故障停车、检修停车，便于工厂管理人员对设备进行维护、管理和检修。

（3）工艺数据报表功能。根据记录膏体充填车间的生产数据如物料配比数据、设备运行状态数据、物料库存数据、尾砂中金属含量数据、水泥样本数据等，并按生产的需求，记录用户对报表的操作内容、修改内容及保存时间，并存储在数据库中。

（4）原料物料管理功能。能够记录水泥库存量、尾砂库存量、絮凝剂库存量等数据，根据目前生产状态分析出库存状况、现工艺情况下物料维持时间等数据。能够记录用户对物料管理的操作内容、修改内容及保存时间，并存储在数据库中。

（5）实验室数据记录功能。能够记录样块的压力检测数据、粒度检测实数、尾砂含水量检测数据、流动性检测数据等数据，并记录检测人员、检测批次、检测日期等其他辅助数据。能够记录用户对实验室数据的操作内容、修改内容及保存时间，并存储在数据库中。

（6）用户权限管理。能够在信息管理系统上修改用户权限、添加和删除用户及实现 MES 系统的管理功能。

当用户登录时系统自动记录用户登录的时间、操作的内容等信息。

参 考 文 献

[1] 于润沧. 采矿工程师手册 [M]. 北京：冶金工业出版社，2009.

[2] Metso. 矿物加工基础（Basics in Minerals Processing）[M]. Edition 10，2015.

[3] 刘乃锡. 立式砂仓的设计与研究 [J]. 有色矿山，1997（4）：34-38.

[4] 李冬青，王李管，等. 深井硬岩大规模开采理论与技术 [M]. 北京：冶金工业出版社，2009.

[5] 施士虎，李浩宇，陈慧泉. 矿山充填技术的创新与发展 [J]. 中国矿山工程，2010，39（5）：10-13.

[6] E U Pronillos. Paste Fill Plant Design for Underground Mines—A Comparison of Batch Process and Continuous process [C] //R J Jewell，A B Fourie，S Brrera，et al. Paste 2009. Viña del Mar，Chile：Australian Center for Geomechanics：365-374.

[7] 刘同有，等. 充填采矿技术与应用 [M]. 北京：冶金工业出版社，2001.

[8]《采矿设计手册》编委会. 采矿设计手册（矿山机械卷）[M]. 北京：中国建筑工业出版

社，1989.

［9］ https：//www. bhs-sonthofen. de/zh.

［10］ https：//www. loedige. de/en/.

［11］ 张新国，曹忠，史俊伟，等．煤矿膏体充填管道压力在线系统研制［C]//第五届中国充填采矿技术与装备大会，2011（5）：83-86.

［12］ 彭倩．矿山充填的自动控制研究与应用［D].西安：西安科技大学，2011.

［13］ 陈之功．尾砂充填自动控制系统［J].金属矿山，2012（10）：110-112.

［14］ 王金，姚占勇，等．矿山充填自动控制系统的研究与应用［J].现代矿业，2015（8）：211-241.

［15］ Lee C C. Fuzzy Logic in Control Systems：Fuzzy Logic Controller［J].IEEE Trans, on SMC，1990：20（2）.

6 充填料浆管道输送技术

6.1 充填料浆管道输送水力坡度计算

6.1.1 全尾砂高浓度（膏体）料浆管道输送特点

我国充填工艺与技术的发展，经历了废石干式充填、混凝土胶结充填、分级尾砂和碎石水力充填、以分级尾砂和天然砂作为充填骨料的细砂胶结充填、废石胶结充填、高浓度全尾砂胶结充填和膏体泵送胶结充填的发展历程。

胶结充填工艺的出现和发展，使矿山的许多技术问题迎刃而解，如"采富保贫""三下开采"，降低贫化率和损失率，防止内因火灾，减缓岩爆的发生等。正是如此，胶结充填技术已经成为当今充填采矿法的重要组成部分，代表着充填技术的发展方向。

充填料浆的管道输送是将固体物料制成的浆体，在重力或外加力的作用下通过管路输送至井下。具有效率高、成本低、占地少、无污染，不受地形、季节和气候影响等特点。近20年来，我国充填料浆管道输送的试验研究特别是高浓度料浆管道自流输送工艺技术，已达到国际先进水平。

浓度大于等于临界流态浓度的料浆称为高浓度料浆，全尾砂高浓度充填料浆（膏体）与一般水力充填料浆相比具有如下特点[1,2]：

（1）料浆中固体颗粒的粒级分布较广，−0.074mm（−200 目）的细粒级含量显著增加且均匀分布于水中，相对于较粗颗粒起着载体作用。

（2）虽属于固液两相的混合体，但由于浓度高、细粒级含量高，固体颗粒间彼此干扰的阻力大于固体颗粒的惯性力，以致惯性力的影响相对减少，在层流甚至在静止状态下，固液较难产生分离，或固体颗粒难以沉降，料浆沿管道截面没有浓度梯度，其性质与单相流非常接近，故称为伪一相流。

（3）高浓度料浆（膏体）具有屈服应力，属非牛顿流体，工程上最常见的为似宾汉体。

（4）高浓度充填按输送工艺有自流和泵压输送，习惯上将后者称为全尾砂泵压输送，不同的输送工艺，对料浆的特性及参数有不同的要求。

6.1.2 影响管道输送阻力损失的主要因素

固体物料管道水力输送的根本技术问题是在固体物料输送量、输送距离和高差一定的条件下，选择适当的管径、浓度和流速，以达到运行可靠和良好的经济效果。设计一套管道输送系统，必须确定在给定条件下最基本的输送参数——水力坡度，以便进行不同参数条件下的技术经济比较，从而设计最佳的输送参数和方案。

管道沿程阻力的影响造成流体流动过程中的能量损失称为摩擦阻力损失，或称为水力坡度。影响摩擦阻力损失的因素很多，主要有固体颗粒的粒级 d、粒级不均匀系数 δ、物料密度 γ、浆体流速 v、浆体浓度 C、温度 T、管道直径 D、管道粗糙度 ε 以及管路的敷设情况等[2]。

6.1.2.1 颗粒粒径对水力坡度的影响

在管道直径、灰砂比和砂浆浓度相同的条件下，水力坡度随着颗粒粒级增大而增大，因为颗粒粒径大，重力也大，克服颗粒沉降所需能量也大。

料浆中固体颗粒大、硬度大，且表面呈多棱形多面体比圆形物料阻力损失大。在浆体输送中，一般以加权平均粒径或等值粒径来大致反映全部固体颗粒的粗细，加权平均粒径的变化对似均质浆体的水力坡度影响很大，所以采用管道输送固体物料，对物料颗粒形状及颗粒粗细一般要有详细的分析。一般认为，主要输送固体物料的粒径不超过管径的 1/3，含量不超过 50%，就可以输送。但在实际应用中，为了保持料浆输送稳定可行，固体颗粒最大粒径不超过管径的 1/6~1/5 为宜[2]。

6.1.2.2 浓度对水力坡度的影响

水力坡度随着浓度的增大而增大，浓度增大就是固体物料增加，为使所有固体物料悬浮，需克服固体颗粒的重力所消耗的能量也相应增加，因而使压力损失增加。当浆体浓度增加到某一值时，明显地发生了浆体流动特性由量变到质变的转折，表现为高浓度均质浆体比相对低浓度浆体的水力坡度几乎增加了一倍。

6.1.2.3 胶凝材料对水力坡度的影响

高浓度全尾砂胶结料中，胶凝材料的添加量主要由强度要求决定，但对管道输送阻力也会产生影响。足够的胶凝料浆可全面包裹骨料表面（或可全部充填骨料间隙）并润滑管壁，从而保证输送稳定，降低管道输送阻力。对泵送的膏体充填料浆，胶凝材料添加量超过某一限度时，反而会导致膏体黏度增加，管道输送阻力增加。

6.1.2.4 管径和流速对水力坡度的影响

管径对水力坡度有重要影响，随着管径的增大，料浆流速减少，其水力坡度变小，因为在一定时间内流过相同数量的料浆，大管径要比小管径接触面积小，因而水力坡度也随着减小。

6.1.2.5　管壁粗糙度对水力坡度的影响

管壁粗糙度与水力坡度成正比,即管壁越粗糙,水力坡度越大,反之亦然。在输送介质中掺入超细物料,如水泥、粉煤灰、全尾砂,虽然增加了黏度,但大大改善了管壁边界层的摩擦阻力,因为超细物料在管壁形成了一层润滑膜,有助于减小管道水力坡度。

6.1.2.6　温度的影响

常温条件下,温度对水力坡度的影响并不显著,一旦温度过低或过高时,料浆温度对水力坡度产生显著影响。大量试验研究表明,水力坡度在低温段时对温度变化比较敏感;进入较高温度范围后水力坡度受温度的影响减弱。在实际应用中,应采取措施尽量避开料浆管道的低温运行。在影响水力坡度的各因素中,在物料和管径确定后,以流速的影响程度最大,浓度次之。

6.1.3　管道输送水力坡度的计算

管道自流输送的充填料浆设计时要对浆体的流动性能、管道的水力坡度等分析计算,尤其是充填系统管路设计所需要的管径、浆体工作流速等输送参数需要采用比较可靠的计算方法,反复验算。同时要根据不同的物料性质及输送条件,浆体在管道中的悬浮状态对浆体输送性能的影响,提出改善浆体流动特性的途径。

过去多采用杜兰德浆体管道流公式,对水力坡度进行计算。随着浆体管道输送技术的发展,30多年来我国出现了多种不同的经验公式。各种经验公式都是在特定的试验条件下得出的,选用时应给予注意[3,4]。

主要的经验公式有:

(1)杜兰德公式。杜兰德是在物料体重为 2.68t/m^3 的条件下开始做试验的,并且建议要在弗劳德数中加入 $\dfrac{\rho_s - \rho_0}{\rho_0}$ 项,在管径 19.1~584.4mm、粒径 0.1~25.4mm、流速为 0.61~6m/s 条件下进行试验后得出经验公式:

$$i_c = i_0 \times \left[1 + k \times c_v \left(\frac{gD}{v^2} \times \frac{\rho_s - \rho_0}{\rho_0} \times \frac{1}{\sqrt{C_x}} \right)^{1.5} \right] \tag{6-1}$$

式中　i_c ——水平直管单位长度料浆水力坡度,kPa/m;

　　　i_0 ——水平直管单位长度清水水力坡度,kPa/m;

　　　k ——常数,$k = 80 \sim 150$;

　　　ρ_s ——固体物料密度,t/m^3;

　　　ρ_0 ——清水的密度,t/m^3;

　　　g ——重力加速度,9.8m/s^2;

D——管径，m；

v——浆体流速，m/s；

c_v——料浆体积浓度，%；

C_x——固体颗粒沉降阻力系数，%，

$$C_x = \frac{4}{3} \times \frac{d_{cp}(\rho_s - \rho_0)}{\rho_0 v^2}$$

d_{cp}——颗粒平均粒径，cm。

（2）金川似均质流公式。

似均质料浆计算公式如下：

$$i_c = i_0 \left\{ 1 + 106.9\, c_v^{4.42} \left[\frac{gD(\rho_s - 1)}{v^2 \sqrt{C_x}} \right]^{1.78} \right\} \tag{6-2}$$

非均质料浆水力坡度计算公式如下：

$$i_c = i_0 \left\{ 1 + 108\, c_v^{3.96} \left[\frac{gD(\rho_s - 1)}{v^2 \sqrt{C_x}} \right]^{1.12} \right\} \tag{6-3}$$

式中的符号意义同前。

（3）原北京有色冶金设计研究总院公式。

$$i = i_0 \left(1 + \frac{c_w}{1 - c_w} \cdot \frac{1}{v^2} \right) \frac{\rho_g}{\rho_0} \tag{6-4}$$

式中　c_w——料浆质量浓度，%；

其他符号意义同前。

以上经验公式计算料浆水力坡度都要用到清水的水力坡度，清水的水力坡度可按公式计算出，也可直接从"清水水力坡度表"中查出。

6.1.4　采用宾汉体力学模型计算水力坡度实例

某铁矿采用全尾砂胶结充填，该铁矿充填系统中段平面巷道选用钢塑复合管，直径 $\phi_外 = 133$ mm，$\delta = 10$ mm。采用流变仪对充填料浆流变特性进行测试，得到黏度和剪切率流变曲线（见图6-1）、剪切应力和剪切率流变曲线（见图6-2）。拟合分析结果如下：

宾汉回归：
$$y = \tau_B x + \eta$$
$$y = 0.1393x + 10.7375$$
$$\tau_B = 0.1393$$
$$\eta = 10.7375$$

式中　x——剪切率，1/s；

y——剪切应力，Pa。

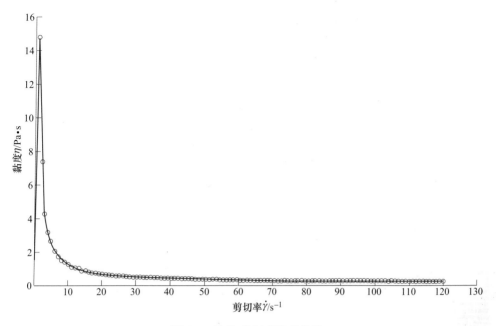

图 6-1　黏度-剪切率流变曲线

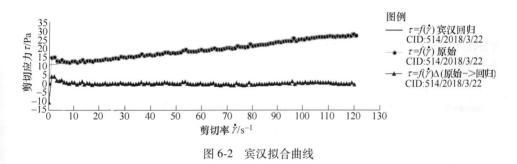

图 6-2　宾汉拟合曲线

宾汉黏度 η 为 0.1393Pa·s，宾汉屈服应力 τ_B 为 10.7375Pa，标准偏差为 0.5362106543，稳定指数 R^2 为 0.9873948163。

有效数据对：116。

6.2　临界流速及有关管道参数的计算

6.2.1　临界流速的定义

（1）不淤积临界流速 v_{c_1}。当固体颗粒从沉积状态下，速度由小变大，直至消除固体颗粒的沉积、互动、滚动和跳跃状态，使固体颗粒全部浮起时的最低流速，称作不淤临界流速。

（2）淤积临界流速 v_{c_2}。当固体颗粒从悬浮状态下流速由大变小，直至开始滚动、滑动和沉积形成固定床时的最高流速，称作淤积临界流速 v_{c_2}。

（3）阻力最低点临界流速 v_{c_3}。当进行不同流量阻力试验时，必然存在一个阻力最低点，有的学者把这一点流速定义为临界流速，对于粒径比较均匀的浆体大致可以这样定义，对于粒径不均匀的浆体，大多在阻力最低点仍有淤积，故很少采用 v_{c_3}。

（4）不冲临界流速 v_{c_4}。当管道保持以稳定不变的固定床工作且摩擦损失不大于不淤积临界流速 v_{c_1} 的摩阻损失，这时的流速称作不冲流速，也较少采用。

这四种临界流速的关系为 $v_{c_1} > v_{c_2} > v_{c_3} > v_{c_4}$，如图 6-3 所示。

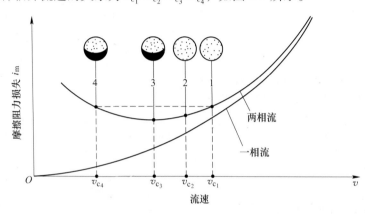

图 6-3　i_m-v 变化曲线

在浆体管道输送系统中，通常取不淤临界流速 v_{c_1} 为临界流速 v_c（$v_c = v_{c_1}$），并且要求输送流速大于临界流速，即以超临界流速进行输送。对于个别短距离浆体管道输送系统，当计算管径为非标准管径 D，且 $D_1 < D < D_2$ 时，如果 D 接近 D_2，且为超临界管径，允许选用标准管径 D_2，其摩阻损失并不大于计算管径 D 时的摩阻损失，因此是比较经济的[2,4]。

6.2.2　临界流速的影响因素

影响临界流速的因素有输送物料的性质、管道的边界条件、载体和浆体的性质三个方面，以函数（见式（6-5））表示：

$$v_c = F\left[(\rho_g, d, d_{max}), (\rho_s, t, \tau_B, \eta), (D, \varepsilon) \right] \tag{6-5}$$

式中　d——物料粒径，mm；

$\quad\quad d_{max}$——物料最大粒径，mm；

$\quad\quad t$——水温，℃；

$\quad\quad \tau_B$——屈服应力，Pa；

η——黏度，Pa·s；

ε——绝对粗糙度；

其他符号意义同前。

（1）物料的密度 ρ_g 越大，其 v_c 越大；加权平均粒径 $\overline{d}$ 和最大粒径 d_{max} 越大，其 v_c 越大，物料中细粒级（一般以 -0.074mm（-200 目）粒级为界）能够形成不易分离的二相载体，使粗粒级沉速有所降低，故细粒级含量越多，其 v_c 越小。

（2）管道的直径 D 越大、绝对粗糙度 ε 越小，则其 v_c 越大，通常 v_c 与 D 的 $1/4\sim1/2$ 次方成正比。

（3）浆体的水温 T 越高，固体颗粒的沉速越大，则其 v_c 越大。浆体的浓度 c_w 或密度 ρ_g 及其流变参数对临界流速的影响关系比较复杂，是有增有减的关系，其变化规律如图6-4所示。

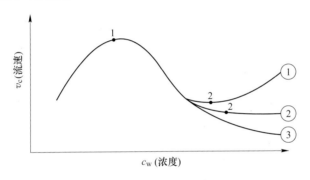

图 6-4　v_c-c_w 变化规律

图6-4中点1为最高临界流速转折点，点2为最低临界流速转折点。

在低浓度范围（$c_w<c_{w_1}$）内，c_w 越大，v_c 越大，超过某一浓度（$c_w=c_{w_1}$）后，由于浓度越高，τ_B、η 越大。有效黏度 μ_e 越大，固体颗粒的沉速越小，其 v_c 越小，进一步提高浓度后，可能有三种情况：第一种情况，v_c 重新增大，如图6-4曲线①所示；第二种情况，v_c 变化较小，可视为常数，如图6-4曲线②所示；第三种情况，v_c 继续减少，如图6-4曲线③所示。

出现这三种情况的机理是浓度对临界流速的影响具有双重性。第一，浓度越高，浆体的有效黏度越高，固体颗粒的沉降速度越小，故临界流速越小；第二，浓度越高，浆体的有效黏度越高，雷诺数越小，抑制紊流作用越强，脉动分速越小，故须提高临界流速。具体属于何种情况（即图6-4曲线①②③中的哪一种），要看这两个消长因素哪个占主导地位，当增长因素占主导地位时，v_c 越大，即曲线①；当增长因素与消减因素互相抵消时，v_c 不变，即曲线②；当消减因素占主导地位时，v_c 减小，即曲线③。

对于粗颗粒物料的浆体，由于粒度较粗，浆体的黏度取决于清水黏度，始终是浓度越高，临界流速越大。

6.2.2.1 浆体的流变参数

全尾砂高浓度充填料浆是一种多相复合体，包含不同粒级的尾砂，以及胶凝材料、水，有时还包含无机集料和其他添加剂、水泥替代品等，往往还会有一定的气体被裹入，其性质非常复杂，影响性质的变量很多，而且某些变数又不易估量。而黏性细颗粒在有电解质的水中形成颗粒表面的吸附水膜，颗粒半径增大，相当于增大了固体体积和有效浓度。当浓度较高时，由于黏性细颗粒黏度很大，流动时的内摩擦力变大，而且细颗粒有絮凝作用，形成絮凝团，絮凝团相互连接，成为絮网结构，能抵抗一定大小的外力，产生了屈服应力。含黏性细颗粒较多的浆体，在一定剪切速率下，颗粒的排列、絮网结构破坏，剪切力随着时间而减小，出现一定的触变性。因此，该浆体的流变特性比较复杂。但是，从工程应用角度来讲，在一般的稳定、均匀流动中，这种与时间有关的性质表现得并不明显，可以看作纯黏性的，即作为与时间无关的非牛顿体来处理，是工程上最常见的似宾汉体。这是各研究者的共同结论，也是有别于分级尾砂水力输送的两相流的一个质变[5~9]。

根据流变特性，该数学模型是，$\tau = \tau_{\mathrm{B}} + \eta \dfrac{\mathrm{d}u}{\mathrm{d}y}$。宾汉剪切力的大小与黏性细颗粒含量密切相关。在水力计算时用到的浆体流变参数，应通过试验测定出具体的屈服应力 τ_{B} 和刚度系数 η。如果没有条件，则通过式（6-6）和式（6-7）计算得出，以备应用。

$$\tau_{\mathrm{B}} = 0.098\exp\left(B\frac{c_{\mathrm{v}} - c_{\mathrm{v}_0}}{c_{\mathrm{v}_{\mathrm{m}}}} + 1.5\right) \tag{6-6}$$

$$\eta = \mu_0 \left(1 - K\frac{c_{\mathrm{v}}}{c_{\mathrm{v}_{\mathrm{m}}}}\right)^{-2.5} \tag{6-7}$$

其中：

$$c_{\mathrm{v}_0} = Ac_{\mathrm{v}_{\mathrm{m}}}^{3.2}$$

$$c_{\mathrm{v}_{\mathrm{m}}} = 0.92 - 0.2\lg\sum\frac{\Delta P_{\mathrm{i}}}{d_{\mathrm{i}}}$$

$$K = 1 + 2\left(\frac{c_{\mathrm{v}}}{c_{\mathrm{v}_{\mathrm{m}}}}\right)^{0.3}\left(1 - \frac{c_{\mathrm{v}}}{c_{\mathrm{v}_{\mathrm{m}}}}\right)^{4}$$

式中　$c_{\mathrm{v}_{\mathrm{m}}}$——极限体积浓度；

　　　c_{v_0}——牛顿体与宾汉体分界浓度；

　　　μ_0——水黏度，$\mathrm{Pa \cdot s}$；20℃时 $\mu_{\mathrm{s}} = 0.001$，$B = 8.45$；

　　　其他符号意义同前。

6.2.2.2 浆体流态判定

根据两相流研究理论，管道输送的矿浆按颗粒悬浮状况可划分为均质流、似均质流、非均质流；E. J. 瓦斯普（Wasp）提出采用c/c_A来判定颗粒的悬浮状况。其中，c为距管顶$0.08D$处体积浓度；c_A为基准面的体积浓度。c/c_A因为既反映了浓度梯度的大小，同时也间接反映了粒度梯度的大小，$c/c_A \geq 0.8$时为均质流；$c/c_A < 0.1$时为非均质流；王绍周认为当$c/c_A \geq 0.8$，$(c/c_A)_{d95} \geq 0.5$时，为均质流；否则为非均质流。介于两者之间时，为复合流态，即尾矿浆体中细颗粒似均质部分来输送粗颗粒非均质部分的组合流态。在采用高浓度（膏体）输送的充填矿山，一般选用似均质流/均质流进行水力计算[10,11]。

6.2.2.3 颗粒沉降及粒级组成

通过对单个固体颗粒在载体运动过程中的受力分析可知，颗粒在载体中受到了自身重力、浮力、载体阻力和τ_B引起的附加阻力等各个方向的力作用往前滚动或滑动。因此，颗粒能否均衡各方向力保持悬浮并向前滚动是保证浆体顺利输送的首要条件。当颗粒较大，其沉降速度也越快，就需要较大的工作流速v_c来保证颗粒的悬浮流动。均匀颗粒在工程上很少出现，实际工况中充填骨料是由不同粒级的非均匀颗粒所组成，在计算过程中使用到的颗粒粒径及沉速往往通过标准度量粒径及标准度量沉速进行折算以尽量贴近实际情况（见式（6-8）~式（6-12））[2,4,10,11]。

$$d_L = \frac{\left(\dfrac{\eta}{\rho_1}\right)^{2/3}}{\left[g\left(\dfrac{\rho_g}{\rho_1} - 1\right)\right]^{1/3}} \tag{6-8}$$

$$N_d = \frac{d_i}{d_L} \tag{6-9}$$

$$w_L = \left[g\left(\frac{\rho_g}{\rho_1} - 1\right)\frac{\eta}{\rho_1}\right]^{1/3} \tag{6-10}$$

$$N_w = \frac{20.5209}{N_d}\left[(1 + 0.1055878N_d^{1.5})^{0.5} - 1\right]^2 \tag{6-11}$$

$$w_i = w_L N_w \tag{6-12}$$

式中　　d_L——标准度量粒径，m；

$\quad\quad N_d$——尾矿粒级数；

$\quad\quad w_L$——标准度量沉速，m/s；

$\quad\quad N_w$——尾矿沉速数；

$\quad\quad$其他符号意义同前。

由此可知，在同等输送浓度前提下，当粒度越细，形成均匀悬浮所需的流速越小，管道磨损越小，投资和运营费越低，这是有利的一面；然而粒度越细，浆体黏性越大，浆体管道的磨损越大，投资和运营费越高，同时增加了浓缩和过滤的难度，这是不利方面。因此，必然存在一个最佳粒度与最佳粒度级配问题。很多专家学者基于当粗粒度之间的孔隙恰好被细颗粒所填满这一极限情况出现时，才能获得最大的体积浓度 c_{v_m}，如式（6-13）所示提出最佳级配关系式。

$$P_i = 1 - \exp\left[-\left(\frac{d_i}{d_m}\right)^n\right] \qquad (6-13)$$

式中　d_i——某一粒级的粒径，mm；

　　　P_i——小于某一粒级的物料含量；

　　　d_m——平均粒径，可取为加权平均粒径；

　　　n——常数，可取 $n = 0.75 \sim 0.8$；

　　　其他符号意义同前。

这个关系式表明，粗粒级太多或细粒级太多，都不能获得最大的 c_{v_m} 值，因此都不好。

6.2.3　临界流速数学模型

确定临界流速是全尾砂高浓度充填浆体输送设计的首要工作，如果做半工业环管试验，可根据相应的试验确定；如果未做试验，可参考相似工程、经验数据、类似系统运行资料和经验公式计算确定。关于经验公式计算问题，由于影响浆体输送流速的因素复杂，其中包括颗粒大小、粒径组成、尾砂密度、颗粒形状、尾砂浓度、浆体流变参数、浆体流量及过流断面的边界条件等。目前国内外众多学者及相关机构，对浆体管道输送的水力计算做了大量的试验研究，归纳的不同形式的经验公式都有一定局限性。如 B. C. 克诺罗兹公式、A. П. 尤芬公式、王绍周公式、刘德忠公式等[2~4,10,11]。

6.2.3.1　B. C. 克诺罗兹（кнороз）公式

B. C. 克诺罗兹是苏联学者，他提出的一组公式如下：

$$d \leqslant 0.07\text{mm}, v_c = 0.2(1 + 3.43\sqrt[4]{PD^{0.75}})\beta \qquad (6-14)$$

$$0.07\text{mm} < d \leqslant 0.4\text{mm}, v_c = 0.255(1 + 2.48\sqrt[3]{P}\sqrt[4]{D})\beta \qquad (6-15)$$

$$0.4\text{mm} < d \leqslant 1.5\text{mm}, v_c = 0.85(0.35 + 1.36\sqrt[3]{PD^2})\beta \qquad (6-16)$$

式中　P——重量砂水比，

$$P = \frac{100 c_w}{1 - c_w}$$

β——固体物料密度校正系数，

$$\beta = \frac{\rho_s - 1}{1.7}$$

其他符号意义同前。

A. П. 尤芬方法是根据固体密度大多为 $2.65t/m^3$ 的试验数据得出，若尾砂密度与 $2.65\ t/m^3$ 相差太大，则不适宜使用[12]。

6.2.3.2 A. П. 尤芬（юфин）公式

A. П. 尤芬是苏联学者，他做了大量土壤水力输送试验，管径 $D = 200 \sim 400mm$，$\bar{d} = 0.25 \sim 10mm$，$\rho_s = 1040 \sim 1260kg/m^3$，提出以下公式：

$$v_c = 9.8\, D^{\frac{1}{3}}\, w^{\frac{1}{4}}\,(\rho_g - 0.4) \tag{6-17}$$

式中 w——加权平均粒径的沉速，m/s；

其他符号意义同前。

A. П. 尤芬（юфин）公式适用于 $(d_{90}/d_{10}) \leqslant 3$ 和 $0.2m < D < 0.4m$。

B. C. 克诺罗兹方法是根据固体密度 $\rho_g = 2.70t/m^3$ 的物料试验数据而来，对于 $\rho_g > 3.0t/m^3$，以及矿浆密度 $\rho_s > 1.25t/m^3$ 时均不适宜采用该法。

6.2.3.3 王绍周公式

王绍周等人为了适应高浓度浆体管道输送的设计需要[11]，根据能量理论，采用水力粗度 $\bar{w}$ 表征物料的密度和粒度，体现浓度越高临界流速越低的变化规律，用 d_{95} 的水力粗度 w_{95} 与加权水力粗度比值 d_{95}/w_{95} 体现粒度均匀性对临界流速的影响。基于以上出发点，提出了以下公式（见式（6-18））。

$$v_c = 3.72\, D^{0.312}\left[\left(\frac{\rho_g - 1}{\rho_g}\right)\left(\frac{\rho_s - \rho_g}{\rho_s - 1}\right)^n \bar{w}\right]^{0.25}\left(\frac{w_{95}}{\bar{w}}\right)^{0.2} \tag{6-18}$$

式中 n——王绍周指数，$n = 5 - \lg\dfrac{d\bar{w}}{v_w}$；

$\bar{w}$——加权平均水力粗度，cm/s；

w_{95}——d_{95} 的水力粗度，cm/s；

r_{ed}——固体颗粒的雷诺数，按下式计算：

$$r_{ed} = \frac{d\bar{w}}{v_w}$$

d——固体颗粒的当量粒径，cm，由 $\bar{w}$ 反算；

v_w——清水的运动黏度，cm/s。

6.2.3.4 刘德忠公式

刘德忠公式见式（6-19）。

$$v_c = 9.5\sqrt[3]{gDw(\rho_g - 1)}\, c_v^{\frac{1}{6}} \tag{6-19}$$

式中 w——中值粒径 d_{50} 的沉降速度，m/s；

其他符号意义同前。

式（6-19）是从泥沙运动学中水流挟沙能力的原理出发推导而得，适用于 $\rho_g \leqslant 1.3$ 的低浓度浆体，式中的系数和指数通过试验而得。

6.2.4 管材与管径选择计算

6.2.4.1 充填管路材质

在规模化充填作业工况下，充填料浆通常由尾砂、水泥、粉煤灰、水淬渣、棒磨砂、碎石等骨料与水拌和而成。充填料浆的颗粒具有一定磨蚀性，某些矿山尾砂还有一定腐蚀性；根据连续生产的需要，充填料浆输送要满足规模化采矿采空区充填的及时性。所以，充填管路需要有良好的使用性能以适应充填料浆输送特点。常用作充填管路的有碳素结构钢管、低合金结构钢管、复合材质钢管和高强度塑料管等。碳素钢管强度较高且坚韧，低合金钢管强度大、耐磨性较好，这两种钢管在矿山充填中使用较多。复合钢管主要有钢编复合管、钢塑复合管、陶瓷复合管、双金属复合管等，这些复合钢管具有更好的耐磨性。

钢编复合管是以高强度双层过塑钢丝网为增强基体，在钢丝网内外覆盖的塑层采用超高相对分子质量聚乙烯或高密度聚乙烯为基础原料，通过高分子黏结剂经高温整体成型的复合结构。钢编复合管具有极强的耐腐蚀性能和一定的耐磨性能。一般钢编复合管使用工作压力不超过 3MPa。钢编复合管质量轻，便于运输和安装。

钢塑复合管是以优质碳素钢管为基体，采用冷拔或挤压工艺经过一系列处理将高分子热塑性塑料附着在钢管的内壁（SP 结构）或者内壁和外壁（PSP 结构），使得钢管与热塑层合成为整体结构。钢塑复合管具有极强的耐腐蚀性能、一定的耐磨性能以及较强承压能力。钢塑复合管输送一些很细的浆料有较好的效果，但对于输送介质中存在大颗粒、尖锐物料时，内部高分子塑层易于划伤，对料浆输送产生不利影响。

陶瓷复合管采用高温离心合成法制造，从内到外分别由刚玉陶瓷、过渡层、钢三层组成，陶瓷层是在 2200℃ 以上高温形成致密刚玉陶瓷（α-Al_2O_3），通过过渡层同钢管形成牢固结合。复合管路内层的刚玉陶瓷作为耐磨层直接与输送介质接触，外层采用碳素钢管或低合金钢管作为承压管层。陶瓷复合管具有良好的耐磨、耐高温、耐腐蚀，抗机械冲击与热冲击、可焊性较好等综合性能，用作输送颗粒物料、磨蚀性介质等较为理想的管路材质。但陶瓷层属脆性材料，一旦在硬物料的高压高速冲击下或由于本身制造缺陷而产生形成裂纹，则会逐渐扩大面积，进而影响到管路耐磨性能。

双金属复合管外层为优质碳素钢管，内衬材质为高铬耐磨合金（KMTBCr28），基体为富含 Cr 的高强度奥氏体，采用离心铸造工艺在热铸状态下在钢管内浇注一层高铬耐磨合金，形成定向排列的棒状硬质碳化物，实现整体复合结构。双金属复合管具有优良的抗冲蚀磨损性能和较强承压性能，内外两层金属材料的热膨胀系数相当，现场焊接连接时，不会因热胀冷缩不一致导致耐磨层碎裂剥落，解决了单一材质难以调和的可焊性和耐磨性矛盾。在高应力磨料磨损过程中，高硬度的硬质相碳化物，发挥了优越的抗磨削作用，同时也保护了基体，使材料性能优势发挥到最佳程度。尤其是双金属复合管高耐磨性在充填管路输送系统中使用具有优势，相比采用其他耐磨材料的复合管，双金属复合管作为水平管路及钻孔套管时，使用寿命在 10 倍以上。

在充填应用中，塑料管、钢编复合管不能承受较大的压力，但是较为轻便，一般仅用于采场内辅助充填管路。水平充填管路一般采用碳素钢管、低合金钢管、钢塑复合管、陶瓷复合管等，垂直充填管路和充填钻孔套管则采用耐磨性更好的低合金钢管、双金属复合管，尤其是对于充填量较大的矿山钻孔套管采用双金属复合管可获得更好的耐磨性能。

6.2.4.2　充填管径选择及计算

在确定充填管路管径规格时，要考虑充填料浆输送过程中产生的压力，以及充填料浆输送过程中对充填管路的磨损。这就涉及充填材料的粒度、充填料浆浓度、配比、输送流速等多种因素的影响。同时，料浆在管路中输送时要使料浆流速大于临界流速，保证管路输送可靠和安全。尾砂充填料浆各组分粒度相对来说比较细，也都在一个比较固定的范围内，所以，可根据充填能力和输送流速按式（6-20）计算充填管内径。

$$D = \sqrt{\frac{4Q}{3600\pi v}} \tag{6-20}$$

式中　D——充填管内径，m；

　　　Q——充填能力，m^3/h；

　　　v——输送流速，m/s。

6.2.4.3　水平管壁厚计算

输送管道管壁厚度的计算公式很多，对于矿山充填，比较普遍采用的一个公式为：

$$t = \frac{kpD}{2[\delta]EF} + C_1 T + C_2 \tag{6-21}$$

式中　t——输送管道公称壁厚，mm；

　　　p——钢管允许最大工作压力，MPa；

　　　$[\delta]$——钢管的抗拉许用应力，MPa，常取最小屈服应力的 80%；

　　　E——焊接系数；

　　　F——地区设计系数；

　　　T——服务年限，a；

C_1——年磨钝余量，mm/a；

C_2——附加厚度，mm；

k——压力系数。

6.2.4.4 充填垂直钻孔套管壁厚的计算

充填竖直钻孔套管管壁计算公式如下：

$$\delta = \frac{pD}{2[\delta]} + K \tag{6-22}$$

式中 δ——管材壁厚公称厚度，mm；

p——管道所承受的最大工作压力，MPa；

D——管道的内径，mm；

$[\delta]$——管道材质的抗拉许用应力，MPa；对于不同管材的抗拉许用应力：
对于焊接钢管，$[\delta]$ 取 60~80MPa；对于无缝钢管，$[\delta]$ 取 80~100MPa；对于铸铁钢管，$[\delta]$ 取 20~40MPa；对于特殊管材依据产品质量检验说明查知；

K——磨蚀、腐蚀量，mm；对于钢管，K 取 2~3mm；对于铸铁管，K 取 7~10mm。

6.3 充填矿山类型划分

6.3.1 充填倍线

充填倍线是表示重力自流输送时，自然压头产生的压力所能克服管道阻力损失的能力，是管道线路总长度与管道入口和出口间垂直高差的比值。用公式表示为：

$$N = L/H \tag{6-23}$$

式中 N——充填倍线；

L——充填系统中管道总长度，m；

H——充填系统中料浆入口与出口间的垂直高差，m。

充填倍线反映了充填系统所能达到的自流输送距离，受很多经常变化的因素影响，如料浆流变特性、料浆浓度、料浆容重等，并受开拓系统、采矿方法、充填站位置、卸料点的变动及输送能力等影响。充填倍线过小，管路系统必然存在较大的剩余压头，使得管道在输送过程中发生剧烈震动，影响管路系统的稳定性和采场充填安全；充填倍线过大，料浆产生的压力小于管路系统输送料浆的总阻力，无法实现自流输送。

实现管道自流输送的条件是料浆所产生的压力差必须大于或等于管道系统中输送料浆的总阻力，其条件为：

$$H\rho_g g \geq i_c L \qquad (6\text{-}24)$$

式中　ρ_g——料浆容重，t/m^3；

　　　g——重力加速度，m/s^2；

　　　i_c——沿程阻力损失，MPa；

　　　L——管道总长度，m。

由式（6-24）得 $\rho_g \cdot g \geq i_c \cdot L/H$，即

$$N \leq \rho_g \cdot g / i_c \qquad (6\text{-}25)$$

式（6-25）表达的是充填系统的极限充填倍线，料浆实现自流输送的实际倍线不能大于计算 N 值。

高浓度料浆管道自流输送胶结充填工艺在国外应用已 40 余年，国内金川镍矿、凡口铅锌矿、铜绿山铜矿、安庆铜矿等矿山应用已 30 余年。大量的技术实践表明，各个矿山因组成料浆的物料及浓度的不同，对充填倍线要求各异，但仍有共同的规律性：大部分矿山自流输送充填倍线合理范围为 3~6；当倍线大于 6 时，一般需要在输送系统中设置增压泵来输送；当倍线小于 3 时，一般需要考虑输送系统减压。

6.3.2　充填矿山类型划分

国外深井开采研究起步较早，据不完全统计，国外开采超过千米深的金属矿山有百座以上，且最大开采深度已超过 4000m。而国内随着浅部资源逐渐开采殆尽，转入深部开采已是地下金属矿山发展的必然趋势，深井矿床开采所面临的"三高"特殊环境——高应力、高地温、高井深为矿山开发带来全新挑战。在深井开采中，由于"三高"、岩爆等问题，充填采矿法是一种不可替代的方法。本书根据料浆输送对充填系统的适应性，将充填矿山分为三类：

第一种类型，浅井开采充填矿山。这种类型矿山大部分能够实现自流输送，少部分矿山存在充填料浆充填倍线过大无法实现自流输送情况，需设置增压泵进行料浆输送，如永平铜矿、白音查干铅锌矿、白音诺尔铅锌矿等。废弃露天坑或地表塌陷区采用尾砂胶结进行充填处理的形式也可划分到第一种充填类型，如铜绿山铜铁矿全尾砂胶结充填废弃露天坑。

第二种类型，延深开采深井充填矿山。该类型矿山为逐渐延深的充填矿山，如露天转地下开采或老矿山往深井延深开采，国内有金川镍矿、冬瓜山铜矿、铜绿山铜铁矿、会泽铅锌矿等，充填倍线有着由过大、适宜到过小的渐变过程。该类型矿山的充填系统最为复杂，当充填倍线过大，需要在管路系统中设置加压站；当充填倍线过小，则需要减压，矿山在实践过程可利用废旧巷道为充填系统

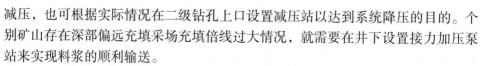

减压，也可根据实际情况在二级钻孔上口设置减压站以达到系统降压的目的。个别矿山存在深部偏远充填采场充填倍线过大情况，就需要在井下设置接力加压泵站来实现料浆的顺利输送。

第三种类型，直接开采深井充填矿山。该类型矿山没有废旧巷道可以使用进行管道折返式减压，如思山岭铁矿、瑞海金矿。该类型矿山多发生在新建深井矿山，需要建设井下减压站或新建充填减压巷道实现管路系统减压。同时该类型矿山也存在偏远充填采场充填倍线过大的问题，需要在井下设置接力加压泵站来实现料浆的顺利输送。

本书主要针对第一类型的倍线过大和第二类、第三类倍线过小的情况进行论述。

6.3.3　第一类型充填矿山管道输送系统

高浓度尾砂管道自流充填是利用浆体在垂直或倾斜管道中产生的自然压差，克服料浆管道输送沿程阻力损失和局部阻止损失，将浆体输送至待充填采场。若料浆压力小于管道阻力损失，则无法输送。对于这种大倍线的管道输送系统，主要从提高输送动力、降低输送阻力两方面来实现料浆自流输送。

6.3.3.1　低流速降低输送阻力

流速是影响管道输送系统的最主要因素之一，采用低流速输送料浆来解决大倍线充填问题尤为重要，而要采用尽可能小的流速，确定临界流速就成为核心问题。

低流速的确定实际上是计算临界流速的问题。临界流速随料浆浓度不同而变，而不同管径有着不同的临界流速。

计算出料浆临界流速后，就可以确定所需要的料浆输送流速。为了避免低流速引起料浆固体颗粒沉降发生堵管事故，采用比料浆临界流速大10%的流速作为料浆输送流速较为适宜。

6.3.3.2　大输送管径减少阻力损失

浆体管道输送基本特征是料浆输送阻力损失与管径成反比，同一种料浆在同等流量下，压力损失随管径增大明显减少，所以工程中应适当采用大管径，尤其是遇到充填倍线过大的情况，会收到明显效果。加大管径是降低流速和阻力损失的主要方法，但不是改变临界流速的主要方法。自流输送的条件是料浆产生的垂直压力能够克服管道系统中料浆的总阻力。由式（6-24）可以看出，当管道系统垂高和总长度不变时，充填倍线仅与料浆密度和输送阻力有关。提高料浆密度 ρ（浓度）和降低阻力损失 i，从而实现超大倍线条件下的自流输送。

输送阻力损失 i 取决于输送速度、料浆浓度、输送管径、料浆水灰比、物料粒度及形状、管壁粗糙度、颗粒沉降速度、温度、颗粒不均匀系数、骨料密度、黏度等因素，但最重要的因素是料浆流速、料浆浓度、输送管径。

料浆输送的临界管径，即最小输送管径可用式（6-26）计算：

$$D = 0.384 \sqrt{\frac{A}{c_w \rho v b}} \tag{6-26}$$

式中　D——临界输送管径，mm；

　　　A——每年输送料浆总量，万吨；

　　　c_w——料浆质量浓度，%；

　　　v——料浆输送速度，m/s；

　　　b——每年工作天数，d。

通常计算出的管径不是标准管径。确定临界输送管径可选用稍大于计算管径的标准管径。为了显著降低压力损失，应尽量加大管径，但管径也不可随意加大。在流量不变条件下，加大管径，流速必减小。流速应大于临界流速，而绝不能小于临界流速。

6.3.3.3　外加剂减阻

充填料浆在管道输送过程中，与管壁间存在层流薄浆层，经过大量的试验研究及实践表明，在高浓度料浆中加入适量的外加剂（减水剂或表面活性剂），可有效改变层流附面层的边界条件，降低附壁区的流速梯度或增大层流附面层的厚度，进而改善充填料浆的流动性能，降低料浆泌水，延缓凝结时间，最终达到减阻的目的。

目前国内外用于充填料浆管道输送减阻的外加剂主要有高效减水剂、普通减水剂以及一些表面活性剂。

6.3.3.4　设置增压泵解决超大充填倍线充填问题

充填管路系统一旦加入增压泵，使得充填系统复杂化，基建投资大，运行能耗高，管理难度大，所以不到万不得已的情况，尽可能设法自流输送，若采取优化方案及减阻剂减阻，依然不能解决超大倍线长距离充填问题，则在充填系统中施加外力增压，这样可以有效地扩大输送距离，实现超大充填倍线充填。

6.3.3.5　充填站分散布置解决输送距离过长问题

矿体走向比较长或比较分散的大型矿山，采用两座以上的充填站来解决超大充填倍线胶结充填的问题。比如金川镍矿分四个矿区，东西长达 10km，属于特大型矿山，先后建设了 8 个充填站，除了一座充填站采用泵送膏体充填外，其余均采用高浓度料浆管道自流输送胶结充填工艺。

6.3.4　第二、第三类型充填矿山管道输送系统

第二类型和第三类型充填矿山主要表现在深井/超深井充填矿山。对于这两种类型矿山从地表到井下的垂直深度很大，带来管路输送系统压力过大，从而可

能导致以下问题影响料浆稳定输送：

（1）料浆对管道形成的高压问题；

（2）管道磨损率高的问题；

（3）充填倍线小引起的料浆流速快及流速控制问题；

（4）满管输送问题。

要实现充填料浆安全稳定的输送，应设法着重解决系统高压问题，辅以有效的监测调控，保证料浆浓度稳定，达到平稳、满管输送。目前国内外实现充填系统降压的方式主要有减压池减压、管道折返式减压、节点增阻降压等。

深井矿山的有效静压头远大于摩擦损失，研究满管流输送实现技术及其他减压方法和措施，对于指导充填系统的设计显得尤为重要。在生产实践中，各个矿山根据自己的实际经验，总结出了不少系统减压具体措施和技术，取得了良好的效果。

6.3.4.1　减压池减压系统

高压充填料浆由管道进入减压池，由于流体运行空间的突然扩大且暴露在空气中，充填料压力得到彻底释放，泄压后的充填料经过搅拌机的再次搅拌后，经缓冲槽管进入二级钻孔继续往前输送[1,13]。图6-5为减压池降压充填输送系统。

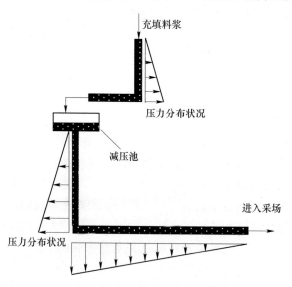

图 6-5　减压池降压充填输送系统

地下减压池减压系统，具有下列优点：

（1）充填料浆压力得到彻底释放，系统减压效果立竿见影；

（2）可以使垂直管道的管径增大，有利于保证矿山的充填量，同时可以减少管线的数量。

减压池选址应以实现充填料浆满管输送为目的。对于部分矿山，由于施工条件的限制，导致减压池只能布置在钻孔附近，其充填料浆在上部管道不满管输送，给管路和钻孔带来较大的磨损，这种情况应研究增加管路系统局部摩擦损失，进一步平衡有效水头与沿程阻力损失的相应关系。

在垂直高度很大的深井矿山，如果一段减压池减压不够，可以使用多段减压池减压。

6.3.4.2 管道折返式减压

管道折返式减压是通过添加水平管长度来达到减压的目的[1,13]。由于料浆在离开中段水平管时，还有一定的速度，具备一定的能量，因此其减压效果不如减压池降压方法。如果将中段水平管道的长度加长，虽然能够达到减压的目的，但是会增加系统的基建费用，同时也不利于系统的稳定性。因此，在矿山中段没有废旧巷道可以使用的条件下，特别是第三类型充填矿山，不主张使用这种减压系统。这种方式在铜绿山铜铁矿、LaRonde Mine 等都有成功运用，图 6-6 所示为管道折返式降压输送系统。

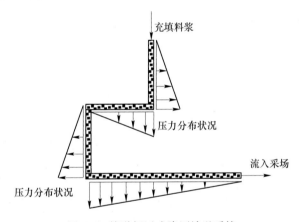

图 6-6　管道折返式降压输送系统

6.3.4.3 节点增阻

充填料浆在竖直管中，为尽快实现满管，在竖直管内增大阻力，工程上极为困难，也会影响竖直管寿命。但在竖直管下部，竖直管与水平管连接部位附近，增大局部阻力是一个可行的办法。增大局部阻力的办法有很多，如阻尼节流孔装置、滚动球阀门（RBV）、孔状节流管装置、耗能防堵阀（ZL 2016 2 0257499.9）。图 6-7 所示为耗能防堵阀基本结构。

图 6-7 中充填管 A 为水平管，充填管 B 为构成增阻回路环的充填管。

如图 6-7 所示，充填管 B 管径小于充填管 A，同时增阻环采用了回路设计，有效利用弯管增阻原理，大大增加了局部阻力。同时柔性快速接头能够有效地缓解管道震动，也方便未来该区域管路磨损时进行更换维护。

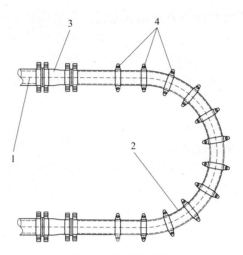

图 6-7　耗能防堵阀
1—充填管 A；2—充填管 B；3—异径管；4—柔性快速接头

6.3.5　第一类型充填矿山实例

6.3.5.1　铜绿山铜铁矿废弃露天坑全尾砂大倍线泵送充填系统

铜绿山铜铁矿位于湖北省大冶湖畔的丘陵地区，为典型的露天转地下开采矿山。露天坑已经闭坑，目前露天采坑已经和井下有了水力通道，特别随着时间延长，地表水不断改变露天采坑的水文地质条件，其露天采坑高陡边坡、地下采空区及废渣等矿山地质环境问题日益突出，对周围环境影响日益加剧。针对露天采坑危及井下防洪安全的水力通道和危及古铜矿遗址安全的高陡边坡制定全尾砂胶结充填治理方案，以确保井下开采安全和古铜矿遗址的安全，消除塌陷区地表水有可能灌入井下带来的危害，消除高陡边坡滑坡风险，减轻矿山环境污染，恢复土地功能及植被重建，美化矿山生态环境，有效改善和保护地质环境，促进生态体系的良好发展，露天坑治理方案见露天坑填充方法（ZL 2016 1 0728828.8）。

矿山现建有新老两座充填搅拌站，每座充填站各设有 2 套充填制备系统。靠近露天采坑东侧的为老充填搅拌站，负责铜绿山矿Ⅰ号、Ⅲ号、Ⅳ号矿体的充填任务；新建充填搅拌站位于老充填搅拌站东侧，目前已建成投入使用，主要负责铜绿山矿深部Ⅺ矿体的充填任务。通过方案比较，分别将新老充填站内各一套充填制备系统进行改造，用于露天采坑充填。根据充填安排，自流输送不能满足，需在新老充填站内各增加 1 套充填加压泵送系统。

设计在搅拌槽旁增设 1 台充填泵，泵在地表以下布置，配套液压站地表旁侧布置。充填站搅拌槽为现有设备，室外事故池使用现有设施。制备好的充填料浆经充填泵泵出后沿地表敷设的充填管路输送至露天采坑。图 6-8 所示为铜绿山露天坑充填系统示意图，图 6-9 为露天坑充填效果图。

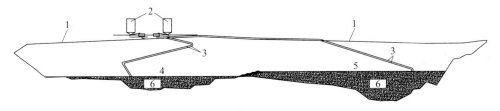

图 6-8　铜绿山露天坑充填系统示意图
1—地表轮廓线；2—充填搅拌站；3—充填管路；4—北露天坑；5—南露天坑；6—充填体

图 6-9　铜绿山露天坑充填效果示意图

6.3.5.2　永平铜矿新充填站解决输送距离过长问题

永平铜矿位于江西省铅山县。露天转地下联合开采，地下开采对象为露天开采境界以外的矿体，主要为Ⅱ号矿体和Ⅳ号矿体。充填系统自投产以来均为自流输送，生产实践表明，该矿自流输送最大的充填倍线小于 7。随着开采工作面不断延深拓展，越来越多的充填采场输送倍线大于 7。为保障地下开采生产规模和可持续性，需要对现有充填系统进行必要改造，增加泵送加压输送设施，实现地下开采采空区充填料浆的加压输送，对充填倍线大于 7 的采空区及时充填。

将充填泵设在现有充填料浆制备站内，充填主管经露天坑台阶，穿越Ⅳ号矿体上部，到达Ⅱ号矿体南部附近后，经平硐、充填钻孔下到坑内 -50m 中段。前期主要服务于Ⅱ号矿体南部采空区，后期在Ⅳ号矿体附近从地表新增 2 个充填钻孔（1 用 1 备，服务至坑采结束）至 50m 中段水平，主要服务于Ⅳ号矿体 0m 中段采空区，钻孔总长度为 210m，坑内增加 30m 长钻孔联络道。方案示意图如图 6-10 所示。

图 6-11 所示为建成后充填系统图。

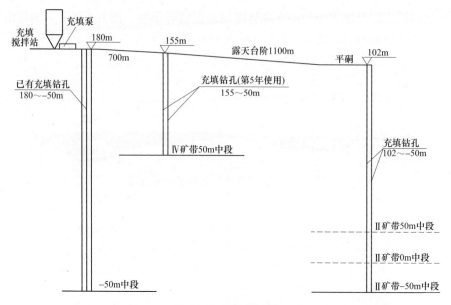

图 6-10　方案示意图

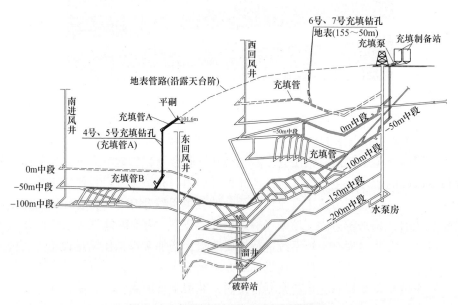

图 6-11　永平铜矿坑采充填加压系统图

6.3.6　第二、第三类充填矿山实例

6.3.6.1　铜绿山Ⅺ矿体充填减压系统

铜绿山铜铁矿Ⅺ号矿体采用全尾砂充填，选厂尾砂经现有尾砂输送管路送至

充填搅拌站尾砂仓，经砂仓浓缩后用于井下充填，充填搅拌站设置 2 套充填料浆制备系统，充填料浆通过充填管路自流充填至井下采场。

Ⅺ矿体井下管路主要分成 3 段。第 1 段：从地表到−305m 水平，沿−305m 中段巷道设置 620m 管线长度后，通过充填钻孔从−305m 水平下放到−605m 水平；第 2 段：沿−605m 中段巷道走 740m 管线长度，再通过充填钻孔下放到−605m 以下中段采区；第 3 段：从−605m 水平到−785m 水平后，分别通过−665m、−725m 等充填联络道进入各采场。

充填管敷设好后，矿山在对−701m 采场进行充填时，发现充填管抖动太大，井下工人无法人工移动，同时充填料浆出口射流速度过大影响了充填质量等问题。

根据类似矿山经验，在充填倍线很小（即水平管路长度接近垂直钻孔高度）时，管内料浆出现不满管流，从而导致料浆流态不稳定，进入采场的充填管强烈振动。

为了解决此问题，该矿在−305m 中段及−605m 中段的钻机硐室分别设立减压池。充填减压系统的基本原理：地表充填站已制备好的高压充填料浆由充填管进入−305m 中段及−605m 中段的减压站，因流体运行空间的突然扩大，充填料的压力在减压站搅拌槽得到释放，同时，已产生离析的充填料经过搅拌槽的搅拌，经过出口管进入深部充填钻孔进行充填，如图 6-12 所示。

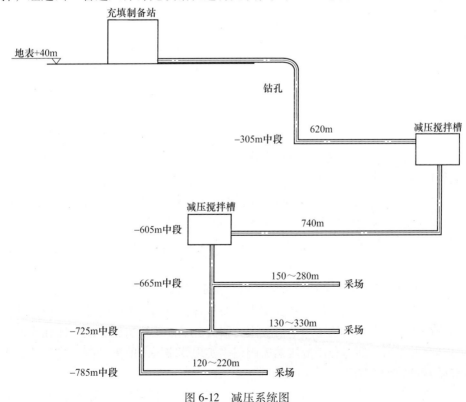

图 6-12　减压系统图

6.3.6.2　冬瓜山管道减压实例

冬瓜山铜矿是一座面向 21 世纪的特大型现代化矿山，本着"废石不出坑，尾矿不建库，基本实现无废开采"的指导思想进行设计。采用全尾砂加废石胶结充填，地表充填料制备站建有 6 套相互独立的充填料制备系统，充填浓度 73%。充填料的输送采用分段充填钻孔和水平管路相结合的方式。

采矿方法为阶段空场嗣后充填法，分两步回采，一步回采矿房后，采用全尾砂胶结充填，二步回采后，采用全尾砂非胶结充填。

选厂全尾砂经浓密后送充填搅拌站砂仓，充填时，从砂仓中放出尾砂，按一定比例加入胶凝材料，经搅拌后从充填钻孔自流输送到-280m 中段，经-280m 中段减压后，从充填钻孔下放到-670m 中段，3 条充填管路直接到-670m 充填采场，另 3 条充填管路从-670m 中段经充填管道井到-730m 中段，然后到-730m 充填采场。

目前该矿充填系统管路已经安设至 60 线以南-730m 水平 57 线附近，60 线以北开采时需从-730m 中段打一条充填管路井至-790m 水平，延伸-790m 水平充填管路至 60 线以北，充填-875m 以上中段采场。随着矿体回采的不断下降，开采-930m 时，充填系统也跟着下降至-875m 中段。

6.3.6.3　Boulby 矿非胶结膏体充填系统

波尔比（Boulby）钾矿和加工厂位于英国惠特比以北约 18km 克利夫兰海岸的峭壁上，恰在北约克群穆尔斯国家公园内，是英国唯一生产钾盐的矿山，也是英国最深的地下矿井。开采的钾盐层在地下 1100m 深处，从峭壁下倾斜延伸约 2km 直到北海海底。该矿由克利夫兰钾盐有限公司（ICI）经营[16]。

过去所有生产尾矿均用海水重新浆化后排入北海。由于尾矿中含有少量重金属（水银和镉），ICI 公司在 1996 年研究将尾砂制成的滤饼采用海水浆化成膏体，通过管道自流输送至采空区进行处理，设计一套落差 1100m，水平运输距离长达 11000m 的充填运输系统。充填料浆的特性如下：滤饼密度：2525kg/m³；海水密度：1025kg/m³；浆体容重：1495~1585kg/m³；浆体体积浓度：31.3%~37.3%。

浆体流变特性为：Bingham 塑性模型，塑流应力 $\tau_y = 50c_{1.8}/(0.47-c_v)$，黏度 $K = \mu_w (1-c_v/0.36)^{-0.9}$。

图 6-13 所示为 Boulby 钾矿膏体充填系统示意图。

为了克服高压差带来的高系统压力，在竖直管与水平管的连接处，设置两套平行的减压装置来提高管道局部沿程阻力损失，平衡系统初始势能。即在充填料浆输送至井下时，通过控制减压站的阀门来实现管路压力的重分配，进而达到满管流输送的目的。图 6-14 所示为井下减压站。

充填系统运行后，能以 200~250m³/h 的速率将料浆顺利输送到距离钻孔

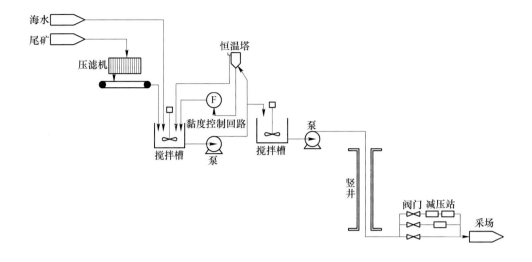

图 6-13　Boulby 钾矿膏体充填系统示意图

图 6-14　井下减压站

11040m 处的采场。该充填系统于 2003 年 5 月成功投产，为碳酸钾工业提供了一种已被证实的可供选择的尾矿处理方法。

6.3.6.4　Kidd Creek 深井充填管网系统

Kidd Creek 矿位于加拿大安大略 Timmins 市以北 27km，2004 年建成的膏体充填系统替代了该矿的块石胶结充填系统。膏体充填系统主要服务于 D 矿延深至3000m 的矿体开采工程。充填材料由尾砂、砂子、水和胶凝材料组成。充填设施主要包括地面充填搅拌站、充填钻孔和输送管路等[17]。

Kidd Creek 矿充填系统已于 2004 年成功运行。充填范围为上部矿体和深部矿体，即 LEVEL 6000（指距地表 6000 英尺，简称 6000L，下同）以上矿体以及距地表 2650m 的采场，如图 6-15 所示。

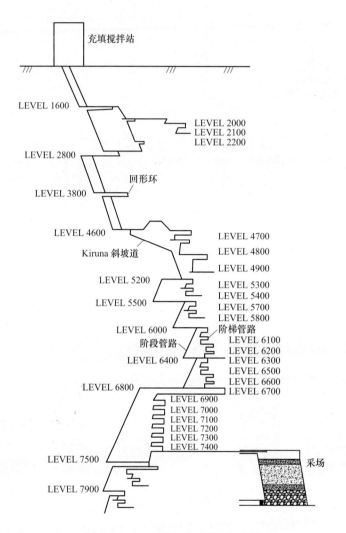

图 6-15　井下充填管网系统示意图

　　井下管路系统用于给 6000L 以下的深部采场输送充填料浆，充填管路通过钻孔进入井下，钻孔荒孔直径为 30cm，钻孔内设直径 23cm OD Microtech 2W65 无缝钢管或类似材质钢管。

　　如图 6-15 所示，充填管路首先由地表打两条平行钻孔进入 1600L，然后穿过 2800L、3800L、4600L 后，由 Kiruna 斜坡道进入 5200L，然后继续往下通过钻孔到了 6000L 后，管路分成了两条管路，其中一条为阶段管路，另外一条为阶梯管路。阶段管路按每 3~5 个水平高度阶段往下延伸，阶梯管路按每个水平高度阶梯往下延伸。每段管路和上一段管路连接采用回形环连接设计，回形环长 30~90m，由直径 20cm 的 API X52 schedule 80 无缝钢管及维特利 70ES 系列的快速接头组成，这种回形环起到增大管道局部摩擦损失，降低料浆流速的目的。整个管路系统管路总长度约5km。

6.4　井下充填管线敷设

浆体输送系统一般由竖直管（钻孔或管道）、水平管及各弯头、变径管、接头和三通组成。矿体埋藏较浅的中、小型矿山，宜用焊接钢管作充填管；矿体埋藏较深，或大中型矿山，则选用耐磨的低合金无缝钢管、陶瓷复合钢管、双金属复合钢管等作料浆的输送管。

充填料浆的管道输送，按输送动力可分为自流输送和泵压输送两种。设计充填管路系统时，应结合矿山开拓系统和充填站厂址统一考虑，必要时经技术经济比较后确定。一般应注意以下几个方面[2,18,19]：

（1）利用自然压差的管道自流输送系统比充填泵加压输送可靠。故应优先考虑采用自流输送系统。但在充填倍线大的情况下，不得不采用输送泵加压输送时，应多方案进行技术经济比较后确定。

（2）充填管路系统呈阶梯布置时，应分别验算各梯段的倍线，使各梯段的水平管长不超出有压区。

（3）对于倍线小的矿山，管路宜呈多梯段形式布置，并建议保持上梯段的倍线不大于下部梯段的倍线。

（4）水平管道布置尽量不呈逆坡布置，否则应在最低处设事故阀并在附近设置事故池。

（5）应避免在回风井巷内敷设充填管道，否则应提出对充填工作人员的防尘保护措施。

（6）避免在主、副竖井与主斜井内敷设充填管道。尽量采用钻孔自地表下放充填料浆。

6.4.1　竖直管敷设

目前国内外竖直充填主干管的敷设，一般是通过以下三种方式：在充填钻孔安装；在主、副井中架设；在专用充填井中（包括中段之间的充填天井）架设。

6.4.1.1　在钻孔中安装

钻孔孔径的确定应根据输送量、充填料粒径、钻孔设备与套管规格等因素综合考虑。当钻孔穿过的岩层坚硬稳固、孔壁情况良好时，可不设套管，直接利用钻孔作充填管路。

充填竖直钻孔是充填料浆管道输送的咽喉，所以施工技术要求严格，以延长其使用寿命。根据钻孔所穿过的岩层的稳定程度，充填钻孔的横断面有四种形式，依照成本的高低排序是：套管内装充填管、套管作充填管、钻孔内装充填管、钻孔作充填管。前三种，在国内充填矿山使用较多，而钻孔内装充填管在岩石条件较差的矿山不可行。对于具体充填套管直径，在满足有关技术参数条件下，可根据选择不同管径进行综合技术经济比较后，方能确定出合适的管径。

孔壁岩层坚硬、稳固，服务年限不长时孔内不设套管。位于腐殖土或不稳固岩层中的钻孔应设套管。极不稳固岩层中的钻孔，又用于水砂充填，除设套管外还应敷设充填管道。

钻孔孔径根据钻孔内布置方式确定：

（1）不设套筒时，钻孔壁与充填管之间应留有 15~20mm 间隙；

（2）经套管下放砂浆时，孔壁与套管之间留有 20~30mm 间隙，用以充填胶结料固定套管，一般套管与充填管内径相同；

（3）由套管内敷设的充填管输送砂浆时，在孔壁与套管之间，套管与充填管之间，留 20~30mm、15~20mm 的间隙。

A 可修复新型钻孔模型

充填钻孔是充填料浆从地表输送到井下采场的咽喉。由于充填料浆对充填钻孔的冲刷、磨蚀等作用，许多钻孔使用时间不长就破损报废，需要重新打钻，成本较高。更主要的是受地理、地质环境制约，施工对生产影响较大。

钻孔修复方法包括内衬管拉（滑）入衬装（sliplining）、管道翻衬（cure-in-place lining）、管道喷涂衬装（spary lining）和爆管衬装（pipe bursting）等。但这些技术成本昂贵，技术复杂，尚未见在矿山充填钻孔修复中应用的报道。

金川镍矿的破损充填钻孔修复中[20]，采用新型修复技术。其工艺流程如图6-16 所示。

对于新建矿山，若采用钻孔输送充填料浆，暂不考虑钻孔修复技术，但可以提前采取措施，即根据设计的充填管道直径，施工一条大直径钻孔，并安装套管，套管内径比设计的充填管道外径大 50~60mm，在带套管的钻孔内安装设计的充填管道，即充填管道为不耦合安装。图 6-17 所示为传统的普通钻孔和永久性可修复钻孔对比图。充填管道达到预期寿命后，利用配有切割刀具的钻机，将该管道切割并取出，然后重新安装新的管道。由于钻孔与管道不耦合布置，理论上破损管道可无限次更换，从而实现了充填钻孔的永久性可修复使用。

B 充填钻孔上口的喷浆和排气

根据类似矿山经验，在充填倍线很小（水平管路长度接近垂直钻孔高度）时，高浓度料浆管路自流输送必然存在大的剩余压头。过多的剩余压力带来的不

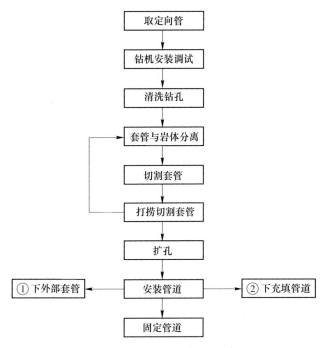

图 6-16 破损钻孔永久修复使用技术工艺流程

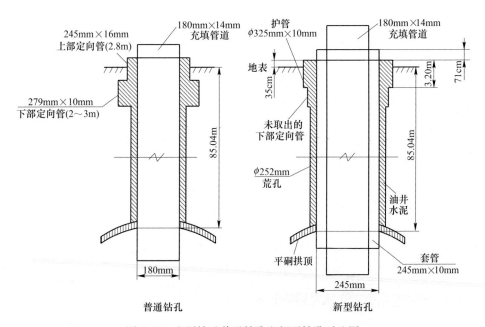

图 6-17 金川镍矿普通钻孔和新型钻孔对比图

利影响，使在地表钻孔产生规律性的喷气、喷浆；采场附近的充填管强烈振动，不能很好地连续排浆。

充填实践表明，钻孔上口的喷气、喷浆与料浆浓度有密切关系。在开始送浆的一段时间内，由于水和水泥浆引流，再加上开始充填浓度较低，钻孔口无喷气、喷浆现象。一旦砂浆质量浓度达到临界流态浓度时，钻孔口便开始规律性喷气、喷浆，此后周期性地发生管喷。管喷间隔时间为 20~30s，在钻孔口发生管喷时，井下采场充填管道流出的砂浆流量时大时小，很不稳定。每次管喷发生时，管内吸入大量空气，砂浆下得很快，经过一段时间，吸气停止，管口积浆，接着又管喷。这说明，管喷现象的发生是由于钻孔进入空气，被高浓度砂浆密封，压力升高引起的。

分析发生管喷的原因，也可以这样来解释，料浆在钻孔中自由下落时，因速度迅速增高而形成湍流。高浓度料浆属于黏性流体，易于封闭钻孔断面，使钻孔内的空气被压缩，遭受压缩的空气密度和压力增加到一定程度时，会导致被压缩空气冲开料浆而喷出，同时亦会带出部分料浆。

为减弱和防止管喷，应及时采取措施排除积存在钻孔内的压缩空气。在钻孔中心插入带逆止活门的塑料管，由钻孔进料，塑料管排气，可使管喷大为减弱。在此基础上又制成钻孔排气装置——防止料浆外喷的金属罩，利用此装置，喷出的砂浆能够及时返回钻孔，而又不影响钻孔排气，即改善了钻孔房的作业条件，避免了砂浆的浪费。

6.4.1.2　在主、副井中架设

《有色金属矿山井巷工程设计规范》（GB 50915—2013）规定"不应在主要提升人员的井筒中布置充填管路"。目前国内充填管多以钻孔形式下放到井下。

南非深井/超深井矿山开采中，由于矿体埋藏较深，同时开采水平较多，生产规模较小，在竖井中安装充填管应用较为广泛。图 6-18 所示为南非某矿竖井充填管安装图，首先通过锚杆将槽钢固定在井壁，再通过管托将充填管固定在槽钢上，管托与槽钢固定方式采取焊接+螺栓连接的方式。

6.4.1.3　在充填井中架设

专用充填井架设主干管，一般此井可兼作基建期间的施工措施井或生产期间的安全出口、辅助风井等。但在设计及使用上应首先满足允填工作的要求[13]。

根据充填料制备、输送的情况，专用充填井有的直通地表，有的是中段与中段相通的盲井，充填井内应设梯子间（木梯或金属梯）。

为保证安全，防止输送时管道的摆动，充填管一般采用专门设置的管托梁承重，并利用支撑直管、吊环、U形管卡等固定。

6.4.2　斜井与平巷中充填管路的安装

在斜井或平巷中，充填管路的架设，按其位置与固定方式大致可分为以下

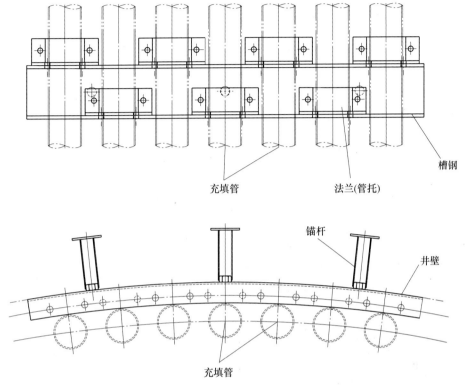

图 6-18 南非某矿充填管竖井安装图

四种方式：

（1）直接敷设于巷道底板；

（2）墩座或立柱架设；

（3）利用坑道壁或支架，装设悬臂梁固定；

（4）在坑道顶板、顶梁或立柱上端，吊挂式固定。

在充填量大、服务时间长、管内压力（特别是动压力）较大的情况下，或在专用的充填斜井中架设主干管路，一般采用墩座架设。如巷道断面较小，另行开凿充填井巷又不合理，也常采用坑道壁上设置悬臂梁固定管路。在有运输任务的巷道中架设管路，多采用悬臂梁固定和顶部吊挂式。在回风巷道中敷设管路时，当底板干燥、充填量较小，使用期限短或无提升运输任务，也可沿底板敷设。

6.4.2.1 斜井中充填管路的架设

斜井中充填管路的架设包括以下几个方面的内容：

（1）尽可能避免把主干管架设在有提升任务的主斜井中，以免在清理堵管事故时，影响斜井正常生产。

（2）固定管路的支架（无论何种形式）必须牢固，管路中心线必须对正，管子接头要严密。

（3）斜井角度较大时，充填管的支架座可根据各矿条件采用钢架、混凝土墩、砖墩、木立柱等，在接近巷道底端部可安设撑木、立柱、墩座等，将充填管稳妥固定，以避免因砂浆流动时的反力将管子拉倒，在弯头处要设防止前窜及后坐的卡子木柱或支撑座。

（4）由于斜井充填管路的磨损比水平管道严重，在使用期长、充填量大的情况下，为了换管及检修的方便与安全，在易磨损部分附近安设提升装置或配备相应的设备。

（5）当斜井有排水沟时，可将充填管悬装于水沟上部（但不应妨碍水沟的清理），水沟与人行检查道布置于同一侧，如充填管道与电缆布置于同侧时，充填管应架设在下方，管与电缆间距大于 0.3m。

6.4.2.2　平巷中充填管路的安装

目前国内金属矿山多采用回风平巷和运输量较少的平巷敷设充填管路，为不影响运输作业或不过多地增加扩刷巷道工程量，一般都采用方木垫块、短立柱支撑、悬臂梁、锚杆挂链固定或支架悬吊等方式固定充填管路，也有少数支墩架设或将管道安放置于底板上的。

6.4.3　管路连接

对矿山充填管路来说，不仅要满足管路耐磨和输送压力的需要，而且还要便于施工、安装和拆卸。充填管连接件的强度不能低于所连接管路的强度。充填管连接方式主要有法兰连接、快速接头连接和直接焊接。法兰连接适用于不需经常拆卸的管段，法兰连接螺栓的数量与管路压力等级和公称通径相关，矿山一般使用充填管路法兰采用螺栓连接，连接螺栓强度与管路承压相配套。快速接头是经常拆卸的水平管段的主要连接件，经常采用的是卡箍式柔性管接头，靠密封圈压紧端管密封，具有质量轻、体积小、密封可靠、安装简单、拆卸方便、耐冲击、抗振动等优点。直接焊接钢管连接适用于充填钻孔的套管连接。图6-19列出了在工业生产中地表和井下充填管路的法兰连接、快速接头连接方式。

随着深井充填或长距离管路输送等方面需求增多，高压输送管路应用工况越来越普遍。传统高压法兰连接方式安全可靠，连接时管路端部要先与高压法兰焊接，再采用不少于8个高强螺栓连接管路法兰盘，管路连接件多，连接形式较为繁琐；普通的卡箍式快速接头承压受限，不能很好适用于高压输送工况；采用管路直接焊接的方式管路承压能力强，但在高压工况下需要良好的焊接工艺作保障，若在井下等狭小空间完成具有较大难度。焊接完成后整个管段全刚性连接，

图 6-19　充填管路连接方式

不便于维护、检修。

　　沟槽式锻钢接头可承载 10MPa 及 10MPa 以上高压输送管路的连接，其主要由高强度的壳体、"C"或"E"形密封圈及高强度内六角螺栓和弹簧垫圈等组成。沟槽式锻钢接头结构示意图如图 6-20 所示。沟槽式锻钢接头根据实际要求可设计成刚性接头或柔性接头，利用壳体键直径调节来实现接头的刚性或柔性，以满足不同管道系统的要求。接头采用高强度内六角螺栓，直接固定于壳体的本身，确保接头承受管道内的高压。高强度螺栓也增加了接头壳体连接的刚性，从而提高接头承受的抗弯力矩。"C"形结构的密封圈实现三重密封，确保接头密封的可靠性，也可配置"E"形结构的密封圈。沟槽式接头连接示意图如图 6-21 所示。沟槽式锻钢快速接头可以安全、高效快捷地连接中高压输送管路，实现可靠连接和密封。

　　FC32 型沟槽式锻钢接头外形如图 6-22 所示。FC32 型锻钢柔性接头由于其环形结构整体受力，轴向力式由接头的外壳本体承担，使接头与管路的连接更加安全、受力更加均匀，在抗弯曲的工况下，锻钢柔性接头将显得更加安全；而法兰的受力主要由螺栓承担，但如果管道在趋于弯曲时，则法兰局部受力，那么局部的螺栓将超载，有可能出现螺栓拉长或受挤压而疲劳或断裂。沟槽式锻钢接头连接的管路系统较之于传统高压法兰连接，不仅安装方便快捷，同时使安装空间也得到了很好的控制。

图 6-20 沟槽式锻钢接头结构示意图

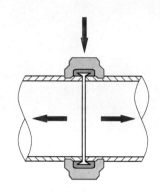

图 6-21 沟槽式锻钢接头连接示意图

(a)

(b)

图 6-22 FC32 型沟槽式锻钢接头

（a）FC32 型；（b）FC32A 型

6.4.4 充填管道安装固定计算

6.4.4.1 管托梁的选择计算

A 计算荷载 G[18]

$$G = K_1(Q_1 + Q_2) + Q_3 \tag{6-27}$$

式中 G——荷重，N；

K_1——自重荷载系数，取 1.1；

Q_1——充填管路自重，N，

$$Q_1 = (2q_1h_1 + nq_2)g$$

q_1——管子单位质量，kg/m；

h_1——管托梁层距，m（考虑两层）；

n——两管托梁之间的法兰盘数目，个；

q_2——一个法兰盘及联结螺栓的质量，kg；

Q_2——支撑直管（或弯管）的自重，N；

Q_3——管内充填物的重量，N，

$$Q_3 = 1/4\pi d^2 h_2 \gamma_浆 K_2 g$$

d——充填管内径，m；

h_2——所计算的管托梁处至井口的距离，m；

$\gamma_浆$——充填料浆的容重，kg/m^3；

K_2——荷载系数，取 1.2。

B　钢梁型号选择

（1）每根梁上的荷载按集中力 P 计算。

$$P = 1/2G \tag{6-28}$$

式中　P——集中力，N。

（2）最大弯矩 M_c。

$$M_c = \frac{Pab}{L} \tag{6-29}$$

式中　M_c——最大弯矩，N·m；

P——集中力，N；

a，b——集中力矩钢梁支撑点距离，m；

L——计算跨距，$L = 1.05l$；

l——实际跨距，m。

忽略可能产生的扭矩，计算弯矩 $M = 1.05M_c$。

图 6-23 所示为钢梁计算示意图。

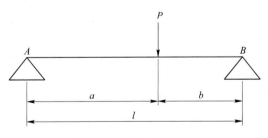

图 6-23　钢梁计算示意图

（3）横向截面系数 W_x。

$$W_x \geqslant \frac{M}{mR_n g} \tag{6-30}$$

式中　W_x——横向截面系数，cm^3；

M——计算弯矩，N/cm；

m——工作条件系数，一般型钢 $m=1$，在有酸性水腐蚀或在通风、回风井时，$m=0.85$；

R_n——允许抗弯强度，一般型钢 $R_n=1600\mathrm{kg/cm^2}$。

（4）最大挠度 $f_{最大}$。

$$f_{最大} = \frac{Pb}{9EIl}\sqrt{\frac{(a^2+2ab)^3}{3}} + \frac{5ql}{384EI} \tag{6-31}$$

式中 $f_{最大}$——最大挠度，cm；

E——弹性模量，一般为 $2.1\times10^6\mathrm{kg/cm^2}$；

I——惯性矩，$\mathrm{cm^4}$；

q——管托梁单位质量，kg/cm；

其他符号意义同前。

上式适用于 $a>b$，$f_{最大}/L\leq1/200$。

一般管托梁常用型号为 14~18 号槽钢。

6.4.4.2 充填管在斜井及平巷中安装固定的计算

（1）采用管道支架固定充填管时，最大跨距的确定[18]，均匀荷载时。

$$L_{最大} = \sqrt{\frac{12R_{允}W_x}{100F_米}} \tag{6-32}$$

式中 $L_{最大}$——最大跨距，m；

$R_{允}$——管材允许弯曲应力，无缝钢管一般取 250MPa，当选为焊接钢管时，则允许应力乘以修正系数 $\psi=0.9$；

W_x——管子截面系数，cm，可从管子规格性能表中查得，或按下式计算：

$$W_x = \frac{\pi(D_{外}^4 - D_{内}^4)}{32D_{外}}$$

$F_米$——每米管子均匀荷载（包括管道自重及管内充填材料重量），N。

（2）悬臂梁支架计算。

$$M = K_1G \tag{6-33}$$

式中 M——计算弯矩，N·m；

K_1——荷载系数，取 1.1；

G——作用于梁上的计算荷载，N，

$$G = Q_1 + Q_2 + Q_附 + Q_4$$

Q_1——管子自重，N，$Q_1=2Lgq_1$；

L——支架间距；

q_1——管子单位质量，kg/m；

Q_2——充填料重力，N，

$$Q_2 = 2L \frac{\pi d^2}{4} \gamma_{浆} g$$

d——管内径，m；

$Q_{附}$——附加负荷重（如管附件重量）；

Q_4——施工及安装荷载，一般取 2000~3000N；

L——悬臂长，m；

其他符号意义同前。

所采用的支架的断面系数必须满足式（6-34）：

$$W_x \geqslant \frac{M}{R_u} \tag{6-34}$$

式中 R_u——悬臂梁材料的许用应力，MPa。

按求出的 W_x 值，便可选择所需的型钢型号，一般悬臂梁可利用 15~18kg/m 的废钢轨，或 10~12 号的槽钢或工字钢。

6.5 输送泵选型

用于矿山充填的增压泵多选用膏体充填泵，膏体充填泵是在建筑工程混凝土泵的基础上发展起来的，混凝土泵采用液压油作为工作介质利用电机带动液压油缸驱动活塞和阀门，推送物料排出。矿山膏体充填泵的结构与混凝土泵基本相同，最早由德国著名混凝土泵制造商 PM（Putzmeister）与 Preussag 公司合作在其属下格隆德（Grund）铅锌矿研发应用。

双缸活塞泵主要由两大部分组成：驱动部分双缸活塞泵和动力部分液压站。双缸活塞泵由料斗、液压活塞缸、换向分配阀等组成。液压站主要由电机、液压泵、液压油箱、液压管路系统、冷却系统、电控系统等组成。工作时，进入料斗腔内的充填料在重力和后退液压活塞吸力作用下进入工作缸 A，此时液压系统中液压油进出反向，同时分配换向阀切换，工作缸 B 中的液压活塞向前推送物料通过切换后的阀门进入管道。如此往复，料斗中物料被活塞不断推入管道中向前输送。

目前用于矿山充填料输送的增压泵，国外厂家主要有德国 PM 公司、施维英（Schwing）公司以及荷兰奇好（Geho）公司的双缸活塞泵，所应用双缸活塞泵主要形式包括摆管阀（裙阀）泵和座阀（锥阀或提升阀）泵[21~23]。

图 6-24 列出比较有代表性的厂家所生产的双缸活塞泵及其切换阀。PM 公司 KOS 型活塞泵其摆管阀为 S 形管道转换器，也称 S 形换向阀。摆管阀的作用在任何时候只有一个输送活塞缸与管道连通。每当一个活塞行程结束后，S 摆管迅速

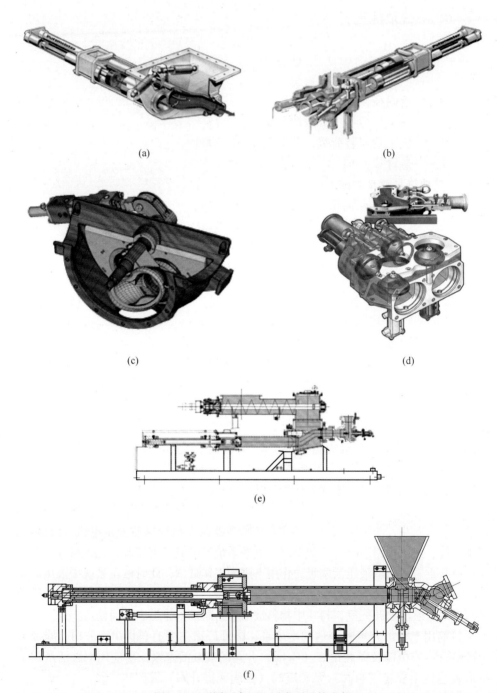

图 6-24 不同厂家双缸活塞泵及换向阀

PM 双缸活塞泵：（a）PM 的 S 摆管阀泵；（b）PM 座阀泵；Schwing 双缺活塞泵切换阀形式：
（c）Schwing 裙阀；（d）Schwing 提升阀；Geho 双缸活塞泵：（e）Geho 切换阀泵；（f）Geho 锥阀泵

转换到另一输送油缸上形成接续。S 摆管的位置与活塞动作切换同步。Schwing 公司 KSP 型双缸活塞其切换阀形式为裙阀，裙阀比 S 摆管要短，抗剪力和扭矩更大，换向时间更短。裙阀的两端分别与输送油缸和输送管道相连通，运行时两端同时摆动。Geho 公司 DHT 型活塞泵的切换阀形式与 PM 的 S 摆管类似。摆管阀泵适用于主要粗大颗粒、高黏性、高固含量、高压泵送工况。在个别压力非常高的情况下，当摆管阀切换时会有少量倒流发生，倒流量一般少于 5%。此时可以在出口管段设置缓冲系统，防止倒流发生。

PM 公司 HSP 型活塞泵的切换阀形式为座阀，在双缸活塞泵的钢制阀箱上装有 4 个液压控制的支座型阀，包括 2 个吸入阀和 2 个排出阀。吸入阀和排出阀靠液压控制与输送活塞缸的动作保持一致，使得输送缸容积与排出缸体积相等。当吸入活塞达到其端部限位时，与之相应的吸入阀与排出阀在液压控制下同时关闭和打开。若输送管道中存在着过大压力，吸入阀首先关闭，这样就可以避免输送物料从管道中返回料斗，防止了物料倒流。Schwing 公司相应座阀形式为提升阀，Geho 公司相应座阀形式为 DHC 型锥阀，工作原理类似，结构形式有所不同。座阀泵具有逆止功能，适合与细颗粒、高黏性、高固含量、高压泵送。浆体中不得有大于 5mm 的颗粒，如粗颗粒含量过多会影响输送效率，增加座阀损坏的可能性。

国外矿山膏体充填或尾矿干堆泵送方面应用较多，我国金川膏体充填选用的是 PM 公司 KOS 型活塞泵和 Schwing 公司 KSP 型活塞泵，铜绿山膏体充填选用的是 Schwing 公司 KSP 型活塞泵，会泽膏体充填选用的是 Geho 公司 DHC 型活塞泵。

双缸活塞泵虽然是在混凝土输送基础上发展而来的，但是建筑领域混凝土输送与充填膏体输送方面存在着较大区别，充填输送用泵有着自身的特点。充填作业工作时间长，为了满足一个大型采空区连续充填需求，充填泵需要长时间连续工作，必要时甚至需要 24h 连续作业。泵送充填量大，一套充填系统年充填量 $10000 \sim 20000 m^3$。混凝土输送泵单次输送时间不会过长，输送量也不会过大，而对其要求较高的是输送压力高、物料粗骨料含量高等方面。

在确定充填泵的压力时，应考虑一定的富余系数。各种类型的膏体充填料浆，由于其流变特性的不同，泵送时管道阻力损失相差较大，在选择泵前应根据试验确定管路的压力损失值。

6.6　管道输送系统管理与监测

管路输送系统作为联络上（充填料浆制备站）下（采场）的重要组成部分，管路发生故障，如堵管、爆管等事故，会造成整个充填管路的瘫痪，造成极大的人力、财力、时间损失，因此对管路输送系统的管理与监测十分必要。

6.6.1　堵管事故

充填系统失效主要有管道堵塞、漏浆、管道爆裂等。而管道堵塞的主要原因分为管道泄漏型、料浆过稠型、异物混入型和料浆离析型等。处理堵管的关键是"预""准"和"快"。在尽可能短的时间内发现堵管的可能性，预防堵管的可能性；若有堵管发生，准确找到堵管原因和快速定位堵管地点，避免堵管事故的发生以及进一步扩大[24]。

（1）管道泄漏型堵管事故。

管道出现漏水点，甚至漏浆点，通过泄漏点的浆液，部分水或细浆漏出，保留在管道内的部分浓度增加，流动性能降低，甚至失去流动性，导致管道输送阻力不断增加，直到堵管。

基本特点：有泄漏点，问题料浆在泄漏点下段，泄漏越严重，问题段越短，一般发生的管道泄漏型堵管有一个压力逐渐增大的过程。这种情况多发生于下管道压力较大导致管道爆裂或者磨损过度区域。

（2）料浆过稠型堵管事故。

如果料浆浓度比设计浓度大到一定程度，稠度偏大，导致管道输送阻力增加，这个问题若得不到及时解决，稠度偏大浆体量达到一定值以后，管道输送阻力就会达到最大而堵管。

基本特点：问题料浆靠近充填料入口段，料浆偏稠程度越大，问题料浆段越短；如果问题料浆偏稠度较小，后续料浆质量及时调整到正常状态，就可以将问题料浆逐步送出充填管，恢复正常。这种类型的需要重点监测搅拌槽制浆浓度，一旦发现异常，立刻采取措施，使得堵管事故扼杀在源头。

（3）异物混入型堵管事故。

在充填管道中，如果混入密度大的矿块或者大于管道内径 1/4～1/3 的大块材料，这些块状物料不能够随浆体同步流动，可能在某一位置发生数块这样的块状物料聚积在一起，便发生堵管事故。

基本特点：发生突然，堵管长度短，相对来讲弯管部位发生异物堵管事故概率较大，但是直管段也不能排除，位置难以确定。堵管过程中，压力也有一个逐步增大的过程。

（4）料浆离析型堵管事故。

如果料浆浓度比设计浓度低到一定程度，或者尾矿性质发生变化，细颗粒物料比例偏低，导致充填料浆泌水、分层，输送过程中，特别是因故暂停一段时间以后，料浆发生沉淀堆积，严重时就会导致堵管。

基本特点：料浆离析型堵管多发生在钻孔底部，返坡管道的坡底段。

通过对堵管事故进行分析，控制料浆浓度是防止制备的料浆异常，及时调整料浆制备方式，将堵管发生的可能扼杀在源头；而监控管道沿程压力的变化情况，则是迅速定位堵管地点，实现堵管及时处理的重要手段。

根据堵管事故分析结果，采取以下措施保证充填管路的安全运行：（1）实时监控，控制料浆浓度，防止制备的料浆异常和及时调整料浆制备方式，将堵管发生的可能扼杀在源头（浓度控制策略见第5章充填料浆制备技术）；（2）采用合理措施对充填管路进行检查和清理，确保管路畅通；（3）实时监控管道沿程压力的变化情况，迅速定位堵管地点，实现堵管及时处理。

6.6.2 充填管路检查与清理

国内大部分矿山采用大量清水检查和清洗充填管路，洗管水如果直接排到附近事故池或排水沟，会影响了井下环境，如洗管水进入采场则影响了充填体的质量。

本书推荐采用高压风和少量的引流水清洗管路，其工作流程为：充填前，采用高压风或引流水对充填管路进行检查和清洗，在确保管路畅通后，即可开始充填；每次充填结束时，用少量的水和高压风清洗充填管路。同时在充填堵管事故发生时，也可配合采用高压风处理充填管路。本技术在金川镍矿和白音查干铅锌矿已得到成功运用。

6.6.3 压力在线监测

充填管道变坡点和弯道是充填管道发生堵管事故的主要部位，在各中段水平弯管和边坡点附近等设立压力变送器对管道各部位的压力进行监测，监测的数据传递给 DCS 控制系统，并存储，形成历史数据，供用户查询进行数据收集以及数据分析[25~28]。

如图 6-25 所示，当管道压力不满足要求，即出现异常时，进行第一次报警，同时系统控制水的电磁调节阀开度，增大水的供应，降低料浆浓度。若降低料浆浓度管道压力无法回归正常，且压力持续增大，则系统进行第二次报警，并关闭搅拌槽的锥形阀开关，停止料浆供应，待堵管事故排除后，恢复管路充填系统。

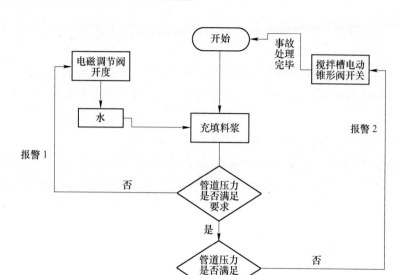

图 6-25　管路压力监测系统控制图

参 考 文 献

［1］王新民．基于深井开采的充填材料与管输系统研究［D］．长沙：中南大学，2005.

［2］于润沧，刘大荣，等．全尾砂高浓度（膏体）料浆充填新技术［M］．北京：中国有色金属工业总公司铅锌局；北京有色冶金设计研究总院，1992.

［3］刘同有，等．充填采矿技术与应用［M］．北京：冶金工业出版社，2001.

［4］费祥俊，等．浆体与粒状物料输送水力学［M］．北京：清华大学出版社，1994.

［5］颜丙恒，李翠平，王少勇，等．某全尾砂膏体流变参数测量及其流变模型优化［J］．金属矿山，2017（12）：44-48.

［6］张亮，罗涛，许杨东，等．高浓度充填料浆流变特性及其管道输送模拟优化研究［J］．矿业研究与开发，2016，36（4）：36-41.

［7］谢盛青，马俊生，周彩霞．充填料浆流变特性分析及临界流速计算［J］．中国矿业，2016，45（5）：26-29.

［8］张亮，罗涛，朱志成，等．高浓度充填料浆流变特性及其管道输送阻力损失研究［J］．中国矿业，2014，23（S2）：301-304.

［9］李世珺，姜洪涛，付健勋，等．絮凝剂沉降技术在卧式砂仓的应用研究［J］．有色矿冶，2019，35（4）：48-50.

［10］《尾矿设施设计参考资料》编写组．尾矿设施设计参考资料［M］．北京：冶金工业出版社，1978.

［11］王绍周，等．粒状物料的浆体管道输送［M］．北京：海洋出版社，1998．

［12］Wang Xinming, Li Jianxiong. Rheological properties of tailing paste slurry［J］. Journal of Central South University of Technology，2004，11（1）：75-80．

［13］王新民，肖卫国，张钦礼．深井矿山充填理论与技术［M］．长沙：中南大学出版社，2005．

［14］周旭，王佩勋．大倍线管道自流输送胶结充填技术［J］．金属矿山，2011，422（8）：25-27．

［15］谢盛青，杜贵文，张少杰．废弃露天坑充填治理技术研究［J］．中国矿山工程，2018，47（1）：1-4．

［16］程本义，孙镇德．波尔比钾矿［J］．采矿技术，1988，16．

［17］王德维，王华．Kidd Creek 矿深部开采中膏体充填料的研究［J］．国外黄金参考，2000（12）：1-6．

［18］《金属矿山充填采矿法设计参考资料》编写组．金属矿山充填采矿法设计参考资料［M］．北京：冶金工业出版社，1978．

［19］于润沧．采矿工程师手册（下册）［M］．北京：冶金工业出版社，2009．

［20］郑晶晶．金川矿区破损充填钻孔永久修复使用综合技术研究［D］．长沙：中南大学，2009．

［21］https：//www.putzmeiste.com/en/．

［22］https：//schwing-stetter.com/．

［23］https：//www.global.weir/brands/geho-positive-displacement-pumps/．

［24］张新国，曹忠，史俊伟，等．煤矿膏体充填管道压力在线系统研制［C］//第五届中国充填采矿技术与装备大会，2011（5）：83-86．

［25］彭倩．矿山充填的自动控制研究与应用［D］．西安：西安科技大学，2011．

［26］陈之功．尾砂充填自动控制系统［J］．金属矿山，2012（10）：110-112．

［27］王金，姚占勇，等．矿山充填自动控制系统的研究与应用［J］．现代矿业，2015（8）：211-241．

［28］Lee C C. Fuzzy Logic in Control Systems：Fuzzy Logic Controller［J］. IEEE Trans，on SMC，1990：20（2）．

7 采场充填设施

7.1 充填挡墙

7.1.1 充填挡墙类型及特点

在使用充填采矿法的矿山，充填挡墙对采空区能否安全充填起着至关重要的作用。充填挡墙作用之一是封闭采空区，使整个采场与外界巷道隔离，阻止充填料浆外溢影响井下环境，作用之二是滤水。在充填料浆为液态状态下，一旦充填挡墙发生破坏，会导致充填料浆的泄漏，影响充填体的质量，污染井下作业环境，甚至引发安全事故，因此需要选择既安全可靠又经济合理的充填挡墙形式。

国内外矿山挡墙主要形式有预制块（空心砖、红砖等）挡墙、混凝土挡墙、块石挡墙、木制挡墙、钢丝绳金属网挡墙、钢结构挡墙等。木制挡墙和预制块挡墙是国内外最常用和最简便的挡墙形式。

7.1.1.1 木制挡墙

木制挡墙由滤布、钢筋网、横撑、立柱、斜撑等组成。木制挡墙如图 7-1 所示。先把挡墙位置的巷道壁和顶板浮石清理干净，再在底板挖槽，以便将最底部的横梁和立柱置于坚固的岩体上。立柱间距 600～800mm，横截面为 150mm×150mm。所有立柱应在同一垂直面内。立柱立好后，再钉横梁。横梁间距约800mm。立柱和横梁钉好后，由下往上钉木板，木板厚 30～50mm。挡墙用斜撑加固。如图 7-1 所示。

挡墙加固好之后，为防止跑浆、漏浆，需要封闭挡墙四周及内壁。先在挡墙四周用土工布堵好缝隙，然后用高标号砂浆抹缝，再在内壁面上钉编织袋[1]。

木制挡墙多采用木制钢筋网过滤布挡墙结构（见图 7-2），它具有架设简便、滤水效果好的特点。

木制挡墙的优点是架设简单方便、劳动强度小、材料来源广、部分材料在充填料凝固硬化后可重复利用，架设后可立即实施充填，挡墙透水性能好，挡墙构筑成本低。木制挡墙也存在如下缺点：

（1）木材消耗量大，且木材回收率和再利用率较低。

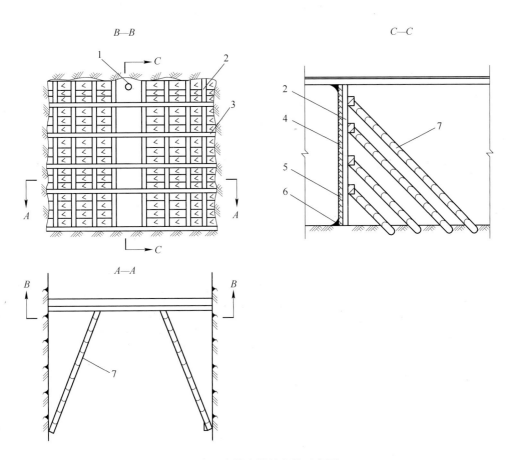

图 7-1　充填木挡墙安装示意图

1—充填管；2—立柱；3—横梁；4—木板；

5—滤布（编织袋、土工布等）；6—喷射混凝土；7—斜撑

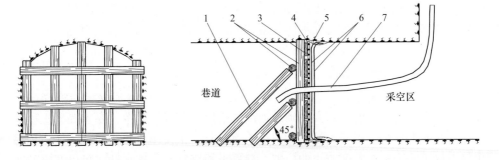

图 7-2　木制钢筋网过滤布挡墙结构图

1—斜撑；2—坑木；3—木模板；4—钢筋网；5—混凝土；6—滤布；7—脱水管

（2）挡墙强度相对较低，安全可靠性较差。由于木制挡墙两帮接触面小，在液态砂浆的压力作用下，木板墙易变形开裂，造成跑浆，甚至发生挡墙倒塌事故。木板墙留有较多的孔口，会减弱木板墙的承载能力。

（3）挡墙斜撑占用空间大，可能会影响设备运行。

7.1.1.2 预制块挡墙

预制块挡墙由滤布、预制块、观测取样管等组成。预制块可烧制或由多孔材料制成，主要有红砖、空心砖、粉煤灰砖等。该类挡墙的优点是砌墙工艺简单，挡墙厚度可适当调整，挡墙强度较高，成本低。其缺点是砌筑挡墙劳动强度大，需消耗大量预制块，挡墙材料不能重复利用，挡墙砌筑后需一定养护时间方可充填等。

金川二矿区空心砖挡墙如图 7-3 所示。金川二矿区井下早期使用木制挡墙，后来改为炉渣空心砖挡墙。多年使用经验表明，炉渣空心砖挡墙比木制挡墙更加坚固可靠，不需斜撑及拆除，不易跑漏料浆，且成本比木板挡墙低，工效提高近 1/3。

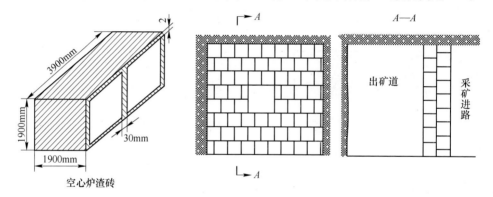

图 7-3　空心挡墙示意图

在爆破作用下，采矿进路与出矿分层道交叉口呈现喇叭口形状，该处充填体顶板暴露面积较大。由于充填体顶板服务周期较长，为提高充填体顶板稳定性，在进路与联络道交叉口处采用炉渣空心砖切筑外弧形挡墙，可减小出矿分层道充填体顶板的暴露面积，减少充填体片落的危险。在单次充填高度不超过 2m 的高浓度料浆条件下，可保证挡墙坚固牢靠。图 7-4 为金川二矿区使用的弧形挡墙。

7.1.1.3 混凝土挡墙

混凝土挡墙由透水设施及浇灌混凝土组成，必要时可以加钢筋增强挡墙强度。混凝土挡墙砌筑前不需要将砌筑地点的松散岩石清理干净，要求混凝土挡墙完全在基岩上砌筑，挡墙砌筑厚度不小于 500mm，混凝土强度不低于 C20。挡墙砌筑点尽可能选择在断面较小的位置。混凝土挡墙不具备透水性，可以在充填挡墙上布置渗水观察管（见图 7-5），一方面能够及时排出采场中充填料浆的泌水，另一方面可以观察采场中充填料浆液面的高度。

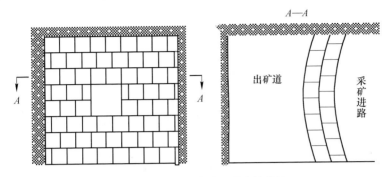

图 7-4 炉渣空心砖外弧形充填挡墙

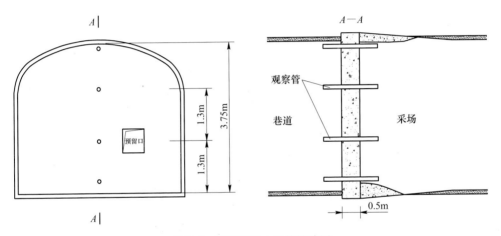

图 7-5 钢筋混凝土结构挡墙图

挡墙中预留孔需封闭严实，以防止漏浆（见图7 6）。充填挡墙中布置若干条脱水管进行采场脱水。为了保证充填挡墙稳固性良好，至少需要养护3d后方可进行充填。

混凝土挡墙优点是结构强度大、承载能力大、一次可充填量大。其缺点是构筑挡墙劳动强度大、挡墙材料不能重复使用、养护时间长、透水性差、成本高。黄岗梁铁矿采用的钢筋混凝土挡墙厚度为600mm，使用效果较好。

7.1.1.4 钢丝绳金属网挡墙

钢丝绳金属网挡墙由废旧钢丝绳、金属网、锚杆、滤水材料等组成，必要时可增加木立柱。其特点是：施工简便；全挡墙敷设滤水材料，滤水面积大，滤水挡砂效果较好；主要承压件为钢丝绳，具有一定的柔性，能承受较大的压力；废旧钢丝绳可重复利用。钢丝绳金属网挡墙如图7-7所示，会泽铅锌矿曾应用过钢丝绳金属网挡墙[2]。

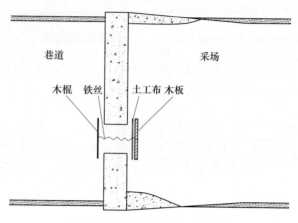

图 7-6　充填挡墙出入口封闭图

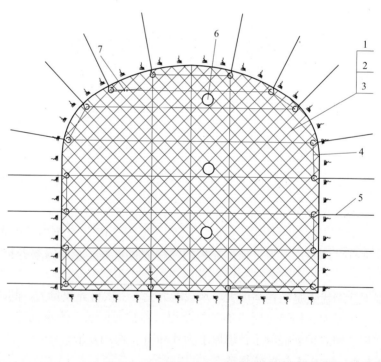

图 7-7　钢丝绳金属网挡墙结构图

1—滤水材料；2—钢筋网；3—钢板网；4—废旧钢丝绳；5—水泥砂浆锚杆；6—观察脱水管；7—绳夹

7.1.1.5　喷浆金属网挡墙

吉林板庙子金矿 2014 年以后使用喷浆金属网充填挡墙取代了原有砌砖式挡墙，取得了良好的效果。喷浆金属网挡墙主要由立杆、横梁、金属网、滤水管、滤水布等构成。先安装支架（立杆和横梁），立杆和横梁上每隔一定间距焊接长螺栓，以便后续固定金属网和滤水布。支架安装如图7-8所示。将金属网固定于已安装好的支架上，然后进行喷浆，喷浆厚度不小于400mm。充填挡墙养护24h后方可进行充填作业。

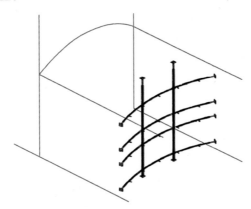

图7-8 挡墙支架安装示意图

7.1.1.6 钢制挡墙

钢制挡墙由透水设施及钢板、横撑、斜撑等钢质构体组成，其优点是承载力大，材料可重复使用。其缺点是透水性差，占用钢材量大，构筑挡墙劳动强度大，成本高。

7.1.1.7 新型柔性挡墙

主要采用松木板、废旧钻杆和管缝锚杆进行柔性挡墙结构构造。新型柔性挡墙结构如图7-9所示。

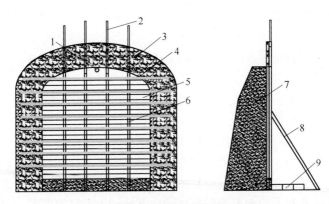

图7-9 新型柔性挡墙

1—充填管；2—锚杆；3—围岩；4—废旧钻杆；5—木板；
6—立柱；7—充填体；8—斜撑；9—砂袋

赞比亚谦比西铜矿西矿体上向水平分层充填法中采用此种形式的充填挡墙，取得了较好的应用效果[3]。

7.1.1.8　临时挡墙

临时挡墙易于安装、拆卸和运搬，可以重复利用，节约成本。加拿大皇后大学的研究人员针对大规模的地下采矿作业设计了两种可移动式挡墙：钢结构组合挡墙和车载式临时挡墙（见图7-10）。临时挡墙安装、拆卸和搬运方便，不宜做永久支护。

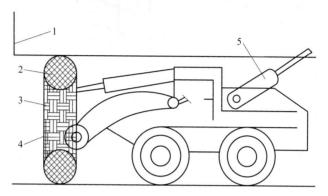

图 7-10　可移动式临时挡墙

1—巷道眉线；2—加筋气囊；3—排水孔；4—支撑盘；5—钻孔锚撑

7.1.2　充填挡墙选择

充填挡墙形式及结构选择需要考虑以下因素：

（1）充填料浆特性。充填料浆特性与料浆中固体颗粒组成、胶凝材料和其他添加剂含量、料浆浓度等有较大关系。全尾砂充填料浆物理力学特性与分级尾砂充填料浆具有较大区别。分级尾砂料浆充入采场空区后，由于颗粒较大，固液可快速分离，充填料中多余的水可通过透水挡墙、脱水设施等排出。脱水后充填体可视为一种松散的砂质物质，作用于挡墙的推力可视为一种松散物质作用于挡土墙的压力。而全尾砂料浆充入采场空区后，由于$-20\mu m$颗粒较多，固液分离较缓慢。随着沉降过程的进行，自身渗透系数逐渐下降，充填料浆中多余的水较难排出，初凝时间也较长，作用于挡墙上的压力为液体压力，这种压力远大于固体充填体的侧向压力。膏体充填料浆在凝固过程中大部分水会被充填体吸收，基本不析出多余水分。含较多胶凝材料的充填料在采空区内迅速发生水化反应，一部分水形成结晶水和毛细水成为胶结体的一部分，初凝时间更短，对充填挡墙的侧向压力迅速减弱。含较少胶凝材料的充填料或非胶结充填料水化反应较慢，有大量的水分析出，凝固过程较长，对充填挡墙侧向压力作用时间较长。充填工艺中常用的外加剂有减水剂、早强剂、絮凝剂等。絮凝剂能使水泥在充填体内均匀分布，减少充填体表面层细泥量，降低胶凝材料或在水泥用量不变的条件下使充填体强度提高。在充填料浆中添加减水剂，可以减少充填搅拌站加水量，从而能够提高充填料浆浓度，进一步减少采空区泌水。早强剂可以加速充填料固化，提高早期强度。

（2）充填料浆凝结硬化过程及强度发展规律。国内外生产实践及理论分析均表明，充填挡墙的作用为：在充填料未凝固硬化时，使充填料浆保持在待充的区域内。一旦充填料凝固硬化而形成充填体且充填体高于充填挡墙，则充填体不再向挡墙产生侧压力。假如充填料浆未凝结硬化而充填料液面不断上升，则充填料浆对挡墙的压力不断增大，最终将可能导致挡墙破坏，所以掌握充填料浆的凝结硬化过程及强度变化规律对充填挡墙的稳定性具有重要意义。在充填料面未超过充填挡墙时，需要在上次充填料浆凝固硬化并具有抗压强度后，方可继续充填。

（3）待充空区体积及空间几何形状。待充空区体积大小决定充填总量，而空区几何形状及平面面积则决定一次允许充填量及一次充填料面上升高度。当空区平面尺寸较小时，则充填料面迅速上升，充填料面快速上升将导致挡墙压力迅速增大。在设计充填挡墙时，需测定空区水平面积，设定充填料面一次上升高度，并计算相应的单次充填料浆充入体积。

（4）充填挡墙设置地点。充填料浆作用在挡墙上的分布载荷及巷道形状尺寸决定着挡墙的受力大小。巷道尺寸越大，挡墙受力亦越大。因此选择挡墙位置时，只要不影响生产和充填作业，最好选在距离采场较远、巷道断面较小且便于设置挡墙的位置。这不仅可以降低挡墙的构筑费用，而且还可以提高挡墙的可靠性和安全性。

（5）挡墙架设的难易程度及成本。采用充填法开采的矿山每年需架设的充填挡墙数量多，不但要求挡墙稳定可靠，同时要易于架设、成本低廉。

7.1.3 充填挡墙力学分析

合理地分析充填挡墙的受力状况、计算充填挡墙受力大小，不仅对矿山安全生产及充填作业有益，而且对降低矿山充填成本、提高矿山整体经济效益有利。

随着充填料浆在采场中沉降、脱水及凝结硬化，充填料浆力学性能也逐渐发生变化。刚充入采场的充填料浆是一种均质的流体，尾砂颗粒小，流动性好，相互之间的摩擦力小，充填料的黏聚力 C 和内摩擦角 φ 值均可视为零，因而在忽略充填料浆动态流动的情况下，可将作用在充填挡墙上的这种作用力近似看作液态物料的静压力，其作用在挡墙上的力随一次充填高度而线性增大[4]。

经过一段时间的沉淀、脱水及硬化后，充填料中的含水量低于某一值后，充填料失去流动性，充填料的内摩擦角不再为零，但基本无黏聚力，此时作用在挡墙上的力与充填高度及内摩擦角有关。而当继续脱水固化后，充填料开始具有强度，黏聚力和内摩擦角均不再为零，这时作用于挡墙上的力则与充填高度、C、φ 值有关。上述分析可以得出，充填料浆刚进入采场时对充填挡墙的作用力最大。

充填料浆刚进入采空区时，充填挡墙的受力状态分两种情况：一种是一次充填高度低于或等于充填挡墙的高度；另一种是一次充填高度高于充填挡墙的高度[5,6]。

7.1.3.1 一次充填高度低于或等于充填挡墙的高度

此种情况多出现在分层充填法的充填中，充填挡墙受力如图 7-11 所示。充填挡墙处的巷道宽度为 W、高度为 H，充填料浆容重 $\gamma_{液}$，一次充填高度为 h。

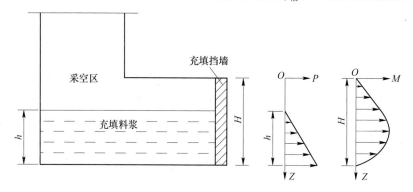

图 7-11　采场充填挡墙受力分析（一）

挡墙上竖向线荷载 q：

$$q = \begin{cases} 0 & 0 \leqslant Z_0 \leqslant H - h \\ \gamma_{液}(Z_0 - H + h) & H - h < Z_0 \leqslant H \end{cases} \qquad (7\text{-}1)$$

式中　Z_0——作用点高度，m；

H——充填挡墙高度，m；

h——单次充填高度，m；

$\gamma_{液}$——充填料浆容重，N/m³。

充填挡墙总压力 P：

$$P = \frac{1}{2}\gamma_{液} h^2 W \qquad (7\text{-}2)$$

式中　h——单次充填高度，m；

$\gamma_{液}$——充填料浆容重，N/m³；

W——充填挡墙处的巷道宽度，m。

充填挡墙所受弯矩 M：

$$M = \begin{cases} \dfrac{\gamma_{液}}{6H} \times h^3 \times Z_0 & 0 \leqslant Z_0 \leqslant H - h \\[3mm] \dfrac{\gamma_{液}}{6} \times h^3 \times \left[\dfrac{Z_0}{H} - \dfrac{(Z_0 - H + h)^3}{h^3} \right] & H - h < Z_0 \leqslant H \end{cases} \qquad (7\text{-}3)$$

式中　Z_0——作用点高度，m；

　　　H——充填挡墙高度，m；

　　　h——单次充填高度，m；

　　　$\gamma_{液}$——充填料浆容重，N/m³。

最大弯矩 M_{max} 及最大弯矩作用点 Z_0 计算如下：

$$M_{max} = \frac{\gamma_{液}}{6H} \times h^3 \times \left(H - h + \frac{2h}{3} \times \sqrt{\frac{h}{3H}} \right) \qquad (7\text{-}4)$$

$$Z_0 = H - h + h \times \sqrt{\frac{h}{3H}} \qquad (7\text{-}5)$$

式中　Z_0——作用点高度，m；

　　　H——充填挡墙高度，m；

　　　h——单次充填高度，m；

　　　$\gamma_{液}$——充填料浆容重，N/m³。

7.1.3.2　一次充填高度高于充填挡墙的高度

此种情况多出现在大直径深孔空场嗣后充填法和分段空场嗣后充填法的充填中，充填挡墙受力情况如图 7-12 所示。

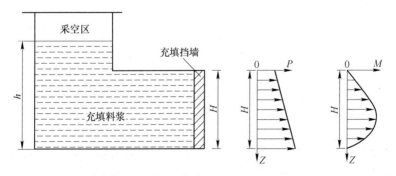

图 7-12　充填挡墙受力分析（二）

挡墙上竖向线荷载 q：

$$q = \gamma_{液}(h - H) + \gamma_{液}Z \qquad (7\text{-}6)$$

式中　Z——作用点高度，m；

　　　H——充填挡墙高度，m；

h ——单次充填高度，m；

$\gamma_{液}$ ——充填料浆容重，N/m³。

充填挡墙总压力 P：

$$P = \gamma_{液}\left(h - \frac{H}{2}\right) H \times W \tag{7-7}$$

式中　H ——充填挡墙高度，m；

$\quad\quad h$ ——单次充填高度，m；

$\quad\quad \gamma_{液}$ ——充填料浆容重，N/m³。

充填挡墙所受弯矩 M：

$$M = \frac{\gamma_{液}}{6}\left[\,(3h - 2H)H \times Z - 3(h - H)Z^2 - Z^3\,\right] \tag{7-8}$$

式中　Z ——作用点高度，m；

$\quad\quad H$ ——充填挡墙高度，m；

$\quad\quad h$ ——单次充填高度，m；

$\quad\quad \gamma_{液}$ ——充填料浆容重，N/m³。

最大弯矩 M_{max} 及最大弯矩作用点 Z_0 计算如下：

$$M_{max} = \frac{\gamma_{液}h}{6}\left(\frac{2\sqrt{3}}{9h} m^{\frac{3}{2}} - m + h\right) \tag{7-9}$$

$$Z_0 = H - h + \frac{\sqrt{3}}{3} m^{\frac{1}{2}} \tag{7-10}$$

其中　　　　　　　$m = 3h^2 - 3Hh + H^2$

式中　Z_0 ——作用点高度，m；

$\quad\quad H$ ——充填挡墙高度，m；

$\quad\quad h$ ——单次充填高度，m；

$\quad\quad \gamma_{液}$ ——充填料浆容重，N/m³。

由以上公式可以看出，当充填料浆面低于或等于充填挡墙高度时，作用在充填挡墙上的分布力 q 与充填高度 h 的一次幂成正比，总压力 P 与充填高度 h 的二次幂及宽度 W 成正比，最大弯矩 M_{max} 与充填高度 h 的三次幂成正比；当充填料浆面高于充填挡墙时，充填挡墙受力大小 P 及最大弯矩 M_{max} 均随充填挡墙高度的增加而增加。因此，影响充填挡墙安全的最大因素是单次充填高度 h。所以设置充填挡墙时应重点考虑充填挡墙的位置及高度。

7.1.4　充填挡墙厚度计算

国内大部分矿山计算充填挡墙厚度主要采用工程类比法和经验法，存在着挡墙过厚或强度不足等问题。参考《采矿设计手册》"井巷工程卷"防水闸门设

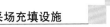

计，采用楔形计算法来确定充填挡墙的厚度[7]。

（1）按照抗压强度计算：

$$B = \left\{ \left[(a+b)^2 + 4Pab/f_c \right]^{\frac{1}{2}} - (a+b) \right\} / (4\tan\alpha) \tag{7-11}$$

式中 B——充填挡墙厚度，m；

a——充填挡墙所在巷道处净宽度，m；

b——充填挡墙所在巷道处净高度，m；

P——充填挡墙上的静水设计压力，MPa；

f_c——所选充填挡墙材料的抗压强度，MPa，参考《混凝土结构设计规范》（GB 50010—2010（2015 年版））；

α——支撑面与巷道中心线的夹角，当岩石坚固性系数 $f < 6$ 时，$\alpha = 20°$；当岩石坚固性系数 $f > 6$ 时，$\alpha = 30°$。

（2）按抗剪强度计算：

$$B \geqslant \frac{PS}{Lf_v} \tag{7-12}$$

式中 S——挡墙受水面积，m²；

L——巷道的周长，m，与挡墙周长相同；

f_v——所选充填挡墙材料的抗剪强度，MPa。

（3）按抗渗透性条件计算：

$$B \geqslant 48khS \tag{7-13}$$

式中 k——充填挡墙的抗渗性要求，取 $k = 0.000015 \sim 0.000035$；

S——挡墙受水面积，m²；

h——设计承受静水压头的高度，m。

7.1.5 充填挡墙受力监测

充填挡墙的安全性在国内外已有相关的研究，通过安装在挡墙上的压力传感器来监测压力变化规律，进而改变充填作业方式，如分层充填高度、分次间隔时间。传感器可以采用刚性测压传感器，也有使用振弦式压力计[8]。Yumlu 和 Guresci（2007）分析了凯耶利矿多起采场挡墙破坏的原因，为了确定挡墙监测在采场充填过程中和充填之后胶结膏体充填料初始应力的演变，在 3 个采场安装了总压力盒和测压计等仪器进行测定[9]。汤普森（Thompson）[10] 等人为了研究膏体充填的水化凝固过程以及充填挡墙的应力变化过程，在土耳其东北部凯耶利矿的膏体充填采场中，距离充填挡墙10m 远、高度分别为 2.0m、6.0m 和 10.0m 位置设置了 3 个钢筋笼，笼中安装了能够测量总水压力、导电率和温度的传感器。同时在充填挡墙的采场侧距离地面高度为 1.4m、2.8m 和 4.2m 三个高度的左边、中间、右边安装压力传感器和电位计。所有仪器均用导线引到外面读数，试验中记录了含 8.5% 和 6.5% 波特兰水泥条件下充填过程中以及充填后各传感器的数据。在采场中最高测点的最大压力为 55kPa，中间测点的最大压力 35kPa，在最低测点的最大压力 46kPa，满足设计的挡墙受力范围。在挡墙中间测点测得最大位移为 8mm。在充填的前 6h，挡墙位移相对较小，之后慢慢增长，直到 30h 后，挡墙位移才呈下降趋势。充填料浆上升速度 0.23m/h，一旦挡墙上压力值过大，需要调整充填速度。从测试结果来看，当充填料浆达到压力传感器位置的半天时间内，充填挡墙上的压力传感器读数增加较快；当充填料浆达到压力传感器位置超过半天后，充填挡墙上的压力传感器读数达到平稳状态，波动较小。这与格拉宾斯盖（Grabinsky）（2008）和汤普森（Thompson）等人（2009）在 Williams 金矿和 Kidd Creek 矿进行类似的工业试验研究所得结论一致[11]。

我国也有几个矿山对充填挡墙压力监测进行过研究。武山铜矿[12]2011 年在分层充填法采场充填挡墙上不同位置安装了 9 个压力盒，测试充填过程中挡墙所受侧压力变化的规律。充填分三期进行，第一期充填开始阶段充填挡墙所受侧压力随充填高度的增加平稳增长，第一期充填结束后到沉降排水，该段时间挡墙所受侧向压力有所减小，但随着第二期充填开始，挡墙所受侧向压力持续增大。第三期充填一段时间内压力增长较快，达到峰值，充填结束后，充填料浆逐渐平静，下部充填料浆也逐步脱水、沉降、凝结固化，导致充填挡墙所受侧向压力逐渐减小，而料浆自身的膨胀力不断增大，但对挡墙的稳定性影响较小。随后第三期沉降，压力逐渐减小并趋于稳定状态。结果表明，在多次充填的分层充填法采场，当进行最上面一层充填时，挡墙受侧压力最大，极易发生倒塌破坏，应严格进行现场监控。

李广涛等人[13]（2017）介绍了在大红山铜矿采空区钢筋混凝土挡墙中设置压力盒，以监测尾砂充填及脱水过程中挡墙内侧所受压力及压力随充填高度的变化规律，结果表明充填体在脱水、压密及固结过程中，挡墙所受压力将逐渐减小，当充填超过 35m 时挡墙所受测压力基本趋于稳定。

7.1.6 充填挡墙安全措施

作用在充填挡墙上的压力大小受众多因素影响，在满足矿山生产及充填能力要求前提下，采用以下方法和措施，可提高充填挡墙的安全性[14]。

（1）合理选择充填挡墙设置地点。充填挡墙上的总压力 P 与其面积大小成正比。因此选择挡墙位置时，只要不影响生产和充填，最好选在距采场较远、巷道断面较小且便于设置挡墙的位置，这样不仅可以降低挡墙构筑费用，而且也可以大大提高充填挡墙的安全性。

（2）合理确定分次充填高度和分次时间间隔。从充填挡墙受力计算公式可以看出，作用在挡墙上的分布压力 q 与充填高度 h 成正比，总压力 P 与充填高度 h 的平方成正比，最大弯矩 M_{max} 与充填高度 h 的立方成正比，可见充填高度 h 对挡墙的安全影响最大。因此，合理确定分次充填高度，并利用充填料浆凝结硬化后自身产生强度，使作用在挡墙上总压力 P 逐渐变小的规律，改善充填挡墙的受力状态。采用分次充填，使作用在挡墙上的浆料压力较小，后一次充填时，前次充填料浆已经凝结硬化，此时挡墙上所受压力大大减少。为了加快充填料浆达到初凝状态，需要考虑分次充填时间间隔，尤其是第一次与第二次充填时间间隔，以减少充填体对充填挡墙的侧压力。当充填料面高出挡墙高度后，直接作用在挡墙上的充填料不再是液态充填料浆，而是具有一定黏聚力和内摩擦角的充填体，此时，充入采场的充填浆料不再向挡墙直接施加作用力。

（3）提高充填料内摩擦角。挡墙受力大小与 $\tan2(45°-\varphi/2)$ 成正比，当增大充填体内摩擦角 φ 值时，挡墙受力减少。提高充填体内摩擦角的方法有：改善充填料的粒级组成，从而获得较大的充填容重；控制充填体内含水量。松散充填体处在饱和水状态时，摩擦角非常小，甚至不具有内摩擦角。胶凝材料发生水化反应后，充填体内含有适量的水分，以颗粒表面分子水和毛细水存在，表现出黏聚力和表面张力，从而提高了内摩擦角。因此，采场充填时可以采用脱水措施加快充填体脱水。

（4）提高充填体的黏聚力。充填体自身的内聚力 C 对挡墙的侧压力影响非常明显，当充填体初始强度较大时，充填体自身强度即可承受其自重作用从而不对充填挡墙产生侧压力。因此，提高黏聚力可以显著降低挡墙受力。全尾砂胶结充填料强度增加缓慢，因而对挡墙压力的降低速度也非常缓慢。为了尽快提高黏聚力，可采取以下途径：提高砂浆质量浓度，加快充填脱水；适量加入絮凝剂、速凝剂或早强剂等，加快充填料浆的凝固或减少胶结剂的流失。

（5）进行充填挡墙侧压力监测。由于充填料浆特殊的力学性能及流动性，使挡墙受力条件变得更加复杂。可以通过对采场充填挡墙侧压力进行监测，了解挡墙的受力变化规律。武山铜矿在充填挡墙上不同位置安装压力盒，测试充填过程中挡墙所受侧压力变化的规律。测试表明，采用多次充填的分层充填法采场，当进行最上面一层充填时，挡墙受侧压力最大，易发生倒塌破坏[12]。

7.2 采场脱水设施

7.2.1 采场充填脱水机理分析

充填脱水速度和质量的好坏，直接影响充填体的质量，关系到整个矿山的生产。空区充填时，由于料浆质量浓度普遍在 50%~70% 之间，料浆中含有大量的水。充填料浆中所赋存的水主要表现为结合水、毛细水和重力水三种形式，其中结合水和毛细水由于分子间的相互作用，不能通过重力方式排出。充填料浆在凝结固化过程中，固体颗粒由于重力作用不断沉降压缩，料浆产生泌水或分层离析，造成充填体表面存在大量离析水，采场充填脱水主要是为了排出这一部分水。

根据充填料浆中水的主要存在形式，采场脱水主要有溢流脱水和渗滤脱水两种形式。溢流脱水是指充填料沉积作用后上部澄清的水经溢流管道或者溢流底孔排出采场，该脱水方式为主要脱水方式。由于尾砂中含有大量细粒级颗粒，自身渗透系数较低，同时还添加了部分水泥作为胶结充填材料，导致充填料浆的渗透性很差，通过渗透排出的水量较少。

充填料的渗透性能的好坏，表征着水从固体颗粒间的孔隙穿过的能力，它决定着充填体的脱水速度。充填体的渗透性用渗透系数来表征，其物理意义是单位水力坡度的渗透速度。充填体脱水时，水流从尾砂的孔隙中流过，固体颗粒对水流的阻力很大，特别是在细颗粒的尾砂充填料中，水的渗透速度明显减小。

由达西定律可知：

$$Q = AKi = wK\frac{H_2 - H_1}{L} \tag{7-14}$$

即

$$v = \frac{Q}{A} = Ki = K\frac{\Delta H}{L} \tag{7-15}$$

其中：

$$\Delta H = H_2 - H_1 \tag{7-16}$$

式中　Q——渗流量；

　　　　w——断面面积；

　　　　v——渗流速度；

　　　　i——水力坡度；

H_1，H_2——渗流上、下游断面的水头；

　　　　K——渗透系数；

　　　　L——水流流经充填体的长度。

由式（7-14）和式（7-15）可知，渗透速度与渗透系数、水力坡度成正比关系，与水头压差成正比关系，与水流经过的距离成反比关系。因此，想要提高充填体的脱水速度，可以采取缩短水流在充填体内部流经距离的措施，即在充填体内部设置一些渗透管，让充填体内部的水流不再经过充填体，而是直接流向渗透管内，由渗透管将充填体内部的水流排出充填体。

7.2.2　充填采场脱水形式及工艺优化

7.2.2.1　国内外充填脱水工艺发展

膏体充填工艺发展迅速，充填的理想境界是采场不脱水，但仍有一些采场充填后需要脱水。采用水力充填料浆的质量浓度在 68% ~ 72% 时，其体积浓度为 40% ~ 45%，除胶结材料水化反应及充填体孔隙内存留部分水外，一些水要从采场滤出。采场的滤水构筑物要能够截住细粒级和胶结材料，另外还要防止排水不畅。国内外在水力充填脱水时，一般都采用各种脱水构筑物，使水以重力水的形式由脱水构筑物中自由脱出。随着充填采矿法的应用越来越普遍，其脱水工艺也取得长足的发展，通过不断地实践与摸索，研究过其他脱水工艺。美国、苏联进行过电渗脱水试验。加拿大乔伊设备制造公司（JoyManufacturing Co.）在南非英美公司西霍尔丁斯矿（AngloAmerican's WesternHoldingsMine）利用尾矿旋转脱水机，在井下脱水。取得充填体强度提高、早强快及接顶好的效果，但井下环境差，尾矿利用率低。我国已有学者对负压强制脱水进行了研究，该脱水方法的工业试验结果显示采用负压强制脱水系统可以显著降低充填料对密闭墙的压力[15~18]。

用脱水构筑物脱水，国内外进行系统研究较少，国内的凡口铅锌矿、新城金矿、三山岛金矿等一些采用机械化盘区上向分层充填法、装备水平、技术水平较高的矿山，对充填脱水质量要求高，他们与国内一些研究机构和院校合作，除了在提高充填浓度、改善充填质量上做了很多努力外，在充填脱水方面也作了一些工作。

凡口铅锌矿、三山岛金矿在中段巷道和分段巷道设置脱水密闭墙进行渗透脱水。东乡铜矿曾研究了链式脱水管脱水法，链式脱水管由刚性短管或柔性长管制成，在构筑密闭墙时，脱水管需接到密闭墙外。这种脱水方法既可渗滤脱水，又可溢流脱水，脱水效果好，但使用的前提条件是作业人员能进入采空区进行脱水管安装作业。

安庆铜矿采用塑料波纹管脱水，脱水效果非常好[19]。

7.2.2.2 采场脱水形式

在采用极细粒级的全尾砂充填时，当充填料面未超过挡墙时，充填料所泌出的水可以从透水挡墙渗透或溢流排出。而当充填料面超过挡墙时，充填料泌水一小部分通过充填体自身渗透并由挡墙及空区周边矿体和岩体裂隙排出。由于充填体凝固后渗透系数小，该部分水量仅占总泌水量的 5% ~ 10%。剩余 90% 以上的泌水需要通过采场中的脱水设施排出，使下次充填时表面无积水，以避免因充填料离析分层而影响充填体的整体性。

采场脱水一般在采场周边和采场内架设泄水井、滤水筒、滤水箱、滤水窗、滤水管、脱水笼、溢流孔等脱水构筑物，使水由脱水构筑物中自由脱出。过滤材料有草席、编织袋、竹席、土工布、麻布、尼龙滤布、纱布等。为了获得更好的脱水效果，有些矿山同时使用几种脱水形式，如金川二矿区、三山岛金矿等采用脱水管、溢流管和滤水挡墙相结合的脱水方式，取得了较好的使用效果[20]。

A　滤水窗

滤水窗一般都是安设在密闭墙内，如图 7-13（a）所示。滤水窗的结构如图 7-13（b）所示，滤水窗高度一般为 500mm，宽为 1000mm。滤水窗数目和规格会影响密闭墙的强度。

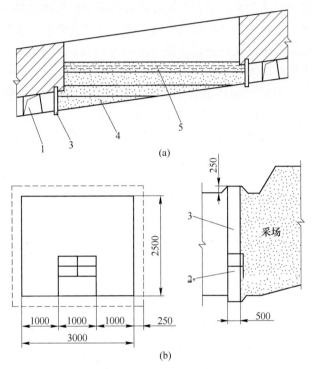

图 7-13　滤水窗的安装和结构
1—脉内中段平巷；2—滤水窗；3—密闭墙；4—沉积充填料；5—尾水

实际上滤水窗难以满足整个充填采场的脱水要求，只有滤水窗水平以上的尾水能透过滤水窗的过滤层而流出。滤水窗一般只宜配合其他脱水形式使用。

B　滤水筒

在尾砂充填过程中，尾水透过沉积尾砂及滤水筒的过滤层流进滤水筒，然后由密闭墙内的短管排出。为了使整个充填采场顺利脱水，滤水筒一般沿充填采场的倾斜方向铺设，如图 7-14（a）所示。根据尾砂的渗透系数不同，滤水筒的间距一般为 10~20m。如果充填采场的倾角和高度较小时，滤水筒可以垂直安设，如图 7-14（b）所示。采用垂直滤水筒时，在充填过程中，最上部的清水易于从滤水筒的不同高度上透过滤水筒内而流出充填采场，脱水速度较快、使用效果较好。

滤水筒的结构和材料各矿都有不同。有竹编滤水筒，也有木制滤水筒。竹编

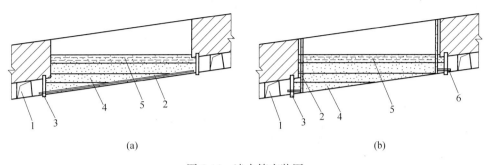

图 7-14　滤水筒安装图

1—中段平巷；2—滤水筒；3—密闭墙；4—沉积尾砂；5—尾水；6—排水短管

滤水筒因不能耐高压，没有得到广泛应用；木制滤水筒使用较广，形式如图 7-15 所示。

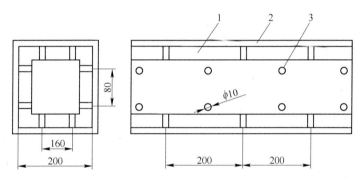

图 7-15　木制滤水筒结构

1—木框架；2—过滤层；3—滤水孔

滤水筒外敷的过滤层所用材料及其层数直接关系脱水速度及其效果。在分级尾砂充填中，一般在滤水筒的框架上面包扎一层草席和编织袋；为了节约木材消耗，可以采用小方木（60mm×60mm）制成框架，外面包扎一层铁丝网（10mm×10mm 或 20mm×20mm）后，再包一层编织袋和草席。

国外某些矿山曾采用滤水箱脱水，滤水原理与滤水筒相同，但滤水设施是矩形滤水箱；箱内放置砾石、砂子等滤水物，其周边钻 ϕ10mm 的小孔，并包扎滤水层。

C　滤水井

上向分层充填法采场一般采用滤水井脱水，滤水井随着分层回采逐层架设。

缓倾斜中厚矿体的空场充填，也可以采用滤水井进行采场脱水，滤水井一般布置在采场端部，如图 7-16 所示。

滤水井有木垛式、木井框式、钢筒式、塑料筒式、混凝土浇注式、混凝土预

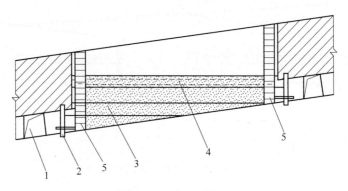

图 7-16　滤水井安装图

1—脉内中段平巷；2—密闭墙；3—沉积尾砂；4—尾水；5—滤水井

制件等多种结构形式。

　　木制滤水井用 150mm×150mm 的方木按 1200mm×1200mm～1500mm×1500mm 的内孔规格垒高至充填采场的顶板；方木间留 50～60mm 的间隙。外面包扎钢丝网、编织布、亚麻布、草席等滤水材料，最外面用木条或木板间隔钉牢，滤水井的搭接处用砂浆密封。如图 7-17 所示。

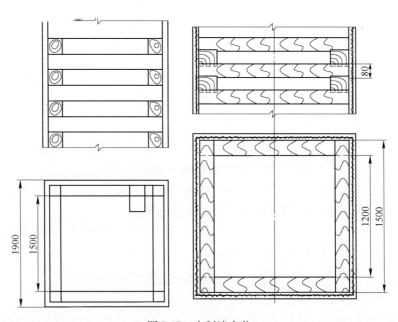

图 7-17　木制滤水井

　　滤水井断面较大，脱水速度较快，使用效果较好。

　　国内外几个矿山主要滤水井结构见表 7-1。

表7-1 主要矿山滤水井结构形式

矿山名称	滤水井（塔）结构形式	滤水层形式	充填材料
焦家金矿	木垛式或井框式1.5m×1.5m，2个	2层土工布	尾砂或尾砂胶结
铜绿山铜矿	钢筒，φ2.0m	多层滤水材料	水碎炉渣或尾砂胶结
凤凰山铜矿	混凝土浇灌，φ1.6~1.8m	多层滤水材料	尾砂
红透山铜矿	木井框，1.2m×1.2m，2个	钢网、土工布、编织袋各1层	尾砂或尾砂胶结
凡口铅锌矿	木井框，2m×2m，2个	2层人造纤维布	尾砂胶结
Mount Isa 银铅锌矿	滤水塔→排水管→排水井，滤水塔150mm×150mm	4层粗麻布	尾砂胶结
Falconbridge 公司	滤水塔→排水管→排水井，滤水塔φ150~250mm	粗麻布	尾砂胶结

D 金属脱水笼

红透山铜矿采用水平分层充填采矿法，1983年试验了金属脱水笼脱水，并逐渐取代了早期一直采用的木制滤水井脱水。脱水笼用φ16mm钢筋焊接成φ600mm、长3.5m圆柱形笼体，运入采矿场以后外面围上金属网及滤水布从侧面引出支脱水管与主脱水管交接，脱水笼上口封死。主脱水管上口焊接法兰盘，并加盖，为下一次连接主脱水管使用。支脱水管保持一定坡度，使水流畅通。金属脱水笼与木制脱水井比，具有可以预制、安装方便、强度大等优点。如图7-18所示。

大型采场常在滤水井之间或其周围布置脱水笼。由钢筒或金属网卷成φ500mm的圆筒，外面包裹滤水材料，用φ100mm排水管连接脱水笼和滤水井，对充填脱水十分有效。

尹格庄金矿采用的新式滤水笼主要由底部泄水管、底部集水桶、滤水钢结构、尾砂清除结构、滤水材料等组成[21]。其结构形式如图7-19所示。

首分层回采结束后，在采场底部架设集水桶和泄水管，并在集水桶上部架接滤水钢结构，其外部包裹滤水材料。在滤水钢结构内部每间隔0.5m留有二次滤水结构的简易托架，随充填料浆的高度上升，二次滤水构筑物可逐渐提升。后续分层的充填只要继续加高滤水构筑物，底部集水桶和底部泄水管就可以长久使用。二次滤水结构采用钢结构做底，上覆滤水材料的形式，滤水材料更换简便，整体多次循环使用，渗透脱水效果较好，能有效防止尾砂中的微细粒跑漏。

E 滤水器脱水

滤水器是在进入采空区前的充填管道上设置一段比充填管道略粗的金属网管，充填料浆通过金属网滤水，以提高进入空区的充填料浆浓度。滤水器是一种预脱水方案，布置方式如图7-20所示。充填滤水器由直径大于充填管、长1~2m

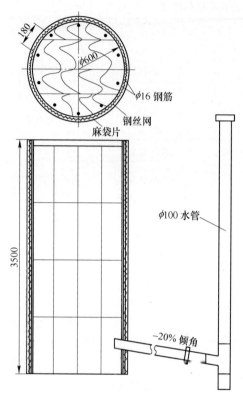

图 7-18　钢筋脱水笼制作示意图

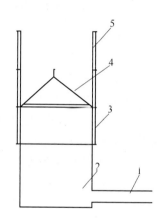

图 7-19　新型充填脱水笼

1—底部泄水管；2—底部集水桶；3—滤水材料；
4—二次过滤结构；5—滤水钢结构

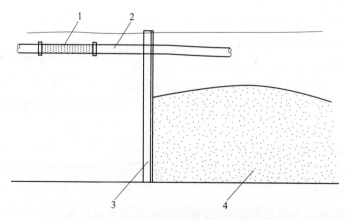

图 7-20　滤水器布置示意图

1—滤水器；2—充填管；3—滤水挡墙；4—充填料浆

的管状物和专用法兰盘组成，管壁上呈梅花状均布有直径 20mm 的圆孔，管壁内均布 6 根直径 15mm 的圆形钢柱和安置有 5mm×5mm 金属网及细滤网。在滤水器端部，加工并焊接有一个用于固定金属滤网的楔形套环。套环由内楔环和外楔环组成，内楔环与外楔环之间存在 2~3mm 间隙，以便紧固用于滤水的滤网。滤水器还能较好地解决充填引流水和清洗水排放问题[22]。

7.2.2.3　阶段或分段空场嗣后充填法脱水

阶段或分段空场嗣后充填法采场脱水通常是在出矿进路内和分段进路内设置滤水墙，并在空场内悬挂滤水管脱水。

A　安庆铜矿充填脱水

安庆铜矿采场段高达到 120m（采场高度 105m），采场面积平均达到 650m²，采场空间达到 6 万立方米，与采场相通的通道除采场底部出矿水平（−385m）和顶部凿岩水平（−280m）的采准巷道外，全段高中间仅有中间凿岩水平（−340m）的上下盘两个通道。采场脱水选择塑料波纹管，并在采场底部出矿进路和中间凿岩水平采用木支柱钢筋网柔性挡墙辅助脱水[19,23,24]。图 7-21 为充填脱水方案安装示意图。

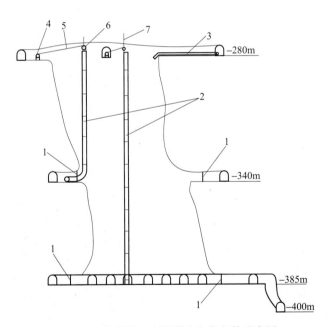

图 7-21　安庆铜矿充填脱水方案安装示意图
1—滤水墙；2—波纹管；3—充填管；4—风动绞车；5—钢丝绳；6—滑轮；7—锚杆

选用螺旋形塑料波纹管外包脱水滤布，波纹管规格为 DN100×1.6，脱水滤布为 150μm（100 目）尼龙滤布。

B 冬瓜山铜矿充填脱水

冬瓜山铜矿大直径深孔阶段空场嗣后充填采矿方法，采场空区高大，充填量大，充填料浆中的水若不及时排出，势必造成采场充填料浆的离析，从而导致充填体的整体稳定性降低。冬瓜山铜矿针对全尾砂充填，选择了脱水管脱水。脱水管采用 DN100mm 螺旋弧形塑料波纹管（见图 7-22），长度为 15m，相邻脱水管之间采用接头加管卡夹紧连接（见图 7-23）。

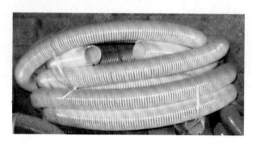

图 7-22　波纹管

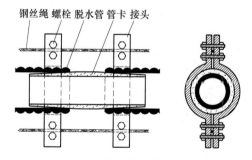

图 7-23　脱水管连接示意图

复合管加工为脱水管，如图 7-24 所示。在管外部采用 150μm（100 目）尼

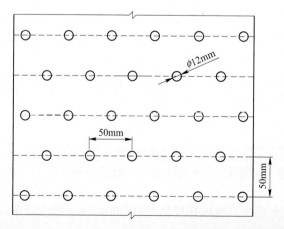

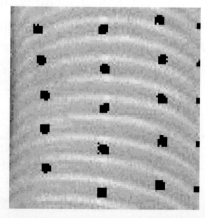

图 7-24　脱水孔布置图

龙滤布包两层，然后再用土工布包好，外部采用铁丝缠绕管体以防止滤布脱离（见图7-25）。沿脱水管全长采用钢丝绳连接以承载整个脱水管重量。整条脱水管的连接制作最好在布置脱水管巷道的位置进行，按要求连接完毕后，再用麻绳连接到慢动绞车，牵引至上部巷道采用锚杆固定。

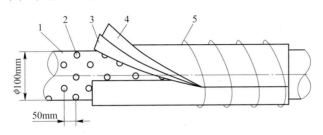

图 7-25　脱水管结构图

1—脱水管；2—脱水孔；3—尼龙滤布；4—土工布；5—捆扎铁丝

采场充填脱水管的布置应考虑以下因素：（1）采场的空间形状；（2）采场顶、底部的巷道对应位置；（3）脱水管与下料点的距离，避免浆料直接浇淋脱水管；（4）采场周围尽量合理布置脱水管，尽可能使采场均匀脱水。

脱水管安装在采场的两端，安装形式如图7-26所示。

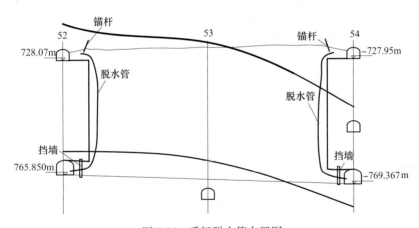

图 7-26　采场脱水管布置图

7.2.2.4　下向进路胶结充填采场滤水管脱水

金川二矿区针对下向进路胶结充填采场选择了导流和滤水工艺，取得了较好的效果。选用土工布为滤水介质，$\phi100mm$ 软式滤水管为滤水骨架，确保清水能渗漏流出，而砂浆不能渗漏的效果，实现了边充填边滤水[25]。该充填砂浆滤水工艺布置如图7-27所示。

在待充填进路挡墙的内侧，布置1~2根直径 $\phi100mm$、长5m的软式滤水管，

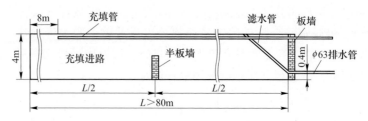

图 7-27　进路充填滤水工艺

滤水管上均匀钻凿 φ20mm 透水孔，外包土工布，一端悬挂于进路顶板，另一端穿过充填挡墙并伸出挡墙外。充填作业时，将充填管道接至进路距离最里端 8m 左右，使充填料浆自里向外流动，以防充填料浆堵塞脱水管。采场充填过程中料浆脱水效果如图 7-28 所示。

图 7-28　金川二矿下向进路充填挡墙外侧脱水管排水情况

金川三矿区针对下向进路胶结充填采场联合运用导流管和滤水管。导流管的作用是导走进路顶部多余的水分，以解决充填接顶问题。充填水导流管采用 φ108mm 塑料充填管，将导流管一端用锚杆固定在进路的最高处，中间固定在进路帮上，另一端引出充填挡墙。

在挡墙砌筑高度达到 400mm 时，预埋 2 根 φ100mm 滤水管，一端伸出挡墙 200mm 即可；挡墙砌筑高度达到 1.5m 时，再预埋 2 根滤水管；高度达到 2.5m 时，再预埋 2 根，伸出部分约为 200mm；最后把 6 根滤水管按照 15°～30°的角度，将另一端吊挂在进路顶板角，中间部分固定在进路两帮。导流、滤水管布置形式如图 7-29 所示。

当充填料从充填管进入采场后，高度达到 400mm 时，水分开始进入滤水管，一边充填一边将砂浆中的水分滤出后从滤水管流到墙外；随着高度的增加，滤水

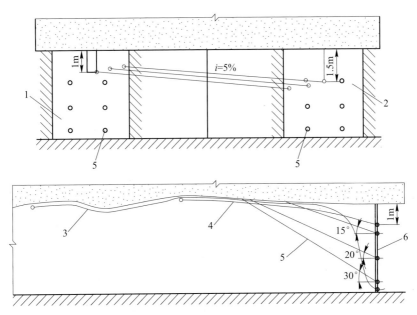

图 7-29 导流滤水联合布置工艺图

1—接顶进路；2—导流进路；3—充填管；4—导流管；5—滤水管；6—充填挡墙

量越来越大，直到最后接顶，清水绝大部分从滤水管中流到墙外。

7.2.2.5 充填引流水与清洗水的排放

在矿山充填中，管道输送充填料浆要求在充填系统开机前放水引流，在充填结束时放水清洗搅拌设备和管道。引流水和清洗水放水时间均按 10~15min 计算，每次总放水量为 30~50m³。如果这部分水进入采场，将造成局部充填料浆离析，从而影响充填体的均质性。常用的做法是将这部分水引到附近准备充填的采场沉淀，清水流入水仓。

在靠近采场的充填管路中设置排水三通，使引流水和清洗水基本不进入采场。在充填系统开机前打开排水阀，关闭通往采场的夹管阀（也可以采用闸刀阀），排放引流水，待投料充填达到一定的料浆浓度时再打开夹管阀，关闭排水阀，进行正常充填；充填结束时，关闭夹管阀、打开排水阀以排放清洗水。

7.3 采场充填接顶技术研究

7.3.1 采场充填接顶的必要性

随着采矿技术的进步和生态环境保护的要求，充填采矿法在金属矿山中的应用日益广泛，其最大的优点在于能够适应各种复杂多变及围岩条件较差的矿体开采，能够最大限度地提高采矿矿石回收率和降低贫化率，并能够有效地控制地压活动，保证安全生产，同时最大限度地实现对地表生态环境的保护。而从实际生产情况来看，采场充填接顶一直是国内外采用充填采矿法矿山广泛关注并亟须解决的一个主要技术问题。

国内的新桥硫铁矿，对空场嗣后一次充填的 624 采场进行钻孔调查表明，顶板与充填体间隙达到 2m，在该矿某上向水平充填采场的调查也证明，该矿的接顶率只有 20% 左右（以面积计算）；新城金矿采用盘区阶梯式无间柱连续充填采矿法，通过现场调查表明，往往进路充填第一次和第二次均比较正常，但第三次充填效果却不理想，不能全面接顶；一般是充填口附近接顶较好，基本无缝隙，但随着距充填口距离的增加，胶结体与顶板的间隙也越来越大，从相邻进路回采揭露情况来看，形成的空隙高度在 40cm 左右，离充填口越远空顶高度越大；其他的充填法矿山，如焦家金矿、凡口铅锌矿、铜绿山铜矿等，都存在着充填体不能有效接顶的问题。由于采场充填接顶直接关系到充填体质量，以及采场的生产安全，如果充填接顶不好，会造成充填体或围岩冒落，逐渐造成矿山地表岩体移动变形及下沉等，这将会导致安全问题的产生。因此，如何提高采场充填接顶率，是所有充填法开采矿山面临和亟待解决的问题，是对采矿工作者提出的一项重要挑战。

7.3.2 影响充填接顶的主要因素

综合分析国内外矿山充填的情况，可以得出影响采场充填接顶的主要因素有以下几个方面[26]：

（1）充填料浆固结沉降。充填料浆的沉降是以料浆管道水力自流输送为主要特点的传统胶结充填中一种不可避免的现象。首先，当胶结充填料浆充满井下空区后，由于料浆分层离析，固体颗粒逐渐下沉，迫使大部分水离析在充填体表面，当这些水以径流的方式脱除后，在充填体表面和顶板之间就出现了沉缩空间。其次，存在于固体颗粒间空隙中的重力水通过渗透方式排除后，充填体还会沉降。此外，高浓度的充填料浆充填到采场后，由于脱水而存在一定的收缩率（5%~22%）。上述因素造成了充填料浆的沉降，进而严重影响采场接顶。

（2）充填料浆自流坡度。若采用自流输送充填的方式，充填料浆在采场充填过程中其骨料会出现沉降。因此，从充填管道出料口到采场边缘形成自流坡度，充填料浆流动性越差，其坡度就越大。当充填管出料口接顶时，由于自流坡度的影响，导致采场边缘或端部不能完全接顶。

（3）充填料浆浓度过低和滤水速度慢。过低的料浆浓度，容易导致充填料离析分层，增大自然坡积角。同时大量的积存水难以及时排出，占据充填空间，阻碍充填接顶。另外，随着充填体的增高，越向其顶部，滤水难度也越大。由于

水的大量存在，一方面阻碍了充填料浆流动，另一方面大量料浆的溢出污染了井下巷道，造成工作环境恶化。

（4）充填管清洗水排入。为了防止充填管路堵塞，每次采场充填前后，总要排放近十几分钟的清洗水，而这些水常常通过管道直接排入充填采场，影响充填接顶。

（5）采场顶板不规则。由于采场顶板不规则，以及充填单点下料，导致高于下料口的部分空区无法充满，进而造成采场充填接顶困难。

（6）人为因素。影响充填接顶的人为因素也是值得关注的，如充填时间的控制、管理水平、作业人员的技能等。

7.3.3 提高充填接顶的技术措施

通常采场充填接顶率越高，则充填效果越好，但从上述的分析可以得出，影响采空区充填接顶的因素很多，在实际生产中由于这些因素的制约，基本上很难实现完全的充填接顶。所以针对这些影响因素，通常应采取综合的技术措施，而避免采用单一的技术措施。

要求在实施充填接顶时，应充分考虑矿山自身的实际情况，如矿体赋存条件、采矿方法、充填工艺、人员水平等，一般需要采用多种技术措施的相互补充，才能达到采场充填接顶目的，采用的方法主要包括合理提高充填料浆浓度、分次及分区充填、多点下料充填、设置合理的充填脱水工艺、充填接顶监测、强制接顶以及加强作业人员管理等。

以下为国内部分矿山所采用的充填接顶的主要技术措施。

7.3.3.1 冬瓜山铜矿充填接顶技术的应用

冬瓜山铜矿采用了以下方法进行采场接顶，主要包括：

（1）对于粒度较细、尾矿密度较大、流动性较好的充填料浆，浓度可增大至75%左右，这类采空区的接顶可采用高浓度、分多次接顶。为防止充填挡墙受到剪切破坏，挡墙位置一次充填高度限定为1.3m。采场充填至采场顶板0.3~0.5m时停止充填一段时间，直至充填体完全凝结。为保证料浆的流动性，其灰砂比一般为1:6~1:10。

（2）无论采用何种方法接顶，其接顶充填管必须悬挂在安全的采空区最高地点，在设计充填孔时必须根据尾砂的流动性，保证充填接顶密实，必须在采空区最高点设计两个以上的充填钻孔。

（3）采场充填接顶时，要严格控制充填量，为加强充填空区的料浆排水和养护，充一天养护一天，采取限量充填。

（4）接顶时可根据胶结面的平整度适时调换充填钻孔，应尽量保证充填面水平，保证胶结面或砂面平整。充填结束后，应对采场是否接顶进行确认，主要通过充填钻孔对接顶地点进行实测，如采用测绳，辅助方法为检测钻孔内是否有空气流。

采用上述方法，冬瓜山铜矿充填采场的接顶率达到了 98% 以上，有效保证了二步骤及三步骤采场的回采安全。

7.3.3.2 三山岛金矿充填接顶技术的应用

针对该矿开采实际情况与技术特点，在施工中采用了分次充填、分区充填、三通阀和多点下料等方法与措施，保证了海下开采采空区的充填接顶[27]。

（1）分次充填。其优点是不仅可以让尾砂有足够时间进行沉淀和密实，减少因时间效应导致充填料自然沉降引起的采空区充填不接顶，而且能将充填料浆中的水完全干净地脱出，减少因充填水一时排不出去占据充填空间和稍后脱水形成的残留空间，从而提高采空区的充填接顶率。

（2）分区充填。点柱式上向分层充填采矿法，采场面积大，要确保采空区的充填接顶，有必要对采空区进行分区充填接顶，但合理的分区大小是充填接顶取得成功的关键。对采空区充填分区的原则是：使排浆点向区内四周有平整的下向坡度；为减少换接充填软管工作，分区体积应满足一次连续充填量；在保证充分接顶的前提下，尽量减少分区数目。

分区充填的隔离方法有多种，其主要手段与方法是利用地形与自然条件，尽可能的减少分区隔离的费用与材料消耗、降低工人的劳动强度，改善工人作业环境。因此，实际施工时，应依据现场实际情况，选择不同的方法进行隔离，常用的方法主要有自然地形隔离法、木立柱分隔法和砂包堆积隔离法等。

充填时，先放充填引导水，数分钟后，待充填引路水进行充填矿房并获得通知确认后，开始放砂。通过管道首先进入充填采空区的是大量充填引导水，随着时间延长，充填料浆浓度提高，待充填料浆浓度较高并稳定后，关闭三通阀，使高浓度充填料浆进入待接顶的充填分区中，直至接顶分区充填料浆填满空区。然后打开三通阀，让充填料浆进入相邻的充填分区内，充填一定时间后，停止放砂，改为放水清洗充填管道，4~5min 后，关闭放水闸门，停止充填。低浓度充填料浆、充填引路水及洗管水全排入相邻充填分区中，确保接顶充填分区中充填料浆中的多余水降到最少。充填结束后，用于接顶充填预先埋留的充填软管不再回收。

（3）多点下料充填。采场多点下料可采用 3 种方式：1）在采场顶板悬挂充填管，在充填管上钻凿直径为 10mm 的小孔，充填料在输送过程中从孔中流出，均衡地流向采场各处，实现采场充填接顶；2）使用多根充填管充填采场；3）在中段巷道内向采场钻凿充填钻孔，通过充填钻孔向采场充填。

7.3.3.3 新城金矿充填接顶技术的应用

新城金矿，针对 -480m 水平下部矿岩破碎、稳固性较差的 V 矿体，采用沿走向布置的机械化盘区上向进路充填采矿法。生产中根据实际情况，灵活采用了强制接顶方案[28]。

（1）充填工艺。盘区两侧联络道充填超高一层。进路采完后，放炮挑顶打通联络道，这样就形成了一个高差。设置隔离墙，然后架设充填管道，进行尾砂胶结充填。进路分 3 次充填进路全高，即第 1 次充填 1.5m 高，第 2 次充填约 1.5m 高，第 3 次再充填剩余空间，进行浇面并接顶，每次充填后间隔 1 天，这样既可减少充填料对充填隔离墙的压力，又可保证充填接顶。采用沿圆木支架架设隔离木板、水板内侧铺双层滤水纱布的隔离墙。

（2）改进回采工艺充填接顶。改进后应使空场顶部齐整，不出现局部超挖现象，因为超挖部位是充填死角，难以接顶；充填下料位于最高点，且向四周有一定的下向坡度，这样可以借助于充填料浆的自流，容易充满整个空区。为使形成的最终空场满足上述要求，在回采最后一个分层时，用上向孔挑顶后，布置一排微倾斜炮孔，按光面爆破方式设计爆破参数，进行压采，以使最终空场齐整并具有所要求的坡度。

（3）爆破顶板围岩充满空区。岩石破碎后具有一定的碎胀性，松散系数一般为 1.35~1.60，利用这一特性，在分层充填工作结束后，有计划地崩落部分采空区顶板围岩，强制接顶。

（4）注浆接顶。将充填料浆用注浆泵通过专门钻孔压入未接顶空场顶部，强制接顶。

7.3.3.4 凡口铅锌矿充填接顶技术的应用

凡口铅锌矿深部开采工程于 2003 年建成投产，铅锌金属产量达到 15 万吨，年生产规模约 120 万吨，采矿方法为盘区分层（或高分层）充填法、普通分层充填法。主要采用全尾砂胶结充填接顶，年充填接顶率控制在 80%以上，充填料浆地面制浆后，通过充填管路，依靠重力自流输送至充填空场。主要通过立脱水巷和脱水井提高采场的滤水速度，并且使用三通阀实现充填引导水与洗管水的场外排放、分段充填等技术措施与方法，提高充填接顶率[29]，具体措施如下：

（1）提高采场脱水质量。当充填料浆浓度不高时，充填过程中有大量积水存在。为保证接顶，要求尽快将其排出，使充填体具有足够的密实性，从而缩短充填作业的循环时间。凡口矿采用立脱水巷及脱水井辅助充填接顶工艺，就是在需要接顶空场选择最高点做充填脱水巷及脱水井，充至即将接顶时将脱水井一次性加高至顶板并封闭，继续充填至接顶，此种方法接顶质量较好。缺点是接顶充填作业时通风困难。

（2）洗管水、引导水分流。在充填挡墙外一定距离设置一定高度的挡浆墙，充填管路进入接顶空区前，加装一个三通阀，充填前的引路水及充填后的洗管水通过三通阀排至挡浆墙内，保证进入接顶空区的充填料浆浓度，有效提高了充填接顶效果。

（3）复合充填接顶方案。充填生产中遇到接顶难度极大的采场，需运用多种接顶方案相配合。如凡口铅锌矿 3-4 号东部安全处理高度达到 13m，空场后需充填接顶，就采用了复合充填接顶方案。首先采用台阶式接顶充填方案充高到 6m，然后做脱水巷及脱水井再充高到 10m，最后把充填管及排气管吊在顶板最高处，密封充填接顶。

（4）制定操作规程，加强质量管理。该矿将充填接顶作为每年的技术攻关项目之一，并制定了一整套完善的管理制度及技术规程，通过落实制度可有效控制充填接顶过程中的各个环节，保证充填接顶质量。

7.4　坑内排泥系统

7.4.1　坑内排泥系统概况

坑内排泥系统的主要设施包括采区或盘区沉淀池、泄水钻孔、水沟、水泵房等。

通常坑内的泥砂量主要取决于采场充填料浆的流失率，目前国内采用充填法的矿山，充填料的流失率为 3%～15%。一般设计上考虑的充填料浆的流失率与矿山所采用的充填方法、充填料的成分和生产管理水平等因素相关，通常取 5%。国内部分矿山沉淀池的清泥量具体见表 7-2。

表 7-2　国内部分矿山沉淀池的清泥量

矿山名称	采矿方法	流失量/%	清理量/%
金川二矿区	棒磨砂高浓度充填		3
安庆铜矿	分级尾砂嗣后充填		1.6
冬瓜山铜矿	全尾砂嗣后充填	2～2.5	1.8
凡口铅锌矿	尾砂胶结充填	5～15	3～5
焦家金矿	分级尾砂、水泥和高水材料胶结充填		1.8
三山岛金矿	分级尾砂胶结充填		5

7.4.2　坑内排泥系统实例

以下为国内外部分矿山井下采场充填系统排泥实例。

7.4.2.1　安徽冬瓜山铜矿

冬瓜山铜矿是目前国内地下开采最深的金属矿山之一，矿体埋藏深，赋存于

−690～−1007m，为缓倾斜水平矿体，主矿体长 1810m，宽平均 500m，厚度平均为 34m。年设计生产规模为 1 万吨，采用阶段空场嗣后充填采矿法大直径深孔落矿和扇形中深孔落矿，充填材料为选矿厂的全尾砂，尾砂与水泥根据采矿要求按一定的配比制成料浆通过充填管路自流输送至井下充填采场，每天充填到井下的砂浆量约为 3246m³。坑内泥砂清理量是按充填尾砂量的 2%～2.5%进行计算，清理泥砂的实体积为 50～63m³/d，泥砂质量为 135～170t/d。

由于井下沉淀池的泥砂排到地表后处理，会对地表环境造成一定的破坏，同时还会加大矿山基建投资和经营费用，从保护环境、提高矿山经济效益的目的出发，沉淀池清理出的泥砂采用在井下处理的方案[30]。由于该矿采用全尾砂充填，坑内泥砂粒径较细，密度相对较小，设计采用机械式脱水，通过一台出口压力为 2.5MPa、$Q = 30m^3/h$ 的油隔离泥浆泵将其排放至−670m 充填水平，送入一个 40m³ 的搅拌槽，经充分搅拌后，由一台 $P = 0.6MPa$、$Q = 53.28m^3/h$ 的渣浆泵给一台 340m² 的板框式自动压滤机喂料，压滤后含水率约为 20%的滤饼通过一台 $B = 1000mm$、$L = 20m$ 的胶带运输机运出后自然堆放，然后由铲运机装入井下卡车后，运至采空区充填。滤液自流排至中段水沟，汇入井下排水系统。冬瓜山铜矿排泥系统概况如图 7-30 所示。

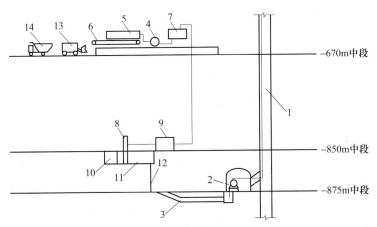

图 7-30　冬瓜山铜矿井下排泥系统示意图

1—辅助井；2—主泵房；3—主水仓；4—渣浆泵；5—板框式压滤机；6—皮带运输机；
7—搅拌槽；8—机械式吸泥机；9—油隔离泥浆泵；10—混合池；11—斜板式沉淀池；
12—泄水孔；13—铲运机；14—卡车

7.4.2.2　金川二矿区

1000m 水泵房及其排泥设施承担 1 号矿体 1000m 中段开采地下涌水、盘区采矿充填溢流水等的排除任务。

（1）采场排水方式。充填前在挡墙外砌筑高 1.5m 挡水墙，其溢流和滤出的充填废水由水泵抽至集水坑，坑内嵌无底集水钢结构衬板，四周间隙用碎石填实。集水坑内的污水用水泵排至分段道排污管，输送到中段水仓。

（2）集中排水排泥。1000m 中段正常涌水量 4000m³/d，最大涌水量为 4500m³/d。采用下向胶结充填污水含泥沙量较大，布置 3 条水仓，总容积为 2500m³/d。水仓、水泵房及排泥硐室位于 1000m 中段 18~22 行勘探线之间，脉外环形运输道的上盘。

排水管通过钻孔连接到 1150m 中段 18 行副井进风石门，再由 18 行副井附近的钻孔直接排至地表。地下涌水和坑内泥砂通过管道排至设于地表矿体上盘的储泥库内，经沉淀后清水用于绿化浇树。

水仓清理采用 1 台 SK-42 型水环式真空泵，将泥吸到一个 4m³ 压气罐中，然后将泥浆用压缩空气吹到喂泥仓，泥浆在放入大直径的厚壁钢管中，然后用水泵房的高压水将泥带走。

7.4.2.3 山东焦家金矿

山东焦家金矿三期改扩建工程，设计生产规模为 1000t/d，采矿方法为进路式充填采矿方法，充填材料为分级尾砂、水泥和高水材料等。-190m 中段坑内涌水量为 3500~4200m³/d，-270m 中段的涌水量为 6000~7000m³/d。但考虑到 -190m 以上服务年限较长，而且中段已经开拓，为了节省工程量和投资，将水泵房设在 -190m 中段，通过竖井内铺设的排水管，将坑内涌水用泵扬至 150m 中段水泵房，形成接力排水系统，再排至地表[31]。

由于采用进路式采矿方法，单个充填空区小，采充循环快，井下排泥工作任务较重。根据实际情况，矿山多次改进了水仓的清仓排泥方式，先后应用过喷射泵清仓排泥、人工清仓排泥、铲运机清仓排泥、泥浆泵清仓排泥等多种方式，将泥浆用泵或矿车排到地表。从 1998 年开始，矿山设计采用人工使用高压风造浆、机械泵排泥、采空区内存泥的井下水仓清仓排泥方式，具体布置情况如下：

井下 -150m 中段水仓采用一台扬程 25m，流量 $Q = 100m^3/h$ 的潜水污泵直接排泥到下部采场空区，而 -190m 中段水仓的泥浆只能排放到上部采场，采用了潜污泵配合渣浆泵排泥方式，由一台扬程 15m，流量 $Q = 40m^3/h$ 潜污泵排出的泥浆先排到渣浆泵池，再由一台扬程 25~87m、流量 $Q = 68~136m^3/h$ 渣浆泵将泥浆排至 -190m 中段的采场空区中，具体如图 7-31 所示。

排放泥浆前在采空区进路的开口处设置挡墙，挡墙结构下部为混凝土，上部为木制滤水墙。混凝土挡墙高 2.0m，厚度 0.3m，混凝土标号 150 号；上部木制滤水墙的木立柱直径为 15~18cm，其间隔距 0.8m 左右，木板厚度 3~4cm，相互之间留 3~4cm 的间隙，木板内侧覆盖滤水麻布，以便滤水。挡墙结构如图 7-32 所示。

泥浆由泵排出后，通过 $\phi70mm$ 塑料管经天井向下（或向上）进入 -190m 中段采场的采空区中，采空区要选择二步采矿进路的空区，塑料管路利用采场内部

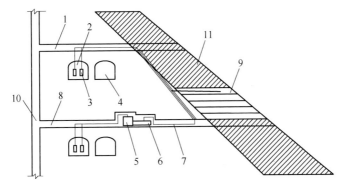

图 7-31　焦家金矿排泥系统示意图

1—150m 中段；2—排泥水仓；3—潜水排污泵；4—水仓；5—渣浆泵池；
6—渣浆泵；7—排泥管路；8—-190m 中段；9—采空区；10—主井；11—矿体

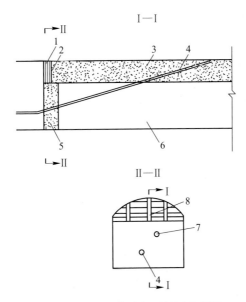

图 7-32　处理泥浆采空区封闭示意图

1—木挡墙；2—滤水麻布；3—胶结充填体；4—排泥管；
5—混凝土挡墙；6—泥浆；7—回风管；8—木立柱

的充填管路，泥浆经沉淀去水后充填在采空区，实现了泥浆的井下消化。

　　排泥实施过程中，根据空区容量情况采取间隔排泥，并及时将泥浆脱出的清水放出，待最终脱水后泥浆面基本达到混凝土墙顶面后，停止排泥。剩余 1.3～1.8m 高的空区采用胶结充填，先用 1∶10 的胶结充填，最后 0.4m 高的空区采用 1∶4 的胶结体接顶，采场转层后，质量为 12t 的出矿铲运机能够在处理后的泥浆充填体上行走，实践证明经过处理后的泥浆充填体，可以满足采矿生产对充填的要求。

经过生产实践证明，这种井下水仓泥浆排放处理的方法，投资少、效率高、无污染、经济效益和环保效益好，较好地满足了矿山生产需要。

7.4.2.4　云南大姚铜矿

云南大姚铜矿硫化矿为缓倾斜中厚矿体，设计规模为 3000t/d，采用有底部结构的空场嗣后充填采矿方法。由于井下尾矿充填所脱出的水中一般含泥较重，经常造成电耙联络道，中段运输巷道等水沟堵塞，影响井下生产。

考虑到专设的排泥系统造价高、系统复杂、排泥成本高及泥水排出地表后严重污染环境等因素，经实践和研究，结合尾矿充填工艺的特点，采取就地排泥方法[32]。具体方法如下：选择生产中段或下中段矿体边缘的薄矿体非充填小采场，待采完矿后立即封闭，利用中段运输道内的临时砂泵池将砂泵管道直接安装接入采空区，实现就近、就地排泥，解决了系统排泥问题。

7.4.2.5　谦比西铜矿

谦比西铜矿一期工程，主要开采 500m 中段以上矿体，主排水泵房设在 448m 水平，水仓设在 400m 中段，排泥硐室设在 421m 水平。全矿正常涌水量 36000m³/d，最大涌水量 47000m³/d，生产涌水回水量 1600m³/d 也由 448m 水泵房排至地表。400m 排水排泥系统具体如图 7-33 所示[33]。

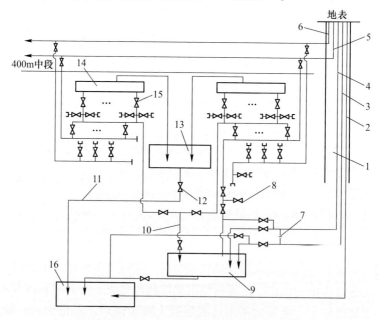

图 7-33　400m 中段排水排泥系统图

1—竖井；2—排水管；3—排泥管；4—柱塞泵压力水管；5—主供风管；6—主供水管；
7—锐孔板；8—放气阀；9—高压密闭泥仓；10—污水仓放泥管；11—清水仓放水管；
12—蝶阀；13—清水仓；14—污水仓；15—刀闸阀；16—448m 水泵房

400m 中段设有两个平行布置的污水仓和一个清水仓。深部水泵房排水和 400m 巷道中的水经由设置在污水仓前的放水闸门控制分配，首先流入污水仓，泥砂和细小颗粒在污水仓内沉淀，清水从污水仓溢流坝坝顶流入清水仓，清水仓的水经由仓底放水管自流供给 448m 潜没式泵房水泵，由水泵经竖井排水管排至地表。

两个污水仓由闸门控制分配水流，交替使用。每个污水仓底布置一排间距为 2.65m 的放泥管，并由刀闸阀控制，同时在放泥管旁侧上连接供水管和压缩空气管；供水管的供水可以稀释和搅拌仓底沉积泥砂，压缩空气对仓底沉积泥砂起搅拌作用和放泥管防堵疏通作用；当污水仓有沉积泥砂需清理时，打开放泥管刀闸阀和供水管、供风管闸阀，首先由高压水和压缩空气稀释、搅拌仓底沉积泥砂，形成一定浓度的流态化泥砂浆，经由仓底放泥管、总输泥管自流入 421m 水平高压密闭泥仓，后利用地表柱塞泵提供的高压水将其推移置换出来，再通过竖井内的排泥管排至地表。

实际生产中该系统运行效果良好，整个清仓排泥过程无需人员进入水仓，只需人员开启仓底和高压密闭泥仓的阀门以及地表柱塞泵，实现了机械化、自动化清仓排泥，极大地减轻了人员的劳动强度，提高了排泥工作效率。

7.4.3　小结

为了解决采场充填出现的泥砂问题，矿山应依据自身的生产规模、开拓系统的布置等因素设置合理的坑内排泥系统。一般可以在井下主要中段分别设置沉淀池，最终形成多中段多级沉淀排泥系统，另外沉淀后的泥沙应考虑采用机械清理的方式，并将清理后的泥砂回填至井下各中段采场的空区，从而降低成本，以及避免泥砂排至地表对环境产生的破坏。

参 考 文 献

[1] 陈宝吉. 尾砂充填脱水及接顶探讨 [J]. 中国矿山工程，2013，42（6）：15-17.
[2] 曹连喜. 钢丝绳金属网柔性滤水挡墙的应用 [J]. 矿业研究与开发，1996，s1：112-116.
[3] 李辉，张晋军，施发伍，等. 膏体充填新型柔性挡墙受力分析研究 [J]. 铜业工程，2015，136（6）：10-12.
[4] 曹宗权. 充填挡墙影响因素分析与应用 [J]. 采矿技术，2015，15（3）：35-37.
[5] 袁世伦. 盘区大孔采矿采场全尾砂充填挡墙力学特性研究 [J]. 中国矿山工程，2011，40（4）：9-12.
[6] 张葆春，曹宗权，赵永和，等. 尾砂胶结充填挡墙受力分析及工程应用 [J]. 有色金属科学与工程，2011，2（5）：57-60.
[7] 《采矿设计手册》编委会. 采矿设计手册（井巷工程卷）[M]. 北京：中国建筑工业出版

社，1989.

[8] Jewell J，Fourie A B．Paste and Thickened Tailings：A Guide［M］．3rd edition. Crawley：Australian Centre for Geomechanics，2015.

[9] Yumlu M，Guresci M．（2007）Paste Backfill Bulkhead Monitoring—A case study from Inmet's cayeli Mine，Turkey，In Droceedings Minefill 2007 conference，paper no. 2479.

[10] Thompson B D，Bawden W F．（2010）Monitoring barricade performance in a cemented paste backfill operation，Paste2010，Toronto，Canada：185-197.

[11] Grabinsky M W，Bawden W F，Thompson B．（2008）Back-analysis of barricade performance for a paste filled stope. Symposium on Mines and the Environment 2008，Rouyn-Noranda：162-174.

[12] 吴已成，谢涛，罗涛．新型固化剂胶结尾砂充填挡墙的工程应用［J］．现代矿业，2015，560（12）：206-207.

[13] 李广涛，乔登攀．大空区嗣后尾砂充填挡墙强度模型与应用［J］．有色金属工程，2017，7（3）：8.

[14] 惠林，贺茂坤．浅谈充填体质量与充填工艺的关系［J］．中国矿山工程，2010，39（5）：17-19.

[15] 张超兰，周科平．负压强制脱水数值模拟与分析［J］．金属矿山，2012；428（2）：1-4.

[16] 张磊，吕力行，吴昌雄．某铜矿全尾砂充填体脱水研究［J］．有色金属（矿山部分），2014，66（4）：107-110.

[17] 张磊，吕力行．某矿井下采空区充填体脱水的研究［J］．矿产保护与利用，2013，5：9-12.

[18] 韦华南．水力充填负压强制脱水研究［D］．长沙：中南大学，2010.

[19] 胡飞宇．安庆铜矿采场充填脱水方法的选择及应用［J］．金属矿山，1998；266（8）：13-16.

[20] 颜丙乾，杨鹏，吕文生．三山岛金矿采场充填脱水工艺改进措施［J］．金属矿山，2015，465（3）：48-52.

[21] 肖刚，李树鹏，姜磊，等．尹格庄金矿水砂充填采场脱水技术试验［J］．金属矿山，2013，444（6）：29-30.

[22] 赵国彦，李文兵，胡柳青，等．滤水器密实充填试验研究［J］．金属矿山，2003，320（2）：21-23.

[23] 刘能国．安庆铜矿高大采场充填工艺技术研究［J］．矿业研究与开发，1997，17（1）：10-13.

[24] 刘能国，张常青，张大德．安庆铜矿充填模拟脱水试验［J］．矿业研究与开发，1997，17（3）：37-39.

[25] 陈文斌．充填导流滤水技术应用及推广［J］．采矿技术，2010，10（5）：19-20.

[26] 曾凯凯，等．简述提高充填接顶效果的控制措施［J］．有色金属（矿山部分），2010，62（1）：6-7.

[27] 齐兆军，裴佃飞，等．三山岛海底开采充填接顶技术及地表无变形浅析［J］．黄金科学技术，2010，18（3）：16-17.

[28] 崔栋梁，等．新城金矿采矿方法和充填接顶工艺探讨 [J]．金属矿山，2006（3）：23-24.

[29] 孙勇．提高充填结顶率的几种有效措施 [J]．现代矿业，2012（8）：100-101.

[30] 方实树，杨正海．冬瓜山铜矿坑内泥沙的处理方法 [J]．有色矿山，2000，29（4）：17-18.

[31] 卢国栋，李纪玉．井下水仓排泥的设计与技术 [J]．金属矿山，2002，（3）：45-46.

[32] 李雄，曹仕平．尾矿充填脱水工艺及排泥研究 [J]．矿业快报，2006，（6）：394.

[33] 张敬．谦比西铜矿排泥系统研究 [J]．有色矿山，2003，32（1）：13-14.

8 充填工艺试验与探索

由于充填材料的种类繁多，性质不尽相同，为了研究不同充填材料对充填系统工艺参数的影响，需通过试验获取充填材料的相关数据。前期充填系统的设计以试验数据和数值仿真研究为依据，才能有效保障充填系统在建设后正常运行，充填料浆顺利输送到采场，并满足采矿生产的需要。

充填试验主要包括实验室试验和现场试验。由于实验室充填试验需要的试验材料量相对少，且实验室有各种检测仪器，试验手段多，试验成本较低，因此实验室充填试验更普遍，或者是其他试验和设计的基础。一些重要环节工艺参数的确定，可以在实验室试验的基础上，再根据现场工业试验或投料试车确定。

实验室试验和研究工作主要包括以下几个方面内容：

（1）基本物理性质测试：尾砂密度、容重、粒级分布测试，化学成分分析。

（2）尾砂沉降试验：尾砂自然沉降试验，尾砂添加絮凝剂沉降实验，容器沉降效率及饱和浓度分析。

（3）充填料浆配比及强度试验：胶结和非胶结的配比及强度测试、分析。

（4）充填料浆流动特性试验：坍落度、扩散度试验，稠度测试，流动特性参数测试、分析。

（5）其他试验或研究工作，如胶凝材料试验、毒性浸出试验、料浆环管输送试验，料浆管道输送计算机仿真分析等。

8.1 试验流程及相应的仪器、设备

8.1.1 基本物理性质测试

全尾砂基础物理参数主要包括全尾砂的密度、容重、孔隙率等。试验方法参照《土工试验方法标准》进行[1]。

8.1.1.1 密度测试

一般采用比重瓶法及相对密度法测定全尾砂的密度及容重，并通过公式计算得到全尾砂孔隙率。主要设备有容重瓶、刮平刀、电子天平、温度计、量筒、烘箱等设备。具体方法和主要步骤如下：

（1）先取若干全尾砂样放入烘箱低温烘干，称取适量尾砂样备用。密度具

体测量过程如（2）、（3）、（4）。

（2）称出干燥的比重瓶质量 M_1，再称取 200g 左右备用矿样放入比重瓶中，称取（瓶+砂）的质量 M_2。

（3）将蒸馏水加入装有全尾砂样的比重瓶中，加水至瓶容积一半，并对比重瓶进行煮沸排气，然后加水至刻度线，并称取（瓶+砂+水）总质量 M_3。

（4）将瓶中水和矿砂倒出，清洗干净，再加入蒸馏水至先前记录刻度线位置，并称取（瓶+水）质量 M_4。为了提高准确性，消除随机因素的影响，选取不同尾砂样进行三次试验。矿砂比重根据式（8-1）计算，式中蒸馏水比重 $\gamma_w = 0.9988$。

$$\gamma_S = \frac{\gamma_w}{1 - \dfrac{M_3 - M_4}{M_2 - M_1}} \tag{8-1}$$

式中　M_1——比重瓶质量；

　　　M_2——瓶+砂的质量；

　　　M_3——总质量（瓶+砂+水）；

　　　M_4——瓶+水质量；

　　　γ_w——蒸馏水比重。

8.1.1.2　松散密度测试

松散密度测试的步骤如下：

（1）称取适量烘干至恒重的尾砂。待冷却后，用 2mm 孔径的筛子过筛制备合格的试验用料。

（2）称出空量筒质量 W_1，将试样通过标准漏斗注满量筒，捣实，然后用直尺刮平。

（3）称出装满尾砂的量筒质量 W_2。为了提高准确性，降低随机误差的影响，选取不同尾砂样进行了三次试验，全尾砂松散密度根据式（8-2）计算：

$$\gamma = \frac{W_2 - W_1}{V} \tag{8-2}$$

式中　γ——尾砂在干燥状态下的松散密度，g/cm^3；

　　　W_1——量筒质量，g；

　　　W_2——量筒与尾砂合重，g；

　　　V——量筒容积，换算成 cm^3。

8.1.1.3　孔隙率计算

测出尾砂的密度和松散密度后，根据孔隙率公式即可计算出孔隙率，计算孔隙率公式如下：

$$\nu = \left(1 - \frac{\rho}{\gamma} \right) \times 100\% \qquad (8\text{-}3)$$

式中 ν ——尾砂孔隙率，%；

　　ρ ——尾砂松散密度，g/cm^3；

　　γ ——尾砂密度，g/cm^3。

8.1.2　粒级组成测试

尾砂的粒级组成表示其颗粒组成尺寸及含量，也称为机械组成或级配，也有的简称为粒度。它多用不同粒径区段的颗粒质量百分比表示。尾砂的粒级组成对于充填料浆的性质有着重要的影响，尾砂粒级组成测量可为设计确定充填工艺要求的充填料浆浓度、配比等提供参考。

传统的粒级组成测量方法有筛析法、旋流水析法等，筛析法原理简单，所得数据直观，可靠性较高，适宜测量粒径较大颗粒粒级组成，但测量过程繁琐，单次试验耗费时间长；旋流水析法分级速度快、准确，结构简单，操作计算简便，易于掌握等优点，可提高微细级别（74μm 以下）物料的分级速度和分级精度。随着现代科技的发展和微电子技术应用得到粒级组成测量领域，产生了先进的激光粒度分析技术。激光粒度仪分析法是利用颗粒对光的散射现象测量颗粒大小，测量范围分布广，仪器操作简便，单次测量时间短，并能够在计算机上直接得到所测试样粒级组成的详细报告，但是该方法测试精度与设备类型和设备状况关系较大，且测试结果的重复性不如筛析法。

8.1.2.1　筛析法

筛析法作为一种经典的粒度测试方法，其主要设备有标准检验筛、湿式振筛机、天平、烘干箱、抽滤机等，如图 8-1 所示。

图 8-1　标准检验筛及湿式振筛机

筛析法的主要试验步骤如下：

（1）取适量干燥尾砂试样称重，并配制质量浓度约30%尾砂浆备用。

（2）根据所需筛分的级数及粒径，选取相应目数的检验筛，将检验筛分别放置在湿式标准振筛机上，按照目数从小到大，依次从上至下排列（即目数小的放在上部）。

（3）启动振筛机，将配置好的尾砂浆倒入最上部的筛中，并用清水将容器内剩余尾砂冲洗净，流出含细颗粒砂浆应用干净容器收集。

（4）振筛振动过程中，不断用清水冲洗筛内尾砂，从最上部的筛开始，直至所有小颗粒通过对应筛，用手感觉流出水不含细颗粒为止，则可以冲洗下一级，直至所有筛冲洗完毕。

（5）将每个振筛上所保留颗粒及收集的含细颗粒砂浆水分别抽滤，烘干，称重，并记录称重数据。

（6）根据称重结果，计算各粒级下所占尾砂的百分比。

8.1.2.2　旋流水析法

旋流水析法利用离心沉淀原理代替重力沉降原理进行物料分级。其基本原理为旋流器内含有物料的液流以一定压力沿切向给入旋流器后，围绕溢流管高速旋转，在离心力的作用下，液流沿着圆锥向上进入顶部容器，在容器里，颗粒受到强烈的扰动并趋向于返回到旋流器的锥体部分，在返回途中又受到离心力的作用，分离限度以上的颗粒从水流中脱离出来进入底部容器或遗留在旋流器内。分离限度以下的颗粒在中心轴回流的作用下，进入溢流排走，进入下一个旋流器中重新分级。旋流水析仪工作原理如图8-2所示。

旋流水析仪主要由温度计、给料器、流量计、水泵、压力表、流量控制阀、试料容器、旋流器、旋流器排料阀等组成。

利用旋流水析仪测试粒度的参考步骤如下：

（1）将具有代表性物料（小于100g）与水混合成矿浆，矿浆量小于100mL，配成矿浆要经过充分搅拌，使物料完全松散。

（2）打开注水阀门，注满水箱。然后启动水泵，水进入旋流器，通过排料阀逐个排出旋流器中的空气及杂物，直至排净为止。

（3）将混合成矿浆的试料倒入试料容器内，用清水冲洗干净，并注满容器。打开控制阀门，使物料随水流进入旋流器进行分级。

（4）待物料完全进入旋流器后，即可调节流量控制阀，使转子流量计显示出所需的流量读数。

（5）调节流量控制阀的同时，调节计时器至所需要的分析时间。

（6）当物料进入最后一个旋流后，即可完成试验，将最终溢流直接排出。并清洗设备。

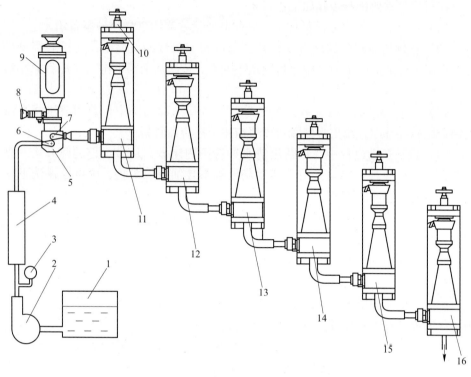

图 8-2 旋流水析仪工作原理

1—水箱；2—水泵；3—压力表；4—转子流量计；5—给料器；6—流量控制阀；7—给料控制阀；

8—卸压阀；9—试料容器；10—旋流器排料阀；11—1 号旋流器；12—2 号旋流器；

13—3 号旋流器；14—4 号旋流器；15—5 号旋流器；16—6 号旋流器

（7）试验数据分析和计算，并考虑水温、颗粒密度、水析流量的校正系数。

8.1.2.3 激光粒度仪分析法

激光粒度仪分析法是利用颗粒对光的散射现象测量颗粒大小的，激光在行进过程中遇到颗粒时，会有一部分偏离原来的传播方向。颗粒尺寸越小，偏移量越大；颗粒尺寸越大，偏移量越小。散射现象可用严格的电磁波理论（即 Mie 散射理论）描述。当颗粒尺寸较大（至少大于两倍波长），并且只考虑小角散射（散射角小于 5°）时，散射光场也可用较简单的 Fraunhoff 衍射理论近似描述。由于待测试颗粒要配成低浓度溶液通过泵在测试系统循环，大颗粒容易沉降，此法更适用于细颗粒的粒度分析。激光粒度仪光学结构示意图如图 8-3 所示。

激光粒度分析仪的主要试验设备为激光粒度分析仪、超声波清洗机、量杯、玻璃棒、分散剂（一般为六偏磷酸钠）等。

利用激光粒度分析仪测试粒度的步骤：

（1）用取样勺取有代表性的适量的尾砂，投入量杯内。适量是指尾砂与悬

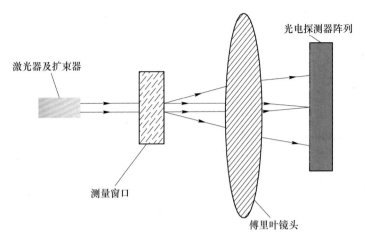

图 8-3　激光粒度仪光学结构示意图

浮液混合后，有适当的浓度，浓度高低通过遮光比来定量表示，遮光比一般控制在 8% ~ 20% 之间。

（2）在量杯内滴入适量的分散剂，用玻璃棒搅拌悬浮液，使尾砂与液体混合良好。

（3）将量杯放入超声波清洗机中，让清洗槽内的液面达到量杯高度的 1/2 左右，打开电源，让其振动 2min 左右，一边振动一边用玻璃棒搅拌杯内液体。

（4）关掉电源，取出量杯，试样准备完毕。

（5）测量单元预热。打开仪器测量单元的电源，一般等待 30min 左右，激光功率才能稳定。

（6）进入激光分析仪程序界面，设置折射率等基本参数。由于尾砂试样为多种物质的混合物，其中每种物质的折射率均不相同，无法得到尾砂的精确折射率，可参照尾砂中含量最多的成分（一般为二氧化硅）的折射率综合确定实验参数。

（7）进样池中加入清水，开启循环进样器循泵，选择高速模式，进样池中水应尽量将进样池中装满且不溢出，避免水循环过程中进气。

（8）点击软件中背景，5s 后，将搅拌均匀尾砂浆倒入进样池中，并迅速用水将烧杯中残留尾砂冲洗干净。

（9）待软件中 0 环出现红色光柱，其他环出现稳定绿色光柱后，点击分析，约 30s 后分析完成。

观察并分析曲线，导出报告等。

8.1.3　沉降试验

尾砂沉降实验是充填相关基础实验之一，其目的在于测试一定浓度的尾砂浆在添加或不添加絮凝剂的情况下，其固体物料群的沉降速度及沉降效果。通过比较不同浓度尾砂浆，添加不同种类及不同量的絮凝剂，沉降速度及沉降曲线的变化，以确定适合的絮凝剂种类、单耗及给料浓度等参数。通常以澄清层液面高度随时间的变化表示沉降速度。通过尾砂的沉降速度和沉降终了浓度为浓缩设备的选型提供参考。

通常的沉降试验设备主要有量筒（通常采用 1L/2L 的量筒）、搅拌棒、量杯、天平（精度 0.001g）、量管、磁力搅拌器等。

沉降试验如图 8-4 所示，主要步骤为：

（1）将坐标纸建成长条形，贴于量筒侧线上作为刻度尺。

（2）根据实验方案的料浆浓度，计算实验所需尾砂量和水量，并分别称取备用。

（3）制备絮凝剂溶液。应根据絮凝剂种类及其性质确定合适的浓度、搅拌速度、搅拌温度及搅拌时间。使其搅拌均匀。且絮凝剂溶液不应放置过长时间，否则容易失效。

（4）根据计算得到尾砂量及水量配制尾砂浆，并搅拌均匀。

（5）用量管向尾砂浆中滴入定量的絮凝剂溶液，并用搅拌棒搅拌均匀（也可通过将量筒密封后旋转倒置量筒的方式）。滴入量应根据试验要求量、尾砂量及絮凝剂溶液浓度进行计算。

图 8-4　沉降试验

搅拌混合均匀后，将量筒静置于水平桌面上，尾砂开始沉降，同时用秒表计时，并记录澄清液面高度。开始沉降速度较快，记录时间间隔应尽量密集；开始间隔记录时间定为 5s 到 1min 不等；随着澄清层下降速度的减慢，记录时间可逐

渐加长，直至澄清层下降量很小（即 10min 下降量小于 1mm）时可停止记录，试验结束。

8.1.4 料浆配比及强度试验

胶结充填体的强度是充填体自身维持稳定、相邻采场安全开采和降低贫化损失的关键前提，而料浆凝固并逐渐形成一定的强度是复杂的物理化学过程，受尾砂颗粒级配组成、化学成分、料浆浓度、胶凝材料配比、养护期龄以及胶凝材料种类等多因素影响，不同矿山的充填体在相同配比情况下强度差异也比较大，由于胶凝材料占充填成本的一半左右，在满足试块强度要求的基础上，应尽量控制胶凝材料的添加量。因此，需要进行充填料浆试块强度试验，以便确定充填料浆合理配合比。

主要仪器设备有：压力试验机、养护箱（或养护室）、电子天平、三联试模、料浆搅拌机、量杯、刮刀、刷子等。

试验方法：根据不同充填骨料，参考《建筑砂浆基本性能试验方法标准》《水泥胶砂强度检验方法（ISO 法）》或《普通混凝土力学性能方法标准》等标准进行试验，用单轴抗压强度作为衡量充填体强度的性能指标，即试块破坏时纵向的最大荷载与垂直于加载方向的横截面积之比值[2~4]。

目前，试模规格一般可选用 70.7mm×70.7mm×70.7mm、40mm×40mm×160mm 或 100mm×100mm×100mm 等。选用圆柱体试模时，试件高度和直径比为 2。

采场充填体可根据取样钻机钻孔尺寸制成试件进行强度测试。主要步骤如下：

（1）尾砂准备。全尾砂建议从选厂尾砂排放口排出的尾砂，该过程中需避免细颗粒尾砂流失。试验前需将尾砂进行烘烤，至烤干后备用。

（2）试块制作。

1）配比计算，根据试块数量、浓度和配比，计算出每组试块所需的尾砂、胶凝材料和水的质量。

2）料浆搅拌，根据计算结果进行配料，然后将配料倒入搅拌桶中进行充分搅拌，直至配料混合均匀为止。

3）浇模，将搅拌好的料浆均匀浇入准备好的试模中，边浇边搅拌，浇注完毕后进行捣实。

4）刮模、脱模，浇模约 24h 后，用刮刀刮去试模上部外露多余料浆，将其顶部修平，刮模之后根据试块脱水情况拆模，灰砂比较大刮模后即可拆模，灰砂比较小需等 6h 左右再拆模。

5）试块脱模后均置于恒温恒湿标准养护箱养护，养护箱参考井下环境设定温度（20±2）℃，相对湿度大于90%。

6）压力测试，将养护到期龄的试块放在压力试验机上进行压力测试，直至试块破坏，记下读数。

（3）试验完成。收拾清理仪器，分析试验数据，编写试验报告。

8.1.5 流变特性参数测试

全尾砂充填料浆的流变特性参数由屈服应力和黏度系数描述，是衡量其输送性能的重要指标。其中屈服应力是由浆体中的细颗粒产生的，由于细颗粒在浆体中与周围物料进行物化作用形成絮团，絮团间相互搭接形成絮网，这种网状结构具有一定的抗剪能力，即具有一定的屈服应力，只有施加不小于屈服应力的外力作用，浆体才会流动。料浆流体作相对运动时，必然在内部产生剪力以抵抗料浆的相对运动，料浆流体的这一特性，称为黏度系数，黏度系数值越大，表明流体抵抗剪切变形的能力就越大。

沿程阻力损失则表示为流体克服阻力而损失的能量，流程越长，所损失的能量越多，是判断料浆输送性能的重要因素。因此，全尾砂流变参数和沿程阻力损失是影响充填料浆输送性能和指导输送系统设计的两个重要参数。

目前对充填料浆的流变特性测试内容主要包括屈服应力、剪切应力、黏度随剪切速率变化的关系等，随着测试技术及测试设备的不断进步，目前可采用先进的流变仪对充填料浆的流变参数进行全面的分析。

利用流变仪对尾砂在非胶结及胶结条件下不同浓度的料浆进行流变测试，分别得到其屈服应力及塑性黏度等流变参数，建立流变模型，根据流变学原理推导沿程阻力理论计算公式，为输送参数的选取和相关泵送设备的选择提供理论依据。

主要试验仪器：流变仪（目前使用较广泛的有 R/S-SST 软固体测试流变仪）、十字形转子、烧杯、天平、搅拌棒等。

R/S-SST 软固体测试流变仪适用于对悬浮体和刚性膏体的测量。该仪器能够和电脑上的程序 Rhoe3000 连接，进行电脑控制。由于其测量的准确性，可视化操作，近几年来在国内外流动特性测试领域广泛运用。与传统的毛细管黏度计相比，十字形转子对样品结构的破坏最小，并可以在低转速下测量流体的屈服应力；与传统的圆筒流变仪相比，十字形转子最大地克服了圆柱面的滑移效应，从而大大提高了测量的精确性。

试验方法：试验采用动态屈服应力与黏度测定方法，即在 CSR（控制剪切速率）模式下进行实验，相比静态测定方法，动态测定法更接近于管道输送的工程实际。剪切速率范围为 $0 \sim 100 \mathrm{s}^{-1}$，测试时间设为150s，监测点设为150个。利用宾汉模型或者赫歇尔-伯克利模型对监测数据进行线性回归，得到其动态屈服应力、塑性黏度以及流变模型。

流变特性测试的主要试验步骤:

（1）根据试验方案，在100mL烧杯中配制相应浓度的料浆。

（2）启动流变仪，流变仪如图8-5所示。待程序调零完成后，打开电脑软件，设置试验程序及各项参数。

（3）试验采用动态屈服应力与黏度测定方法，即在CSR（控制剪切速率）模式下进行试验，设置剪切速率范围、测试时间、监测点、测量系统等基本参数。

（4）试验程序设置完成后，将盛有料浆的烧杯固定在流变仪工作台上，并用搅拌棒将料浆搅匀，防止料浆发生沉降。之后将转子伸入到料浆内，使料浆刚好没过转子。

（5）启动测量程序，等待测量完成，导出试验报告。

图8-5　流变仪

（6）试验完成，清洗仪器，分析试验报告。

8.1.6　坍落度和扩散度试验

坍落度和扩散度是高浓度、膏体充填研究中参考混凝土试验引入的概念，是判断料浆流动特性的定量指标，主要反映高浓度充填料浆流动性的好坏，虽然不能直接获得流动特性参数，但是坍落度和扩散度测试方法和过程简单，也很直观。经研究证实，坍落度值主要取决于料浆中固体颗粒粒级分布、料浆浓度、胶凝材料和其他添加料。它的力学含义是料浆因自重而流动、因内部阻力而停止的最终变形量，其大小直接反映着料浆流动性的好坏与流动阻力的大小：坍落度值越大，料浆流动性能越好，料浆流动阻力越小。

试验方法：参考《普通混凝土拌合物性能试验方法标准》中坍落度方法进行试验，主要设备有标准坍落筒、坍落度尺和尺子。具体方法和主要步骤如下：

（1）把坍落筒内部擦拭干净，用水润湿，并将其放在水平的胶垫之上。

（2）用双脚固定坍落度桶后，将配好的料浆从坍落筒上口倒入、捣实，用钢尺将上口刮平，清理桶底部周围。

（3）匀速地垂直提起坍落度筒，待尾砂充填料浆下落平稳后，进行数据测量。

（4）分析试验数据，编写实验报告。

8.2　环管试验

　　浆体管道输送中主要的参数是输送浓度、输送流速和输送阻力等，这些参数的确定主要受尾砂和胶凝材料的物化性质、浆体流态、流动性质、黏度系数和管径等多种因素的影响，故而不同矿山料浆管道输送参数千差万别，很难用一种经验公式计算或参考相同矿山运行参数进行类比，需要借助于管道输送试验来确定，为管道输送系统的设计提供依据，尤其是输送距离长、输送量大的输送系统，输送工艺参数影响较大，一般在试验室测试流变参数后，进一步通过环管试验进行论证，以便确定相关设计工艺参数[5]。

8.2.1　环管试验介绍

　　环管试验的主要目的是通过测定不同配比和不同浓度下料浆在不同流速下输送阻力损失，确定合理的料浆配合比和输送速度。

　　环管试验设备主要有：输送管路，料浆输送泵，搅拌槽及分流箱、测流箱，流量计、压力传感器及配套料浆制备，数据监测及记录设施等。

　　一般的环管试验步骤[6,7]：

　　(1) 料浆制备部分。环管试验通常为一次性配料，由人工给料或机械给料。人工给料就是按照预定的配合比，依照搅拌桶有效容积，预先将定量的尾砂加入桶内，再将水泥和砂分别称量后加水并搅拌制成料浆。机械给料要求连续、均匀、定量地供给水、水泥和尾砂。干料先卸入料仓存储，再通过给料机向搅拌桶定量给料；清水先由水泵泵入水箱，通过阀门调节和电磁流量计监测，根据配比向搅拌桶定量供水。物料进入搅拌桶后，搅拌均匀，制成料浆。

　　(2) 输送动力部分。管路输送动力的产生通常有两种方式，一种为泵压输送，另一种为重力输送。泵压输送是选用合适的砂泵或活塞泵，利用泵压对料浆进行管路输送，泵的转速或压力必须即时可变，即可调节流体在管道中的输出压力；料浆重力输送是利用竖直段的料浆所产生的自然压力差对料浆进行输送。

　　(3) 管道输送部分。是由不同内径的钢管成环形布置并用法兰连接而成。管路包括直管（水平、竖直）和弯管，弯管的曲率半径和中心角不完全相同。为了观察料浆在管道内的流动状态，在管路里可设置一段观察管。观察管由透明的耐压玻璃或钢化玻璃组成。整个管路从泵的出口到管路末端有一定的正坡度，便于料浆的流动和结束试验后清洗管道。

　　(4) 仪表及数据采集。料浆流量测量一般采用电磁流量计；管道测点压力测量采用远传压力变送器；料浆温度测量采用温度传感器；料浆浓度可以采用核子密度计或取样测定。

试验平台管道测点的压力数据的采集记录由远传压力变送器通过工控系统自动完成，同时流量、温度和密度自动测量并记录。

（5）试验数据分析和处理，编写试验报告。

1）数据初步处理。由于参与测量的五个要素（测量装置、测量环境、测量方法、测量人员以及被测量本身）都不可能做到完美无缺，这就使得测量结果中不可避免地存在着误差。

对环管泵送试验采集的数据，首先根据清水泵送的数据进行零点漂移处理，去除仪表本身的误差，然后进行数据检验，剔除误差过大的数据。

2）管路沿程阻力计算。对数据进行处理后，对不同的充填料流向，根据全尺寸环管泵送试验工控系统采集记录的测点压力数据，分别计算管流沿程阻力，计算过程中剔除充填料静压对试验数据的影响。

根据试验设计和实测的测点压力值，计算管流沿程阻力。数据处理程序流程图如图 8-6 所示。

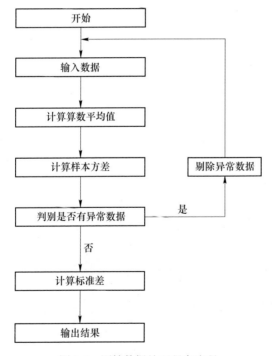

图 8-6　原始数据处理程序流程

8.2.2　应用实例

某矿山采用浅孔留矿嗣后充填和分段空场嗣后充填两种采矿法。充填料浆制备好后，用加压泵经过斜坡道送至充填采场充填。

设计的分级尾砂胶结充填系统由尾砂浓缩贮存装置、高浓度搅拌槽、加压泵、料浆输送管以及充填搅拌站内的水泥仓、双管螺旋给料机等部分组成。

8.2.2.1 试验材料

该矿山充填骨料采用分级尾砂,水泥选择 425 号普通硅酸盐水泥,料浆分别按照灰砂比 1:4、1:8、1:10、1:12 的配比配制,并将配制成的每一比例的充填料配制成四种浓度:68%,70%,72%,75%。

8.2.2.2 试验设备

主要设备有料浆输送泵(泵流量 $180m^3/h$,扬程 46m,75kW 直流电机驱动)、泵前储浆罐、充填管(106mm)、泵出口安装数字压力表、管道上安设电磁流量计测量管道流量。压力变送器和流量计所测压力、压降、流量及流速都通过计算机实时采集。

8.2.2.3 尾砂物理特性试验

测试尾砂的密度、粒径分布、化学成分、不同浓度料浆沉降特性和料浆的流变特性。得出该尾矿密度 $3.03g/cm^3$,料浆 30min 内沉降可以基本稳定,其浆流变特性,可以采用宾汉体模型描述,流变参数 τ_B、η 主要受浓度影响,随浓度增加而增加。尾砂粒径分布如图 8-7 所示,流变试验测试结果如图 8-8 所示。

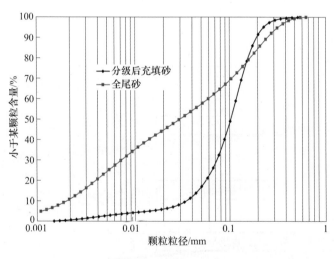

图 8-7 尾砂粒径分布

8.2.2.4 管道清水输送试验

在进行充填料管道输送试验前,首先进行了清水管道输送试验,试验目的是了解管道系统稳定性,仪器仪表的测量精度,数据可靠性。主要测定管道的流速及水力坡度,数据采用计算机采集,对于压降测量,为保证精度采用 U 形压差计

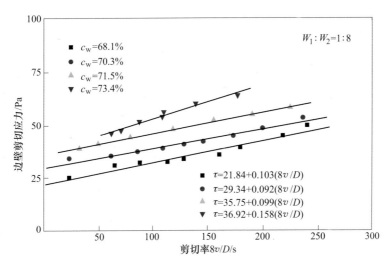

图 8-8　流变试验测试结果（灰砂比 1∶8）

同时进行测量，启动电机后，对应泵某一个转数，待 3~5min 稳定后，测定管道流量、流速和管道压降。利用管道实测的水力坡度 i 与流速 u 点绘 i-u 关系曲线如图 8-9 所示。

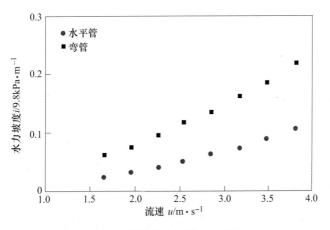

图 8-9　管道清水试验 i-u 曲线

通过对清水试验数据进行分析可以得到如下结论：

水平管试验中充分紊流区水力坡度 i 与管道内流速 u 基本呈 2 次方关系，在紊流过渡区、紊流光滑区接近 2 次方关系。同时，垂直段和水平管段实测数据比较吻合，说明以上试验结果是合理可靠的；管道试验设备及测量仪器仪表都正常，可以进行充填料浆试验。

8.2.2.5 管道料浆输送试验

试验管路包括水平管、弯管、垂直管和倾斜管，这里仅仅介绍水平管路测试验情况。另外，有必要时，还应进行多种管径的对比试验。

试验前，首先采用烘干法测定尾砂矿样含水量，再根据环管试验系统储浆罐、管道体积以及试验浓度要求计算所需水、尾砂和水泥质量。在储浆罐加入计算的一定体积自来水和尾砂，搅拌均匀在管道中运行，最后再按比例添加水泥。

试验过程中采用体积-重量法计算矿浆浓度，同时取样进行烘干以确定最终浓度，实际测得的浓度以烘干法测定结果为准。管道输送试验水平段部分数据如图 8-10～图 8-13 所示。

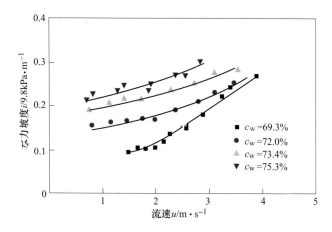

图 8-10 管道输送试验水平段 i-u 曲线（灰砂比 1：12）

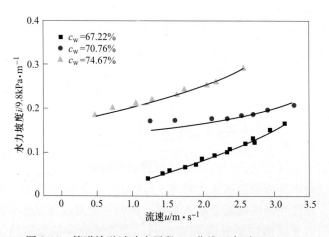

图 8-11 管道输送试验水平段 i-u 曲线（灰砂比 1：10）

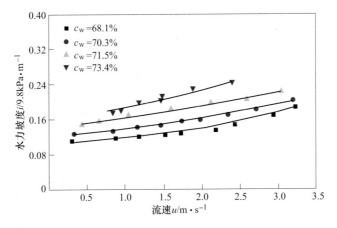

图 8-12 管道输送试验水平段 i-u 曲线（灰砂比 1∶8）

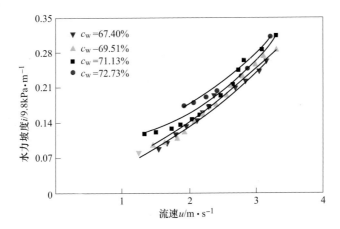

图 8-13 管道输送试验水平段 i-u 曲线（灰砂比 1∶4）

8.2.2.6 水平管段阻力损失分析结果

通过对试验数据计算分析，推荐的水平管段阻力损失分析结果见表 8-1。另外，鉴于 1∶4 配比水泥用量和输送阻力大，热凝性和凝固性特性显著，从管道自流输送角度考虑应尽量避免采用 1∶4 配比。特殊需要时，需另行试验，再考虑是否需要泵送。

表 8-1 充填推荐输送参数

灰砂比	质量浓度 /%	临界流速 /m·s⁻¹	输送流速 /m·s⁻¹	水力坡度 /9.8kPa·m⁻¹	Δp /9.8kPa
1∶12	75	0.46	1.8	0.2451	-18.29
1∶10	75	0.48	1.8	0.2515	-9.31
1∶8	75	0.50	1.6	0.2501	-10.86

8.3 充填系统的计算机仿真

8.3.1 计算机仿真介绍

与充填系统计算机仿真相关的软件主要有 ANSYS FLUENT、ANSYS FLOTRAN、FLOW-3D 等。这些软件可以用于对尾砂沉降浓缩、充填料制备、输送等过程进行仿真分析。

充填料浆的管道输送是一种典型的固-液两相流动。料浆作为一种水和固体颗粒相混合的非牛顿流体，在管道中的流动规律与料浆浓度和流速等因素有很大关系。传统的两相流体力学研究方法主要依赖于经验分析和实验研究，但受到设备和成本等多方面条件的限制。随着计算机技术的发展，在经典流体动力学与数值计算方法的基础上，形成了计算流体动力学（computational fluid dynamics，简称 CFD），CFD 通过计算机数值计算和图像显示方法，在时间和空间上定量地描述流场的数值解，以获得理想的研究结果。许多流体力学软件得以开发和应用，促进了充填料浆管道输送方面的数值仿真研究[8]。

在固-液两相流理论的基础上，采用 Fluent 数值模拟软件研究充填料浆浓度及流量对其管道输送的影响，着重对管道系统的阻力损失及弯管受力情况进行分析，并与室内试验和现场工业试验的结果进行对比验证，同时还考虑料浆的脱水，最终得到全尾砂充填料浆管道自流输送的最佳运行参数。

软件提供的仿真模型弥补了试验特别是现场试验的不便，而且仿真结果过程快，对比方便并节约了大量试验成本。为矿山充填系统的设计提供强有力的理论依据和指导性强的实施方案，需要指出的是，料浆是一种多粒级的固液多相流，相关制备、输送仿真均涉及多因素耦合影响，仿真计算的时间长，难度大，需根据试验目的确定主要影响因素，对其他因素进行简化处理，提高仿真的效率和准确性。

数值仿真主要过程有：流变特性数学模型的选择、假设和前提的确定、模型参数确定、边界条件的加载、模拟及数据分析。下面以 ANSYS FLUENT 软件为例，介绍管道输送系统模拟仿真分析过程[7]。

流变特性数学模型选取：通常高浓度或膏体充填料浆的流变模型比较接近宾汉体模型。

模型参数的确定：主要有料浆初速度、料浆黏度、粗糙度及壁面粗糙度系数、浆体雷诺数等参数。

模型建立：计算所需的几何模型通过专用软件来建立并划分网格。

基本假设和前提：浆体输送工艺以及其力学结构极其复杂，为了方便创建模

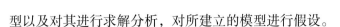

型以及对其进行求解分析，对所建立的模型进行假设。

设定边界条件：模型建立以后，需要定义模型的边界条件和初始条件。

相关变量的残差监测：既要监视残差值以及与变量相关的所有数据，还要检验模型中流入和流出的物质与能量是否满足守恒定律。结果分析：从管道中料浆流速分布和沿程压力分布两个方面进行分析，通过调整料浆浓度、管道管径及管道布置等参数进行模拟，不同工况下的流速分布和沿程阻力，验证和优化充填系统配置，实现大流量高浓度满管输送。找出系统中容易磨损和堵管区域，并针对这些薄弱环节加强管理和监控。

8.3.2　应用实例

某多金属矿采用上向水平分层充填采矿法和分段空场嗣后充填采矿法进行开采，全尾砂膏体胶结充填方案。选矿厂生产的全部尾砂经充填搅拌站内的深锥浓密机浓缩，生产需要时，制备合格的充填料浆，通过浓料输送泵送至井下采场空区进行充填。

计算机仿真应用 Fluent 数值模拟软件对浆体在管道中的流动进行了模拟。浆体包括非胶结（尾砂+水）和胶结（水泥+尾砂+水）两种，浓度分别为58%、60%、62%、64%、66%。

8.3.2.1　参数测试和计算

（1）经测试，充填料浆浓度为58%~66%，其对应的容重见表8-2。

表 8-2　浆体容重平均值

料浆浓度/%	58	60	62	64	66
非胶结容重平均值/g·cm^{-3}	1.588	1.622	1.650	1.671	1.712
胶结容重平均值/g·cm^{-3}	1.598	1.638	1.664	1.710	1.738

（2）通过对膏体的流变试验测试得出，膏体是一种屈服伪塑性体，被近似为宾汉体，表8-3给出了不同组方不同浓度料浆的流变模型。

表 8-3　不同组方宾汉流变模型回归

组方	料浆浓度/%	临界剪切率/s^{-1}	动态屈服应力 τ_0/Pa	黏度 η/Pa·s	回归方程	稳定指数 n
非胶结	58	3	14.8125	0.1417	$\tau = 14.8125 + 0.1417\gamma$	0.97
	60	0.8	23.3877	0.1620	$\tau = 23.3877 + 0.162\gamma$	0.97
	62	6	35.5699	0.2163	$\tau = 35.5699 + 0.2163\gamma$	0.95
	64	10	52.7138	0.2936	$\tau = 52.7138 + 0.2936\gamma$	0.94
	66	12	84.3631	0.3963	$\tau = 84.3631 + 0.3963\gamma$	0.91

续表 8-3

组方	料浆浓度 /%	临界剪切率 /s^{-1}	动态屈服应力 τ_0 /Pa	黏度 η /Pa·s	回归方程	稳定指数 n
胶结	58	0.8	39.3153	0.1236	$\tau = 39.3153 + 0.1236\gamma$	0.93
	60	0.8	62.4172	0.1255	$\tau = 62.4172 + 0.1255\gamma$	0.94
	62	2.2	81.1641	0.1359	$\tau = 81.1641 + 0.1359\gamma$	0.94
	64	45	140.3095	0.1405	$\tau = 140.3095 + 0.1405\gamma$	0.82
	66	30	173.2530	0.2835	$\tau = 173.2530 + 0.2835\gamma$	0.8

（3）计算得到的各工况雷诺数见表 8-4，模拟充填管路管道内径为 167mm，料浆流速为 1m/s。管道系统模型处于层流状态。

表 8-4　不同组方不同浓度的雷诺数

料浆浓度/%	58	60	62	64	66
非胶结 Re	1872	1672	1274	950	721
胶结 Re	2159	2180	2045	2033	1024

8.3.2.2　建模与网格划分

根据模型结构，将充填管路划分六面体结构网格，根据模型的特点，采取壁面弯管处局部加密的方法。模型与现场真实管路是按 1∶1 建立，整个模型分为 9 段管道。充填管路整体结构如图 8-14 所示，网格属性见表 8-5。

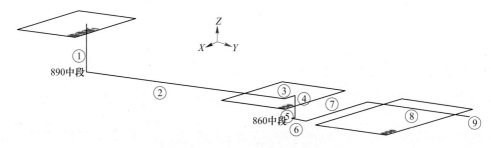

图 8-14　1∶1 模型整体结构图

表 8-5　网格质量参数

网格参数	数据
Cells number	839358
Skewness	<0.398
Orthogonal Quality	>0.9
Maximum Aspect Ratio	8.75
Minimum volume/m^3	2.72×10^{-6}
Maximum volume/m^3	5.46×10^{-5}

8.3.2.3　基本假设和边界条件

鉴于充填膏体在管道输送过程中其流变性及管道输送工艺的复杂性，需要膏体和管道的相关特性进行必要的说明和假设：

（1）黏性浆体具有恒黏性。不随温度、时间的变化而变化；

（2）浆体为宾汉体，认为是不可压缩的；

（3）不考虑热交换；

（4）不考虑振动、地压波等对管道输送的影响；

（5）模拟过程初始管道处于满管流状态。

边界条件：模型进口为均匀来流，速度大小为 1m/s，方向沿垂直管道入口截面即 $x\text{-}y$ 平面。出口为压力出口，初始为大气压。固体壁面采用无滑移边界条件。由于膏体自流靠自身重力实现输送，设置沿 z 轴负方向的重力加速度为 -9.81m/s^2。

8.3.2.4　料浆流速分布

当膏体流动稳定时，整个管道系统任意截面的膏体平均输送流速恒定在进口速度左右，因整个充填管路管径不变，故膏体流量基本相等。由此说明模拟的高浓度料浆管道输送过程中输送流量不发生大幅度改变，管道处于满管流状态，保证了充填管道系统的正常、稳定运行。

如图 8-15 所示，在管段入口处及其发展段，由于重力的存在，料浆速度逐

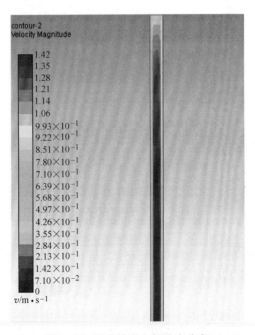

图 8-15　竖直管段上部速度分布

渐增大，然后趋于稳定，整个管路最大流速为 1.42m/s。图 8-16 所示的第一段下降管路速度分布可知，料浆流速经过弯管时靠近管壁外侧以及水平管前端的底部料浆流动速度明显增大；料浆流至水平管后，水平管前端底部的流速较大，之后趋于稳定。

图 8-16　弯管速度分布

　　料浆在经过弯管时，由于速度方向的改变，对弯管以及弯管与水平管交界处的底部有明显冲击作用，实际中应该对这些部位进行强化，预防破管与漏管。

8.3.2.5　料浆压力分布

　　竖直管路的管道压力从上到下逐渐增大，根据黏性流体伯努利方程分析可知，重力势能的减少大于这段管路沿程阻力损失值，压力增大。水平管路的管道压力逐渐减小，因为同一平面，重力势能不变，沿程阻力损失的存在使管路压力逐渐降低。本项目的模型水平管道过长，随着料浆沿程阻力损失的增大，如果料浆流速小于该充填系统的临界流速，就有可能发生堵管事故。充填管路沿途压力损失如图 8-17 所示。不同配比料浆沿程阻力损失和平均压损见表 8-6。

　　通过对比两种不同组方的沿途阻力损失，显然，添加水泥的胶结组方沿途阻力损失要远大于非胶结组方，这是因为添加水泥会使膏体黏度增加，从而使输送过程中的摩擦阻力损失增大。

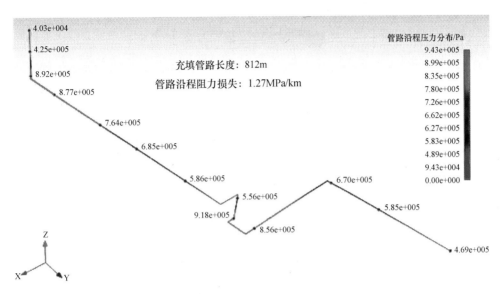

图 8-17 充填管路沿途压力损失

表 8-6 不同配比料浆沿程阻力损失和平均压损

组方	料浆浓度/%	沿程阻力损失/MPa	平均压损 /10MPa·km⁻¹
非胶结	58	0.57	0.07
	60	0.72	0.089
	62	1.06	0.13
	64	1.50	0.185
	66	2.32	0.285
胶结	58	1.03	0.127
	60	1.53	0.188
	62	1.96	0.241
	64	3.15	0.388
	66	4.12	0.507

并且从图 8-17 可以看出，管道 2 和 5 弯管段压力较大，是容易磨损和堵管的区域，并针对这些薄弱环节加强管理和监控。

参 考 文 献

［1］ GB/T 50123—1999 土工试验方法标准［S］. 北京：中国标准出版社，1999.

［2］ JGJ/T 70—2009 建筑砂浆基本性能试验方法标准 土工实验规程［S］. 北京：中国标准

出版社，2009.

［3］GB/T 17671—1999 水泥胶砂强度检验方法（ISO 法）［S］. 北京：中国标准出版社，1999.

［4］GB/T 50081—2002 普通混凝土力学性能方法标准［S］. 北京：中国标准出版社，2002.

［5］戴兴国，李岩，张碧肖. 深井膏体降压满管输送数值模拟研究［J］. 黄金科学技术，2016（3）：70-74.

［6］李国政，于润沧. 充填环管试验计算机仿真模型的探讨［J］. 黄金，2006（3）：50-54.

［7］王新民，丁德强，吴亚斌，等. 膏体充填管道输送数值模拟与分析［J］. 中国矿业，2006（7）：57-59.

［8］王新民，张德明，张钦礼，等. 基于 FLOW. 3D 软件的深井膏体管道自流输送性能［J］. 中南大学校报，2011（7）：2102-2108.

9 充填体稳定性研究

9.1 充填体的作用机理

为了控制采场围岩的稳定性，在井下采矿生产中常常要对采空区进行充填。由于充填体起到了支护作用，改变了采场帮壁的应力状态，提高了围岩的强度和承载能力，从而防止采场或巷道围岩发生整体失稳或局部垮塌、冒落等破坏，保证了井下正常生产。井下采场充填体产生静压力作用和侧压力作用，具体如下：

（1）充填体静压力。在充填过程中和充填后的一段时间内，充填体中的孔隙全部被饱和水充满，孔隙中的水如果呈连续自由水状态，则充填体对其周围所产生的静压力与流体的静压力类似，即为各向同性、大小相等的流体压力。这种流态的充填体对构筑物的压力很大，如果构筑物（如挡墙）被破坏，则可能产生漏砂、跑砂等问题，进而污染或淹没井下巷道，影响作业条件。

（2）充填体侧压力。在充填采空区中，充填体在垂直压力和自重作用下，对采空区边帮产生侧向压力作用，侧压力大小与垂直压力相关，并通过侧压力系数计算。侧压力系数是侧向应力与垂直应力的比值，具体见式（9-1）。

$$K = \sigma_x / \sigma_z \tag{9-1}$$

或
$$K = \sigma_y / \sigma_z \tag{9-2}$$

式中　K——侧压力系数；

　σ_x，σ_y——水平方向的应力，MPa；

　σ_z——垂直方向的应力，MPa。

实际应用时，通过试验测得在一定载荷下侧压力大小，计算出充填体的侧压力系数。通过侧压力系数，根据单轴垂直压力求侧向压力的大小。

9.2 充填体稳定性的影响因素

影响充填体稳定性的因素很多，主要有围岩工程地质条件、充填体强度、采矿工艺等[1]，其中最主要的因素是充填体强度。

（1）围岩工程地质条件。充填体与围岩是相互作用的，一方面，充填体对围岩起到支撑和限制围岩变形的作用，另一方面，围岩会对充填体产生挤压和施载作用。因此，井下采场的工程地质条件会对充填体的稳定性产生重要的影响，这些条件主要包括围岩体类型、物理力学性质、结构面情况以及矿体的赋存环境等。

（2）充填体强度。采用充填法采矿，充填体强度直接影响充填体的稳定性，涉及回采顺序、间隔时间及影响采场的应力变化过程。充填体强度受充填材料的性质、充填料浆浓度、充填体的养护条件和时间、充填工艺等方面因素影响，与水泥（灰）、骨料（砂/碎石）和水的配比以及养护时间密切相关。

（3）采矿工艺因素。采矿工艺因素主要包括采场结构，回采、充填顺序，以及回采速度等。该因素在一定程度上影响采场围岩和充填体的稳定性。充填顺序是涉及采、充工作面、位置和间隔时间。回采方案包括回采方向、回采速度等。再研究开采过程中采场和围岩的稳定性时，矿山应进行回采方案的研究工作，主要包括回采顺序和结构参数优化等。

下面为安庆铜矿开采过程中为了保护井下充填体稳定[2]，采取的主要措施：

（1）矿房回采过程中，采用分段侧向崩矿、采场边界实行光面爆破等爆破技术，有效控制采场边界的规整性，以控制充填体的规整性。

（2）充填料制备时保证一定砂仓砂面的高度，确保造浆浓度，通过自动控制仪表严格控制灰砂比和充填浓度，保证充填体质量。

（3）矿柱采场回采过程中，采用小分段侧向崩矿，采场边界实行加强松动爆破等爆破技术，有效减少爆破对充填体的直接影响。

（4）矿房、矿柱回采过程中，严格实行留矿爆破，减少采空区暴露高度。

（5）优化凿岩爆破参数、装药结构，选择合理的起爆顺序，控制最大单响药量，减少爆破对采场的破坏。

（6）实施强化开采，缩短采场回采周期，减少采空区暴露时间。

（7）加强充填过程管理，确保充填质量。

9.3　充填采矿法对充填体强度的要求

采用充填采矿法开采，对充填体强度的要求主要取决于矿体的赋存条件、岩石物理力学性质以及选用的采矿方法，采场的布置形式、回采顺序、暴露面积及时间等有密切的关系。不同充填采矿法的充填体在回采过程中所起的作用不同，因此对其强度的要求具体也不同。《有色金属采矿设计规范》中规定：上向分层充填采矿法胶结充填体的强度应满足充填体保持自立高度的要求，并应能承受爆破振动的影响；下向分层充填采矿法分层假顶胶结充填要求充填体单轴抗压强度不应小于 3MPa；嗣后充填采矿法充填体应具有足够的强度和自立高度，当需要为相邻矿块提供出矿通道或底柱需要回收时，充填体底部应采用高灰砂比胶结充填，充填体强度应大于 5MPa。

国内外很多矿山都在确定合理的充填体强度方面作了很多的工作，如德国普鲁萨格五金股份公司格隆德铅锌矿采用机械化下向分层充填采矿法，用全尾砂的重介质尾矿膏体充填，充填体 28 天龄期时强度为 2~5MPa；瑞典的加彭贝里铅锌矿主要采用分级尾砂下向分层胶结充填，28 天龄期充填体强度为 3MPa；金川龙首矿采用进路形式为六边形的下向充填采矿法，用钢筋网铺底的混凝土胶结充填，充填体 7 天龄期时强度为 1.5MPa，28 天时强度为 4MPa；金川二矿区采用下向水平进路胶结充填采矿法，充填料为−3mm 的棒磨砂，充填体 28 天龄期时强度为 5MPa。

基于对国内矿山充填采矿法的实际指标和国外充填采矿法矿山经验的分析总结，可以得出不同充填采矿法对充填体强度的要求，具体见表 9-1，另外国内外部分矿山充填体强度见表 9-2。

表 9-1　不同充填采矿法充填体强度选取

序号	充填采矿法	充填体作用	充填体强度/MPa
1	上向分层充填法，点柱充填法	1. 提供上向回采的工作平台，保证自行设备的正常行走； 2. 作为人工底柱或人工顶板时，采场底部强度要求较高	充填体表层（垫层）：1~2 其他：0~0.5 人工底柱：4~5
2	上向进路充填法	1. 自行设备能够正常行走； 2. 相邻进路回采时充填体不垮落； 3. 第1~第2分层强度要高	充填体表层：1~2 其他：0.5~1 第1、第2分层：4~5
3	下向进路充填法	1. 保证在人工假顶下作业安全； 2. 相邻进路回采时充填体不垮落	假顶：4~5 其他：1~2
4	壁式充填法	相邻进路回采时充填体不垮落	0~0.6
5	分段充填法	1. 保证充填体有较大的自然安息角； 2. 个别作假巷时不垮落	0~1 或 2~4
6	间柱需用阶段充填法回采的充填体	1. 充填体允许暴露面积大于 1500~2000m²； 2. 充填体在回采结束之前能够自立	一般：1~2 高阶段：1~4

表 9-2　国内外部分矿山胶结充填体强度

序号	矿山名称	采矿方法	水泥含量或灰砂比	充填体平均强度/MPa
1	Mount Isa 矿 1100 号矿体（澳大利亚）	分段与阶段空场嗣后充填	6%~8%	2.3（块石胶结） 1.1（水砂胶结）

序号	矿山名称	采矿方法	水泥含量或灰砂比	充填体平均强度/MPa
2	Broken Hill（澳大利亚）	下向充填法假顶厚 1m 上向分层充填电耙运矿垫层	1：10 分级尾砂胶结充填	
3	Kristinberg A 矿体（厚度小于 5m）（瑞典）	上向分层充填	1：20 分级尾砂胶结充填 最后 1m 1：10 ~1：12	
4	Garpenberg（瑞典）	下向进路充填	进路最下部留 0.3m 矿石 然后 1.8m 1：4 分级尾砂胶结 再上 2.4m 1：10 分级尾砂胶结	3
5	Kidd Creek（加拿大）	分段空场嗣后充填	含水泥 6%，岩石充填	1
6	Strathcona（加拿大）	矿房：点柱充填法 间柱：VCR 法	1：30 分级尾砂胶结充填	0.35~0.4
7	Levack West（加拿大）	矿房：上向水平分层充填 间柱：VCR 法	1：30 分级尾砂胶结充填	
		分段充填法	水泥添加量 60~83kg/m³	2~3
		矿房：分段充填法 间柱：空场嗣后充填或分段充填法	含水泥 5%的尾砂胶结充填	1~4
8	凡口铅锌矿（中国）	VCR 法	尾砂胶结充填（1：（8~10））	2.5
9	大厂铜坑锡矿（中国）	分段空场嗣后充填法	棒磨砂胶结充填（1：5，1：8）	1.48~3.6
10	会泽铅锌矿（中国）	上向进路充填法和下向进路充填法	尾砂胶结充填（1：（4~16））	3~4

9.4 充填体所需强度的设计

考虑井下采场充填体的强度设计之前，首先应该对采场的稳定性进行评估，一般采用 Mathews 稳定图表法、Laubscher 崩落图表法、工程岩体分级、理论计算，以及数值计算等，对地下采场的结构参数进行分析、确定与优化，保证采场处于有利的力学状态，使围岩的应力、应变分布趋于均匀化，为采矿作业提供安全的作业环境，从而保证采矿作业安全、高效的进行。

对采用充填法生产的矿山来说，采场胶结充填体强度的设计因矿山而异，一般主要取决于矿山具体的开采技术条件和充填条件。为了使胶结充填体在技术上达到可靠，经济上实现最优，因此需要结合矿山的具体条件，合理确定采场充填体的强度。下面为目前矿山充填体所需要强度设计的几种常用方法[3]。

（1）工程类比法。通过参考国内外采用胶结充填法矿山的成功经验，经过分类比较后确定矿山的充填体的强度。由于类比法具有简单方便、成本低和见效快的优点，在国内外的矿山中得到广泛应用。如国内研究机构的学者，将国内外矿山实际使用的胶结充填体的设计强度情况进行归纳分析研究，分析曲线如图9-1所示，得到了矿山实际使用的胶结充填体强度与高度关系的经验公式（见式（9-3））。

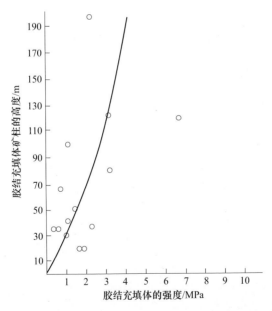

图 9-1 胶结充填体高度与强度关系的经验曲线

（说明：图中圆圈表示为部分矿山的数据）

$$H^2 = \alpha \sigma_c^3 \tag{9-3}$$

式中 H——胶结充填体矿柱的高度，m；

　　　σ_c——充填体的设计强度，MPa；

　　　α——经验系数，通常建议充填体高度小于50m时，α取600；充填体高度大于100m时，α取1000。

（2）Terzaghi 计算法。

二维太沙基模型计算见式（9-4）～式（9-6）。

$$\sigma_y = D(1 - e^{-Ay})/A \tag{9-4}$$

$$A = 2k \cdot \tan\phi/L \tag{9-5}$$

$$D = \gamma - 2C/L \tag{9-6}$$

式中　σ_y——充填体内所受应力，MPa；

　　　γ——充填体容重，g/cm^3；

　$L，D$——分别为充填体长度和宽度，m；

　　　y——距充填体顶部的距离，m；

　　　C——充填体内聚力，MPa；

　　　ϕ——充填料内摩擦角，（°）；

　　　k——充填体侧压系数，$k = 1 - \sin\phi$。

（3）Thomas 计算法。

$$\sigma_v = \rho h/(1 + h/w) \tag{9-7}$$

式中　σ_v——作用在充填体底部的垂直应力，MPa；

　　　ρ——充填料的容重，g/cm^3；

　　　h——充填体的高度，m；

　　　w——充填体的宽度，m。

（4）卢平修正计算法。

由于 Thomas 算式模型中只考虑了充填体的几何尺寸和充填体的容重，而对于充填材料的强度特性没有加以考虑。国内学者卢平在上述 Thomas 计算法的基础上，提出了修正模型，具体见式（9-8）。

$$\sigma_v = \frac{rh}{(1-k) \cdot \left(\tan\alpha + \dfrac{2h}{w} \cdot \dfrac{C_1}{C}\sin\alpha\right)} \tag{9-8}$$

$$\alpha = 45 + \phi/2 \tag{9-9}$$

$$k = 1 - \sin\phi_1 \tag{9-10}$$

式中　k——充填体侧压系数；

　　　C_1——充填体与围岩间的内聚力，MPa；

　　　ϕ_1——充填体与围岩间的摩擦角，（°）；

　　　C——充填体内聚力，MPa；

　　　ϕ——充填料内摩擦角，（°）；

　　　h——充填体的高度，m；

　　　w——充填体的宽度，m。

（5）其他方法。

除了上述的计算方法，还可以通过物理模拟研究、数力模型计算法、数值方法计算等，从而确定井下采场充填体所需要的强度。

下面为东坪金矿胶结充填体强度设计实例[4]。

东坪金矿矿体赋存在蚀变的二长岩、石英岩中，含金石英脉侧为硅钾化蚀变岩型矿石。矿体为缓倾斜至倾斜厚大矿体，主要矿脉有 1 号，2 号，22 号，27 号，70 号。对 70 号矿脉 1224~1304 水平 11~27 线的厚大矿段，采用两步骤分段空场嗣后充填采矿法开采，沿矿体走向 100m 划分为一个盘区，一步骤采场宽 10m，全尾砂胶结充填；二步骤采场宽 20m，分段中深孔回采嗣后非胶结充填。二步骤回采时，两侧均为胶结充填体，每侧充填体侧向暴露面积达 3000~4000m²。

（1）采用经验公式。该矿为缓倾厚大矿体，水平厚度 60~100m，铅垂高度 60m 以上，采用胶结充填法二步骤回采时暴露的充填体铅垂高度在 60m 以上，经过公式计算，并考虑安全系数，设计充填体强度要达 2MPa。

（2）采用太沙基模型。充填体不同暴露宽度和高度条件下的应力计算结果见表 9-3。

表 9-3 充填体不同暴露宽度和高度条件下的应力计算结果

暴露高度 /m	充填体不同暴露宽度下的应力/MPa						
	20m	30m	40m	45m	50m	55m	60m
20	0.212	0.263	0.297	0.309	0.319	0.328	0.328
25	0.228	0.295	0.339	0.356	0.371	0.384	0.385
30	0.239	0.318	0.374	0.396	0.415	0.431	0.435
35	0.246	0.336	0.402	0.428	0.452	0.472	0.478
40	0.251	0.349	0.425	0.456	0.483	0.507	0.516
45	0.254	0.360	0.443	0.478	0.509	0.537	0.548
50	0.256	0.367	0.458	0.497	0.531	0.562	0.577
55	0.258	0.373	0.470	0.512	0.55	0.585	0.602
60	0.258	0.377	0.480	0.525	0.566	0.603	0.623
65	0.259	0.381	0.488	0.536	0.579	0.620	0.642
70	0.259	0.383	0.494	0.544	0.591	0.634	0.658

根据采矿方法回采工艺和回采参数，并结合矿山回采时需要的充填体强度值（0.425~0.658MPa），为了保证二步骤采场回采时充填体的稳定，考虑安全系数，Terzaghi 模型方法充填体强度设计值为 0.85~1.136MPa。

（3）采用卢平计算法。充填体不同暴露宽度和高度条件下的应力计算结果见表 9-4。

表 9-4　充填体不同暴露宽度和高度条件下的应力计算结果

暴露高度 /m	充填体不同暴露宽度下的应力/MPa						
	20m	30m	40m	45m	50m	55m	60m
20	0.174	0.205	0.225	0.233	0.240	0.245	0.250
25	0.195	0.235	0.262	0.273	0.282	0.290	0.296
30	0.212	0.260	0.294	0.307	0.319	0.329	0.338
35	0.226	0.282	0.322	0.338	0.352	0.365	0.376
40	0.238	0.301	0.347	0.366	0.382	0.397	0.410
45	0.248	0.318	0.369	0.391	0.409	0.426	0.441
50	0.257	0.332	0.389	0.413	0.434	0.453	0.470
55	0.265	0.345	0.407	0.433	0.456	0.477	0.496
60	0.271	0.357	0.423	0.452	0.477	0.500	0.521
65	0.277	0.367	0.438	0.468	0.496	0.521	0.543
70	0.283	0.377	0.452	0.484	0.513	0.540	0.564

　　根据回采工艺及参数，并参照表 9-4，矿山回采时需要的充填体强度值范围为 0.388~0.564MPa，并考虑安全系数，采用卢平计算方法得出的充填体强度设计值为 0.776~1.128MPa。

　　(4) 综合上述计算结果可以得出，充填体强度设计值为 0.776~1.136MPa。从安全角度考虑，按类比法取其设计强度为 2.0MPa 是合理的。该矿实际生产中一步骤采场中下部采用 1:6 的灰砂比，充填高度为 28m；采场中上部采用 1:8 的灰砂比，充填高度为 10m。设计充填体 28d 强度达 2MPa，充填体强度能够满足采矿方法的要求。

9.5　充填体强度及其力学特性

　　充填体强度一般采用单轴抗压强度表示，首先在实验室用标准试件进行检测，国内通常采用 70.7mm×70.7mm×70.7mm 或 100mm×100mm×100mm 立方体试模，而国外一般采用高径比为 2:1 的圆柱体试模，如废石尾砂胶结充填一般直径为 72~152mm。按龄期 3d、7d、28d 进行强度测试，每组 3 个试块取其平均值。然后在采场内预埋试模，按相应龄期取出，进行对比，或者在 28d 钻取岩心进行对比。主要由于采场脱水条件等因素的影响，采场内的试块强度要比室内试块低，安庆铜矿进行过不同灰砂比的原位充填体质量的调查研究，表明原位充填体强度整体上比实验室标准试块平均降低 30% ~ 40%，且水泥含量越低，其差距越大，这是采场充填设计应当考虑的因素。

9.5.1 充填体强度的影响因素

国内外科研机构和矿山的研究应用成果表明，影响胶结充填体强度的因素主要有：充填料浆浓度、尾砂级配组成、尾砂化学成分、添加剂、以及养护龄期等。

（1）首先，充填料浆浓度是充填体强度的主要影响因素。以大尹格庄金矿为例[5]，采用上向水平分层充填法采矿，选用全尾砂胶结充填技术，试验以料浆浓度、灰砂比和龄期为三个主要因素分别测试充填试块 3d、7d 和 28d 的单轴抗压强度。料浆浓度选择 65%、68%、70%、72%，灰砂比选用 1∶4、1∶6、1∶8、1∶10、1∶12。试块制备采用标准三联试模，每种配比浓度制备三联，共制得试件 180 块，试块脱模取出后，分类排序放入标准恒温、恒湿养护箱。当达到养护龄期后，采用电子液压式压力实验机测试其单轴抗压强度，具体变化曲线如图9-2~图9-4所示。

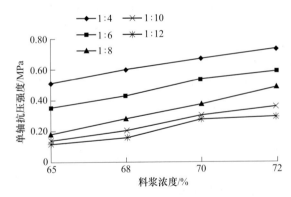

图 9-2　龄期 3d 的全尾砂胶结试件抗压强度变化曲线

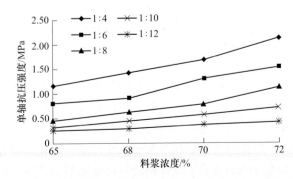

图 9-3　龄期 7d 的全尾砂胶结试件抗压强度变化曲线

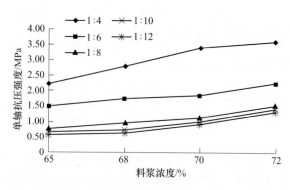

图 9-4　龄期 28d 的全尾砂胶结试件抗压强度变化曲线

由上述的变化曲线可以得出，胶结充填体的强度与充填料浆浓度、灰砂比和龄期这三个因素均正相关。即如果灰砂比一定，充填料浆浓度越高，则抗压强度越高；如果浓度一定，灰砂比越大，则充填体抗压强度越高；如果灰砂比和浓度一定，养护龄期越长，则抗压强度越大。

（2）其次，尾砂级配也是影响胶结充填体强度的一个重要因素。良好级配的尾砂充填料，应当是孔隙率最小、密实性最大的集合体，并能保证良好的承载特性和必要的渗透率，从而保证充填体的强度。

（3）另外，外加剂（如早强剂、减水剂、泵送剂等）、活化搅拌、磁化水等对充填体强度都有一定的影响，具体应用情况见下面实例。

1）澳大利亚芒特艾萨矿曾做过系列试验，用水泥、炉渣和尾砂混合制成试块，改变炉渣与尾砂的质量比例，进行强度性能测试，试验结果表明：当水泥用量为 8%，添加水淬炉渣作辅助胶结剂，其效果比不添加炉渣好，而且试块强度随着炉渣添加量的增加而提高。此外，当水泥用量相同时，炼铅炉渣的胶结效果比炼铜炉渣的胶结效果好，试块的后期强度高。

2）国内的大柳行金矿，Ⅶ矿体采用下向胶结充填法开采，矿块长度设计为 20m，高度为 30m，充填体采用水泥和尾砂胶结物。经过优选的符合要求的组合而配制的充填体早期强度较低，通过加入早强剂如石膏、氯化钙提高充填体的早期强度，在实验过程中曾经加入少量石膏，其早期抗压和抗剪强度比不加石膏的试件早期强度提高 20%~25%，具体如图 9-5 和图 9-6 所示。

3）山东焦家金矿采用了高水固结尾砂充填法[6]，主要由高水速凝材料（由多种无机材料经高温煅烧，再加入适量的天然矿物及化学激发剂，经配料后，直接磨细，均化制成的一种粉体物料），矿山排放的尾砂和水按合理配比，经搅拌充分混合制成浆液，用管路输送至井下采场，经絮凝、固化、硬化等过程形成固相充填体。实际矿山生产说明采用该材料做充填胶结剂，其泵送性、环保性、流动性、早强性，均能满足井下采矿生产的需要，尤其是用量较水泥节省、早期强

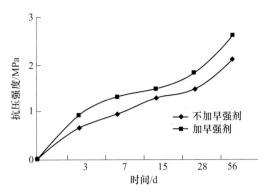

图 9-5　充填体添加早强剂前后抗压强度对比

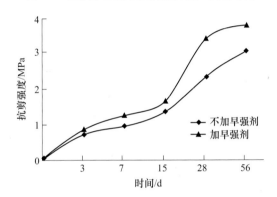

图 9-6　充填体添加早强剂前后抗剪强度对比曲线

度高，其性价比明显优于水泥。

　　对不同浓度、胶结料含量与试块强度之间的关系进行实验分析，结果见表 9-5 和图 9-7。可以看出，在一定范围内尾砂固结材料含量与试块抗压强度呈线性关系，胶结剂含量越高，试块的强度越大。在实际生产过程中，可以根据充填浓度确定最佳的胶结剂含量。

表 9-5　不同浓度下胶结剂含量与充填体试块抗压强度试验结果（28d）　（MPa）

砂浆浓度 /%	尾砂固结材料含量/%										
	6	7	8	9	10	11	12	13	14	15	16
45							1.45	1.98	2.30	2.62	2.82
50					1.80	2.11	2.25	2.51	3.05		
55				1.83	2.03	2.24	2.53	2.89			
60			1.34	1.82	2.56	3.15	3.78				
68		2.62	3.00	2.44	3.75	4.12	4.50				
70	1.34	1.82	2.12	3.05	3.45		4.38				

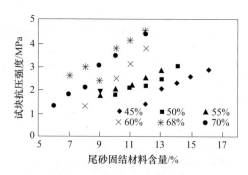

图 9-7　尾砂固结材料含量与试块抗压强度关系

4）金川矿山充填生产开展了减水剂的试验与应用。结果表明：在充填料浆中添加高效减水剂可以大大提高充填料浆的输送浓度，并显著改善高浓度充填料浆管道输送性能，减水效率可达 15%，充填体强度增大 25%~46%，降低充填材料成本，节省排水排泥费用。表 9-6 列出了使用减水剂后，废石尾砂比为 6∶4 时的用水量及主要技术参数。

表 9-6　添加减水剂后废石尾砂比为 6∶4 时的用水量及主要参数

序号	添加量/%	抗压强度/MPa			水量 /kg	稠度 /cm	坍落度 /cm	分层度 /cm	扩散度 /cm
		3d	7d	28d					
1	0	1.93	3.05	5.26	405	9.1	23	1.1	49×40
2	0.4	1.87	2.96	6.12	381	9.5	23	1.0	49×46
3	1	1.85	3.46	7.13	342	9.1	23	0.8	49×48

5）高盐卤矿山是指盐湖、盐渍、海滨地区富含 Na^+、K^+、Mg^{2+}、Ca^{2+} 金属离子和 Cl^-、SO_4^{2-} 酸根离子成分的矿山，因其尾砂骨料、充填用水或采区地下水中含有上述金属和酸根离子，极易造成尾砂胶结充填体的膨胀、腐蚀及崩解等，并导致充填体后期强度急剧下降，产生重大安全隐患。国内的学者尝试在这类矿山尾砂胶结充填掺用粉煤灰、炉渣、外加剂以减少水泥用量，以提高尾砂胶结充填体强度；该试验以某铜矿旋流脱泥尾砂、某电厂湿排粉煤灰、某岩盐矿饱和卤水及市售水泥、硅灰作为材料，料浆浓度为 70%，具体的试验力学参数见表 9-7。可以看出添加粉煤灰、硅灰对提高高盐卤矿山尾砂胶结充填体的力学性能具有积极作用。

表 9-7　试块试验指标测试结果（90d）

序号	抗压强度 /MPa	抗剪强度 /MPa	弹性模量 /MPa	黏聚力 /MPa	容重 /kN·m⁻³
1	4.95	3.77	3264.5	22.57	25.1
2	4.02	2.87	2855.2	1.92	22.2

续表 9-7

序号	抗压强度 /MPa	抗剪强度 /MPa	弹性模量 /MPa	黏聚力 /MPa	容重 /kN·m⁻³
3	1.89	1.20	1273.3	0.94	19.5
4	3.69	1.83	1821.5	1.71	23.4
5	1.95	1.09	1903.1	0.89	21.6
6	1.73	0.75	1521.5	0.67	22.3
7	1.63	0.52	1692.7	0.64	20.5
8	1.18	0.40	1500.8	0.60	22.6
9	0.99	0.25	1195.6	0.45	20.0

9.5.2 充填体的抗拉与抗剪强度

充填体的抗拉强度一般是指充填体试件单位面积上所能承受的拉伸应力，它是充填体的重要性能之一，是影响充填体断裂性质的主要因素，同时也是间接反映抗剪强度等的重要指标。

国内的安庆铜矿进行了采场不同配比的充填体单轴抗拉试验[8]，试样采用现场施工地质钻孔和开挖的形式，均取自采场充填体内部，加工成直径为 φ50mm、高度为 30~40mm 的圆柱体试件，主要对 1:4、1:6、1:8、1:10、1:15 各配比充填体共 44 块试件作了劈裂抗拉强度试验测试，具体的试验结果见表 9-8。

表 9-8 安庆铜矿充填体试件劈裂拉伸试验结果参数测定值

序号	灰砂比	峰值荷载 /N	峰荷位峰 /mm	平均峰荷应变 /%	平均抗拉强度 /MPa
1	1:4	1050	1.13	2.35	0.35
2	1:6	805	0.92	1.82	0.22
3	1:8	670	0.73	1.33	0.17
4	1:10	442	0.57	1.06	0.12
5	1:15	134	0.51	1.01	0.04

由图 9-8 可以看出，随着水泥含量的增多，充填体抗拉强度增加的趋势很快，基本上与灰砂配比成线性关系；而随着水泥含量的增加，充填体抗拉强度的提高率逐渐减小，抗拉强度增加的速度渐趋缓慢。抗拉强度随水泥含量增加而提高的规律表明了水泥胶结能力的提高，充填体的抗拉性能得到了改善，抵抗破坏的能力得到增强，这对于井下生产是有利的。

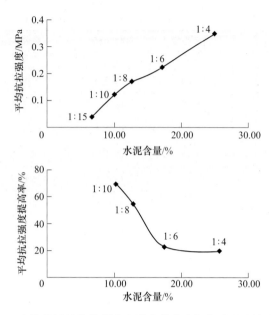

图 9-8　充填体平均抗拉强度和强度提高率与灰砂配比关系曲线

9.5.3　充填体的应力应变特性

　　充填体在单轴压缩荷载作用下产生的变形过程与一般岩石相类似，不同骨料、浓度、配比等条件下充填体的应力-应变曲线的形状基本一致，表明其变化规律相同。图 9-9 为焦家金矿尾砂充填体单轴压缩全应力-应变曲线，其受压变形过程分为以下四个阶段。

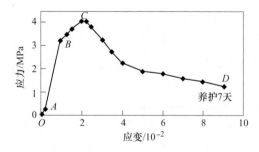

图 9-9　充填体单轴压缩全应力-应变曲线

　　第一阶段（图 9-9 中 OA 段）：该段曲线斜率逐渐增大，曲线是下凹的。这是因为在载荷作用下，充填体内部的结构面或裂隙被压密所致。

　　第二阶段（图 9-9 中 AB 段）：该段曲线特点是近似为直线，即曲线斜率接近为常数，为弹性变形阶段。一般情况下充填体的灰砂比越高，该曲线越陡，表明其弹性模量越大。此时充填体对围岩的作用较大，能够很好地控制围岩的移动变形和顶板下沉等。

第三阶段（图9-9中 BC 段）：该段曲线的特点是斜率逐渐减小。在载荷作用下充填体内部不断产生纵向裂隙，并逐步扩展，导致充填体达到极限值。

第四阶段（图9-9中 CD 段）：该段曲线的特点是斜率变为负值，为应力下降阶段。在这一阶段充填体内部已经遭到一定程度的破坏，但仍然保持较高的残余强度，具有一定的承载能力。

另外从不同配比充填体压缩的变形规律中可以看出，峰值应力前，充填体灰砂比越高，达到峰值应力时的变形量越小，表明其承载能力较强；峰值应力后，充填体灰砂比越低，由峰值应力到全部丧失承载能力的变形量越小，表明其破坏过程越突然。

参 考 文 献

[1] 马凤山，等. 金川二矿区充填体稳定性的影响因素分析 [J]. 工程地质学报，2015：505-506.

[2] 李政，等. 坑下矿山高阶段强化开采充填技术研究 [C] // 第八届国际充填采矿会议论文集，2004，9：120-121.

[3] 蔡嗣经. 矿山充填力学基础 [M]. 北京：冶金工业出版社，2009.9.

[4] 盛佳. 厚大矿体充填法开采的全尾砂胶结充填体强度设计 [J]. 采矿技术，2012.7，12（4）.

[5] 丁明龙，等. 大尹格庄金矿全尾砂胶结性能试验研究 [J]. 有色金属（矿山部分），2014，66（2）：13-14.

[6] 赵传卿，等. 焦家金矿尾砂固结材料充填体的力学特性研究 [J]. 中国矿山工程，2008，37（3）：16-17.

[7] 饶运章，等. 高盐卤矿山提高尾砂胶结充填体强度的研究 [C] // 第八届国际充填采矿会议论文集，2004：171-172.

[8] 邓代强，等. 单轴拉伸条件下充填体的力学性能研究 [J]. 地下空间与工程学报，2007，3（1）：33-34.

10 充填法采区应力场演变监测技术

10.1 概　　述

充填法采区应力场演变监测是保证生产安全的重要技术手段，是建立在正确的设计基础之上的。

为了保证矿岩体的稳定及矿体的安全回采，首先应对开拓工程进行合理的布置，如井下巷道应该布置在岩性较好的地方，并根据岩体的质量分类，采取相应的支护方式；对于受断层等影响岩性较差的局部位置，通常采用加强支护措施。其次，应对回采顺序和采场结构参数进行合理设计与优化，采用的方法如工程类比法、理论计算法、相似实验法、数值模拟法、遗传算法等。合理的回采顺序是指开采时不仅要考虑本步骤矿体回采的稳定性，还要考虑下一个步骤矿体回采的稳定性，以及考虑本步骤矿体回采对今后各步骤回采的影响，避免开采过程中产生难以控制的应力集中和变形破坏。采场的结构参数优化主要包括采场位置、走向、矿房间柱的尺寸等的布置，合理的采场结构参数是指按照该采场结构参数进行采矿作业，能保证采场处于有利的力学状态，使围岩的应力、应变分布趋于均匀化，为采矿作业提供安全的作业环境。最后，面对井下高应力作用诱发的岩爆等破坏，及上覆岩层的变形，应进行生产期间井下矿岩体稳定性的监测工作，这也是矿山生产期较为重要的工作。采用布设的监测设备实现对回采过程中矿岩体的应力场变化规律的掌握，进一步识别高应力的集中区域及破坏位置，从而采取必要的应对措施，如调整局部的支护方式，制定有序的出矿计划，控制爆破等，尽量减少和降低破坏的发生，实现矿体的安全回采，以保证矿山的正常生产。

10.1.1 高应力作用下诱发的岩爆

岩爆是一种岩体破坏形式，它是处于高应力或极限平衡状态的岩体或地质构造体，在开挖的扰动下，其内部储存的应变能瞬间释放，造成开挖空间周围部分岩石从母岩体中急剧、猛烈地突出或弹出来的一种动态力学现象，其发生常伴有岩体振动及噪声。深部开采在高应力作用下，地压活动更为剧烈，常常诱发破坏性岩爆，尤其是矿床分步骤回采过程中高应力集中引起的矿柱发生的岩爆破坏，造成生产后期对留设的矿柱难以回收，极大地影响矿山的生产。根据目前国内外对岩爆震源发生机理及破坏形式的研究[1,2]，可以将岩爆分为：应变型岩爆、矿柱型岩爆和断层滑移型岩爆三大类，国内外矿山开采过程中发生的岩爆实例如下：

（1）加拿大湖滨（Lake Shore）矿和不伦瑞克（Brunswick）锌银铜矿。矿区的数据统计分析表明，随着矿山开采深度和矿石采出率的增加，产生的地压活动越来越明显，岩爆发生的频率呈直线上升。加拿大安大略省萨德伯里地区的铜镍矿和基尔兰德湖区的金矿最早发生岩爆是在20世纪30年代，矿山开采过程中已经多次发生了岩爆事件。1939年9月，基尔兰德湖区湖滨矿，井筒矿柱发生矩震级 $M_n = 4.4$ 的岩爆，造成了井下1000水平至3075水平之间许多巷道发生破坏，局部巷道底板抬起超过60cm，3号井筒1400～2575水平之间各个水平车场以及1400～2825水平主要石门被破坏，尤其是与断层相交的区域，巷道破坏更为严重。

2000年10月13日，在不伦瑞克（Brunswick）锌银铜矿距地表约892m的326联络巷产生的岩爆，造成预先采用的长7m，2m×2m布置的锚索，长2.3m，1.5m×1.5m锚杆，直径3.7mm金属网及喷射混凝土支护产生破坏，较高的水平应力作用使巷道上部的岩体塌落，破碎成块状，破坏高度达6m。具体如图10-1所示。

图10-1　不伦瑞克锌银铜矿326联络巷产生的岩爆

（2）冬瓜山铜矿。冬瓜山铜矿井下−910m原岩应力测试点最大主应力值达38.1MPa，实验研究表明，岩石具有典型的岩爆倾向性[3]。初期开拓阶段，由于深部高应力的作用，巷道发生了局部的片帮、塌落，生产采场出矿巷道破损尤为严重，不得不采取特殊的支护措施。后续生产过程中采场巷道、隔离矿柱等也发生了局部破坏，如2006年10月，54号勘探线隔离矿柱的地压活动明显增多，−775m水平54号勘探线含铜蛇纹岩内的穿脉巷道右侧巷道壁几乎都出现了垮塌松动，多处出现了裂纹、片落，有的地区巷道顶帮预先支护的锚网被破坏，具体如图10-2所示。现场调查表明，靠近6号采场有约100m长度巷道局部发生破裂，垮塌厚度局部可达到0.5m以上，从巷道壁破裂的岩体，有些块度较大。

图 10-2　冬瓜山铜矿-775m 水平 54 号勘探线穿脉巷道顶板破坏

（3）红透山铜矿。该矿-767m 采矿中段最大主应力值达 50MPa，在-587m 中段以下开采中，盘区斜坡道及相关巷道发生了弹射、片帮、冒落，以及采场落盘[4]。2001 年，-647m 中段 11 号采场发生了大面积的落盘，造成了人员的伤亡，整个采场被迫停采。-587m 中段 20 号采场同样发生采场大面积落盘，致使停在采场的铲车被砸坏，无法修复，直接影响生产。图 10-3 为红透山铜矿某中段采区矿柱产生破裂及变形的情况。

图 10-3　辽宁红透山铜矿某中段采区的矿柱破裂及变形

10.1.2　充填法开采引起的上覆岩层的变形

充填采矿法的优点是能最大限度地回采各种复杂地质条件下的难采矿体和深部矿体，能够控制围岩大幅度移动，以及防止地表下沉；对于矿山开采所产生的固体废料，如尾砂或废石等，可作为充填料回填到井下采空区，既保护了环境，又节省了原料；另外对井下采空区进行充填能够有效地控制地压活动，降低深部采矿时发生岩爆造成的破坏，因此随着矿山开采深度及生产规模的加大，充填采矿法在矿山的应用越来越广泛。到目前为止，对于充填法开采引起的岩体移动和地表变形研究工作较少，一般认为充填采矿法开采的金属矿山产生的岩移问题并不严重，甚至不存在，实际上在一些金属矿山开采过程中已经出现了显著的岩移现象，这可能与矿体的赋存条件，以及充填采矿方式等因素有关。

例如，金川镍矿二矿区于1999年年底到2000年年初，在地表出现了开裂和岩层移动的现象[5,6]，变形较为严重的区域主要分布在10~22行勘探线之间，并以14~18行为中心形成一近似椭圆形的移动沉陷盆地。二矿区地表已发现的地表裂缝明显者共37条，分布于6~26行之间，它们形成了两条大致平行的裂缝区带，裂缝带的延展方向基本与矿体走向一致。该矿山自2001年4月在矿区地表建立了GPS监测网，至2004年11月开展了地表变形监测工作，以揭示地下开采引起的地表岩层移动变化规律，便于采取安全措施，确保采矿安全。具体测量点布置情况如图10-4所示。

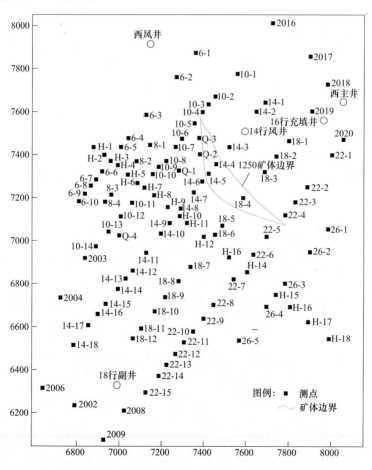

图10-4 地表GPS测量网点分布图（2001~2002年）

图 10-5 为金川二矿区 2001 年 4～5 月至 2004 年 10～11 月监测的地表高程位移等值线图，表明了该矿地表岩层变化的总体规律，具体内容如下：

（1）矿区地表水平位移变化规律。地表以地下主采掘区为中心形成了一个移动区域，移动中心在 14～18 行线 14 行风井以南偏西约 220m 的区域，最大点水平位移值达到了 370.5mm，位于 14-10 测点，采掘区周围测点的水平位移方向均指向采空区中心，且测点的变形处于变化中，距采空区中心距离越近，变形量越大。

（2）地表沉降变化规律。地表测点大多数为下沉，只有少数测点为微小上升，最大沉降值为 549.9mm，位于 14-7 测点；地表形成了以 14-7、14-8、18-5 及 18-6 测点围成的近似于椭圆形区域的沉降中心，沉降面积上盘大于下盘。

（3）由于金川二矿 1 号矿体为陡倾角，矿体倾角近 70°，在倾斜方向的剖面上，移动盆地形状的非对称性十分明显，上盘方向的影响范围远远大于下盘方向。地表移动盆地内任意点移动轨迹并不是一条直线，而是一条复杂的曲线，并且不同位置的地表移动轨迹是不相同的，但其共同点是移动方向都是指向采空区中心的。

关于这方面的情况，在本书第 11 章中还有详细的论述。

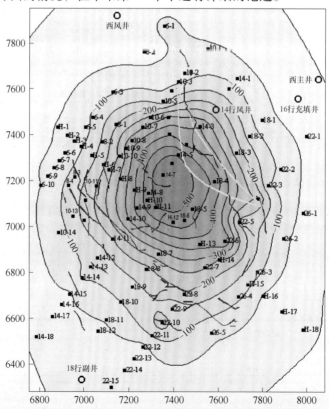

图 10-5　金川二矿区 2001 年 4～5 月至 2004 年 10～11 月监测的地表高程位移等值线图

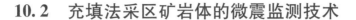

10.2　充填法采区矿岩体的微震监测技术

10.2.1　微震监测技术应用的必要性

随着经济发展对矿山资源的需求，及浅部矿床资源逐步减少，国内金属矿山开采的深度日益增大。一些埋藏深、储量大的矿床相继被探明[7~11]，如黑龙江岔路口钼铅锌矿、安徽金寨沙平沟钼矿、辽宁本溪思山岭铁矿、大台沟铁矿、山东莱芜矿业公司济宁铁矿等，这些矿床均具有埋藏深、厚度大、面积广的特点，并且设计年生产规模均在千万吨以上。据推算在地下1000m时，最大主应力值可达50MPa，2000m时，最大主应力值为90~100MPa。布置在坚硬、脆性岩体中的井下采矿工程，在高应力作用及大规模采矿作业影响下极易发生破坏，主要表现为：顶板的突然大面积片落或塌落，巷道局部地区的瞬间变形和垮塌，井筒或矿柱的突然变形和破裂等。从国内矿山的开采情况来看，目前矿山的开采深度大部分在1000m以内，岩爆现象还不明显，未来十年内，我国矿山的开采深度将步入1500~2000m，即将面临高应力诱发的岩爆破坏问题。频发的岩爆灾害将直接制约矿山的生产安全，如果不采取与高应力环境相适应的采矿工艺与技术，势必遭受较大的地压灾害，严重阻碍矿山的正常生产，并且带来采矿成本的升高，严重时甚至导致整个矿山的关闭。因此需要建立必要的监测系统，对采区的应力场进行监测，以便采取必要的保证措施。

目前我国多数矿山普遍采用的地压监测技术主要是光弹应力计、水准测量装置、收敛计、位移计和沉降仪等仪器，通过布点测量，对数据进行人工处理，根据生成曲线反映监测地点应力或者位移的变化情况[12~15]。这些监测技术的应用，解决了矿山生产中的一些问题，对安全生产起到了一定的保障作用。但是当进入深部高应力区开采以后，往往某些破坏事件是瞬间发生的，而且破坏性很大。有时某一地点没有位移及变形量的变化，地压活动表现不活跃，但是由于受其他作业地点采动或爆破作业影响，会发生瞬间破坏。采用这种监测技术一般难以对此类事件进行有效预测。而且这种监测技术一般情况下需要人为对数据进行量取，之后进行分析，需要时间比较长，不能实现实时的自动监测，不能及时对矿山生产给予指导，具有一定的局限性。另外，声发射监测技术在我国矿山的安全生产中起到了一定的促进作用[16,17]，该项技术主要是把地下采集的岩体，做成标准试样，在实验室内通过加载设备和AE测试系统获取参数，实现对地应力和岩爆倾向性的预测。在对采场、巷道等稳定性进行分析时，设立测点，利用便携式声发射监测仪记录一定时间段内的事件总数、大事件数、岩音频度、能率等，通过分析各个参数与岩体活动之间的关系，确定岩体的稳定性。但是声发射技术也存在着明显的不足，其只能在有限的时间段内对矿山生产过程中的岩体活动进行监测，不能及时反映矿山生产对围岩体的影响。只通过少数几个参数的关系建立岩体稳定性和声发射之间的关系，虽然可以解决一些问题，但是比较片面，对于大范围的矿山生产活动来说，其效果受到限制。

微震监测技术，在国外如南非、加拿大、澳大利亚、智利等国的深井矿山得到了广泛应用，并取得了较好的应用效果，已成为地压监测及矿山安全管理的重要手段。在国内，1984 年门头沟煤矿曾采用波兰 SYLOK 微震监测系统，1990 年兴隆庄煤矿采用澳大利亚的地震监测系统进行监测，2004 年凡口铅锌矿引进了加拿大的 ESG 微震监测系统，2005 年冬瓜山铜矿引进了南非 ISS 国际公司的微震监测系统，2007 年会泽铅锌矿同样引进了南非 ISS 国际公司的微震监测系统，2010 年辽宁红透山铜矿也引进了南非 ISS 国际公司的微震监测系统，进行地压监测与控制，到目前为止已有多套微震监测系统在国内矿山投入使用。与声发射技术及普通的应力计、水准测量装置、收敛计、位移计和沉降仪等仪器井下布点监测相比较，微震监测技术具有独特的优点，可以实现对矿山生产连续不间断的监测，实时掌握井下生产活动引起的采区矿岩体应力场的变化规律，从而有效预测围岩体、残留矿柱及井筒等的失稳活动。采用微震监测技术对充填区矿岩体的稳定性进行监测，首先是根据实际情况完成监测系统的建立，然后开展微震监测系统的应用，其主要工作内容包括：现场情况调查、事件分类及数据库的建立，基于监测数据获得矿岩体应力场的变化规律，判别可能发生的岩爆等破坏，并采取针对性的控制措施。

10.2.2　微震监测技术的原理

岩体在变形破坏的整个过程中几乎都伴随着裂纹的产生、扩展、摩擦，能量积聚，以应力波的形式释放能量，从而产生微震事件。整个过程中的微震信号从最初阶段就包含了大量的关于岩体受力变形破坏以及岩体裂纹活动的有用信息。通过安设在研究区域内周边的传感器，监测岩体破裂、塌落或沿地质构造面滑动时发射出的地震波（P 波及 S 波），接收并分析该微震事件，则可推测岩体发生破坏的位置及程度等。基于微震监测系统的建立，可以实现对矿山生产活动的实时监测，揭示回采各个阶段的崩落高度、破裂影响范围，以及掌握井下采区矿岩体应力场随采矿作业的时空变化规律等，进一步实现对发生岩爆等破坏的危险区域进行预测和预防，以及采取相应的控制措施。该项技术在矿山预测、预防岩爆、边坡稳定性研究及隧道掘进工程等领域已获得了广泛应用。

10.2.3　微震监测系统的建立

10.2.3.1　微震监测系统组成

微震监测系统主要包括硬件和软件两部分，以南非 ISS 公司的监测系统为

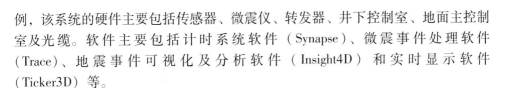

例，该系统的硬件主要包括传感器、微震仪、转发器、井下控制室、地面主控制室及光缆。软件主要包括计时系统软件（Synapse）、微震事件处理软件（Trace）、地震事件可视化及分析软件（Insight4D）和实时显示软件（Ticker3D）等。

10.2.3.2　影响微震监测系统建立的因素

矿山微震监测系统的建立主要考虑以下几方面因素：

（1）监测范围。矿床开挖采空区周围具有发生岩爆等破坏的可能性，而且破坏的位置分布很广，很难预测岩爆等破坏发生的确切位置，因此微震监测范围应该覆盖采区内主要作业区的矿柱和围岩。

（2）系统灵敏度和定位精度要求。为了优化传感器空间布置，通过绘制震源定位误差和灵敏度分布图，提高监测系统的性能和有效性。通过对不同方案进行震源定位精度和系统灵敏度计算比较，确定最理想的微震监测系统测站的布置网络结构。

（3）矿山工程可利用程度。监测系统的建立应尽量利用矿山已经开拓的现有工程，如中段沿脉巷道、穿脉巷道、有轨运输巷道、竖井井筒等，以避免不必要的工程投入费用。

（4）矿床形态。如冬瓜山铜矿，为缓倾斜矿体，在平面上分布范围较大，但其深度变化较小，因此考虑到矿体上部巷道离矿体很近，为使测站形成较好的空间分布，在这些巷道内向上布置钻孔用于安装探头，其深度可达 30m；而在 -875m 水平巷道内向下钻孔用于安装探头，从降低噪声干扰和施工要求考虑，钻孔深度为 10m。

（5）系统建立原则。根据井下生产发展，微震监测系统的建立以满足不同时期的生产安全为基准。初期主要监测矿山前期生产活动的范围，需要安装的传感器数目较少，随着生产的进行，根据实际需要，可以对系统进行扩展建设。

传感器类型主要依据矿山监测目的确定，通常小区域范围内监测系统的灵敏度要求比较高，应采用加速度计；相反，监测区域范围较大时，灵敏度要求相对较低，通常采用地音仪。由于微震事件震源参数计算的准确性对风险区域的识别和控制起决定性作用，且受三向传感器数目的制约，所以要求监测系统中三向传感器的数目要合理。

10.2.4　微震监测系统的应用

10.2.4.1　冬瓜山铜矿

冬瓜山铜矿是微震监测技术第一次在我国成功用于矿山生产监测的实例，该系统于 2005 年安装，并获得了成功，在矿山生产中发挥了一定的作用[18~20]。

A 微震监测系统概况

微震监测系统的建立主要依据冬瓜山铜矿矿体的开采技术条件，从首采区开始建设，遵循由小到大和逐步扩展的原则。初始监测系统监测的范围限制在首采区（52~58 号勘探线），根据系统运行和使用情况再决定系统覆盖范围扩大的具体方案。通过网络优化设计，冬瓜山铜矿首采区微震监测系统共设 16 个传感器、4 个微震仪、1 个转发器、1 个井下控制室、1 个地面主控制室及光缆等。软件部分包括时间运行系统（RTS）、地震波形分析处理系统（JMTS）和地震事件活动性可视化分析系统（JDI）。传感器在首采区的空间布置具体如图 10-6 所示。

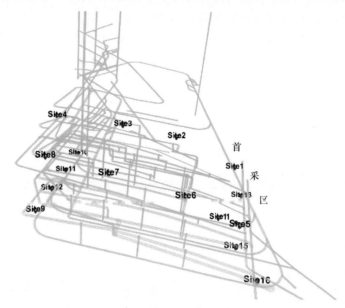

图 10-6　冬瓜山铜矿首采区传感器空间布置

图 10-7 为冬瓜山铜矿微震监测系统的布置形式，地面监测控制中心位于该矿网络信息中心，井下通信控制中心位于 -875m 水平冬瓜山副井附近的井下生产指挥中心。

在 -670m 水平 53 号勘探线和 -730m 水平 57 号勘探线穿脉内各安装了一个微震仪 QS1 和 QS2。为了确保信号传输过程中的衰减不会导致信号的失真，微震仪到井下控制中心的距离不宜超 1200m。为此，在 -730m 水平，47 号勘探线措施井附近安装一个转发器 QS Repeater；在 -875m 水平的上下盘沿脉内各安装了一个微震仪 QS3 和 QS4；每个微震仪连接四个位于巷道顶板垂直上向钻孔内的地震传感器，具体如图 10-8 和图 10-9 所示。各传感器拾取的地震信号通过 QS 采集后传输到井下通信控制中心，再通过电缆和光缆传输到地表控制中心。信号的处理和分析以及系统运行状况的监测均在地表控制中心完成。

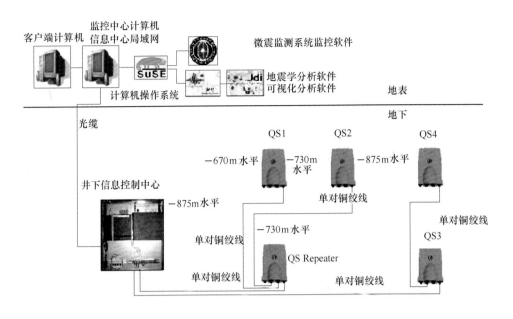

图 10-7 冬瓜山铜矿微震监测系统的组成部分

图 10-8 地震传感器

图 10-9 井下巷道传感器现场安装

　　监测系统安装完毕，通过在井下首采区进行的定点爆破，调试并确定监测系统计算的基础参数。实验室岩石声波测试确定的 P 波和 S 波在岩体中的平均传播速度分别为 5500m/s 和 3300m/s。在 -760m 水平 56 号勘探线 4 号采场巷道内（坐标：$y = 84528.4$m，$x = 22556.2$m，$z = -753.2$m）进行了 2.25kg 药量的爆破，监测系统根据上述基础参数确定爆破点（坐标：$y = 84535.0$m，$x = 22552.0$m，$z = -752.0$m），与实际的坐标相比较，系统的定位误差小于 10m，满足事先确定的系统定位精度要求。

B 地震事件的分类及数据库的建立

微震监测系统检测到的事件一般可分为以下几类：掘进和生产爆破、岩体活动、机械震动和噪声事件。为了不影响后续分析结果，数据处理时应将机械震动和噪声事件去掉，并建立地震事件数据库，在此基础上进行地震事件数据的分析工作，以指导井下生产活动。

例如，冬瓜山矿，微震监测系统自 2005 年 8 月安装运行以来，每天记录的事件大约有 300 个，其中首采区内岩体活动事件几十个，记录的最小事件震级为 -2.0，最大事件震级为 1.9，到目前已经存储了一定事件的数据。经过对地震事件波形的处理与分析，将微震监测系统检测到事件的典型波形归为 4 种，图 10-10 为典型波形实例。

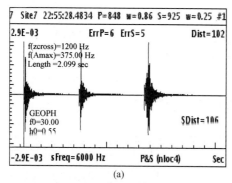

(a)

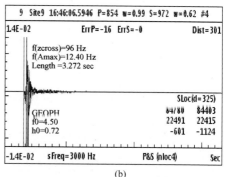

(b)

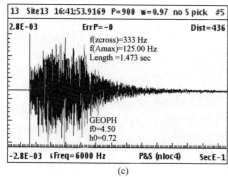

(c)

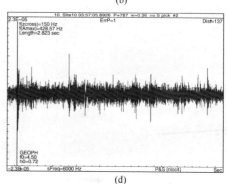

(d)

图 10-10　冬瓜山矿微震监测系统检测到的 4 类典型波形
(a) 掘进爆破；(b) 岩体活动；(c) 采场爆破；(d) 机械振动与噪声

C 矿山日常地震数据的分析工作

根据时间划分不同的分析阶段：短期如日分析、周分析，中期如月分析，长期如年度分析等；另外也可进行井下特定事件及重点区域的分析，如典型较大震级的破坏事件、地质构造活化或采区充填体的分析等。

对于矿山日常地震数据的分析，应完成以下几方面的工作：

（1）基于三维可视化技术，圈定地震活动的集中区域。如断层、岩墙等地质构造活化区域，大的破坏事件发生区域，残留矿柱、底柱及其他等特定区域。

（2）地震事件时间分布规律及空间分布规律与采矿活动关系。地震事件时间分布规律主要包括采场爆破后地震事件的时间分布、地质构造地震事件的时间分布和采矿工作区地震事件的时间分布等。地震事件空间分布规律主要包括地震事件平面分布、剖面分布及构造面分布等。

（3）基于地震事件的量化处理，进行地震参数变化曲线分析。地震参数分析主要包括地震事件大小 ML 及发生频率分析，以视在体积 V_A、位移 D 与时间 T 曲线等为主的岩体变形规律分析，以能量指数 E_1 与时间 T 曲线等为主的采区矿岩体应力场的演变规律分析，以便掌握井下应力场的状态，以及对矿岩体的破坏进行预测。

以下为冬瓜山铜矿微震监测数据的分析应用实例。

2007 年 4 月，首采区地震活动区域的水平分布如图 10-11 所示。图 10-11 中灰色直线代表首采区沿脉、穿脉巷道及采场布置，彩色的球体代表监测到的事件，不同的尺寸代表震级的大小，不同的颜色代表发生的前后时间。可以看出地震活动事件主要相对集中分布在：50 号勘探线 14 号采场、54 号勘探线 6 号、12 号、16 号采场及 56 号勘探线 8 号、10 号采场附近区域，这些区域值得关注。

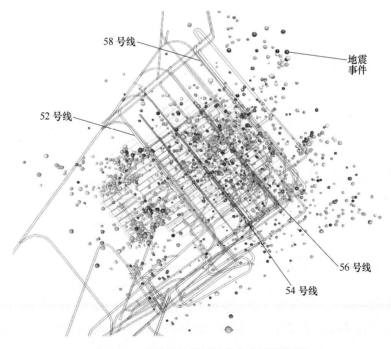

图 10-11   首采区地震活动分布水平投影图

图 10-12 为冬瓜山铜矿微震监测系统拾取的每天 24 小时内不同震级事件的分布情况。可以看出，大多数地震事件主要集中发生在三个时间段内，即上午 6~8 点、下午 14~16 点、晚上 22~24 点。在日常生产活动安排上，早上 6~7 点和晚上 22~24 点主要为掘进面爆破作业，而下午 14~16 点为采场生产爆破，这与该矿具体的采矿活动相吻合，生产爆破作业引起了周围岩体的活动，在爆破后的 2 个小时内地震活动比较集中，所以在这一段时间内系统记录的地震事件数目也比较多。可以得出爆破 2 个小时后人员及设备进入采场作业是比较安全的。

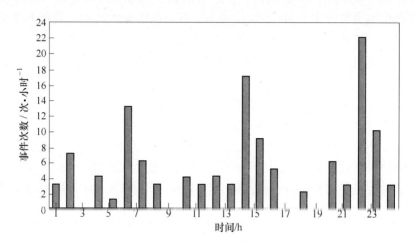

图 10-12　每天 24 小时内不同震级事件的分布情况

2006 年 10 月，针对冬瓜山铜矿首采区 54 号勘探线隔离矿柱发生的裂纹、片落破坏情况，利用三维可视化软件 JDI 对隔离矿柱的破坏进行分析。分析区域的多边形范围确定为走向 143°、倾向 90°、长度 500m、高度 200m、宽度 20m。计算的施密特数对数、累积视在体积随时间变化关系曲线，如图 10-13 所示。从图 10-13 中可以看出，在矿柱破坏之前，施密特（Schmidt）数的对数值 $\lg S_c$ 减小，由 14.77 降低至 13.60，对应的累积视在体积曲线在 10 月 24 日之前急剧变陡，曲线的斜率达到了最大，表明岩体发生了较大的变形，预示着矿柱内岩体的稳定性变差，发生破坏的危险性增加，极有可能发生一个大的破坏事件。

10.2.4.2　红透山铜矿

红透山铜矿[21]，开拓深度 1357m，开采深度 1257m，主要采矿方法有充填法、分段空场法和浅孔留矿法。该矿自 1976 年起开始有岩爆发生记载，多以巷道帮壁、掌子面岩块弹射为主要表现形式。随开采深度增加，该矿深部采场发生岩爆、顶板冒落等地压灾害日益加剧，如 1999 年 5 月，在距地表（+253m 平硐）约 900m，-647m 中段充填法盘区斜坡道岩帮发生了岩爆，帮壁崩落岩石厚度

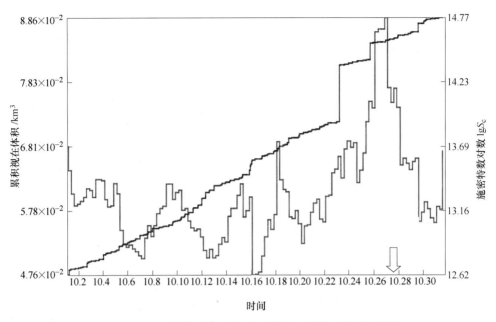

图 10-13　施密特数对数、累积视在体积随时间变化关系曲线

0.1~0.6m 不等，平均超过 0.3m，崩落长度约 30m，地表有明显震感。这些破坏事件的发生对井下作业人员的安全构成极大的威胁，严重影响了矿山正常生产。因此，矿方建立了微震监测系统，对深部采场岩爆等地压灾害进行监测及预测研究，采用的系统为南非 ISS 公司生产的设备，包含 3 个数据采集模块（GS），18 个通道，共 12 个传感器（其中三向传感器 3 个，单向传感器 9 个）。

由于微震监测系统通道数目和传感器数目的限制，采取避轻就重、重点突出的原则，选取井下地压活动强烈和有较强岩爆发生倾向性的区域作为监测重点。

监测区域选择如下：

（1）监测区域 1：707m 中段 27 号采场为红透山铜矿开采面积最大的采场，可以长期研究采矿活动，如凿岩、爆破开挖、出矿等与微震活动的关系。

（2）监测区域 2：767m 中段 13 号采场为充填完毕采场，主要研究充填体和围岩的微震活动性，以便为充填工艺及充填料的改进提供依据。

（3）监测区域 3：827m 中段 F8 破碎带，主要分析该破碎带及其附近岩体随开采扰动的破坏规律，保障未来 F8 破碎带上盘采矿生产活动的安全进行。

图 10-14 为 2010 年 9 月 1~10 日的每日微震事件数和监测范围内采场炸药使用量的关系，可看出每天的微震事件数量曲线和炸药使用量曲线走势近乎一致，炸药使用越多，岩体所受的损伤范围和损伤程度越大，微震活动性越频繁。同时，这也说明目前红透山深部采场围岩的整体损伤程度较小，微震事件的产生绝大部分是由于矿体开采扰动引起的。

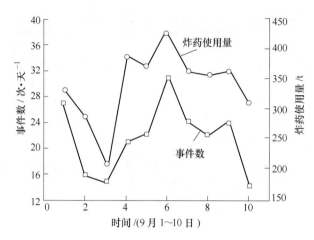

图 10-14　微震事件数与采场炸药使用量的关系

从图 10-15 可以看出，9 月 18~19 日监测系统分别拾取到井下震级较大的微震事件，分别为-0.1 级和-0.2 级，能量释放显著升高，远高于其他日期的能量释放水平。根据现场调查，未发现宏观的破坏现象，推断可能是岩体内部或充填体出现了较大尺度的破裂。

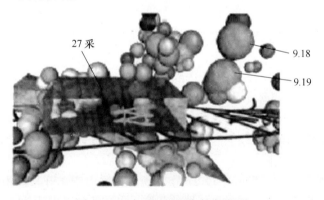

图 10-15　大震级微震事件定位图

在这两个能级较大事件发生前，累积视在体积与能量指数随时间的演化规律曲线可以划分为预警期和发生危险期。在 9 月 12 日之前，能量指数对数 $\lg E_{\mathrm{I}}$ 和视在体积 V_{A} 呈逐步增加的趋势，这个时期的围岩主要处于峰值强度前的压密和弹性变形阶段；当围岩体积内的能量超过围岩体的储能能力之后，岩体内部开始发生破坏，能量指数开始下降，视在体积进一步增加，反映了在该时间段内所监测范围内的岩体出现局部应变软化的现象，这是岩爆和大尺度岩体破裂发生前的显著特征，为岩爆或大尺度岩体破裂的预警期（9 月 12~15 日），应该及时对岩爆或者大尺度的岩体破裂提出预警。随着时间的推移，视在体积进一步增加，能量指数开始重新增加，进入岩爆和大尺度岩体破裂发生的危险期，最终在进入岩爆危险期后第 3 天（9 月 18 日）和第 4 天（9 月 19 日）产生较大尺度的岩体破裂事件。

10.2.4.3　柿竹园多金属矿

柿竹园多金属矿床，由于存在大量集中的采空区，采矿生产过程中地压现象显现严重，安全生产受到严重威胁[22]。因此针对该矿床的开采范围、特点等，通过国内外微震监测技术方案的比较分析，引进了加拿大 ESG 公司的地压监测设备，对井下采矿引起的地压活动进行实时、全天候自动监测。

该矿微震监测系统采用分布式的数据采集仪结构，数据采集仪之间采用光纤连接。系统主要由 5 台 Paladin 系统组成，每台 Paladin 系统配置 6 个通道，共形成 30 个通道的微震监测系统，配备 30 个单轴传感器。该系统的特点是可以根据开采的动态变化，方便地实现对系统监测范围的调整。Paladin 系统安设在井下，监控计算机建在地表采矿车间办公楼内。30 个传感器分别布设在 514m、558m 和 630m 中段，其中 514m、558m 中段分别布置 12 个、630m 中段布置 6 个传感器。整个系统在空间上形成一个大范围的立体监测区域，其组成如图 10-16 所示。

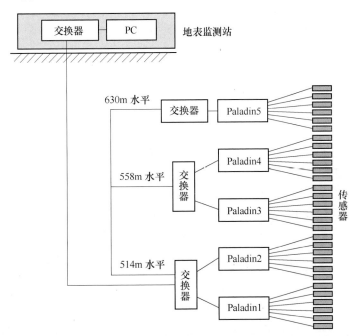

图 10-16　柿竹园多金属矿微震监测系统组成

柿竹园矿微震监测系统于 2008 年 11 月投入使用，先后进行了 2009 年 6 月

26日总装药量260t矿柱回采大爆破，2010年1月16日总装药量821t中深孔大爆破和2010年6月25日总装药量350t中深孔大爆破，每次大爆破后井下围岩体微震活动、地应力重新分布与集中、岩体稳定性预警等监测应用效果良好，应用情况如下：

（1）2009年6月26日矿柱回采大爆破。此次大爆破后微震监测事件主要聚集在558m水平的P3巷道的C3~C5段，其日事件率、释放能量与视应力均逐步减少，从大爆破后的第8天开始降为零。微震定位事件的时空演化过程也证明了这样两点：首先，微震活动性在658m水平的P3巷道的C3~C5段增强，地应力向该区域转移与集中；其次，该区域微震活动性与释放能量逐渐降低直至降为零，矿柱地应力集中趋势减缓。

待井下稳定后在558m水平的P3巷道C3~C5段发现一条长约30m，顺着P3巷道的新裂缝，向下已延伸至547m水平。上述地压显现与微震监测得到的信息是一致的，裂缝的产生表明了该区域是地应力转移与集中区域，在破裂释放弹性应变能之后应力集中得到释放，地应力向其他区域转移，同时建议将该区域作为下一次大爆破回采区域。

（2）2010年1月16日中深孔大爆破。此次大爆破后顶板连续暴露的南北跨度近200m，东西跨度近300m，630m水平的27号传感器接收到的微震不可定位事件在大爆破后突增，其日事件率随时间变化趋势如图10-17所示。事件发生率在2月24日达到历史最高值10665次/天，其中事件率最高达到60次/分钟。2月27日安全人员在630m水平27号传感器附近顶板区域发现了一较大的垮塌，现场估测垮塌量约为4000m³。

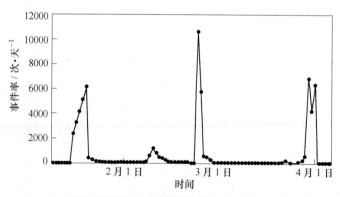

图10-17　27号传感器事件率变化曲线

10.2.4.4　凡口铅锌矿

凡口铅锌矿由浅部采区和深部采区组成。浅部采区的主矿体赋存于F3主控断层的上盘，深部采区的主矿体赋存于F3断层的下盘，埋深580~880m。目前上部采区已形成数百万立方米的充填体，在深部开采时这个大体积充填体自身的稳定性及其对深部矿体开采的影响，特别是 F3 断层对上、下盘矿体开采的影响，F3 断层下盘围岩的稳定性等都是矿山生产过程中必须关注的重大地压问题。因此，为保证矿山深部矿体的安全生产，采用 16 通道微震监测系统对 500m 以下矿体和 650m 以上狮岭北的主矿体开采采场进行监测，以减轻和防止地压危害，特别是预防可能的采场大冒落、岩爆或矿震灾害的发生[23,24]。

微震监测系统主要由地表监测站、井下数据转换站和传感器三个部分组成，具体如图 10-18 所示。基于建立的监测区域物理模型，并通过数值模拟优化后确定 16 个传感器分别布置在 500m、550m、600m、650m 中段采区，每个中段各布置 4 个，监测范围：长 300m、宽 300m、高 300m，系统定位误差在 10m 以内。

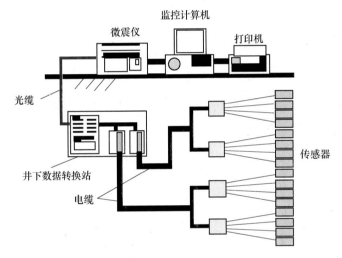

图 10-18　凡口铅锌矿微震监测系统的组成

采用该系统对凡口铅锌矿深部采区大爆破后的余震进行了监测，以评价采场围岩的稳定性，确定大爆破后人员进入采场作业的合理时间。图 10-19 所示为2004 年 10 月 4 日-600m 中段 N6 号采场大爆破和发生的一次余震事件的空间定位图，该次余震的震级为-3.7，发生时间在大爆破后 191.4s。监测结果表明，深部采场大爆破后的余震不多，所发生的余震事件也在爆破后的几分钟内产生，未发生半小时后的微震事件，说明目前深部采场围岩的稳定性较好，在半小时后发生大震事件的可能性不大。

10.2.4.5　澳大利亚某矿山

图 10-20 为澳大利亚某矿山在开采中发生的震级为 2.3 的破坏性岩爆实例。微震监测系统拾取到的数据表明：在此次破坏事件发生前 5 天内该区域发生了一系列的地震事件。

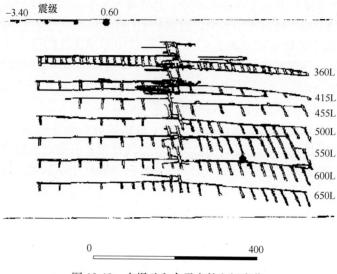

图 10-19　大爆破和余震事件空间定位

图 10-20　前 5 天内发生的地震破坏事件
（图中球体表示地震事件，三角形表示监测点）

对这次震级 $M_L = 2.3$ 破坏性岩爆进行分析，具体参数变化曲线如图 10-21 所示。可以看出，该事件发生前累积视在体积 $\sum V_A$ 急剧增大，由 $2.7 \times 10^7 \mathrm{m}^3$ 上升为

$4.07 \times 10^7 \, \mathrm{m}^3$，表明岩体发生了较大的变形；而累积视在体积与地震活动性时间关系曲线表明，在破坏性岩爆发生时地震活动率达到了最大值，为 108 次/天。

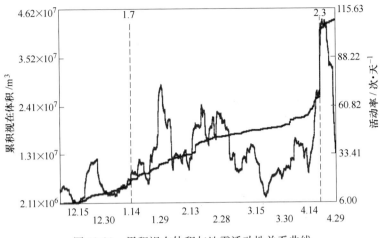

图 10-21　累积视在体积与地震活动性关系曲线

10.2.5　微震监测系统的管理与维护

由于微震监测系统的网络大都处于井下复杂环境，架设的线路及安装的监测设备等可能受到井下开采活动、人为以及地质环境等因素的影响而损坏。同时，地表监控中心终端计算机的长期使用也存在稳定性问题。因此，微震监测系统硬件需要得到良好的维护，当出现问题时应及时解决。

另外，要实现矿山微震风险的管理及控制，保持监测数据的完整性是极其重要的。因此，系统监测记录的数据必须及时保存，以防止由于系统故障造成数据丢失，同时还必须对数据库进行良好的维护。

因此，要求矿山需配备专职的技术人员，负责矿山微震监测系统日常管理工作，主要目的是保证监测系统正常运行，实现对矿山微震活动的长期连续监测和监测数据的完整、准确，从而为矿山开采地震活动、岩层地压及岩爆破坏分析和预测等提供可靠和有效的数据。

10.2.6　小结

随着国内矿山开采深度的增加，特别是进入深部高应力条件开采以后，由于诱发的岩爆破坏事件明显增多，增加了采矿成本，而且对井下人员、设备的安全以及生产的顺利进行构成威胁，因此需要建立有效的、全方位的、实时的地压监测系统，实现对生产过程中采矿活动区域应力场演变规律的监测。微震监测技术作为一种先进的和有效的地压监测手段，目前在国内外的深井矿山中得到了一定的应用，已成为深部地压安全管理的一个基本手段，可以肯定今后一段时间微震监测技术的应用会更加广泛。

参 考 文 献

［1］ Wilson Blake, Davie G F Hedley. Lake Shore Mine Kirkland Lake, Ontario. Rockbursts Case Studies from North American Hard-Rock Mines. Littleton：Society for Mining, Metallurgy, and Exploration, 2003：22-25.

［2］ Simer B, Joughin W C, ORTLEPP W D. The performance of Brunswick Mine's rockburst support system during a severe seismic episode. van Aswegen G, Durrheim R J, Ortlepp W D eds. Rockbursts and Seismicity in Mines-RaSiM5. Johannesburg：South African Institute of Mining and Metallurgy, 2001：240-243.

［3］ 杨志国, 于润沧, 等. 基于微震监测技术的矿山高应力区采动研究［J］. 岩石力学与工程学报, 2009, 28（增2）：3633-3636.

［4］ 石长岩. 红透山铜矿深部地压及岩爆问题探讨［J］. 有色矿冶, 2000, 16（1）：4-6.

［5］ 王永前, 等. 特大型镍矿连续开采地压控制技术［J］. 北京：科学出版社, 2013：381-402.

［6］ 赵海军, 马凤山, 等. 充填法开采引起地表移动、变形和破坏的过程分析与机理研究［J］. 岩土工程学报, 2008, 30（5）：670-675.

［7］ 孟昭君, 阚学胜, 等. 黑龙江大兴安岭岔路口巨型斑岩钼-铅锌多金属矿发现勘探及启示［J］. 矿床地质, 2012（31）：327-328.

［8］ 张怀东, 王波华, 等. 安徽沙坪沟斑岩型钼矿床地质特征及综合找矿信息［J］. 矿床地质, 2012（2）：41-50.

［9］ 吕广俊, 李鑫磊. 辽宁省本溪市思山岭铁矿地质特征浅析［J］. 硅谷, 2010（14）：121-122.

［10］ 周育, 范长森. 浅析大台沟铁矿阶段运输水平设计［J］. 矿业工程, 2011（8）：26-27.

［11］ 李培远, 边荣春, 曹秀华. 兖州市颜店矿区洪福寺铁矿床地质特征［J］. 山东国土资源, 2010（10）：11-13.

［12］ 汪和平, 王挺, 王兴明. 不同进路间距地压监测及模拟显现分析［J］. 金属矿山, 2004（1）：18-19.

［13］ 王福坤. 安庆铜矿充填体稳定性的监测研究［J］. 冶金矿山设计与建设, 1999, 31（4）：18-21.

［14］ 余阳先. 91号矿体开采中的地压监测与岩层控制［J］. 采矿技术, 2002, 2（4）：33-36.

［15］ 万虹, 冯仲仁, 石忠民. 地下采空区中矿柱稳定性的现场监测与研究［J］. 武汉工业大学学报, 1996, 18（4）：113-116.

［16］ 黄仁东, 余健, 等. 声发射技术在湘西金矿深井安全开采中的应用［J］. 中国安全科学学报, 2004, 14（1）：101-103.

［17］ 岳斌, 康鹏烨, 王玉山, 等. 岩体声发射技术在金川二矿区的应用［J］. 中国安全科学学报, 1998（8）：76-79.

［18］ 杨志国, 于润沧, 等. 微震监测技术在深井矿山的应用［J］. 岩石力学与工程学报, 2008, 27（5）：1066-1073.

[19] 郭然，潘长良，于润沧. 有岩爆倾向硬岩矿床采矿理论与技术 [J]. 北京：冶金工业出版社，2003：86-87.

[20] 杨承祥，罗周全，唐礼忠. 基于微震监测技术的深井开采地压活动规律研究 [J]. 岩石力学与工程学报，2007，26 (4)：819-822.

[21] 刘建坡，石长岩，等. 红透山铜矿微震监测系统的建立及应用研究 [J]. 采矿与安全工程学报，2012，29 (1)：72-73.

[22] 袁节乎，胡静云，等. 柿竹园多通道微震监测系统的建立及其应用 [C]//第四届中国矿山数字与智能技术装备大会，2011 (11)：147-149.

[23] 李庶林，尹贤刚，等. 凡口铅锌矿多通道微震监测系统及其应用研究 [J]. 岩石力学与工程学报，2005，24 (12)：2049-2052.

[24] 李庶林，尹贤刚，等. 多通道微震监测技术在大爆破余震监测中的应用 [J]. 岩石力学与工程学报，2005，24 (增1)：4712-4714.

[25] I G T Thin, N S Edkins, et al. The Evolution of Seismicity and Subsequent Learing Experience in Deep Lead, Mount Isa Mine, Xstrata Zinc. Yves Potvin and Martin Hudyma eds [J]. Rockbursts and Seismicity in Mines-RaSiM6. Nedlands：Australian Center for Geomechanics，2005：75-82.

11 充填体保护地表可行性研究

11.1 地下开采保护地表的理论基础

11.1.1 国外地表沉降岩层移动研究

矿山地表沉降学科是一门综合性很强的边缘学科，它涉及采矿、地质、测量、数学、力学和建筑结构学等学科知识。它的发展既受到这些学科发展的制约，又对这些学科的发展起到推动作用，丰富了这些学科的理论和实践[1,2]。

在国外，人们很早以前就注意到了地表沉降问题。在英国，15世纪初就有关于地表沉降造成财产损害的争论和诉讼方面的记载[3,4]。比利时在15~16世纪曾对因开采而破坏了列日市用水含水层者处以死刑，并规定：在列日市城下开采时，开采深度应大于100m。这是最早的有关地表沉降的法规。

地表沉降学的发展是随着工业革命的发展而发展起来的。工业革命使得矿产资源的需求量越来越大，大规模的地下开采带来了许多地表沉降问题，造成大量的财产损失和人员伤亡。因此，地表沉降受到各国科学家和政府的重视，并进行了大量的研究，经过100多年的发展，成为一门学科。

地表沉降学科的发展大致经历了以下三个阶段：

第一阶段是假说、推理阶段（20世纪以前）。这个阶段人们对于地表沉降机理和规律的认识和研究提出了不少理论，主要有：1858年，比利时人Gonot提出的"法线理论"；1882年，Oesterr教授提出的"自然斜面理论"；1885年，法国学者Fayol提出的"圆拱理论"；1876~1884年，德国人Jlcinsky提出的"二等分线理论"；1895~1897，Hausses提出的"Hausses理论"。由于缺乏现场实测资料，这些理论具有一定的局限性，难以满足现场实际需要，有些理论是粗浅的甚至是错误的，但为后续的研究提供了基础。

第二阶段是现场实测和规律认识阶段（20世纪初至30~40年代）。人们总结前期的研究认识到，光靠理论研究解决非常复杂的地表沉降问题是不够的，必须根据大量观测资料的统计分析来研究岩层与地表移动的规律，获得各种地质采矿条件下岩层与地表移动的参数，从而建立符合实际的理论模型和预测方法。因此，许多学者开始进行岩层与地表移动的系统观测，获得大量观测资料，在对资料进行分析的基础上取得了很多成果。

1903 年，Halbaum[5] 将采空区上方岩层作为悬臂梁，提出了地表应变与曲率半径成反比的理论。1907 年，Korten 发表了自己的观测成果，提出了水平移动和水平变形的分布规律。苏联专家开始认识到老采空区"活化"的问题。人们认识到地表点的移动超前于工作面，并且认识到，超前距离与覆岩岩性和开采深度等因素有关。以 Schultz 和伊米茨为代表的许多学者通过对地表移动的时间进行大量的研究，得到许多成果：（1）采深越大，地表移动时间越长；（2）采用房柱式开采的移动时间比采用崩落法开采更长；（3）提出地表移动活跃期的概念，并定义下沉速度大于 50mm/d 的地表移动为地表下沉活跃期；（4）获得活跃期内下沉量占总下沉量的百分比；（5）初步得出了移动时间与覆岩层岩性之间的关系；（6）对地表移动结束的标准进行了讨论，但没有获得一致的意见。

继 1910 年 Puschmann 在其著作中首次发表岩层移动的观测结果以后，各国学者进行了大量岩层移动的观测工作，取得如下成果：（1）随着远离采空区下沉逐渐减小；（2）采用充填法开采顶板均匀下沉，层间岩体的弯曲是均匀和连续的，但亦存在裂缝和断裂现象，采用崩落法开采岩层断裂严重，存在台阶状下沉现象；（3）实地观测到，在上部硬岩下部软岩的条件下会出现覆岩离层现象；（4）获得了岩体内部移动变形分布规律和地表移动变形规律的对应关系曲线。

20 世纪 30 年代，人们开始研究地表移动的计算问题。20 世纪 30 年代人们开始了有关地表移动计算的研究。1932 年，Bals 假定地壳上全部采空区对于地面上各点的作用犹如两个相互吸引的物体的相互作用一样。根据这个假定，Bals 给出了与下沉积分格网相类似的各带影响权系数。1934 年，Glükauf 在其著作中提出了 Glükauf 计算方法。该方法认为：对于地表点的影响应当相应有一定的开采范围，这一范围由 Glükauf 称为极限角（相当于现在的边界角）的角值确定。

1934~1935 年，苏联中央矿山测量科学研究所提出了地表下沉速度的概念，标志着人们对地表动态移动规律研究的开始。通过现场观测，苏联学者首次给出了地表移动盆地下沉等值线图，获得了地表移动盆地的形状呈近似的圆形并随工作面推进而移动。

这一时期人们对于地表沉降机理和规律的研究以现场观测为主，在现场观测的基础上获得了许多新的认识和规律，并为以后建立地表沉降计算模型和进行"三下"采矿奠定了基础。因此，该阶段是资料准备和收集的阶段。美国、英国、苏联等国家对地表移动进行了系统观测，获得了地表的移动变形规律。认识到水平移动对建（构）筑物的危害，并进行了较为精密的导线测量；观测站的设置也从无序发展到设置剖面观测站。苏联还利用仪器测量点的横向移动。通过这一时期的观测，人们获得了较为全面的地表移动规律、地表点的移动过程和地表动态沉降规律，为进一步研究地表及岩层移动提供了准确数据。同时，对地表的建（构）筑物移动破坏也进行了观测，得出了采动区内建（构）筑物损害等

级与地表变形的关系，为进行建（构）筑物下采矿设计提供了理论依据。

第三阶段是预测方法和预测理论的建立以及实际应用阶段（20 世纪 40 年代以后）。这是地表沉降学科从实测研究转向理论研究的阶段。在这一时期建立了大量预测模型和预测方法，开展了建（构）筑物下、铁路下、水体下（上）采矿（简称"三下"采矿）的理论和实践研究，取得了丰硕的成果。在这一阶段，地表沉降学科走向成熟。

1947 年，苏联学者阿维尔申（Авершин）[6]对地表沉降进行了理论研究工作，他利用塑性理论对岩层移动进行了分析研究，结合经验方法建立了描绘地表下沉盆地剖面图形的公式，在大量实测资料的基础上，提出了开采水平煤层时地表的水平移动与地表的斜率成正比的著名观点。

1950 年以后，波兰学者布德雷克（Budryk）和克诺特（Konthe）[7]使几何沉降理论有了新的发展。提出了连续分布影响曲线的概念，正确选用了高斯曲线作为影响曲线，并且在理论结果的基础上，提出了一系列保护采动对象、减小地表变形的措施，提出了留设保安煤柱的新观点。这些理论结果获得了广泛的实际应用。

1952 年波兰学者沙武斯托维奇将煤层及崩落岩石（或充填物）视为弹性基础，上覆岩层视为置于弹性基础上的梁，导出了地表下沉盆地的剖面方程（即弹性基础梁的波动理论）。

1954 年波兰学者李特维尼申（Litwiniszyn）[8]提出了地表沉降的随机介质理论，从而将地表沉降理论的研究提高到一个新的阶段。随后通过实践应用，形成了地表沉降学的理论体系。

60 年代初，英国学者贝里（Berry）和赛勒斯（Sales）[9,10]将岩体视为均质弹性体，分为平面各向同性、横观各向同性与空间问题三类进行分析，提出了计算岩体下沉的方法。

南非的沙拉蒙（Salamon）[11~13]应用弹性理论提出了面元原理，将连续介质力学与影响函数法相结合，为现在的边界单元法奠定了基础。西德学者克拉茨（H. Kratzsch）[14]总结概括了煤矿地表沉降的预测方法，并发表了《采动损害及其防护》。勒劳纳（Brauner）[15]提出了水平移动的影响函数并发展了圆形积分网格法计算地表移动。

1979 年，彼图霍夫给出了岩石沿层理面向倾斜方向移动而引起岩体移动的计算方法。同年，约菲斯和契尔那耶夫提出了用高斯积分函数计算移动过程平稳时的剖面方程。

1983 年，Conroy 和 Gyarmaty 采用钻孔伸长仪（full profile borehole extensormeter）和钻孔测斜仪（full profile borehole inclinometer）观测了岩体内部的竖向和横向移动，首次获得了岩体内部的水平移动分布规律，并观测到了岩体沿层面的滑移和离层现象[16]。

这一阶段是理论大幅度发展的阶段，从各个不同的观点出发，研究了开采影响下岩石移动的规律，尤其是地表移动的空间和时间规律。其中以水平煤层的开采问题研究较多。比较著名的有布德雷克-克诺特代表的几何学派、阿维尔申及沙武斯托维奇代表的连续介质力学派，以及李特维尼申代表的随机介质学派等。现在的理论比较有根据地说明岩层与地表移动的一般规律，其中某些理论结果在实践中获得了广泛的应用并对建筑物下压煤开采工作起了关键性的指导作用。而且，随着相邻学科与地表沉降互相渗透、互相促进，不仅使地表沉降学逐渐发展成为一门综合性、边缘性的学科，而且在概念、方法和手段上都有了很大的发展。

11.1.2　国内地表沉降岩层移动研究

在我国，地表沉降学科是新中国成立以后才发展起来的。20世纪60年代以前，基本上都是借用苏联的典型曲线法。1958年起，在我国一些煤矿矿区如开滦、淮南、阜新等地制定了开展地表移动观测的规划，并相继建立了一些观测站。在多年观测的基础上求出一些矿区的地表移动参数，并编制淮南等三矿区的"地面建筑物及主要井巷保护暂行规程"，从而改变了过去那种直接引用苏联经验解决我国实践问题的局面。1963年，唐山煤炭研究所根据实测资料分析，建立了地表下沉盆地的负指数形式的剖面函数。1965年，我国学者刘宝琛、廖国华[17]撰写了《煤矿地表移动的基本规律》，其中最大贡献是将李特维尼申的随机介质理论加以引入和完善，提出了地表移动预计的概率积分法，该方法现在我国采矿行业中仍广泛应用。1978年，刘天泉提出了保护煤柱的开采方法，1981年，他又和仲惟林等学者合作，研究提出覆岩破坏的基本规律，并针对水体下采矿提出了一些经验性的成果和方法。1983年，马伟民、王金庄[18]等人组织撰写了《煤矿岩层与地表移动》，详细总结了之前的研究成果。

20世纪80~90年代，我国地表沉降理论和实践研究出现了日新月异的发展。何国清（1981）和吴戈（1981）分别给出了地表下沉盆地剖面的偏态表达式"威布尔分布"和"Γ分布"；杨伦（1984，1987）[19]提出了岩层二次压缩理论，将地表下沉直接与岩体的物理力学性质联系起来；李增琪（1983，1985）[20]将采动岩体看成是多层梁板的弯曲，采用Fourier变换推出岩层与地表移动表达式；张玉卓（1987）[21]提出岩层移动的位错理论；郝庆旺（1985）[22]提出了采动岩体沉降的空隙扩展模型；杨硕（1990）[23]建立了地表沉降力学模式；邓喀中（1993）[24]提出了岩体地表沉降的结构效应；吴立新、王金庄（1994）[25]提出了条带开采覆岩破坏的托板理论；于广明（1994~1997）[26]从非线性科学角度认识地表沉降的复杂性，开始研究地表沉降的非线性机理和规律；范学理、赵德琛、张玉卓、徐乃忠等人（1986～1997）[27,28]着手研究采动覆岩离层形成的基本规律和离层注浆控制地表下沉的理论机制，为离层注浆减缓地表沉降技术的实施提供了有力的理论依据；崔希民（1996）对主断面的地表移动与变形进行了实时位形上的分析，建立了地表沉降的流变模型等。

20世纪60年代后期，随着计算机的广泛应用，有限元和边界元在岩土力学中得到了广泛应用，并开始应用于地表沉降计算和机理分析。在地表沉降的数值模拟上，一些学者利用不同的模型模拟，得出一些非常有价值的成果。如谢和平（1988）[29]的损伤非线性大变形有限元法、何满潮（1989）的非线性光滑有限元法[30]、邓喀中（1993）的损伤有限元法、张玉卓（1996）和麻凤海（1996）的离散单元法等。这些数值方法为地表沉降的计算拟合和定量预测奠定了基础[31~33]。

总之，国内外关于矿山开采地表移动规律的研究多集中于煤矿开采，对于金属矿山的研究相对较少。煤矿地表移动研究成果一般不适合于金属矿山，但有关理论及方法对研究金属矿山开采的地表移动规律有一定的借鉴作用。

11.1.3　主要地表沉降变形预测理论体系

开采沉降变形预测方法在开采沉陷的理论体系上占有至关重要的作用，各国学者进行了大量的研究工作，并提出了许多各具特色的预测方法，预测方法主要有：经验公式法、理论模型法、模型实验法、剖面函数法及影响函数法等。各种方法在理论应用中具有互补性，实际工作中一般以多种方法的分析来综合评价。

11.1.3.1　经验公式法

经验公式法指以工程现场大量的地表实测资料为基础，通过综合分析建立起具有一定统计规律的经验公式，并将该经验公式用于其他类似工程地下开采引起的地表移动变形预测方法。经验公式由于是以实际监测数据为基础，且预测公式较简单，应用较广。但由于类比条件的局限性，在实际预测中，一般都是将其他预测方法得到的结果与经验公式结果做比较综合分析。

11.1.3.2　理论模型法

理论模型法是指建立在力学模式及弹性或塑性理论基础上的计算方法。力学理论主要有以 A. Salstowicz 等[34]为代表的固体力学理论和以 J. Litwiniszyn[35,36]等为代表的随机介质理论。建立在弹性或塑性理论基础上的计算方法主要有：有限单元法（FEM）、边界元法（BEM）、离散元法（DEM）、有限差分法（FDM）及非线性力学法（Nonlinear）等。计算机的快速发展为数值分析提供了强有力的工具，特别是借助于数值分析软件，不仅能够动态模拟地下开采引起的岩层和地表的移动与变形，而且能够分析岩体的损伤（如节理、裂隙和断层等）对地表移动变形的影响，使得数值分析法成为研究复杂地质条件下地下开采影响的重要途径。但地质特征复杂、多场耦合条件明显及岩石力学参数的选取和本构关系考虑不够等原因，使得计算结果与工程实际存在一定出入[37~39]。

11.1.3.3 模型试验法

模型试验法是对理论研究和经验总结的重要补充及试验验证，主要有相似材料模型试验法、离心模型试验法、电模拟试验法和光电模拟试验法等。早在1937年苏联就最先使用了立体模型试验来模拟矿层的开采。通过模型试验不仅能揭示地表移动与变形的一般规律和特征，而且能够清楚地了解采空区尺寸、采深、矿体倾角等因素对地表移动与变形的影响。特别是离心模型试验，由于能够较真实地模拟与原型等应力条件下地下开采引起地表移动与变形破坏的整个过程，近年来在国内外用得比较多。但模型试验针对性较强，一般是模拟具体工程在特定条件下的开采，且其精度受试验工艺和人为操作的影响较大，所以其结论的指导意义存在一定的局限性。

11.1.3.4 剖面函数法

剖面函数法是指根据地表移动盆地的剖面形状来选择相应函数作为预测地表移动与变形的公式。该剖面一般为开采工作面走向或倾向主断面，剖面函数形式通过曲线拟合或最优化确定，苏联、英国、匈牙利和波兰等国都有自己适用的剖面函数计算公式。目前剖面函数法主要有：典型曲线法、负指数函数法、双曲线函数法及威布尔法等。其中负指数函数法和典型函数法应用最多，它们的表达式为：

$$W_x = W_0 \exp[-a(x/L)^n] \tag{11-1}$$

式中 W_x——地表移动盆地主断面上任意一点的沉降值，mm；

W_0——地表最大沉降值，通过现场实测得到，mm；

x——地表移动盆地主断面上任意一点到最大下沉点的水平距离，m；

L——下沉盆地的半径，m；

a，n——待定系数，根据实测资料获得。

负指数函数法是用负指数形式表示地表移动盆地主断面上的曲线，而典型函数法则是用无因次的典型曲线来表示，它只用到一个地表最大沉降值 W_m（充分采动条件下为 W_0），表达式为：

$$W_m = m\eta\cos\alpha\sqrt[3]{n_1 n_2} \tag{11-2}$$

式中 m——开采厚度，m；

η——下沉系数；

α——开采工作面倾角，（°）；

n_1，n_2——走向和倾向的采动系数，

$$n_1 = k_1 D_1 / H$$

$$n_2 = k_2 D_2 / H$$

k_1，k_2——一般取 0.8；

D_1，D_2——工作面在走向和倾向上的长度；

H——开采深度。

11.1.3.5 影响函数法

影响函数法是预测地表移动变形的一种有效方法，它是经验方法向理论模型过渡的一种方法[40,41]。影响函数法是从单元开采对地表移动变形的影响出发，将开采引起的岩层与地表移动看成一个随机过程，依据统计学的观点建立理论模型，推导出地表移动与变形的解析式。影响函数最先是由波兰学者 Budr 和 Knothe 在 1950 年提出的，1954 年 J. Litwiniszyn 提出了随机介质理论，奠定了影响函数的理论基础。典型的影响函数法有：巴尔斯（Bals）、培尔茨（Perz）、别耶尔（Beyer）、扎恩（Sann）、布德雷克-克诺特（Budr-Knothe）、刘宝琛理论等方法。假定单元体的水平投影面积为 $\mathrm{d}p$，根据影响函数的叠加原理，开采面积为 P 的矿层引起地表点 A 的下沉量应等于开采该范围内所有单元体引起 A 点下沉的叠加：

$$W_a = \iint_P m\eta f(x)\,\mathrm{d}p \tag{11-3}$$

式中，m 为开采厚度，mm；η 为下沉系数；$f(x)$ 为影响函数，上述各学者在理论方法中关于影响函数的描述分别为：

Bals $\qquad\qquad\qquad f(x) = \dfrac{1}{x^2}$

Perz $\qquad\qquad\qquad f(x) = \dfrac{1}{x}$

Beyer $\qquad\qquad\qquad f(x) = c\left(1 - \dfrac{x^2}{R_g^2}\right)^2$

Sann $\qquad\qquad\qquad f(x) = \dfrac{2.256}{x}\exp(-4x^2)$

Budr-Knothe $\qquad\qquad f(x) = \dfrac{1}{r}\exp\left(-\pi\dfrac{x^2}{r^2}\right)$

Liu Baochen $\qquad\qquad f(x) = \dfrac{1}{r}\exp\left(-\pi\dfrac{x^2}{r^2}\right)$

式中，$\mathrm{d}p$ 为单元体的水平投影面积；x 为单元采出面积距地表点 A 的水平投影距离；c 为 Beyer 系数；R_g、r 为开采影响特征参数。

影响函数法主要优势在于它能计算开采范围内任意点的移动变形值，而且不受开采工作面形状和是否达到充分采动条件等因素的限制。同时，由于计算公式中参数都是根据实测资料来确定，并能通过参数的调整应用到不同条件下的预测，所以相比较其他函数法显现出明显的优势，能够较真实地反映地表移动与变形的分布规律。

从以上各种地表沉降变形预测理论的论述来看，地表移动的研究涉及的学科众多，而目前的理论方法多是建立在某单一学科的基础上。在实际工程中，开采环境及地质特性复杂，且随着地下开采规模不断扩大，在复杂工程地质条件下开采已成为必然的趋势，但现有的单一理论体系由于不能准确、全面的反映各岩层地质因素对地表移动变形的影响，分析结果存在一定的偏差。因此，要完善地表移动变形理论就应加强各领域多学科的渗透，以及非线性科学在工程中的应用。

目前最为广泛使用的地表沉降预测理论是以随机介质理论为基础的概率积分法，其预测精度主要取决于分布函数的选择和参数的正确估计，不需考虑采空区上覆岩层的岩性，在实际工程中的应用存在很大的优势并取得了理想的结果，但用来分析岩层因素对地表沉降变形的影响及模拟开采的动态过程存在一定的局限性。借助于数值模拟方法可以很好的解决这一问题，但数值模拟计算量大、建模需要充分反映采矿的工艺过程及围岩的复杂条件，且岩体力学参数和本构关系的选取对分析结果影响较大，然而随着计算机技术和数值模拟软件的不断发展，三维数值模拟已经可以方便快速地解决很多采矿工程问题。

11.2　充填法开采岩移影响因素与特征

矿山开采引起的地表移动主要有塌陷、破裂及连续变形三种形式[42]。浅部开采时，由于表层岩石强烈风化，再加上地下水的影响，采空区上方的浅薄盖层极难长期稳定，垮落带或破裂带直通地表，使地表产生塌陷破坏。随着采深的增加，一般来说，岩体自身的强度会增加，采空区的上部会形成岩体的松动圈，采用充填法开采并及时充填采空区后，一般采场顶板不会发生大范围垮塌。当开采深度超过 $100\sim150m$，或者 H/m（采深/采厚）大于 20 以后，开采影响下的地表移动和变形在性质上发生了显著变化。杂乱无章的塌陷消失了，地表移动和变形在时间和空间上都具有明显连续的特征。而且，根据理论分析所知，岩体的局部开挖仅仅对一定的有限范围才有明显的影响。在距离开挖部位稍远一些的地方，其应力变化是微不足道的。例如，对于地下巷道，开挖仅在其周围距巷道中心点 $3\sim5$ 倍跨宽（或高度）的范围内有实际影响[43]。

确定充填法开采对地表的影响程度是当前矿山开采亟待解决的问题。一般来说，采空区距地表越远，对地表产生的影响越小，这一点无论是对充填法还是其他采矿方法都适用。通过对已开采多年的充填法矿山地表变形实例的分析研究并结合一定条件下的简化矿体形态开采的数值模拟，若能得出开采矿体深度、矿体倾角、矿体厚度、充填体强度等因素对地表影响程度的规律性结论，无疑对指导未来的采矿设计、合理确定地表工业场地、保护地表建（构）筑物具有十分重要的意义。

因此，本书分别研究了采用充填法开采时，矿体埋藏深度变化对地表的影响、矿体厚度变化对地表的影响、矿体倾角变化对地表的影响及充填体强度变化对地表的影响。

11.2.1 矿山开采岩体移动影响因素分析

由于金属矿山在地层结构、矿体形态、赋存条件及采矿方法等方面的复杂性，影响金属矿山开采岩体移动的因素亦复杂多变，即便是充填法开采的矿山，由于每个矿山的矿体赋存条件、开采技术条件、采矿方法及开采顺序千差万别，不同的影响因素对地表移动规律的影响程度也很难确定。对于矿山开采引起地表移动的最直接的因素是地下采空区的形成与发展过程，研究采用充填法开采的金属矿山地表移动规律，主要影响因素应该包括：矿体赋存条件、矿床开采过程、采空区形状、矿石和围岩的物理力学性质、地质构造、充填工艺过程、矿区地应力分布规律等。

11.2.1.1 矿体赋存条件

金属矿山矿床的矿体厚度、倾角、方位、矿体几何形态等均不稳定。同一个矿体内，在走向或倾斜方向上，其厚度、倾角经常发生很大的变化，且经常出现尖灭、分枝复合等现象，这就要求有多种采矿方法，并且采矿方法本身也要有一定的灵活性，以适应复杂的地质条件。

11.2.1.2 矿床开采过程

矿体开采是一个动态过程，围岩受到频繁扰动和破坏。采矿方法和工艺可以改变地表位移、变形分布状态。

11.2.1.3 采空区形状

采用充填法开采，采场的结构参数、保安矿柱的设置、嗣后充填的时间等都会对采场顶板直至地表的变形产生不同的影响。

11.2.1.4 矿、岩的物理力学性质

金属矿床矿、岩的物理力学性质比较复杂，矿岩的坚固性、稳固性、裂隙发育程度等，同一矿山、矿山与矿山之间各不相同，而矿山各类岩体的物理力学性质决定了采用既定模式分析计算矿山开采产生的地表变形输入参数值。

11.2.1.5　地质构造

金属矿床成矿条件复杂，经常有断层、褶皱、穿入矿体的岩脉、断层破碎带等地质构造，对岩体的稳固性影响很大。给采矿工作带来很大困难，也是岩层移动、地表变形及塌陷的重要影响因素。

11.2.1.6　充填工艺

充填体在一定程度上可以减缓围岩发生大规模移动的速度。但是，利用充填法开采地下矿山，依然会产生岩体移动和地表变形，其数量上相对于其他采矿方法来说要小得多，并且一般不会产生塌陷等不连续下沉，但随着矿山开采深度的增加，矿山开采周期逐渐加长，充填体的体积随之逐渐增大，所承担的地应力也随之逐渐加大。在高地应力和采动等条件影响下，岩体和地表可能会产生移动，严重的会有大量的裂缝出现。不同的充填工艺过程会对开采引起的岩体移动和地表变形产生不同程度的影响。

11.2.1.7　矿区地应力分布规律

地应力（原岩应力）是指岩体处于天然产状条件下所具有的内应力，主要由自重应力和构造应力叠加而成。原岩应力场是一个非常复杂的问题，它不仅因为在岩体自重作用下产生垂直及水平应力，而且还由于地质历史过程中地壳岩体运动而引起的构造应力，这种应力因为岩体的塑性及应力松弛效应而处在变化过程中。地应力是地下岩体开挖工程变形和破坏的根本作用力，而且随着开采深度的不断增加，采区深部应力场的变化及其对岩体移动变形的影响也越来越复杂。

岩体的开挖必然改变初始地应力状态，使岩体应力进行重新分布，处于弹性状态的岩体因应力重新分布而进入塑性状态，原来低应力状态岩体可进入高应力状态，甚至产生脆性破坏，还可能使那些岩体与工程相关的部位形成应力集中，从而引起岩体的变形或破坏。当岩体移动变形超过岩体的极限承载范围时，就会产生地表大面积塌陷、建筑物毁坏、隧道及巷道塌方等重大的工程事故，因此，矿区地应力分布规律是进行地下充填法采矿产生的岩体移动变形预测分析需考虑的重要因素之一。

11.2.2　矿体埋藏深度变化对地表的影响

11.2.2.1　数值模拟方案

相同的矿体水平厚度（50m）及矿体倾角（70°），矿体埋深分别为200m、300m、400m、500m、600m、700m、800m、900m、1000m，共9个方案，采用充填法开采，如图11-1所示。矿体开采的范围均为埋深以下8个中段（按60m中段高度）480m高的矿体，即9个方案的采、充体量是相同的。开采工艺模拟为：将8个中段分为上、下两段，分别为上部中段和下部中段，上、下部中段各包含4个中段，240m高。上下两中段同时开采，采用充填法开采。

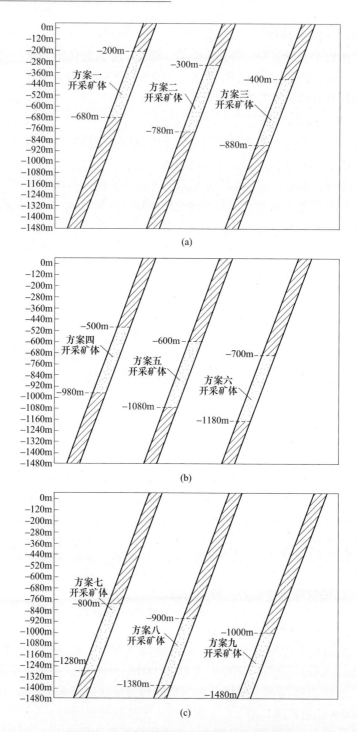

图 11-1　不同开采深度计算模拟方案示意图

（a）方案一、二、三；（b）方案四、五、六；（c）方案七、八、九

11.2.2.2 计算参数

计算模拟中采用的岩体力学参数见表11-1。

表 11-1 岩体强度参数表

项目	密度 /kg·m^{-3}	弹性模量 /GPa	黏聚力 /MPa	摩擦角 /(°)	泊松比	抗拉强度 /MPa
矿体	2700	9.17	5.69	35.69	0.25	0.52
围岩	2700	9.17	5.69	35.69	0.25	0.52
充填体	1680	0.87	0.76	36.6	0.32	0.4

数值模拟中原岩应力条件假设为：最大水平主应力（MPa），为压应力，与矿体走向垂直；最小水平主应力（MPa）为压应力，与矿体走向近似平行。其中最大水平主应力是最小垂直主应力的1.5倍。

11.2.2.3 地表变形规律

为了研究不同埋藏深度、急倾斜厚大矿体开采引起的地表变形规律，分别分析矿体开采沉降与埋深的关系、水平变形与埋深的关系可知，随着开采深度的增加，矿山开采引起的地表沉降及地表水平位移均呈近似线性递减趋势。开采同样体积的矿体，当矿体平均厚度为50m，埋深为1000m时，在地表产生的最大沉降量约为埋深200m时的58.8%，在地表产生的最大水平位移约为埋深200m时的34.9%；随着开采深度的增加，地表水平位移的下降梯度较地表沉降的下降梯度大。

25m厚矿体埋深200m时，开采引起的地表最大沉降值为0.054m；50m厚矿体埋深200m时，开采引起的地表最大沉降值为0.097m；100m厚矿体埋深200m时，开采引起的地表最大沉降值为0.155m。随着矿体厚度的增加，产生的地表沉降量增加明显。同样，地表最大水平位移值的趋势亦然。详图见表11-9。

11.2.3 矿体厚度变化对地表的影响

11.2.3.1 数值模拟方案

相同的矿体埋藏深度（200m）及矿体倾角（70°），矿体水平厚度分别为10m、20m、30m、40m、50m、60m、70m、80m、90m、100m，共10个方案，采用充填法开采，如图11-2所示。矿体开采的范围均为埋深以下8个中段（按60m中段高度）480m高的矿体。开采工艺模拟为：将8个中段分为上、下两段，分别为上部中段和下部中段，上、下部中段各包含4个中段，240m高。上下两中段同时开采，采用充填法开采。

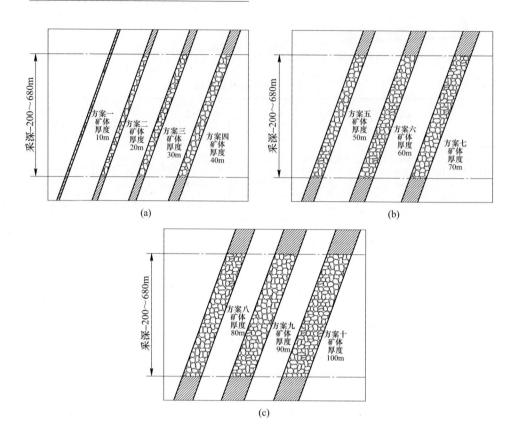

图 11-2　不同矿体厚度计算模拟方案示意图
（a）方案一、方案二、方案三、方案四；（b）方案五、方案六、方案七；
（c）方案八、方案九、方案十

11.2.3.2　计算参数

计算模拟中采用的岩体力学参数见表 11-2。

表 11-2　岩体强度参数表

项目	密度 /kg·m⁻³	弹性模量 /GPa	黏聚力 /MPa	摩擦角 /(°)	泊松比	抗拉强度 /MPa
矿体	2700	20	5.69	35.69	0.25	0.52
围岩	2700	20	5.69	35.69	0.25	0.52
充填体	1680	0.87	0.76	36.6	0.32	0.4

　　数值模拟中原岩应力条件假设为：最大水平主应力（MPa）为压应力，与矿体走向垂直；最小水平主应力（MPa）为压应力，与矿体走向近似平行。其中最大水平主应力是最小垂直主应力的 1.2 倍。

11.2.3.3　地表变形规律

为了研究充填法开采急倾斜矿体，矿体厚度变化对地表变形的影响程度及地表变形规律，分别分析矿体开采沉降与矿体厚度的关系、水平变形与矿体厚度的关系。

随着开采矿体厚度的增加，矿山开采引起的地表沉降及地表水平位移均呈近似抛物线型递增趋势。开采同样倾角（70°）的矿体，埋深为200m、采出矿体为8个中段480m高时，当矿体平均厚度为10m时，在地表产生的最大沉降量约为1.34cm，最大水平位移为1.63cm；当矿体平均厚度为100m时，在地表产生的最大沉降量约为4.94cm，最大水平位移为5.69cm。当矿体厚度由10m增加到20m时，地表沉降量增加约70%；当矿体厚度由20m增加到30m时，地表沉降量增加约30%；当矿体厚度由30m增加到40m时，地表沉降量增加约10%，地表沉降的增量是递减的。地表水平位移的情况亦相同。详图见表11-9。

11.2.4　矿体倾角变化对地表的影响

11.2.4.1　数值模拟方案

相同的矿体埋藏深度（200m）及矿体水平厚度（30m），矿体倾角分别为20°、30°、40°、50°、60°、70°、80°，共7个方案，采用充填法开采，如图11-3

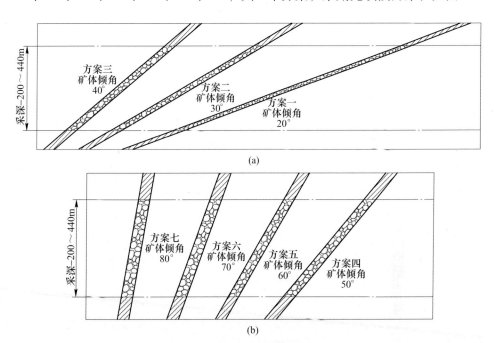

图 11-3　数值模拟方案示意图

（a）方案一、方案二、方案三；（b）方案四、方案五、方案六、方案七

所示。矿体开采的范围均为埋深200m以下4个中段（按60m中段高度）240m高的矿体。开采工艺模拟为：将4个中段分为上、下两段，分别为上部中段和下部中段，上、下部中段各包含2个中段，120m高。上下两中段同时开采，充填法开采。

计算模拟中采用的岩体力学参数见表11-2。

11.2.4.2　地表变形规律

为了研究充填法开采，采出同样矿量条件下，矿体倾角的变化对地表变形的影响程度及地表变形规律，分别分析矿体开采沉降与矿体倾角的关系、水平变形与矿体倾角的关系。

随着开采矿体倾角由缓变陡，矿山开采引起的地表沉降及地表水平位移均呈近似直线型递减趋势。开采同样水平厚度（30m）的矿体，埋深为200m、采出矿体为4个中段240m高时，当矿体倾角为20°时，在地表产生的最大沉降量约为4.79cm，最大水平位移为2.98cm；当矿体倾角为80°时，在地表产生的最大沉降量约为1.19cm，最大水平位移为1.65cm。矿体倾角为80°时，开采同样体量的矿体，其产生的地表最大沉降，是矿体倾角为20°地表沉降量的25%；水平位移是矿体倾角为20°的55%。最大水平位移3.29cm发生在矿体倾角为30°时，矿体倾角自30°由缓变陡，水平位移也直线递减。随着矿体倾角的变化，充填法开采矿体产生的地表水平的变化速率小于地表沉降量的变化速率。详图见表11-9。

11.2.5　充填体强度变化对地表的影响

11.2.5.1　数值模拟方案

为了了解充填体弹性模量变化对充填法开采地表变形的影响程度，在相同的矿体水平厚度（40m）、相同的矿体倾角（70°），矿体埋深为200m，开采4个中段的矿体（每个中段高60m）条件下，只改变充填体弹性模量，充填体弹性模量分别为：0.5、1、1.5、2、2.5、3、3.5、4、4.5、5、5.5、6、6.5、7、7.5、8、8.5、9、9.5、10GPa时，分析允填法开采后地表的变形规律。矿体开采的范围均为埋深200m以下4个中段（按60m中段高度）240m高的矿体，开采工艺模拟为：将4个中段分为上、下两段，分别为上部中段和下部中段，上、下部中段各包含2个中段，120m高。上下两中段同时开采，充填法开采。

计算模拟中采用的岩体力学参数见表11-2。

11.2.5.2　地表变形规律

为了研究不同充填体强度（弹性模量）与对保护地表的作用程度，分别分析矿体开采地表沉降与充填体弹性模量的关系、地表水平变形与充填体弹性模量的关系。

随着充填体弹性模量的增加，充填法开采引起的地表沉降及地表水平位移均呈递减趋势，但其递减曲线上段较下段陡。开采同样体积的矿体，当充填体弹性模量 0.5GPa 时，地表最大沉降量为 20.85mm，当充填体弹性模量 4GPa 时，地表最大沉降量为 10.6mm，即地表沉降量减少了一半；当充填体弹性模量 7GPa 时，地表最大沉降量为 8.27mm，当充填体弹性模量 10GPa 时，地表最大沉降量为 6.7mm，即地表沉降量减少了 19%。模拟的结果表明：当充填体的弹性模量达到一定值后，再继续增加充填体的弹性模量，其对减少地表沉降量的贡献相对减少。地表水平位移亦有相同的规律。详图见表 11-9。

许多实例表明，矿体规模、矿岩性质，以及充填采矿法的接顶状况等因素对岩体移动的影响至关重要，如何从理论上加以证明尚需大量监测和深入的研究工作。

11.3　地下开采保护地表的方法及措施

11.3.1　地表沉降控制技术

矿山开采地表沉降的控制技术可以大致分为四类，如图 11-4 所示。以充填体为核心的岩层控制技术、以协调开采为核心的变形控制技术、以建筑物为核心的保安矿柱设计技术和以优化采场矿块尺寸为核心的采场结构优化技术[44~46]。

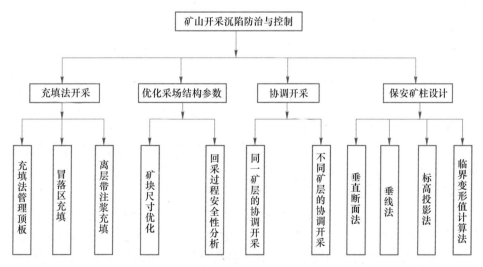

图 11-4　矿山开采沉陷防治与控制技术图

地表的移动变形值与其最大下沉值成正比，因此，减小矿层的开采厚度就可以有效降低地下开采对建（构）筑物等的损害程度。充填法沉陷控制技术就是利用填充材料来填充开采产生的空间，这就相当于减小了采空区空间高度，它是减小地表沉陷的有效措施之一。

协调开采变形控制技术就是根据不同的保护对象，通过合理布设开采工作面，如合理设计工作面之间的相互位置、回采顺序等，让各工作面开采的相互影响能够得到有利叠加，使叠加后的变形值小于保护对象的允许变形值，以达到减小开采对保护对象影响的目的。

留设保安矿柱的实质就是根据已掌握的地表和岩层移动变形规律，在矿体层面上圈出一个保护矿柱的边界，开采仅在该边界之外进行，以使开采引起的破坏性影响不波及保护范围内的建（构）筑物。保护矿柱的边界是从保护范围的边界起，按移动角或斜向移动角所起的保护临界面与煤层层面的交线[47,48]。

优化采场结构就是根据矿岩的性质和填充体的稳定性，特别是矿岩和充填体的力学性质、岩体结构、地下水、应力场分布等自然因素及工程的施工因素，优化矿块尺寸等，使采场处于应力、应变均匀化状态，同时保证回采时的安全性，避免开采过程中某些部位和某些阶段出现难以控制的应力集中、能量集中和变形破坏。从而保证由此引起的地表变形幅度处于均匀的变化中，避免局部出现变形突然的增大和能量集中，同时保证地下和地上的建（构）筑物、农田等的安全。

11.3.2　井下采空区的控制技术

采空区稳定性控制与处理是防止采空区灾害发生的关键环节。采空区形成之后往往要存在较长时间，在不同时期，采空区的稳定状态是不同的。不同的稳定状态，采空区系统内各要素状态值存在较大差异，因此，需采取针对性控制措施，才能最有效地防止采空区灾害事故的发生。由此可知，在进行采空区稳定性控制及处理前，应首先确定采空区的稳定状态及特性。根据采空区的结构特点，目前的处理措施主要针对采空区的顶板及矿柱，通过控制顶板的位移、缓解矿柱应力集中等，以达到控制采空区稳定性的目的。根据处理方式的不同，目前主要的措施包括保留永久矿柱、充填处理采空区、崩落采空区、封闭采空区及联合处理法。

11.3.2.1　保留永久矿柱

通过留设永久矿柱可以有效地减小米空区顶板的暴露面积，从而控制顶板岩体的位移，缓解矿柱中的应力集中。该方法一般应用于围岩稳定性较好的采空区，但该方法不能从根本上消除采空区灾害的发生，且在留设矿柱造成矿量的损失。由于采空区赋存环境的特殊性和复杂性，采空区岩体始终处于缓慢变形中，因此随着时间的增加，采空区的稳定状态始终处于变化中，在进行矿柱设计时，应充分掌握采空区围岩性质及周围的环境变化。留设矿柱工艺简单，是最早得到应用的控制措施，相关理论研究较早，最先开展了矿柱强度的理论研究，之后提出了矿柱强度经验公式。随着矿业的快速发展，有关矿柱和顶板的理论得到了极大的丰富和发展。但由于实际条件的复杂性和不可确定性，矿柱尺寸与数量的理论计算通常要进行简化，根据经验确定标准，缺乏系统的理论研究。

11.3.2.2 充填处理采空区

将充填料或废石送入采空区，并填充密实，以达到控制岩层移动，缓解应力集中的目的。充填法是目前矿山控制采空区稳定性最重要的方法之一，也是最有效的措施之一。该方法适用于采空区的各个阶段，可有效的抑制岩层变形，但通常在采空区形成之初的应用效果最好，需要充分掌握具体项目充填材料与采空区围岩之间的相互作用机理。关于充填体与围岩的相互作用机理，国内外学者进行了大量研究，取得了丰富的成果。

首先，充填体对围岩起到了有效的支护作用，从多方面给予岩石支撑力。其次，充填体与围岩表面接触，提供了一定的侧向压力，限制了围岩的变形，另外充填料浆会沿着裂隙进入岩体内部，使岩体强度得到了增强，间接抑制了围岩的变形；从能量角度看，充填体弹性模量远远小于岩石，更容易发生变形，因此更易吸收和消耗能量，从而减少周围采动对围岩的扰动，达到控制采空区稳定的目的[49]。

虽然采空区充填力学理论取得了大量的成果，但仍有较多问题需要解决，如采空区不同稳定阶段充填体强度匹配及高阶段充填体非线性力学性质等，目前未达成统一的认识，理论研究滞后于工程实际应用。

11.3.2.3 崩落法处理采空区

该方法通过崩落采空区的围岩，达到应力释放并充填采空区的目的，当采空区稳定性较差，且地表允许较大位移时，可以采用崩落法进行处理。崩落分为自然崩落和强制崩落。自然崩落通常适用于围岩条件较差，可自行垮落的矿山。强制崩落通常适用范围于围岩比较稳固，难于自行冒落的矿山。

11.3.2.4 封闭采空区

通过将采空区主要通道口封堵，实现采空区隐患的治理。该方法主要用于防止采空区顶板突然冒落产生巨大冲击波，对周围产生危害。当采空区围岩状态较好，且能保持长期稳定，顶板暴露面积较小，可采用封闭的方法进行处理，对于顶板暴露面积较大的采空区，通常需要在采空区顶板布置天窗等。对于体积较小的采空区，该方法可以起到较好的控制效果，但对于厚大矿体形成的大面积采空区，往往还要配合其他方法，如充填法、崩落法等。

11.3.2.5 联合法

同时应用上述方法中的两种或两种以上，对采空区进行联合处理。根据采空区所处的状态，综合选用上述方法，可有效控制采空区的稳定性，也是较常用的方法。盘古山钨矿首次应用了留矿柱和充填联合处理方法，有效控制了顶板岩层的移动。俄罗斯国家有色研究设计院成功试验了崩落充填联合法，有效地控制了采空区稳定性，同时又节约了充填成本。

上述采空区处理方法，适用于采空区不同的稳定阶段，只有正确掌握采空区所处的状态，才能采取有效的针对性措施。而目前处理方法的选择和制定往往是在工程经验的基础上，缺乏必要的前期研究。

11.4　充填体保护地表可行性研究

11.4.1　充填法开采矿山现状

为了解决矿山开采设计中需要面对的地表保护问题，2014～2016年，本书研究团队进行了国内矿山开采地表变形情况的现场调查，完成了充填法开采的国内30多个矿山的调查工作。部分调查结果见表11-3。

表 11-3　充填法开采矿山地表保护情况

矿山名称（以矿种名称替代）	矿体平均厚度/m	矿体倾角/(°)	埋深/m	采矿方法	已开采年限[①]/年	已开采深度/m	地表开裂	地表建构筑物明显开裂变形	地表稳定性
铁矿1（铁矿）	52.29	40～52	200～450	下向大孔空场（VCR）采矿法，阶段矿房采矿法、浅孔留矿采矿法	9	280	无	无	稳定
铜镍矿1（铜矿）	13	70	0～700	上向水平分层胶结充填	27	500	无	无	稳定
铜矿2（铜矿）	40～50	60～70	200～800	大直径深孔采矿法、点柱分层充填采矿法	25	630	有下沉	有开裂	稳定（部分区域废石充填，存在地下水溶洞）
铅锌矿1 2017（铅锌矿）	23.1	60～80	0～400	点柱分层充填法	57	540	无	无	稳定

矿山名称（以矿种名称替代）	矿体平均厚度/m	矿体倾角/(°)	埋深/m	采矿方法	已开采年限[①]/年	已开采深度/m	地表开裂	地表建构筑物明显开裂变形	地表稳定性
镍矿 1（镍矿）	72.23	50~80	0~1000	下向机械化盘区水平进路胶结充填采矿法	34	750	有	无	地表大范围开裂，但无大范围塌陷
铅锌矿 2（铅锌矿）	8.26~12.44	45~70	372~1275	机械化盘区上向、下向进路充填法	65	1000	无	无	稳定
银矿 1（银矿）	2.87	20~60	50~300	削壁充填法，上向水平分层尾砂充填	23	260	无	无	稳定
镍矿 2（镍矿）	14.5	75~80	0~400	下向分层胶结充填采矿法	27	360	无	无	稳定
镍矿 3（镍矿）	37.5	40~45	0~400	下向分层尾砂充填采矿法	27	360	无	无	稳定
金矿 1（金矿）	3.45	10~50	0~200	浅孔房柱法、中深孔房柱法，底盘漏斗采矿法	30	300	有塌陷区	有	稳定（2005年开始进行采空区充填）
铜矿 3（铜矿）	2.4~16.8	55~70	0~800	下向进路式胶结（水砂）充填采矿法、上向进路水砂充填采矿法	31	460	有塌陷区	有	稳定（溶洞塌陷）
金矿 2（金矿）	7.72~24.4	30~32	0~800	上向水平充填采矿法	35	620	无	局部开裂	稳定（存在民采矿柱现象）

矿山名称（以矿种名称替代）	矿体平均厚度/m	矿体倾角/(°)	埋深/m	采矿方法	已开采年限[①]/年	已开采深度/m	地表开裂	地表建构筑物明显开裂变形	地表稳定性
金矿3（金矿）	1.6~2.8	40~50	0~700	上向水平分层充填采矿法、上向进路充填采矿法、下向进路充填采矿法	38	680	有塌陷区	稳定	稳定（地表民采遗留采空区）
金矿4（金矿）	1.48~5.62	25~63	0~450	上向进路充填法、上向分层充填法	35	420	有局部塌陷区	稳定	稳定（近地表有民采现象）
金矿5（金矿）	7.42	46	0~700	上向水平分层充填采矿法	12	480	无	稳定	稳定
金矿6（金矿）	5.79~6.65	30~44	0~1000	上向分层充填采矿法、上向进路充填采矿法	27	510	无	稳定	稳定
金矿7（金矿）	2	83~90	0~1200	无底柱浅孔留矿法、上向水平分层胶结充填法、削壁充填法	44	720	有塌陷区	稳定	稳定（初期留矿法开采未及时回填）
金矿8（金矿）	7.04~11.9	25~39	150~950	上向分层充填采矿法、上向进路充填采矿法	24	500	无	稳定	稳定
铜铁矿4（铜矿）	40~60	45~80	0~1000	分段空场嗣后充填采矿法、上向水平分层充填采矿法、上向进路充填法	45	880	无	局部开裂	稳定

矿山名称（以矿种名称替代）	矿体平均厚度/m	矿体倾角/(°)	埋深/m	采矿方法	已开采年限① /年	已开采深度/m	地表开裂	地表建构筑物明显开裂变形	地表稳定性
铜矿 5（铜矿）	10~30	50~80	0~500	上向进路充填采矿法、上向分层充填采矿法、上向分段碎石胶结充填法	40	250	无	无	稳定
金矿 9（金矿）	1~7	30~40	0~400	盘区分层充填法、上向分层充填法、进路充填法	40	400	无	无	稳定
铜矿 6（铜矿）	8~30	8~22	100~250	分段空场嗣后充填采矿法、上向分层点柱充填采矿法	21	150	无	无	稳定（有露天坑）
铜矿 7（铜矿）	34.16	10~40	700~1100	阶段空场嗣后充填采矿法	15	950	无	无	稳定
金矿 10（金矿）	0.47	70~90	200~1400	削壁充填采矿法、干式充填法	50	900	无	无	稳定
铜矿 8（铜矿）	45~50	45~70	0~1500	充填法、小中段	51	860	无	无	稳定（有露天坑）
铅锌矿 3（铅锌矿）	13.14~23.28	25~59	250~750	盘区分层（或高分层）充填法、普通分层充填法	57	340	无	无	稳定
金矿 11（金矿）	0.82~2.07	43~45	400~1000	浅孔留矿法	30	700			稳定（地表位于山区）

矿山名称（以矿种名称替代）	矿体平均厚度/m	矿体倾角/(°)	埋深/m	采矿方法	已开采年限①/年	已开采深度/m	地表开裂	地表建构筑物明显开裂变形	地表稳定性
金矿12（金矿）	0.47~1.51	25~35	0~1000	削壁充填采矿法、浅孔房柱采矿法、分条块石胶结充填法	140	860	无	无	稳定（XXX坑口整体采深不大，且很多采场未及时充填，或者不充填，出现一定区域影响范围，XX坑口地表范围稳定）
铀矿1（铀矿）	10~25	25~35	100~300	上向水平分层充填法	46	300	无	无	稳定
金矿13（金矿）	3~6.52	45~55	0~500	浅孔留矿法、分段空场法	36	250	无	无	稳定
金矿14（金矿）	11.65	25~45	0~680	上向水平分层充填法	18	420	无	无	稳定
铜矿9（铜矿）	20~45	45~75	100~900	大直径深孔空场嗣后充填法、分段空场嗣后充填法、上向水平分层充填采矿法	12	500	局部有塌陷区	无	稳定（上部部分区域采用崩落法）

① 除注明外年限统计至 2016 年。

11.4.2 国家标准与规范

11.4.2.1 《有色金属采矿设计规范》（GB 50771—2012）

（1）岩石移动角的确定，应符合下列规定：

1）大型矿山岩石移动角，宜采用数值分析法和类比法综合研究确定；

2）中小型矿山岩石移动角，可在分析岩性构造特征的基础上，根据类似矿山的实际资料类比选取；

3）改建、扩建矿山，应根据已获得的岩移观测资料和矿床地质条件有无变化等情况，对原设计岩石移动角进行修正。

（2）岩石移动范围的圈定，应符合下列规定：

1）岩石移动范围应以开采矿体最深部位圈定，对深部尚未探清的矿体应从能作为远景开采的部位圈定；

2）开采深度大、服务年限长，采用分期开采的矿山，可分期圈定岩石移动范围；

3）矿体邻近岩层中有与移动角同向的小倾角弱面，且其影响范围超越按完整岩层划定的范围时，应以该弱面的影响范围修正；

4）圈定的岩石移动范围和留设的保安矿柱，应分别标在总平面图、开拓系统平面图、剖面图和阶段平面图上。

（3）地表主要建、构筑物应布置在岩石移动范围保护带外，因特殊原因需布置在岩石移动范围保护带内时，应留设保安矿柱。

（4）地表建、构筑物的保护等级和保护带宽度，应符合下列规定：

地表建、构筑物的保护等级划分应符合表11-4的规定；

地表建、构筑物的保护带宽度不应小于表11-5的规定。

（5）"三下"采矿设计应符合下列规定：

1）建、构筑物下采矿，建、构筑物位移与变形的允许值，应符合表11-6的规定；不符合表11-6的规定时，应采取有效的安全措施；

2）水下采矿，宜采取充填采矿或留设防水矿岩柱等安全措施，并进行试采；开采形成的导水裂隙带不应连通上部水体或不破坏水体隔水层。

表 11-4 地表建、构筑物的保护等级划分

保护等级	主要建筑物和构筑物
I	国务院明令保护的文物、纪念性建筑；一等火车站，发电厂主厂房，在同一跨度内有 2 台重型桥式吊车的大型厂房，平炉，水泥厂回转窑，大型选矿厂主厂房等特别重要或特别敏感的、采动后可能导致发生重大生产、伤亡事故的建筑物、构筑物；铸铁瓦斯管道干线，高速公路，机场跑道，高层住宅，竖（斜）井、主平硐，提升机房，主通风机房，空气压缩机房等
II	高炉、焦化炉，220kV 及以上超高压输电线路杆塔，矿区总变电所，立交桥，高频通讯干线电缆；钢筋混凝土框架结构的工业厂房，设有桥式起重机的工业厂房，铁路矿仓、总机修厂等较重要的大型工业建筑物和构筑物；办公楼、医院、剧院、学校、百货大楼，二等火车站，长度大于 20m 的二层楼房和三层以上住宅楼；输水管干线和铸铁瓦斯管道支线；架空索道，电视塔及其转播塔，一级公路等
III	无吊车设备的砖木结构工业厂房，三、四等火车站，砖木、砖混结构平房或变形缝区段小于 20m 的两层楼房，村庄砖瓦民房；高压输电线路杆塔，钢瓦斯管道等
IV	农村木结构承重房屋，简易仓库等

表 11-5　地表建、构筑物的保护带宽度

保护等级	保护带宽度/m
I	20
II	15
III	10
IV	5

注：从建、构筑物外缘算起。

表 11-6　建构筑物位移与变形的允许值

建、构筑物 保护等级	倾斜 i /mm · m^{-1}	曲率 k /10^{-3} · m^{-1}	水平变形 ε /mm · m^{-1}
I	±3	±0.2	±2
II	±6	±0.4	±4
III	±10	±0.6	±6
IV	±10	±0.6	±6

11.4.2.2　《建筑地基基础设计规范》（GB 50007—2011）

建筑物的地基变形允许值见表 11-7。

表 11-7　建筑物的地基变形允许值

变形特征	地基土类别	
	中、低压缩性土	高压缩性土
砌体承重结构基础的局部倾斜	0.002	0.003
工业与民用建筑相邻柱基的沉降差 1. 框架结构； 2. 砌体墙填充的边排柱； 3. 当基础不均匀沉降时不产生附加应力的结构	 0.002l 0.0007l 0.005l	 0.003l 0.001l 0.005l
单层排架结构（柱距为6m）柱基的沉降量/mm	(120)	200
桥式吊车轮面的倾斜（按不调整轨道考虑） 纵向 横向	 0.004 0.003	
多层和高层建筑的整体倾斜　$H_g \leqslant 24$ $24 < H_g \leqslant 60$ $60 < H_g \leqslant 100$ $H_g > 100$	0.004 0.003 0.0025 0.002	
体型简单的高层建筑基础的平均沉降量/mm	200	

变形特征		地基土类别	
		中、低压缩性土	高压缩性土
高耸结构基础的倾斜 $H_g \leqslant 20$		0.008	
$20 < H_g \leqslant 50$		0.006	
$50 < H_g \leqslant 100$		0.005	
$100 < H_g \leqslant 150$		0.004	
$150 < H_g \leqslant 200$		0.003	
$200 < H_g \leqslant 250$		0.002	
高耸结构基础的沉降量/mm $H_g \leqslant 100$		400	
$100 < H_g \leqslant 200$		300	
$200 < H_g \leqslant 250$		200	

注：1. 本表数值为建筑物地基实际最终变形允许值；

   2. 有括号者仅适用于中压结性土；

   3. l 为相邻柱基的中心距离（mm）；H_g 为自室外地面起算的建筑物高度（m）；

   4. 倾斜指基础倾斜方向两端点的沉降差与其距离的比值；

   5. 局部倾斜指砌体承重结构沿纵向 6~10m 内基础两点的沉降差与其距离的比值。

11.4.2.3 建筑物、水体、铁路及主要井巷煤柱留设与压煤开采规范

2017 年原国家安监总局、国家煤矿安监局、国家能源局、国家铁路局印发的《建筑物、水体、铁路及主要井巷煤柱留设与压煤开采规范》（通知文号安监总煤装〔2017〕66 号）中，第十六条规定：地表移动边界角按实测下沉值 10mm 的点确定。移动角按下列变形值的点确定：

水平变形：$\varepsilon = +2\text{mm/m}$；

倾斜：$i = \pm 3\text{mm/m}$；

曲率：$K = +0.2 \times 10^{-3}/\text{m}$。

11.4.3 充填体保护地表的可行性

11.4.3.1 国内充填法矿山地表保护情况总结

2014~2016 年，本书研究团队共完成了 32 个充填法开采矿山地表变形情况调查，这些矿山的主要分布特征及保护状况见表 11-8。

表 11-8 国内充填法矿山地表保护情况汇总

项　目	数量/座	备　注
调查矿山总数：	32	
其中：金矿	14	

续表 11-8

项　目	数量/座	备　注
铜矿	9	
镍矿	3	
铅锌矿	3	
铁矿	1	
银矿	1	
非金属矿	1	
其中：急倾斜矿山	16	倾角大于 50°
缓倾斜矿山	4	倾角在 5°~30° 之间
倾斜矿山	12	倾角在 30°~50° 之间
其中：开采年限大于 30 年	19	
开采年限 20~30 年	8	
开采年限 10~20 年	4	
开采年限小于 10 年	1	铁矿 1 为 9 年
其中：地表稳定矿山	31	地表无因充填法开采产生的开裂及建、构筑物变形
地表开裂矿山	1	

从当前掌握的国内充填法开采矿山的地表保护情况看，充填体对保护地表的作用是显而易见的（特殊情况除外）。最典型的实例，其一是金矿 6，其 -60m 以上矿体平均厚度 15m，最大厚度 25m，最小厚度 4.5m，充填法开采已采至距地表约 40m，地表无开裂，建、构筑物稳定。其二是铅锌矿 1，为典型的三下开采，其矿体平均厚度 23.1m，最大厚度 50m，矿体赋存深度为 -28~-700m，充填法开采已达 57 年，地表风景区、居民区均处于稳定状态。

作为充填法开采地表出现开裂的一个典型案例，镍矿 1 由于其特殊的地质条件、应力条件及开采工艺条件等，产生了地表开裂，其上盘破裂角为 45°57′，这在崩落法矿山中也是少有的。

11.4.3.2　数值模拟不同条件下充填法开采对地表影响结论

数值模拟充填法开采急倾斜矿体，矿体埋藏深度变化对地表的影响、矿体厚度变化对地表的影响、充填体强度变化对地表的影响及相同矿体水平厚度，矿体倾角变化对地表的影响，揭示的地表沉降及水平变形规律见表 11-9。

表 11-9　不同条件下充填法开采地表变形规律汇总

项目	与地表沉降、水平位移关系	规　律
矿体埋藏深度变化对地表的影响	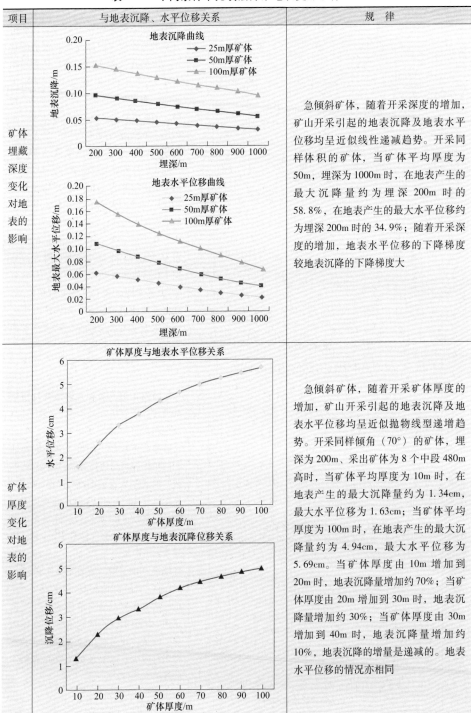	急倾斜矿体，随着开采深度的增加，矿山开采引起的地表沉降及地表水平位移均呈近似线性递减趋势。开采同样体积的矿体，当矿体平均厚度为50m，埋深为1000m时，在地表产生的最大沉降量约为埋深200m时的58.8%，在地表产生的最大水平位移约为埋深200m时的34.9%；随着开采深度的增加，地表水平位移的下降梯度较地表沉降的下降梯度大
矿体厚度变化对地表的影响		急倾斜矿体，随着开采矿体厚度的增加，矿山开采引起的地表沉降及地表水平位移均呈近似抛物线型递增趋势。开采同样倾角（70°）的矿体，埋深为200m、采出矿体为8个中段480m高时，当矿体平均厚度为10m时，在地表产生的最大沉降量约为1.34cm，最大水平位移为1.63cm；当矿体平均厚度为100m时，在地表产生的最大沉降量约为4.94cm，最大水平位移为5.69cm。当矿体厚度由10m增加到20m时，地表沉降量增加约70%；当矿体厚度由20m增加到30m时，地表沉降量增加约30%；当矿体厚度由30m增加到40m时，地表沉降量增加约10%，地表沉降的增量是递减的。地表水平位移的情况亦相同

项目	与地表沉降、水平位移关系	规　律
矿体倾角变化对地表的影响	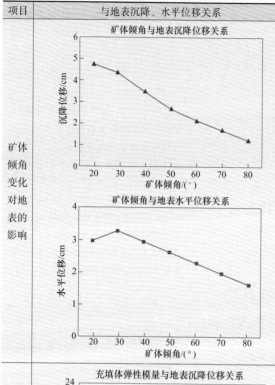	随着开采矿体倾角由缓变陡，矿山开采引起的地表沉降及地表水平位移均呈近似直线型递减趋势。开采同样水平厚度（30m）的矿体，埋深为200m、采出矿体为 4 个中段240m 高时，当矿体倾角为20°时，在地表产生的最大沉降量约为 4.79cm，最大水平位移为2.98cm；当矿体倾角为80°时，在地表产生的最大沉降量约为 1.19cm，最大水平位移为 1.65cm。矿体倾角为80°时，开采同样体量的矿体，其产生的地表最大沉降，是矿体倾角为 20°地表沉降量的25%；水平位移是矿体倾角为 20°的55%。最大水平位移3.29cm发生在矿体倾角为30°时，矿体倾角自30°由缓变陡，水平位移也直线递减。随着矿体倾角的变化，充填法开采矿体产生的地表水平的变化速率小于地表沉降量的变化速率
充填体强度变化对地表的影响		急倾斜矿体，随着充填体弹性模量的增加，充填法开采引起的地表沉降及地表水平位移均呈递减趋势，但其递减曲线上段较下段陡。开采同样体积的矿体，当充填体弹性模量 0.5GPa 时，地表最大沉降量为 20.85mm，当充填体弹性模量 4GPa 时，地表最大沉降量为 10.6mm，即地表沉降量减少了一半；当充填体弹性模量 7GPa 时，地表最大沉降量为 8.27mm，当充填体弹性模量 10GPa 时，地表最大沉降量为 6.7mm，即地表沉降量减少了 19%。模拟的结果表明：当充填体的弹性模量达到一定值后，再继续增加充填体的弹性模量，其对减少地表沉降量的贡献相对减少。地表水平位移亦有相同的规律

11.4.3.3 确定充填法开采影响范围的方法

A 传统地表移动线的确定方法

传统地表移动线的确定方法主要为工程类比法。1987 年中国建筑工业出版社出版的《采矿设计手册》中,列出了我国部分矿山移动角的实测数据、我国部分金属矿山地表移动与变形参数实测数据、我国部分金属矿山设计采用的移动角数据、苏联矿山地表移动观察数据、苏联矿山采用崩落法开采矿床时的陷落角和移动角数据。载于苏联 1983 年《采矿手册》的地表充分采动的岩体移动角见表 11-10。

表 11-10　崩落法开采地表充分采动的岩体移动角

岩体类型	普氏系数	矿体倾角 /(°)	移动角/(°)			
			β(自开采下界划)	γ(自开采上界划)	β_1(下盘)	δ(走向)
层状矿体	$f<5$	$0 \sim 30$	$55 \sim 45$	55	—	55
		$31 \sim 45$	$45 \sim 40$	55	—	55
		$46 \sim 60$	40	—	$(a_n - 5)$①	55
		$61 \sim 80$	$40 \sim 45$	—	50	55
		$81 \sim 90$	$45 \sim 50$	—	50	55
	$f>5$	$0 \sim 30$	$60 \sim 50$	δ	—	$55+1.5f$
		$31 \sim 45$	$50 \sim 45$	δ	—	$55+1.5f$
		$46 \sim 60$	$45 \sim 40$	—	a_n	$55+1.5f$
		$61 \sim 80$	40	—	a_n②	$55+1.5f$
		$81 \sim 90$	$40 \sim 50$	—	60③	$55+1.5f$
非层状矿体	$5<f<10$	$0 \sim 30$	65	65	—	70
		$31 \sim 50$	60	65	—	70
		$51 \sim 80$	65	—	α	70
		$81 \sim 90$	65	—	65	70

① 不大于 50°,a_n 为岩层倾角;

② 不大于 65°;

③ 当 $a_n > 80°$ 时 $\beta_1 = \beta_0$。

采矿设计根据工程类比法确定上、下盘移动角后,利用地质剖面图确定影响地表移动的矿体最深部位(或突出点)的标高及平面位置,分别将这些影响地表移动范围最深最远或最突出点的平面位置投到地形图上,按高程及角度绘制地表移动线,如图 11-5 所示。

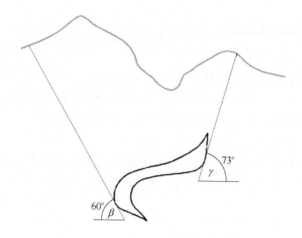

图 11-5　由矿体最深和突出部位圈定移动区

B　传统移动线方法不合理

采用传统移动线方法确定充填法开采深埋矿体对地表的影响范围不尽合理，其不合理性已被实际生产矿山所证实。

如铅锌矿 1、金矿 6、金矿 5 等在按传统移动线划定的移动区内建、构筑物完好无损。

中国科学院地质与地球物理研究所与镍矿 1 于 2005～2006 年完成的关于该矿地表岩移 GPS 监测岩体移动变形规律与采动影响研究报告中给出的结论为：

（1）根据 II 矿区地表裂缝在地表的分布位置，尤其是在 14 行线穿过裂缝带的边缘位置，求定了对应 1999 年地下开采 1218 分段的岩体破裂角，即第一条裂缝带岩体破裂角为 45°57′，第二条裂缝带岩体破裂角为 89°38′。如图 11-6 所示。

（2）以 F1 断层为下盘移动边界，以 18 行副井以南 200m 山顶的 IV 2006 点为上盘移动边界，求定了 1150 开采中段的岩体移动角，矿体上盘岩体移动角为 38°56′，矿体下盘岩体移动角为 37°34′。

（3）以每次 GPS 监测精度 ±5mm 为判别岩体移动的定量指标，求定了 1150 开采中段的岩体移动角。矿体上盘岩体移动角为 42°44′，矿体下盘岩休移动角为 64°17′。

由图 11-6 可见，地表的最小移动角仅为 39°，即便是采用崩落法开采的矿山，地表移动角也很少达到 39°。显然，传统的圈定地表移动线的方法对该矿区开采矿体条件也是不适用的。

C　传统圈定地表移动线方法的缺陷

如图 11-7 所示，按照传统圈定地表移动线方法，图中两个矿体开采的地

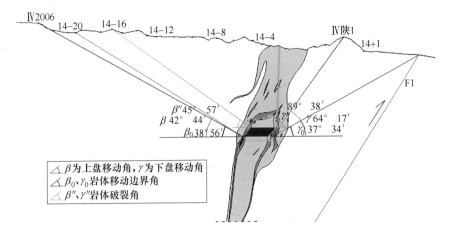

图 11-6　1 号矿体开采地表移动线图

表移动范围是相同的。而图中一个矿体的开采范围是 -500 ~ -1000m，另一个矿体的开采范围中 -800 ~ -1000m。显然，两个矿体开采对地表的影响应该是有很大差异的。同时传统圈定地表移动线的方法不能综合考虑矿体夹石层、断裂构造、主应力方向及大小、矿山开采工艺等，诸多对地表变形起重要作用的因素。

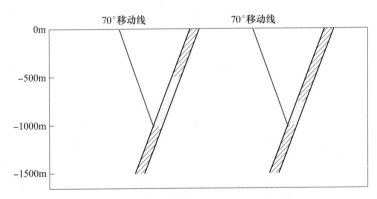

图 11-7　矿体开采地表移动线图

D　数值模拟结果与传统移动线的对比

根据某钼多金属矿矿体的形态，采用数值模拟的方法模拟矿体的开采充填过程后，得到的地表沉降范围曲线如图 11-8 所示。同样，将采用传统方法按 70°角自矿体最下部轮廓向地表绘制了移动线。对比二者形态上的差异较大，数值模拟的方法更好地与矿体的开采空间形态相吻合。

E　确定充填法深井开采影响范围的方法

用充填法特别是胶结充填法开采急倾斜矿体时，当开采达到一定深度后，开

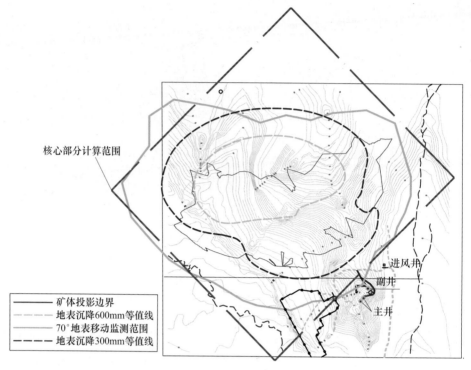

核心部分计算范围

进风井
副井
主井

— 矿体投影边界
———— 地表沉降600mm等值线
—— 70°地表移动监测范围
━ ━ 地表沉降300mm等值线

图 11-8　某钼多金属矿开采地表影响范围图

采的影响就不会波及地表或者其最大变形量不会超过被保护对象的允许值。因此，不管开采深度如何，一律由最终开采下界向地表划移动范围的作法是不科学的。

影响地表变形的最主要因素是开采矿体的形态，而传统移动线法恰恰是无法综合考虑矿体形态。随着工程计算科学的发展，数值模拟的方法已经可以真实地模拟采矿的工艺过程及随着开采的进程对地表产生的影响，结合我国地表保护的相关规范，可以初步确定地下开采对地表的影响程度及范围。而且，随着我们对已开采充填法矿山岩移数据库的建立与完善，必将会对今后矿山开采影响地表范围的预测起到一定的支撑作用。

11.5　充填体保护地表的实例分析

11.5.1　铅锌矿1

11.5.1.1　矿山概况[50]

铅锌矿1位于南京市东部，西距南京 19km，北距长江 1.5km，九乡河由南向北流经矿区中部汇入长江。矿区位于风景区，寺庙、千佛岩等位于矿区东部。矿体上盘有九乡河及部分建、构筑物以及住宅和办公楼。

矿区处于著名风景区脚下，有明镜湖、舍利塔、千佛岩等国家重点文物保护单位。矿区公路纵横，312 国道和市区道路都可直达矿区，水路和铁路交通也十分便利。矿床赋存于镇街道及九乡河正下方，属于典型的"三下"矿山。镇内人口 4 万多，以农业为主，附近有江南水泥厂、化肥厂及石化炼油厂等大型企业。九乡河为季节性河流，由南向北横穿矿区流入长江，最大洪峰量 200~300m³/s，一般流量 2~8m³/s。

11.5.1.2 地质资源

虎爪山矿段共有矿体 17 个，其中构成矿段的主矿体是 1 号矿体。其储量占总量的 93%，其他为小矿体。

1 号矿体为一向南西侧伏的盲矿体，侧伏角 42°，走向北东 45°~55°，倾向北西，倾角 60°~80°，浅部较缓，深部近直立，长 850m，埋深 -28~-700m。厚度变化较大，由数米至 50m，平均厚度 23.1m，最大厚度 50m。

11.5.1.3 矿区工程地质条件

矿区地形属于低山丘陵，地势东高西低，东部为山地，最高峰三茅宫海拔标高 284m，山型一般较缓，局部陡峭，山脉走向北东，中部为山间平原，地势平坦，为第四纪冲积土，标高 10m 左右，西部为丘陵山地，标高 30~80m。中部为平原，地势平坦，海拔标高 10m 左右。矿区主要含水层为石炭-二叠系灰岩岩溶裂隙承压含水层，富水性不均匀，严格受横向构造制约。矿体底柱黄龙灰岩中发育有溶洞，规模不大，大气降雨通过裸露灰岩及采空区的塌陷处补给地下水，具有补给弱、径流短、排泄快、就地补给、就地排泄等特点。矿区矿坑涌水量不大，水文地质条件属中等类型。矿坑主要充水因素为大气降水，当遇断层破碎带式溶洞时都可能出现短时间的水量骤增，赋存于矿体灰岩中的水因补给源不足，在正常情况下，其量有限。

区内褶皱在上下两个构造层表现出了不同的形式。下构造层为一地层倒转、褶皱紧密的同斜褶皱，形成栖霞山复式背斜，地层走向北东 50°~60°，倾向北西，倾角 70°~80°；上构造层是由象山群构成的舒缓背斜褶皱构造，不整合地覆盖于下构造层之上，轴向北东 60°，北翼产状倾向 310°，倾角 35°，南翼产状倾向 150°倾角 37°。铅锌矿床位于下构造层背斜南翼。

区内断裂比较发育，纵横交错。按产状及发育的地质部位可分为北东向纵断裂、北西向横断裂及断碎不整合面，纵断裂具有"等位性"，横断裂具有"等距性"。矿区最重要的控矿断裂为 F2 断裂，该断裂发育于复背斜南翼五通组或高丽山组砂页岩与石炭二叠系灰岩之间，为北东向逆冲断裂，其逆冲部分为碎屑与灰岩接触，破碎带宽，成矿最有利，走向北东约 50°，断层面北倾，倾角 60°~80°，断续延长 3000m，舒缓波状，"尖灭再现"；北西向横断裂规模小，但数量较多，与纵向断裂 F2 等断裂交会部位，矿体膨大并沿北西方向延伸。在 F2 等纵向断裂不发育的地段，北西向断裂构成单独的脉状、复脉状或扁豆状等小矿体；断碎不整合面是本矿区一种特定的控矿构造，指沿着象山群与下构造层之间的不整合面所发生的断裂破碎构造，是比较重要的控矿构造，与纵向断裂 F2、F3 相毗邻处，成矿较好，且与 F2 断裂控制的矿体相连。此外，在矿区两个构造层之间的不整合面及其下伏灰岩处，发育有古岩溶，也是控矿构造。

11.5.1.4 原岩应力

1984 年原北京有色冶金设计研究总院在该矿进行了空心包体法的原岩应力测量，数据见表 11-11。

表 11-11 工程地质-原岩应力

测点	埋深	最大主应力			最小主应力			中间主应力		
		大小/MPa	方向/(°)	倾角/(°)	大小/MPa	方向/(°)	倾角/(°)	大小/MPa	方向/(°)	倾角/(°)
−175m 中段沿脉巷道		6.95	101.3	−22.92	0.72	185.49	117.1	1.51	242.9	63

11.5.1.5 岩石物理力学性质

1985 年原北京有色冶金设计研究总院在该矿进行了岩石力学试验研究工作，并提交了研究报告[51]。其中上下盘主要岩石的强度为：

上盘：各类砂岩　　　　　$\sigma_c = 70 \sim 85MPa$

下盘：灰岩　　　　　　　$\sigma_c = 100 \sim 130MPa$

岩石物理力学性质试验结果见表 11-12。

表 11-12 岩石物理力学性质试验结果

岩性	重度 $\gamma / kN \cdot m^{-3}$	弹性模量 E/GPa	泊松比 μ	黏聚力 c/MPa	内摩擦角 $\phi/(°)$	单轴抗压强度/MPa	抗拉强度/MPa
象山底砾岩	27.3	18.8	0.14	8.92	40	84.8	3.63
高丽山砂岩	26.9	10.6	0.17	6.08		51.7	2.55
和州组灰岩	27.8	22.5	0.27	10.3	42	69.7	5.68
粗晶灰岩	26.8	19.2	0.28	8.82	28	81.5	3.82
黄铁矿	27.1	22.4	0.26	13.1	52	125.9	5.49
矿化角砾	29.2	20.1	0.17	11.4	50	105.5	4.90
黄龙灰岩	27.3	36.8	0.13	9.89	42	117.6	3.33
船山灰岩	26.7	24.1	0.28	11.2	45	105.9	3.23
栖霞灰岩	26.8	24.9	0.27	11.6	48	132.6	4.02

11.5.1.6 矿区开采

该矿于1956年建成，露天开采氧化锰，1971年起开采铅锌矿，矿山开拓方式为平硐盲竖井开拓，中段高度50m。上部-125m以上曾采用崩落法、分段法和少量的浅孔留矿法采矿。+14m和-28m水平氧化锰矿采空区已大部冒落。-75m水平以下开始部分采用干式充填混凝土浇面的采矿法，多数空场法采场已进行嗣后干式充填。

1989年原北京有色冶金设计研究总院完成了铅锌矿1深部开采初步设计，设计规模为650t/d，设计深度为-425m。

设计推荐采矿方法为点柱分层充填法。矿块沿矿体走向布置，长50m，高50m，宽为矿体厚度。两矿块间留有4m间柱，底柱高5m，顶柱高3m。采场内可根据矿岩产状不规则留点柱，点柱尺寸4m×4m。每个点柱承担面积为300~350m^2。

间柱和采场内的方柱不回收作为永久损失，底柱和下中段采场的顶柱同时回采。

11.5.1.7 地表保护

1985年原北京有色冶金设计研究总院对该矿进行了岩石力学研究工作，其中进行了空区及地表调查，结果如下：

该矿自开采以来曾采用分段崩落法、分段法和少量分层充填法，空区暴露面积大、暴露时间长（长者达10年以上）。从调查时井下情况看，大部分空区较稳定，没有出现大规模塌落。唯有+14m以上采空区（大约1969年以前全部采完），由于距地表较近，矿体和上盘围岩风化严重，绝大部分采空区已塌落至地表。从地表观察，当时陷落区早已杂草丛生，无继续发展扩大的迹象。

1978年以来，风景区一带不断出现地表塌陷、泉水干枯、房屋开裂变形等工程水文地质问题，特别是明镜湖的塌陷更引起了广泛关注。经踏勘调查认为：地表塌陷主要由矿山疏干排水所引起。

1989年5~6月，南京市召开该风景区塌陷原因的调查论证会。会议提出既要开矿又要保护风景名胜及文物古迹。

矿山已建有一套完善的地表监测系统，马鞍山矿山研究院于1994年3月建成矿区地表岩层移动观测网[52]，自1994年至2001年底在矿区进行了地表变形监测及-125m中段地压监测，地表布置监测点57个，自2001年起监测结果表明，矿区原有空区充填后，采用充填法开采，地表所有沉降变化均在允许范围内，地表及井下处于相对稳定状态。2001年年底，-325m以上中段已基本采完。

根据马鞍山矿山研究院监测报告，1994~1999年矿部生活区地表年平均沉降量最大为6.14mm（1998~1999年），最小为2.71mm（1997~1998年）。2000年矿部生活区地表年平均沉降量1.1mm，2001年为0.943mm。之后停止监测。

矿区地表地形如图 11-9 所示。图中包含部分中段矿体投影及马鞍山矿山研究院监测点的位置。

2017 年矿山主要生产中段为 -575m，-525m 以上中段已采完，地表基本稳定。

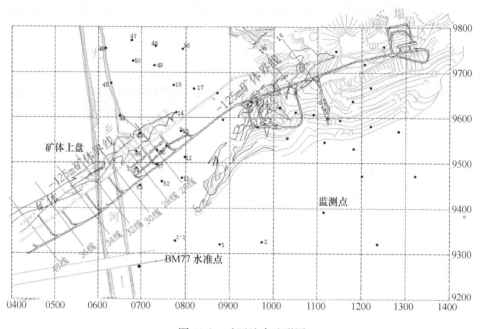

图 11-9　矿区地表地形图

11.5.2　金矿 6

11.5.2.1　矿山概况[53]

金矿 6 位于山东省莱州市北部，紧邻海边，矿区最高海拔 67.14m。矿山一期年设计规模 1500t，1988 年投产。30 年来历经四期改扩建，生产规模扩至 8000t/d，采用混合井+斜坡道开拓。

地层主要有第四系和太古界胶东群。

第四系为海砂、海泥层，除三个山包外，在矿区广泛分布。厚度从三个小山包的坡角向南东逐渐加大，最厚达 50 余米。岩性大体分为四层，从上至下依次为：中、粗砂层；砂质泥土及泥质砂土层；中、粗砂、砾石层；含砾砂质泥土、泥土层。

胶东群为斜长角闪岩、黑云母片岩、黑云母变粒岩等组成。分布于矿区断裂 F1 的东南侧（F1 的上盘），被第四系覆盖。

矿区岩体及岩脉有：中粗粒斑状黑云母花岗岩、细粒花岗岩、伟晶岩、闪长岩、煌斑岩等。中粗粒斑状黑云母花岗岩成岩基产出，侵入于胶东群地层，遍布全矿区。

金矿床三面临海。为一顶盘围岩破碎、矿体走向长度较长，倾角平均 40°，厚度较大，水文地质条件和开采技术条件较复杂的矿体。

11.5.2.2　地质资源

矿区深部矿体主要为 I-1 和 I-2 号矿体[53]。

I-1 号矿体：矿区内工程控制长 1700m，宽 50~200m，倾向延深 1500m 尚未尖灭。分布于 F1 主裂面以下的黄铁绢英岩顶部或中上部，深部矿体分布于 40~48 线间，在勘查范围内矿体赋存标高 -555~-1050m，矿体呈不对称 Z 字形展布，不规则脉状产出，常见分枝、复合、膨胀、狭缩及尖灭再现现象。总体走向 35°左右，倾向南东，倾角 34°~44°。矿体厚度最小 0.95m，最大 12.08m，平均 6.65m，稳定程度为稳定型。矿体无论沿走向或是沿倾向均不连续，都有尖灭再现的特点。

I-2 号矿体：长 900m，宽 5~20m。赋存于 F1 主裂面以下黄铁绢英岩的中上部，该矿体上部特征基本同 I-1 号矿体。在勘查范围内 I-2 号矿体，位于 28~42 线间，标高：-555~-730m。矿体呈较规则脉状产出，常见分枝、复合、膨胀、狭缩现象，矿体内含多层夹石。矿体走向 30°~40°，倾向南东，倾角 32°~44°不等。矿体厚度最小 0.97m，最大 13.81m，平均 5.74m，厚度稳定程度为稳定型。

11.5.2.3　工程地质

A　断裂

（1）北东向断裂：F1 断层。

在矿区内出露的为其北段，地表出露和工程控制长度 1700m，构造岩带宽 50~200m。总体走向 40°，倾向南东，倾角 40°，工程控制倾斜延深 1000m 以上。走向、倾向上均呈舒缓波状，显压扭性。

（2）北西向断裂：F3、F2。

北西向断裂以 F3 断裂为代表，走向北西 60°，倾向北东，倾角 80°。断裂带早期被煌斑岩脉充填，后期再次活动。断裂在浅部不太明显。从区域上看，北西向断裂以左行平移错动为特点，切割了北东向成矿构造。同时还使两侧的东北向成矿带相应的作左行错移。

F2 断裂是 F3 断裂的次级或平行断裂，其特征基本一致，向北西基本已延伸入海。位于 1 号蚀变带西侧（下盘）约 200m 处。走向 12°，倾向北西，倾角 85°。断层长 600m，北入渤海。为一左旋扭性断层，横切黄铁矿石英脉，错距为 20m。地表槽探揭露，断层裂面无断层泥、糜棱岩和角砾岩。延伸在 250m 处即无踪迹。

B　节理

矿区岩体结构面的调查分析结果表明：矿区岩体的节理大致分为四组：

第一组：走向北西，倾向北东，倾角一般都在 70°以上；

第二组：走向北东，倾向北西，倾角一般为 40°~50°；

第三组：走向北东，倾向南东，产状大致平行于 F1 断层，但倾角陡些；

第四组：走向北西，倾向南东，倾角 60°~80°，节理多张开，有渗水、流水现象。

11.5.2.4　原岩应力

北京科技大学于 2002 年 11 月在金矿 6 矿进行了 4 个点的原岩应力测量，测量中采用了应力解除法和实现完全温度补偿的空心包体应变测量技术，其中包括了一系列新的理论和技术，可以大幅度提高测量结果的可靠性和准确性。4 个测点分别布置在-75m 水平南巷、-420m 水平南巷、-420m 水平北巷和-150m 水平北巷，测量结果见表 11-13。

北京科技大学 2012 年在金矿岩石力学与岩层控制技术研究[54]工作中完成了深部 9 个点的原岩应力测量，结果见表 11-14。

表 11-13　应力测量结果

测点	深度/m	最大主应力 σ_1			中间主应力 σ_2			最小主应力 σ_3		
		数值/MPa	方向/(°)	倾角/(°)	数值/MPa	方向/(°)	倾角/(°)	数值/MPa	方向/(°)	倾角/(°)
1	75	6.01	288.5	-6.3	3.81	198	-4.9	2.56	250.4	82.0
2	420	19.27	284.1	-21.3	11.05	18.5	-11.1	10.88	134.4	-65.7
3	420	19.69	120.4	-14.9	10.92	169.2	68.1	9.44	34.7	15.8
4	150	7.73	280.9	-5.2	5.48	9.4	16.6	4.5	27.7	-72.5

表 11-14　应力测量结果

测点	深度/m	最大主应力 σ_1			中间主应力 σ_2			最小主应力 σ_3		
		数值/MPa	方向/(°)	倾角/(°)	数值/MPa	方向/(°)	倾角/(°)	数值/MPa	方向/(°)	倾角/(°)
1	510	24.55	129	4	16.35	-138	2	14.49	133	-85
2	510	24.64	-111	3	15.68	155	82	15.02	161	-10
3	555	25.71	-45	-13	14.0	14	73	13.0	50	-20
4	600	28.88	103	1	16.54	10	76	14.77	13	-8
5	600	30.17	110	-16	18.83	24	-11	16.94	236	-70
6	645	29.57	112	-3	19.56	-177	-80	15.48	-156	-9

测点	深度 /m	最大主应力 σ_1			中间主应力 σ_2			最小主应力 σ_3		
		数值 /MPa	方向 /(°)	倾角 /(°)	数值 /MPa	方向 /(°)	倾角 /(°)	数值 /MPa	方向 /(°)	倾角 /(°)
7	690	31.50	−80	2	19.08	230	−79	17.54	10	−10
8	690	29.77	−83	4	20.84	−8	−74	19.63	8	15
9	750	33.22	119	−10	19.93	−89	−82	17.10	208	−8

11.5.2.5 岩石物理力学性质

20 世纪 70 年代，加拿大莱特公司曾进行过金矿 6 项目的可行性研究，研究报告中给出的上盘岩石的单轴抗压强度为：120MPa，下盘岩石的单轴抗压强度为：155MPa。

北京有色冶金设计研究总院在金矿 6 矿岩石力学研究报告中给出的主要矿岩物理力学参数见表 11-15。

表 11-15 岩石的物理力学性质试验结果

岩组编号	岩石名称	抗压强度 /MPa	抗拉强度 /MPa	抗剪强度 /MPa	弹性模量 /10^4MPa	泊桑比 μ	黏聚力 /MPa	内摩擦角 /(°)
Ⅰ	下盘斑状黑云母花岗岩	157.0	83.5	37.63	6.39			
Ⅱ	下盘黄铁绢英岩化花岗岩	155.5	33.0	26.5	4.12			
Ⅲ	黄铁绢英岩（包括矿体）	121.8	23.68	25.42	5.42	0.453	12.0	46
Ⅳ	上盘黄铁绢英岩化花岗岩	114.1	30.68	30.43	4.24			
Ⅴ	上盘斑状黑云母花岗岩	96.8	17.94	18.57	4.55			
Ⅵ	第四系海沙、海泥							

11.5.2.6 矿区开采

矿区一期工程设计中段高度 50m、45m，开采范围−60~−240m。二期工程中段高度 60m，开采范围−240~−420m。三期工程开采范围−420~−600m，生产规模 8000t/d。

2008 年 9 月中国恩菲工程技术有限公司完成了四期工程设计，其开采范围为−600~−1005m 标高矿体。生产服务年限为 10~13 年，至 2018 年年底，1005m 标高以上大部分矿体已采出。

主要采矿方法为上向分层充填采矿法、上向进路充填采矿法、上向水平分层点柱充填采矿法。

11.5.2.7 地表保护

矿山地表有部分居民住宅区、办公楼，还有部分矿山生产设施，要进行搬迁比较困难，应做到地表不塌陷。一期工程为保护地表，留有 70m 护顶矿柱。

1981 年北京有色冶金设计研究总院完成的初步设计中，在−70 至−100 余米范围内以采深与矿体厚度之比小于 3~5 倍时，圈定了可能的移动范围。

A　2005 年状况

矿山开采至−420m 中段，地表护顶矿柱在"护顶矿柱开采可行性研究"中明确可以回收的部分已基本采完（厚约 20m）。

矿山基本未建地表监测系统，采场距地表只有几十米的距离，地表没有出现明显的变形破坏。

B　2013 年 7 月状况

−510m 以上主矿体基本采完，沿走向每 100m 留 6m 间柱，上部留 4m×4m 的点柱，下部分段交替盘区开采，不留点柱。各中段在查漏补缺开采残矿。

矿体上盘有大量房屋，长期完好无损，到 2013 年时未发现开裂。图 11-10 为矿区地表总平面图。

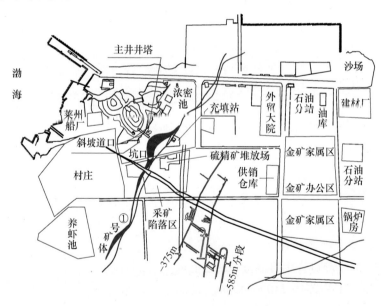

图 11-10　矿区地表总平面图

中科院地质所于 2012 年 6 月开始对全矿进行地表变形监测，采用 GPS 静态监测，全矿共布设 300 多个监测点，半年监测一次。

2015 年调查时，地表基本稳定。

11.5.3　铜矿 6

11.5.3.1　矿山概况

铜矿 6 位于安徽省铜陵市东 7.5km 处，矿体赋存于狮子山矿田深部。

建设规模为 10kt/d 采选生产能力。

11.5.3.2　地质资源

铜矿 6 矿床共有铜、硫、铁矿体 140 多个，其中主矿体 1 个（编号为 I），单硫小矿体 3 个，单工程揭露的未编号的零星小矿体百余个。主矿体赋存于泥盆系上统五通组顶界和石炭系中上统层位中，位于青山背斜深部的轴部及两翼，属层控矽卡岩型铜矿床。

矿床主矿体（I 号矿体）长 1810m，宽平均 500m。矿体埋藏深，赋存标高为 -690~-1007m。矿体最大厚度 100.67m，最小 1.13m，平均厚 34.16m，厚度变化系数 80.65%，属较稳定型。矿体沿长轴以 50 线为界，西南部薄，东北部厚。短轴方向上中部肥厚。总之，位于背科轴部及受近东西向构造叠加影响的隆起部位的矿体厚度大，处在翼部及下凹部位的矿体厚度相对较薄，近岩体部位的矿体厚度大，远离岩体的矿体厚度小。岩体旁侧的矿体虽厚，但变化大。

矿体总体走向北东 35°~40°，倾向与背斜两翼产状一致，分别倾向北西和南东，矿体中部倾角较缓，一般均小于 10°；而西北及东南边部较陡，一般为 30°~40°。从矿体的倾向上看，在 52~54 线之间为转折点，34 线~52 线的西北部矿体倾角较陡，相反，54~71 线及以北的东南部矿体倾角较缓。

矿体形态与背斜深部形态相吻合，空间上的背斜隆起部位的赋存标高最高，呈一个不完整的"穿隆状"，沿走向及倾向均显舒缓波状起伏。整个矿体总趋势向北东倾伏，倾伏角 10° 左右。矿体在 34~54 线间南东侧为青山脚岩体所侵占，65~71 线矿体北东侧被包村岩体所侵占，致使矿体的头部形态变化很大。而且在接触带上，多种形式的矿化组成了"多位一体"的格局，使该部位的矿体厚度膨大。同时岩体"呈枝杈状"侵入围岩，吞蚀或部分吞蚀赋矿层位，破坏了赋矿层位的连续及完整性。除这部分矿体外，其余部分的矿体连续性好，形态简单，且夹石少，整体性好。矿体三维模型如图 11-11 所示。

11.5.3.3　工程地质

矿田内断裂构造较发育，按其生成时期分为：成矿前断裂和成矿后断裂。

成矿前断裂主要有近南北向、东西向和北东向三组，少数呈北西向。旁侧派生裂隙发育，形成特有的网格状构造系统，控制着矿田内的岩浆活动和矿化作用。主要断裂分述如下：

（1）青山脚~东狮子山断裂，位于青山背斜南东翼近轴部，走向北东，向南东倾斜，倾角大于 75°，长 1400m，宽 100~250m，延深至 -1000m 标高以下。断裂带内的角砾成分复杂，在地表以石英闪长岩、矽卡岩角砾为主，角岩、大理岩角砾少量；深部主要为角岩及少量矽卡岩角砾。胶结物多为成分复杂的矽卡岩，部分胶结物为石英闪长岩。此断裂为区内较早的断裂构造之一，并经多次活动，伴有岩浆侵入，使先固结的岩石再次破碎、变质并被胶结，从而形成了较宽而复

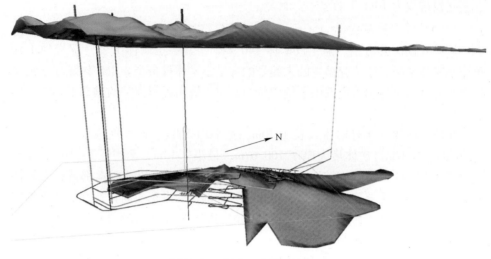

图 11-11　铜矿 6 矿体三维模型

杂的断裂带。

（2）白芒山~西狮子山北坡断裂：位于背斜南东冀。走向近东西，倾角近直立，长 500m 以上，宽 150~250m，延深-1000m 以下。辉石闪长岩贯入其中。

（3）包村后山断裂：斜切青山背斜轴部，走向近南北，倾向东，长 750m 以上，宽 200~300m，延深至-1000m 以下。包村石英闪长岩体即沿此断裂侵入。

（4）曹山断裂：位于背斜南东翼，呈东西走向，略向南倾，倾角近于直立。该断裂长 800m 左右，延深至-400m 以下。曹山闪长岩体即沿此断裂侵入。

成矿后断裂有三组，以北西-北西西向为主，次为近东西向及北东向。其断裂性质为张性、张扭或压扭性，延深不大，对矿床的主矿体的连续性无影响。主要有三条：阴涝~大冲破碎带、铜塘冲破碎带、龙塘湖破碎带，均属张性断裂，延深 200~300m，规模均较小。

本区节理有三组，分别为北西向、北北东-南北向和北东东-东西向。三组方向基本与主构造方向一致。其中以北西向为主，另两组次之。走向北西向一组，向南西陡倾，倾角 60°~85°，部分向北东倾，倾角在 80°以上；走向北北东-南北一组，以向西倾为主，部分向东倾，倾角为 70°~90°；走向北东东~近东西一组，多向南陡倾斜，部分向北北西倾，倾角在 75°~90°之间。

11.5.3.4　矿岩物理力学性质

铜矿 6 矿床Ⅰ号主矿体（占矿床总储量的 98%）位于青山背斜轴部，大部分埋藏于-730m 标高以下，主要赋存于黄龙、船山组地层中。矿体受层位控制，呈似层状、透镜状（剖面图上）产出，产状与围岩基本一致，与背斜形态相吻合。矿体中部厚大、沿两翼及走向向外逐渐变薄并尖灭。矿体走向35°，倾向随围岩产状分别向北西和南东倾斜，最大倾角30°~40°。矿体走向长1820m，水平投影宽度204~882m，矿体最大厚度106.7m，一般厚度30~50m。矿体顶部部分向上延伸进入二叠系栖霞组下部2~37m。在矿体西部，其底界常下延进入高丽山组顶部1~8m。

矿体主要由含铜矽卡岩、含铜黄铁矿、含铜磁黄铁矿、含铜蛇纹岩、含铜磁铁矿等构成。矿体构造简单，节理裂隙不发育，岩性坚硬，力学强度高，稳定性好。

矿体底盘直接围岩为石炭系下统高丽山组岩石和石英闪长岩，以高丽山组岩石为主，石英闪长岩仅在矿体的东南部局部构成矿体底板。高丽山组中上部为灰岩、灰褐色粉砂质泥岩、粉砂岩、细砂岩、砂质页岩等岩石。下部为褐黄、灰色石英长石砂岩、粉砂质页岩，厚14~24m。矿体底板以角岩化粉砂岩为主。

矿体的主要顶盘岩石为黄龙、船山组。该组岩石分布广，主要分布在矿体的西部和北部。岩性变质较深，下部为灰白色中、厚层状白云质大理岩及白云石化大理岩，变质强烈时为镁质大理岩；中、上部常为浅灰-灰白色厚层状、糖粒状大理岩，部分变质强烈地段为钙质矽卡岩，层厚46~68m。

1992年北京有色冶金设计研究总院完成了铜矿6矿床岩石力学第一阶段试验，对矿石和顶底板六种岩石进行了物理力学试验工作，取得了大量参数。1994年又合作完成了大团山矿体采空区处理的岩石力学研究，补做了-460m中段穿脉巷道中上、下盘围岩和矿体的物理力学试验，其试验结果[55]见表11-16。

表11-16　各类岩石物理力学参数

项　目	栖霞组大理岩	黄龙组大理岩	粉砂岩	石英闪长岩	矽卡岩	石榴子石矽卡岩	含铜磁铁矿
$\rho/g \cdot cm^{-3}$	2.71	2.70	2.71	2.72	3.22	3.40	3.97
E_d/E	1.87	1.55	1.85	1.44	2.04	2.11	1.93
E/GPa	22.31	12.80	40.40	45.11	49.90	50.88	51.48
μ	0.257	0.329	0.2087	0.2644	0.3124	0.2499	0.2532
σ_c/MPa	74.04	50.38	187.17	306.58	190.30	170.28	304.0
σ_t/MPa	8.96	3.40	19.17	13.90	17.13	12.07	9.12
σ_c/σ_t	8.26	14.82	9.76	22.06	11.11	14.11	33.33
C/MPa	12.00	11.23	30.53	33.01	21.43	20.71	44.33
$\phi/(°)$	45.28	39.51	51.01	57.01	56.21	58.91	53.02

11.5.3.5 矿区原岩应力

北京有色冶金设计研究总院曾于 1992 年在铜矿 6 矿床-730m 水平进行了两个点的地应力测量，1994 年在大团山矿床-460m 水平又进行了两个点的地应力测量，1996 年 10 月在矿区的-280m 水平和-910m 水平进行了地应力的量测工作。本次根据坚硬材料具有对承受最大应力历史记忆的凯撒尔效应原理，进行了岩样声发射地应力量测工作，取得了圆满的结果。这样，就获得了狮子山矿区垂深 1000 多米自上而下均匀分布的-280m、-460m、-730m 和-910m 四个水平的地应力量测值，也就有了比较理想的原始资料，有条件全面认识矿区地应力的特性及规律。对全矿区应力场分布特征进行的分析和评估，可作为解决铜矿 6 这样超过千米深矿床的井巷开拓、开采顺序、采矿方法以及岩爆预测和防治等技术问题的重要基础资料。测量结果见表 11-17。

表 11-17 地应力量测及实验测定结果

测点中段 /m	测点岩性	主应力/MPa			主应力倾角 α/(°)			主应力方位角 β/(°)		
		σ_1	σ_2	σ_3	α_1	α_2	α_3	β_1	β_2	β_3
-280	石英闪长岩及矽化闪长岩	19.3	15.6	12.3	18.4	27.1	56.4	247.3	147.6	7.3
-460	矿体（含铜矽卡岩、含铜黄铁矿）	26.08	9.92	9.72	6.13	5.22	81.81	241.2	130.63	20.47
		22.44	12.91	10.99	3.08	83.56	5.08	53.81	172.17	323.5
-730	矿体（含铜矽卡岩等）	32.75	12.23	8.69	2.25	25.81	64.08	48.31	317.22	142.95
		34.33	16.47	13.84	6.37	44.39	44.9	248.42	152.13	344.81
-910	矽化闪长岩	38.1	33.1	31.1	22.7	19.9	59	249.6	150.9	23.7

注：1. 方位角 β 为主应力在水平面上的投影与正北方向间的夹角，同地理方位，经正北方向为零，顺时针为正；

2. 倾角 α 为主应力与水平面的夹角，以俯角为正（指向低面），仰角为负。

由于矿区的地质背景及地质构造条件非常复杂，影响矿区地应力场分布状态的地质因素亦是多种多样的，加之量测方法及实验技术的误差，这些都可能影响矿区地应力场的分布状态及实测的结果。显然，矿区的地应力场是一种不均匀的应力场，不同测点的结果固然不同，即使同一测点的不同测次亦不尽相同，可能存在一定的差异及分散性，尽管如此，从总体上统观分析来看，矿区的地应力场还是具有明显的分布特征及分布规律的，主要表现在以下几个方面：

(1) 矿区的地应力无论是 σ_1、σ_2 还是 σ_3 均随深度呈线性增加；

(2) 近地表岩体中的地应力不为零，有明显的剥蚀残余应力效应；

(3) σ_3 近似为垂直应力，且在深部大致等于上覆岩体的自重应力；

(4) 在水平方向或接近水平方向存在明显的地质构造应力，其值比岩体的相应自重垂直应力还要大。最大的地质构造应力作用方向为 N61°E 左右，其他方向亦存在比较明显的地质构造应力或地质构造残余应力，表明矿区地质构造作用的多期性及多期构造应力场的复合效应；

（5）地应力场三个主应力的方位角 β 及倾角 α 分别为：$\beta_{\sigma_1} = 61°$，$\beta_{\sigma_2} = 151°$，$\beta_{\sigma_3} = 353°$，$\alpha_{\sigma_1} = \pm 9.5°$，$\alpha_{\sigma_2} = \pm 20°$，$\alpha_{\sigma_3} = 65°$；

（6）矿区总体上三个主应力的比值为：$\sigma_1 : \sigma_2 : \sigma_3 = 1 : 0.75 : 0.5$，铜矿 6 矿体中三个主应力的比值：$\sigma_1 : \sigma_2 : \sigma_3 = 1 : 0.85 : 0.8$。

11.5.3.6 矿区开采

矿山于 2003 年建成投产。采矿方法为大直径深孔阶段空场嗣后充填法和扇形中深孔阶段空场嗣后充填法。采场按矿房矿柱两步骤回采，采场长 100m，宽 18m，高为矿体厚度。经过 15 年的大规模开采，位于矿体上方的街道民宅及其工业设施完好无损。

11.5.3.7 地表保护

中钢集团马鞍山矿山研究院 2014 年 12 月提交了铜矿 6 老区采空区地压监测与稳定性研究阶段总结报告，报告中认为：（1）从年度地表的监测情况来看，现场地压调查未发现地表出现明显的裂隙与沉降变形，未见明显的地压活动痕迹。地表各个监测区域 GPS 监测数据普遍偏小，无持续的单向位移产生，总体发展趋势较平缓，未出现明显的应力加速集中破坏特征。结合现场观察情况来看，该区域内地压活动基本上处于平缓期，地表基本处于无沉降变形状态。（2）从井下的应力、位移监测情况来看，各测点全年大部分情况下数据变化平缓稳定，数值大小基本稳定在合理范围之内。表明相关监测区域地压整体上处于稳定状态。（3）无论是地表 GPS 监测还是井下应力位移监测，部分监测点在部分月份的读数出现了一定程度的起伏变化，可能是受到井下爆破振动、上半年空区小范围垮落等因素影响，但变化持续时间短，最终仍进入稳定状态。表明监测区域有小范围的地压活动产生，井下局部地段可能有小范围片帮或冒顶现象。总体上未出现大的地压活动，应加强观测。

2016 年 2 月对铜矿 6 矿床所对应地表范围内进行了现场踏勘，观察表明：现场地表、道路、建筑物等整体均表现稳定，地表道路未观察到明显开裂和塌陷，一些超几十年的历史建筑物也都表现较稳定。图 11-12 为现场井上井下对照图，图中标明了现场调查点的位置。部分调查点的图片如图 11~13~图 11~16 所示。

图 11-13 中，居民区位于铜矿 6 矿体正上方，街道整体看来较稳定，未见明显房屋开裂现象。图 11-14、图 11-15 分别为铜矿 6 主井、副井，均正常运转。周边道路整齐，旁边墙体稳固。图 11-16 为历史废弃选厂照片，存在 20 年以上，由于被墙体封闭，远处观察，未发现明显开裂现象。

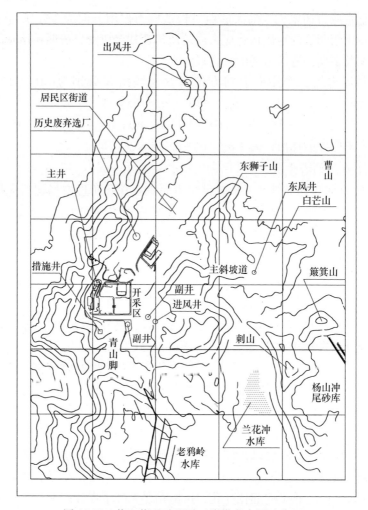

图 11-12　井上井下对照图（附带考察图片位置）

图 11-13　居民区街道

图 11-14　铜矿 6 主井

图 11-15　铜矿 6 副井

图 11-16　铜矿 6 历史废弃选厂

11.5.4 镍矿1

11.5.4.1 矿山概况

镍矿1硫化铜镍矿矿区位于甘肃河西走廊中部,龙首山北麓,巴丹吉林沙漠南缘的金昌市。永昌-河西堡-雅布赖公路穿过矿区,在永昌与312国道相接。矿区距兰新铁路金昌站20km,有专用支线与兰新线接轨。

11.5.4.2 地质资源

矿区东西长6.5km,宽不足1km。按勘探先后的四个含矿超基性岩段的分布,被分别称为Ⅰ、Ⅱ、Ⅲ、Ⅳ共四个矿区。

矿床所处的龙首山区岩浆活动以花岗岩类最为发育,分布面积大,多呈岩基出现,主要形成于早古生代中、晚期和晚古生代早、中期,岩石类型主要为二长花岗岩和闪长花岗岩,其次是钾长花岗岩,少数为斜长花岗岩、石英闪长岩、石英二长岩等。

矿床含矿岩体全长约6500m,宽20~527m,延深数百米至千余米,最大延深超过1100余米,岩体东西两端被第四系覆盖,中部出露地表,上部已遭剥蚀,岩体倾向220°,倾角50°~80°,岩体受北东向压扭性断层错断,由西向东分为四段,即依次为Ⅲ、Ⅰ、Ⅱ、Ⅳ四个矿区的含矿岩体。

各个矿区含矿岩体的规模、形态、产状都有差别,最西端的Ⅲ矿区岩体受F8断层影响,相对于Ⅰ矿区岩体向南西推移900余米,全部隐伏于第四系之下,埋藏深度40至50余米。东宽西窄,向西逐渐尖灭,岩体倾向南西,倾角60°~70°。

Ⅰ矿区岩体出露地表长1500m,西部最大宽度达320m,向东逐渐变窄,宽仅20余米,倾向延深大于700m。岩体倾向210°~220°,倾角较陡,一般为70°~80°。Ⅰ矿区是最早开采的矿区,早期用露天开采,现已全部转入地下开采。

Ⅱ矿区岩体长3000余米,除东端300余米,岩体隐伏于第四纪之下外,其余均出露地表。岩体两端窄中间宽,最宽处由于F17断层影响达527m,总体倾向220°,倾角50°~80°。岩体有分支,规模巨大的海绵陨铁状富矿体主要在下分支,块状特富矿的规模比较大,Ⅱ矿区的矿体规模最大,镍金属储量占全矿区3/4,是最大规模的开采矿区。

Ⅳ矿区岩体位于最东端,西端与Ⅱ矿区岩体相连接,长约1300m,最宽处230多米,隐伏于混合岩及第四系之下,覆盖物厚60~140m,向下延伸400~600m尖灭,该矿区尚未开发。

图11-17为Ⅱ矿区深部开采设计时建立的矿床模型。

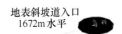

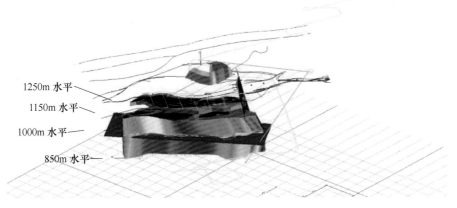

图 11-17　Ⅱ矿区矿体模型（2005 年深部开采工程）

11.5.4.3　工程地质

矿区出露的地层比较简单，主要为前震旦纪白家嘴子组中深变质岩。主要岩石由条带混合岩、绿泥石石英片岩、蛇纹石化大理岩、角砾混合岩夹大理岩、含榴二云母片麻岩、黑云母斜长片麻岩组成。岩层为倾向南西的单斜构造。

矿区内岩浆岩除超基性岩外，主要有肉红色花岗岩、白岗岩及细晶岩和超基性岩的派生岩脉：辉绿岩、煌斑岩、细粒闪长岩等。

矿区位于龙首山隆起构造线由东西走向变为北西走向的转折部位，总的构造特点是褶皱形态简单，断裂构造发育，性质复杂。

A　褶皱构造

矿区地层为向南西 40°倾斜的单斜构造。倾角由北向南逐渐变缓，北部一般为 54°~77°，南部为 37°~54°，Ⅲ矿区由于受 F8 断层影响，地层走向向北偏转，倾角稍缓。在白家嘴子组第二、三段地层含榴二云母片麻岩中，不连续的小型褶曲经常出现，沿走向多呈 S 形。在较大的逆断层上盘附近，紧闭褶曲发育。矿区较大的背、向斜构造仅见于Ⅰ矿区南部。

B　断裂构造

区域内断裂构造非常发育，不少断层经多次复活，性质复杂，根据其主要展布方向和性质可分为以下几组：

第一组：北西向逆断层。该组断层在矿区最为发育，以矿区北部边缘的 F1 深断裂为代表。走向 300°，倾向南西，倾度 60°。

第二组：北东东向平推断层。断裂发育程度仅次于第一组，走向 70°，倾向南东，倾角 70°左右。一般南东盘相对往北东方向推移，以 F8、F23 为代表，该组断裂发生在含镍侵入体形成之前，之后又有复活，破坏了侵入体的完整性，破坏程度由西向东逐渐减弱。

　　第三组：近南北向平推断层。断层发育程度不及第一、第二组，且规模不大，走向近南北向，倾角陡立，常使岩矿体发生右推移位，以 F10 为典型。它的发展史与第二组断裂相同。

　　第四组：北东向正断层。断裂走向 45°，倾向南东，倾角 73°左右。以分布于 II 矿区东段的 F17 为代表，属右旋正断层，横切含镍岩体和围岩。

　　第五组：北西向正断层。断裂产状与第一组北西向逆断层基本一致，仅性质相反。

　　C　节理裂隙

　　II 矿区调查的 3 种岩体节理裂隙统计分析结果表 11-18，工程地质分区结果见表 11-19。

表 11-18　II 矿区岩体节理裂隙统计分析结果

岩性 位置	大理岩体				花岗岩体			二辉橄榄岩体			
	组数	节理产状			组数	节理产状		组数	节理产状		
		倾角/(°)/倾向/(°)				倾角/(°)/倾向/(°)			倾角/(°)/倾向/(°)		
		1	2	3		1	2		1	2	3	4
1200m 水平	3	26/067	03/217	50/055	2	17/242	89/255	4	12/283	51/229	82/249	78/062

表 11-19　II 矿区工程地质分区[56]

工程地质分区		岩体结构	岩块抗压强度/MPa	岩体质量 (Q)	稳定类型
岩带	岩组				
混合岩带 I	F1 断层压碎岩组 I 1	散体结构	—	0.01~0.1	最不稳定
	层间挤压混合岩岩组 I 2	层状碎裂~碎裂结构	20.4~140	0.1~1.0	欠稳定
	较完整的混合岩岩组 I 3	镶嵌结构	20.4~140	1.0~4.0	欠稳定~较稳定
片麻岩、片岩带 II	粗粒片麻岩组 II 1	层状碎裂结构	76~114	0.1~1.0	欠稳定
	F16 断层破碎岩组 II 2	散体结构	—	0.01~0.1	最不稳定
大理岩带 III	中、薄层大理岩岩组 III 1	层状结构	41.9~159	1.0~4.0	较稳定~欠稳定
	厚层大理岩岩组 III 2	块状结构	99~113	40~100	最稳定
	中薄层大理岩岩组 III 3	层状碎裂~碎裂结构	41.9~	0.1~1.0	欠稳定~不稳定
	均质条带混合岩岩组 IV	层状~镶嵌~碎裂结构	117~159.9	4.0~10.0	稳定
	花岗岩带 V	镶嵌结构	61~	4.0~40	较稳定
	含矿超基性岩带 VI	块状~碎裂结构	40~160	0.1~4	欠稳定

11.5.4.4 原岩应力

Ⅱ矿深部1000~850中段地应力测量及应力作用特征研究中总结：矿区地应力测量与研究工作始于20世纪70年代，一直持续到现在。这期间，中国地质科学院地质力学所、长沙矿冶研究院、中科院地质所、甘肃地震局、北京科技大学等科研院所做的实际工作情况见表11-20。

表11-20　Ⅱ矿区地应力测量

编号	主要完成单位	测试方法	测点数	测试时间
a	长沙矿冶研究院		3	1973~1974
b	中国地质科学院地质力学研究所	压磁应力解除法	8	1975~1981
c	中瑞技术合作	空心包体式三轴地应力计	3	1986~1988
d	北京科技大学	空心包体式三轴地应力计	11	1994~1997
e	兰州大学	声发射	9	2001
f	中国地质科学院地质力学研究所	空心包体式三轴地应力计	16	2004~2007
g	中国地质科学院地质力学研究所	空心包体式三轴地应力计	6	2009~2011

特大型镍矿工程地质与岩石力学报告中对矿区深部地应力的规律进行了研究，得到了矿区埋深400~1000m内不同深度的地应力预测结果如下：

$$\sigma_{H} = 0.7114 + 0.0525H \quad (MPa)$$

$$\sigma_{h} = -0.2011 + 0.0291H \quad (MPa)$$

$$\sigma_{v} = -0.8815 + 0.0296H \quad (MPa)$$

式中，σ_{v} 为垂直应力（MPa）；σ_{H} 为最大水平应力（MPa）；σ_{h} 为最小水平应力（MPa）；H 为埋深（m）。

矿区1000m水平以上主应力随深度的变化规律为：

$$\sigma_{H} = 3.0266 + 0.0508H \quad (MPa)$$

$$\sigma_{h} = 2.8379 + 0.0232H \quad (MPa)$$

$$\sigma_{v} = -0.2832 + 0.0285H \quad (MPa)$$

在埋深0~400m，三个主应力值的关系为 $\sigma_{H} > \sigma_{h} > \sigma_{v}$。

在埋深400~1000m，三个主应力值的关系为 $\sigma_{H} > \sigma_{v} > \sigma_{h}$。

11.5.4.5 主要矿、岩物理力学性质

矿区完成的岩石物理力学性质试验工作很多，由于取样位置的不同，部分参数差异较大，因此，此处仅列出二次试验的结果。见表11-21和表11-22。

表 11-21 岩石力学单轴压缩实验结果（中瑞合作研究项目）

序号	位置	岩石类型	抗压强度/MPa		弹性模量/GPa		泊松比	
			中国	瑞典	中国	瑞典	中国	瑞典
1	西部1号矿体	大理岩	49~159 (104)	52.6~106 (79.3)	60~90 (75)	59.9~90.2 (75.1)	0.22~0.42 (0.32)	0.26~0.28 (0.27)
2		二辉橄榄岩	140~160 (150)	63.3~127.1 (95.2)	80~110 (95)	57.1~84.7 (70.9)	0.22~0.25 (0.24)	0.17~0.24 (0.21)
3		贫矿	40~107 (73.5)	107.8 (107.8)	20~40 (30)	79.3 (79.3)	0.20~0.23 (0.22)	0.33 (0.33)
4		富矿	53~87 (70)	87.3~141 (114.2)	60~70 (65)	53.9~81.0 (67.5)	0.28~0.35 (0.32)	0.28~0.35 (0.32)
5	东部2号矿体	贫矿	95~150 (122.5)		25~74 (49.5)		0.18~0.23 (0.205)	
6		富矿	99~113 (106)		40~110 (75)		0.20~0.30 (0.25)	
7		特富矿	82~125 (103.5)		39~99 (69)		0.19~0.26 (0.225)	
8		大理岩	78~137 (107.5)	148.6~179.6 (164.1)	36~62 (49)	60.9	0.19~0.30 (0.245)	1.29~0.32 (0.805)

表 11-22 II矿区西部矿体岩石二轴实验结果

岩石	围压/MPa	抗压强度/MPa	变形模量/GPa	泊松比	平均弹模/GPa	平均泊松比	黏聚力/MPa	内摩擦角/(°)
大理岩	10	155.4	59.3	0.20	84.1	0.233	26.0	40
	30	239.6	74.7	0.20				
	50	360.8	118.3	0.30				
二辉橄榄岩	10	226.2	142	0.24	116.1	0.273	35.0	45
	30	329.9	93.7	0.35				
	50	459.3	112.5	0.23				
贫矿	10	155.5	71	0.28	95.7	0.313	16~28 (22)	37~46 (41.5)
	30	234.5	93.7	0.31				
	50	441.1	122.5	0.35				
富矿	10	178.1	58	0.35	64.2	0.33	38	34
	30	247.5	69	0.31				
	50	327.9	65.7					
特富矿	10	262.9	107	0.26	100.3	0.227	25~47 (36)	49~56 (52.5)
	30	467.0	89	0.21				
	50	616.0	105	0.21				

11.5.4.6 矿区开采

Ⅱ矿区采用下向进路胶结充填采矿法开采，一期设计为99万吨/年，1966年开始建设，1982年建成投产，主要开采对象是东部2号矿体和西部1号矿体1250m以上的富矿体。二期工程主要开采对象是1250水平以下的1号矿体，采用斜坡道-皮带斜井-竖井联合开拓，设计能力为264万吨/年。

二期工程按50m分成一个中段，2015年年底1200m中段以上矿体已开采完毕，1150m中段即将采完，目前1000m和800m两个中段同时回采，规模为450万吨/年。

11.5.4.7 矿区地表岩体移动与变形特征

A Ⅱ矿区矿体开采产生的地表变形

为了监测二矿区的地表变形，掌握地表岩体的移动范围和变形特征，中国科学院地质与地球物理研究所于2001年将GPS测量技术引入Ⅱ矿区的监测体系，建立了Ⅱ矿区地表变形的GPS监测系统，并对其进行每半年为周期的动态监测。

根据中国科学院地质与地球物理研究所等单位2005~2006年共同完成的矿区地表岩移GPS监测岩体移动变形规律与采动影响研究报告[57]，Ⅱ矿区在采用胶结充填采矿法开采18年后，2000年在地表发生了大范围的山体开裂，如图11-18所示。图11-19为2001年地表变形监测点及地表裂缝示意图。

图 11-18 Ⅱ矿区地表裂缝

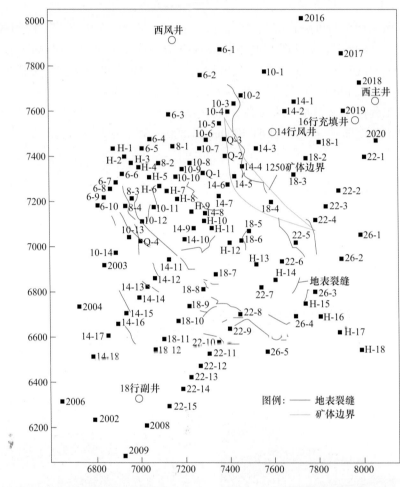

图 11-19　2001 年地表变形监测点及地表裂缝示意图

在多年的矿山开采实践中，镍矿 1 开创了世界上独一无二的下向胶结充填大面积无矿柱连续开采方法。该方法能够最大限度地回采各种复杂地质条件下的难采矿体和深部矿体，资源损失率低。

一般认为充填采矿法开采的地下金属矿山，产生岩体移动和地表变形问题不严重，其数量上相对于其他采矿方法来说要小得多，并且一般不会产生塌陷等不连续下沉。但对镍矿 1 而言，在经过近二十年的采矿后，随着开采深度和面积的不断增加，多中段回采已经形成，2015 年开采深度在 500~700m，开采面积已达到近 10 万平方米。随着深部开采所占比重的逐渐加大，矿山开采周期也逐渐加长，充填体的体积随之逐渐增大，所承担的地应力也随之逐渐加大。在这种高地应力和地下采动等条件的影响下，地表岩体可能会产生变形，甚至移动。对此，于 1999 年在对矿区地表控制网点进行 GPS 检核时发现 Ⅱ 矿区采场上方的地表控制点均产生了较大幅度指向采场的水平位移和沉降。之后，于 2000 年在二矿区中西部上盘发现 20 余条贯穿性地表裂缝，其分布呈现为二组主裂缝条带的格局，并沿矿体走向延展。这些地裂缝目前仍在发展，并且不但在上盘进一步发展，下盘地表也开始出现，而且上、下盘地裂缝的形态不同。这些现象均表明了地下大规模的采动作用已经涉及地表，并且引起了从采场到地表的大范围岩体移动和变形。

通过建立在 Ⅱ 矿区地表的 GPS 监测系统，对由于地下采矿引起的地表变形进行了 GPS 实时监测。监测分析结果表明，受长期地下采动的影响，镍矿 1 Ⅱ 矿区地表移动盆地已经形成，其地表变形具有明显的非线性特征。图 11-20 为 Ⅱ 矿区 GPS 测量地表沉降立体图（5 年半：2001.4-5～2006.10-11），图 11-21 为镍矿 1 Ⅱ 矿区地表岩移高程位移等值线图（5 年半：2001.4-5～2006.10-11），图 11-22 为 14 行线的累积沉降曲线。

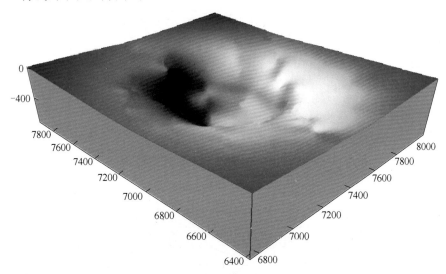

图 11-20　Ⅱ 矿区 GPS 测量地表沉降立体图（5 年半：2001.4-5～2006.10-11）

B　Ⅱ 矿区地表变形特征

矿区地表以 14-7 测点附近近似圆形的区域为沉降中心，在 14～18 行线之间靠近 14 行线一侧，14 行风井以南偏西约 340m 的地方。该沉降中心 5 年半内的下沉量超过了 880mm。

沉降较大的地段的累积高程位移量分别为：

每半年时段为 -30～-80mm，最大为 -79mm（H-11）；

1 年时段为 -60～-160mm，最大为 -149mm（H-12）；

1 年半时段为 -80～-220mm，最大为 -220mm（14-7）；

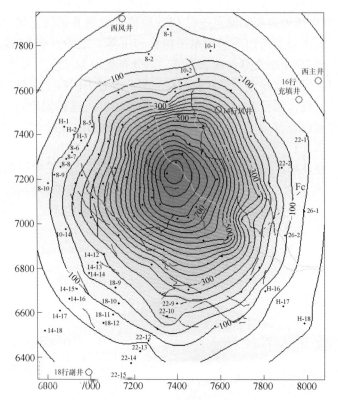

图 11-21　Ⅱ矿区地表岩移高程位移等值线图（5 年半：2001. 4-5 至 2006. 10-11）

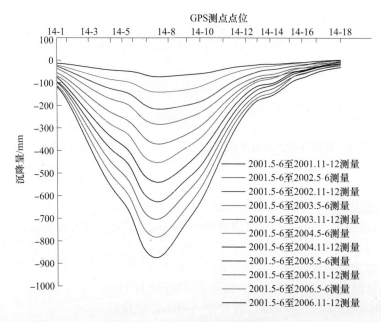

图 11-22　14 行线的累积沉降曲线

2 年时段为-110~-280mm，最大为-288.6mm(14-7)；

2 年半时段为-140~-370mm，最大为-376.4mm(14-7)；

3 年时段为-170~-460mm，最大为-459.7mm(14-7)；

3 年半时段为-200~-550mm，最大为-549.9mm(14-7)；

4 年时段为-230~-640mm，最大为-638.1mm(14-7)；

4 年半时段为-250~-710mm，最大为-710.8mm(14-7)；

5 年时段为-270~-790mm，最大为-791.1mm(14-7)；

5 年半时段为-300~-880mm，最大-883.0mm(14-7)。

C　II 矿区地表变形与地下采动的关系

从地表 GPS 变形监测结果来看[58]，II 矿区地表已形成移动盆地。盆地中心位于 14~18 行、14 行风井以南，距 1150~1250m 水平矿体在地表上的投影上盘约 60~130m。移动盆地的边界北至 F1 断层，南至 18 行副井以南 200m，沿行线方向长约 2.3km，沿矿体走向贯穿整个 II 矿区约 1.5km，向西与龙首矿移动区相连。移动中心伴随地下采矿略有变化，长轴方向与地下矿体的展布基本一致。移动盆地范围与沉降中心不仅与采空区规模、形状及埋深有关，而且还受矿区成矿地质条件所控制。II 矿区 14 行线主断面地表岩体移动与地下采动的关系如图 11-6 所示。

图 11-6 中上、下盘的移动角分别为：

(1) 以每次 GPS 监测精度±5mm 为判别岩体移动的定量指标，求定的 1150 开采中段的岩体移动角。矿体上盘岩体移动角为 42°44′，矿体下盘岩体移动角为 64°17′。

(2) 以 F1 断层为下盘移动边界，以 18 行副井以南 200m 山顶的 IV2006 点为上盘移动边界，求定了 1150 开采中段的岩体移动边界角，矿体上盘岩体移动的边界角为 38°56′，矿体下盘岩体移动的边界角为 37°34′。

(3) 根据 II 矿区地表裂缝在地表的分布位置，尤其是在 14 行线穿过裂缝带的边缘位置，求定了对应 1999 年地下开采 1218 分段的岩体破裂角，即第一条裂缝带岩体破裂角为 45°57′，第二条裂缝带岩体破裂角为 89°38′。

II 矿区各主要生产分段的 3~5 号运输道位置均在 14~18 行之间，也就是在地表形成的移动盆地中心位置投影到各分段的位置，这些地段巷道的返修量明显大于其他地段。随着 II 矿区开采面积的增大、开采深度的增加，各种工程在空间与水平矿柱相交处所产生的切割作用将削弱水平矿柱的整体强度，出现开裂、位移、塌陷等现象，深部采场的应力也越来越大，下陷漏斗底部隅角处应力最大，对应在各分段的分段道上，破坏现象更加严重，水平矿柱正担当起隔离层的作用，应力分布最为集中。2016 年 II 矿区地下采矿生产有两个中段同时回采，由于 1150 中段和 1000 中段之间目前还有 30~50m 水平矿体存在，1100 中段的采动尚不能与 1150 中段的采动叠加传递到地表，但对 1150 中段待开采岩体的影响是存在的，2007 年 1 月 14 日 1150～1100 中段 2 号溜井的破坏可能就是 1100 中段采动引起上覆岩体变形而造成的。由于两个中段回采的共同影响，是否会引起移动盆地的增大或位移，还有待进一步研究解决。

　　Ⅱ矿区 1 号矿体为极厚大矿体，走向长 1600 多米，厚 10～200m，急倾斜，在地表以下 228～380m 见矿，采用的采矿方法是下向分层进路充填采矿法，分层高度 4m，进路断面为 5m×4m。由于极厚大矿体一步骤全面拉开，回采顺序又是自上而下，每一条进路，每一个分层，充填都很难接顶，这样就相当于留下很多采空区，为后续开采留下了变形沉降空间，加之岩体松软破碎，还具有强烈的蠕变性，这些条件都有可能造成Ⅱ矿区地表开裂的重要因素。可惜目前缺乏井下和地表联合实时监测数据，因而成为研究充填能否保护地表这一课题的新内容。

参 考 文 献

[1] 邹友峰，邓喀中，马伟民. 矿山地表沉降工程 [M]. 徐州：中国矿业大学出版社，2003.

[2] 何国清，杨伦，凌赓娣，等. 矿山地表沉降学 [M]. 徐州：中国矿业大学出版社，1991.

[3] [西德] H. 克拉茨. 采矿损坏及其防护 [M]. 马伟民，王金庄，王绍林译. 北京：煤炭工业出版社，1984.

[4] [波] 克诺特，李特维尼申. 矿区地面采动损害保护 [M]. 上西里西亚出版社，1980.

[5] 张玉卓，煤矿地表沉陷的预测与控制——世纪之交的回顾与展望 [C]//煤炭学会第五届青年科技学术研讨会论文集，煤炭工业出版社，1998.

[6] 阿威尔辛. 煤矿地下开采的岩层移动 [M]. 北京：煤炭工业出版社，1959.

[7] 赴波兰考察团. 波兰采空区地面建筑 [M]. 北京：科学技术文献出版社，1979.

[8] [波] M. 鲍莱茨基，M. 胡戴克著. 矿山岩体力学 [M]. 于振海，刘天泉译. 北京：煤炭工业出版社，1985.

[9] Berry D S, Sales T W. An Elastic Treatment of Ground Movement Due to Mining [J]. J. Mech.. Phys Solids 1961, 9：52-62.

[10] Berry D S. Ground Movement Considered as An Elastic Phenomenon [J]. Min. Engr. 1963，123：28-41.

[11] Salamon M D G. Elastic analysis of displacements and stresses induced by the mining of seam or roof deposis [J]. J. S. Afr, Inst. Metall. 1963, 63.

[12] Salamon M D G. Rock Mechanics of Underground Excavations [C]//Advances in Rock Mechanics, Proc. 3rd congr., Int. Soc. Rock Mech., Denver, 1974, 951-1099.

[13] M. D. G. 沙拉蒙. 地下工程的岩石力学 [M]. 北京：冶金工业出版社，1982.

[14] Kratzsch H. Mining Subsidence Engineering. Springerverlag [M]. Berlin Heidelberg New York，1983.

[15] Brauner. Subsidence due to underground mining [M]. Bureau of Mines, USA, 1973.

[16] 张玉卓，姚建国，仲惟林. 断层影响下地表移动规律的统计和数值模拟研究 [J]. 煤炭学报，1989（1）：23-31.

[17] 刘宝琛，廖国华．地表移动的基本规律［M］．北京：中国工业出版社，1965.

[18] 马伟民，王金庄，等．煤矿岩层与地表移动［M］.北京：煤炭工业出版社，1981.

[19] 杨伦，于广明．采矿下沉的再认识［C］//第七届国际矿测学术会文集，1984：46-48.

[20] 李增琪．使用富氏交换计算开采引起的地表移动［J］.煤炭学报，1982，2.

[21] 张玉卓，仲惟林，姚建国．岩层移动的位错理论解及边界元法计算［J］.煤炭学报，1987，2.

[22] 郝庆旺．采动岩体的空隙扩散模型及其在地表沉降中的应用［C］.//中国矿大博士论文，1988.

[23] 杨硕，张有祥．水平移动曲面的力学预测法［J］.煤炭学报，1995，20（2）：214-217.

[24] 邓喀中．地表沉降中的岩体结构效应研究［D］.徐州：中国矿业大学，1993.

[25] 吴立新，王金庄．建筑物下压煤条带开采理论与实践［M］.徐州：中国矿业大学出版社，1991.

[26] 于广明，杨伦．非线性科学在地表沉降中的应用研究［J］.辽宁工程技术大学学报，1997，16（4）：385~390.

[27] 张玉卓，陈立良．长壁开采覆岩离层产生的条件［J］.煤炭学报，1996，21（6）：576~581.

[28] 徐乃忠．覆岩离层注浆减缓地表沉降理论研究［D］.徐州：中国矿业大学，1997.

[29] 谢和平，陈至达．非线性大变形有限元分析及其在岩层移动中的应用［J］.中国矿业大学学报，1988，（2）：94-98.

[30] 何满潮．国家自然科学基金重点项目讨论会讲话材料，1996.

[31] 唐又弛等．有限元法在地表沉降中的应用［J］.阜新：辽宁工程技术大学学报，2003，22（2）：196-198.

[32] 廉海，魏秀泉，甘德清．地下开采引起地表沉降的数值模拟［J］.矿业快报，2006，1，439（1）：29-32.

[33] 张向东．岩层移动与地表沉降理论的分类［J］.阜新矿业学院学报，1997（7）：15~20.

[34] Kwiatek J. Ochrona Obiktow budowlanych na terenach gomiczych ［M］.Elsevier Science Pubishers，1989.

[35] Litwiniszyn J. Przemieszczenia gorotworu. w s wietle teorii prawdopodobienstwa. Arch. Gor. Hut. T. Ⅱ, 1954.

[36] Litwiniszyn J. Fundamental principles of the mechanics stochastic medium, Proc. of 3 Conf. Theo. Appl. Mech, Bongalore, India, 1957.

[37] Itasca Consulting Group Inc. FLAC 3D（Fast Lagrangian Analysis of Continua in 3 Dimensions），Version 2.10, Users manual. USA：Itasca Consulting Group Inc，2002.

[38] 谢和平，于广明，杨伦．节理化岩体开采沉陷的损伤统计研究［J］.力学与实践，1998，20（6）：7-9.

[39] 李文秀，郭玉贵，侯晓兵．地下开采地表下沉分析的弹性力学模型［J］.化工矿物与加工，2008，2：26-28.

[40] 余学义，张恩强．开采损害学（第2版）［M］.北京：煤炭工业出版社，2010.

[41] 余学义．开采速度对地表建筑物损害影响［J］.西安科技学院学报，2001，2：97-102.

［42］颜荣贵. 地基开采沉陷及其地表建筑［M］. 北京：冶金工业出版社，1995.

［43］于学馥，郑颖人，刘怀恒，等. 地下工程围岩稳定性分析［J］. 北京：煤炭工业出版社，1983.

［44］耿献文. 矿山压力测控技术［M］. 徐州：中国矿业大学出版社，2002.

［45］李庶林. 论我国金属矿山地质灾害与防止对策［J］. 中国地质灾害与防止学报，2002，13（4）：44-52.

［46］Luo Yizhong, Wu Aixiang. Stability and reliability of pit slopes in surface minging Combined with underground mining in Tonglushan mine［J］. Journal of Central South University of Technology, 2004, 11（4）：434-439.

［47］解世俊. 金属矿床地下开采［M］. 北京：冶金工业出版社，1999.

［48］邓喀中，郭广礼. 村庄群下采煤地表沉陷控制技术研究［J］. 矿山压力与顶板管理，2002（2）：89-91.

［49］付建新. 深部硬岩矿山采空区损伤演化机理及稳定性控制［D］. 北京：北京科技大学，2015.

［50］南京铅锌银矿扩建初步设计书，北京有色冶金设计研究总院，1981.

［51］南京栖霞山铅锌银矿岩石力学试验研究报告，北京有色冶金设计研究总院，1985.

［52］南京栖霞山锌阳矿业有限公司空区综合治理技术研究报告，马鞍山矿山研究院，2000.

［53］山东黄金矿业股份有限公司三山岛金矿改扩建探采工程初步设计，中国恩菲工程技术有限公司，2008.

［54］山东黄金矿业（莱州）有限公司三山岛金矿，北京科技大学. 三山岛金矿岩石力学与岩层控制技术研究［R］. 2012.11.

［55］狮子山铜矿冬瓜山矿床岩石力学第一阶段试验报告，北京有色冶金设计研究总院，1992.

［56］杨志强，高谦，等. 特大型镍矿工程地质与岩石力学［M］. 北京：科学出版社，2013.

［57］金川矿区地表岩移 GPS 监测岩体移动变形规律与采动影响研究［R］. 中国科学院地质与地球物理研究所，2006.

［58］杨志强，高谦，王虎，等. 高应力深井安全开采理论与控制技术［M］. 北京：科学出版社，2013.2.

12 国内充填矿山典型充填工艺技术实例评述

12.1 白音查干多金属矿

12.1.1 矿山概况

白音查干多金属矿隶属内蒙古兴业集团银漫矿业有限公司，位于内蒙古西乌珠穆沁旗。矿体主要含有铅、锌、银、铜、锡等多种金属。矿山于2016年9月建成投产。设计生产规模为5000t/d，分两个系统，铅锌系统2500t/d，铜锡系统2500t/d，采用地下开采，斜坡道开拓，分段空场嗣后充填采矿法和上向水平分层充填采矿法。

矿床赋存于蚀变构造带中，I-4、I-5号铅锌矿体为矿区内主矿体。I-4号铅锌矿体长1560m，倾角63°，厚度0.61~47.17m，平均厚度12.76m；I-5号铅锌矿体长1100m，倾角72°，厚度0.61~45.5m，平均厚度11.88m。矿体顶底板主要为凝灰岩、凝灰质粉砂岩和碎裂岩，属坚硬岩石，岩石稳固性良好；矿体属半坚硬岩石。矿区地表主要为林地和牧民的草场，对生态和环境保护要求高，地表不允许崩落。矿区干旱少雨且蒸发量大，适合尾矿膏体堆存。综合考虑环境、投资和运营成本，白音查干多金属矿在我国率先采用了尾矿膏体充填和地表膏体堆存联合浓密脱水工艺流程。

12.1.2 系统简介

白音查干多金属矿采用全尾砂膏体充填，尾砂粒级见表12-1，20μm以下含量占55%以上，深锥浓密机底流浓度达到61%时，尾砂料浆形成膏体。

表12-1 全尾砂粒级组成

粒径/μm	-5	-10	-20	-30	-37	-48	-74	-150	+150
含量/%	32.99	43.53	55.04	59.60	64.49	71.68	85.12	95.03	4.97

白音查干多金属矿膏体制备系统如图12-1所示。选矿厂生产的全部尾砂送至充填搅拌站，经充填搅拌站内的深锥浓密机浓缩后，制成合格的充填料浆，通过浓料输送泵送至井下采场空区进行充填。不充填时，将膏体送到尾矿库堆存。

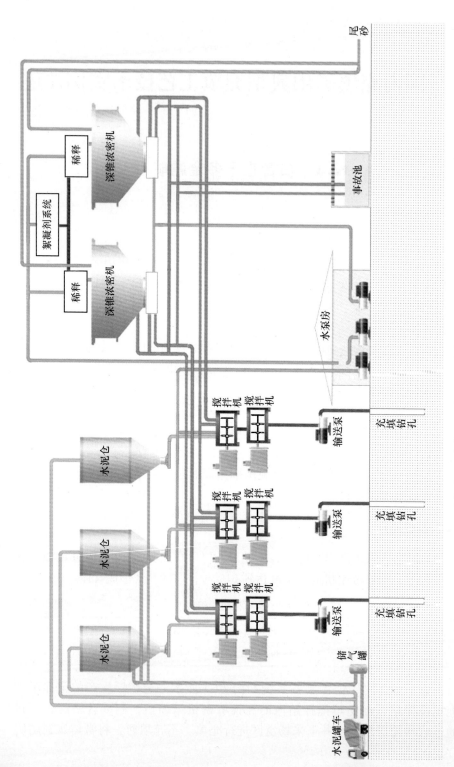

图 12-1 白音查干多金属矿膏体制备系统图

充填搅拌站共设 2 台深锥浓密机和 3 套充填料浆制备及输送系统，由 ϕ14m 深锥浓密机 2 台，水泥仓 3 座，微粉秤 3 台，双轴叶片搅拌机 3 台，双螺旋搅拌机 3 台，浓料输送泵 3 台及相应配套的仪表监控系统组成。正常生产时，2 台深锥浓密机同时工作，料浆制备及输送系统 2 套工作 1 套备用。每套均可用于全尾砂胶结充填和非胶结充填。每套系统添加水、水泥和尾砂量均可调节[1]。

深锥浓密机单套制备能力 80~100m³/h。每台深锥浓密机底部设 2 台底流泵，正常生产时底流泵 1 台工作 1 台备用，最大时，1 台深锥浓密机 2 台底流泵工作，另 1 台深锥浓密机 1 台底流泵工作，现场深锥浓密机如图 12-2 所示。

图 12-2　ϕ14m 深锥浓密机

充填钻孔 3 条，其中 1 条备用，钻孔为垂直钻孔。充填料浆经充填钻孔泵送到充填回风中段，经充填平巷到达各充填采场。

白音查干多金属矿主要采矿方法为分段空场嗣后充填采矿法和上向水平分层充填采矿法，分别如图 12-3 和图 12-4 所示。

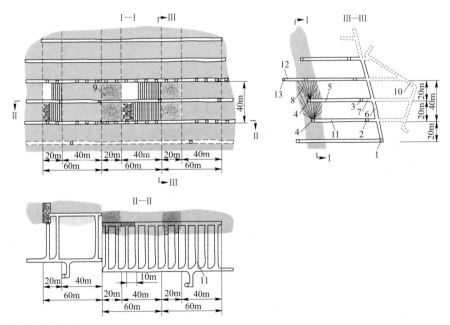

图 12-3　白音查干多金属矿分段空场嗣后充填采矿法示意图

1—无轨运输巷道；2—中段巷道；3—分段巷道；4—凿岩巷道；5—凿岩联络道；
6—溜井；7—溜井联络道；8—炮孔；9—充填体；10—采准斜坡道；11—出矿进路；
12—充填回风联络道；13—充填回风平巷

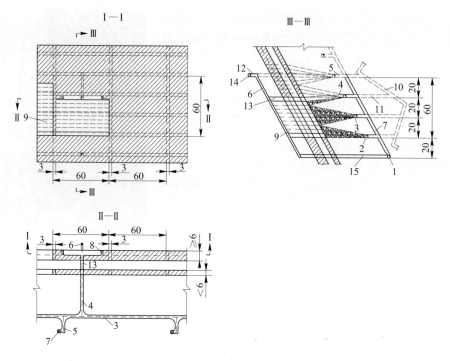

图 12-4　白音查干多金属矿上向水平分层充填采矿法示意图

1—无轨运输巷道；2—中段巷道；3—分段巷道；4—分层联络道；5—溜井联络道；
6—充填回风天井；7—溜井；8—炮孔；9—充填体；10—采准斜坡道；11—分段联络道；
12—充填回风天井联络道；13—分层穿脉；14—充填回风沿脉

分段空场嗣后充填采矿法一步骤采场采用全尾砂胶结充填，采用灰砂比 1：10 胶结充填。二步骤采场采用全尾砂非胶结充填。当条件允许时，生产期间掘进的废石应运至采空区充填。充填之前需要先在采场内安设滤水管和铺设充填管路，并在相关的巷道内做好滤水挡墙，为保证挡墙的安全，每次充填高度不应超过 2.0m。

上向水平分层充填采矿法每一中段的首采分层胶结充填 4~6m 高，灰砂比为 1：4。其他分层充填 4m 高，其中底部非胶结充填 3.7m 厚，其上再充填 0.3m 厚、灰砂比为 1：4 的胶结面层。采场回采结束后，在采场口构筑木挡墙，里面用过滤布或编织袋固定在木板墙上，外面木板墙进行喷浆封闭。预留泄水口排出溢流水。然后沿采场顶部敷设充填管到采场内进行全尾砂充填。

12.1.3　评述

尾砂膏体充填和膏体堆存具有安全、高效、节能、环保等优点，在矿业发达国家被广泛认可并应用[2]。在我国，近年来尾砂膏体充填技术发展迅速，多个矿山先后建成尾砂膏体充填系统并投入运行；尾砂膏体堆存技术处于起步阶段，从流变学角度看，膏体充填和尾矿干堆技术有共同之处[3]，截至 2019 年，国内仅有两座矿山膏体堆存系统在运行，白音查干多金属矿第一个在国内建成全尾砂膏体充填与膏体堆存联合处置系统。

充填搅拌站位于矿区北部山坡上，尾矿输送泵站位于选矿厂区内，两者距离较远，按照传统设计思路，尾砂膏体充填系统和膏体堆存系统分别独立设置。中国恩菲工程技术有限公司对尾砂膏体充填和堆存方案进行了详细研究和技术经济比较，采用全尾砂膏体充填和膏体堆存联合处置系统。选矿厂生产的全部尾砂送至充填搅拌站，经充填搅拌站内的深锥浓密机浓缩，采场需要充填时，制备合格的充填料浆，通过浓料输送泵送至井下采场空区进行充填；当采场不进行充填作业时，选矿厂排出的全部尾矿经深锥浓密机浓缩后输送至尾矿输送泵房内的矿浆贮槽中，由隔膜泵及管道输送至尾矿库进行膏体堆存。膏体联合处置系统运行结果表明：系统安全可靠，膏体质量稳定，对类似矿山采用膏体充填与膏体堆存联合处置具有借鉴意义。

12.2 会泽铅锌矿

12.2.1 矿山概况

会泽铅锌矿位于云南省曲靖市会泽县矿山镇，隶属于云南驰宏锌锗股份有限公司，始建于 1951 年，是我国第一个五年计划 156 个重点建设项目之一。矿区地处云贵高原乌蒙山脉中，区内最高山顶标高 2668.9m，最低牛栏江面1561m，相对高差达 1000m 以上。矿山主要开采 1 号、8 号和 10 号矿体。1 号矿体属于矿山厂，8 号和 10 号矿体属于麒麟厂。1 号矿体分布于 3~16 号勘探线间，矿体水平厚度 0.75~44.8m，平均水平厚度 12.45m，倾角 61°~63°；8号矿体分布在 42~68 号勘探线间，矿体水平厚度 2.5~18.8m，平均水平厚度9.93m，长 325m，倾角 61°~63°，已控制垂深至 1000m 标高；10 号矿体分布于 88~136 号勘探线间，矿体长 387m，水平厚度 1.9~24.9m，平均水平厚度8.26m，倾角 63°~70°。矿体围岩主要为白云岩、灰岩以及白云质灰岩。白云岩主要分布在矿体下盘及端部，孔隙发育。灰岩主要分布于矿体顶板，其次分布于端部，与矿体接触界线清晰。白云质灰岩主要分布在矿体顶板及端部，包裹矿体，与矿体接触界线清晰，呈突变关系。矿区周边主要为森林覆盖，无工业设施、无居民居住。

矿山原来采用水砂充填采矿，2002 年由中国恩菲工程技术有限公司进行会泽铅锌矿深部资源综合开发利用及环保节能技改工程设计，将水砂充填改为全尾砂膏体充填，会泽铅锌矿成为我国第一座采用深锥浓密机充填工艺的矿山。矿山生产规模为 2000t/d，采用混合井开拓，采矿方法为上向进路充填法和下向进路充填法。矿山日平均充填量为 550m³，年充填量为 18 万立方米[4]。

12.2.2 系统简介

会泽铅锌矿采用全尾砂膏体充填系统，充填系统由全尾砂输送、全尾砂脱水与储存、膏体制备、膏体输送等部分组成，采用 DCS 自动控制。充填材料采用全尾砂、冶炼厂水淬渣和水泥。全尾砂与水淬渣配比为 75：25，灰砂比（水泥：全尾砂+水淬渣）为 1：4~1：16 不等，以 1：8 为主，膏体料浆浓度为 78%~80%，充填体强度为 3~4MPa。充填能力为 50m³/h。会泽铅锌矿全尾砂粒级分布见表 12-2。

表 12-2　全尾砂粒级组成

粒径/μm	-11	-22	-32	-45	-74	+74
含量/%	10.48	15.43	32.96	36.82	48.36	51.64

选矿厂全尾砂以 24%~26% 浓度通过 3 台串联的 6/4D-AHR 型渣浆泵送至充填制备站的深锥浓密机，深锥浓密机直径为 φ11m，底部锥度 45°，处理能力（干尾砂）25t/h，底流浓度为 71%~75%，由耙架驱动设备、E-Duc 进料稀释系统、进料井、桥架、浓密机罐体、底流剪切泵、底流输送泵、底流循环泵等机械设备和仪表自动化控制设备组成。水淬渣由卡车运输到膏体充填制备站，通过卸载栈桥卸入有效储存量 800t 的水淬渣仓；水泥利用散装水泥罐车运输到膏体充填制备站，再用压缩空气输送到有效容积为 293m³ 的水泥仓内储存，会泽充填系统示意图如图 12-5 所示。

充填料通过两级搅拌制备成膏体充填料，水淬渣仓仓底采用 φ1300mm 圆盘给料机和带式输送机向搅拌槽添加水淬渣，水泥仓底设双管螺旋输送机向搅拌槽添加水泥。一级搅拌设备采用 ATD 型 φ600mm 双轴叶片搅拌机，二级搅拌设备采用 ATD-AI 型 φ700mm 双螺旋搅拌机，制的膏体充填料浆浓度控制在 78%~80%。

膏体充填制备站场地标高 2538m，设计采用加压方式输送膏体充填料浆。截至 2016 年年底，1 号矿体充填料浆输送管线长度已经达到 3317~4095m，高差达到 604~774m，充填倍线范围为 5.29~5.49；8 号矿体和 10 号矿体充填料浆输送管线长度已经达到 6587~7087m，管线垂直高差 1207~1327m，充填倍线 5.21~5.40。

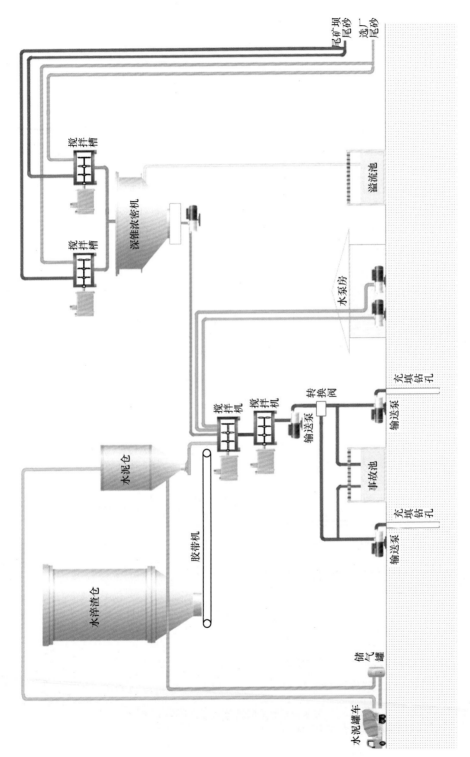

图 12-5 会泽铅锌矿充填系统示意图

膏体料浆输送管路从充填制备站附近的充填钻孔分别到达2053m中段和1751m中段，然后进入斜井或者斜坡道、采矿分段和充填采场。在2053m中段设置4个贮砂事故池，在1751m中段设置2个贮砂事故池。沿充填管线布设若干压力变送器，管道压力可在DCS控制室监控。上向进路充填时，从沿脉巷道充填主管路上连接充填支管进入穿脉巷道，充填支管从回风天井上口架设到最下面一个采矿分段，生产过程中随着采矿分层上升逐段拆掉；下向进路充填时，充填支管敷设到最上面的回采分层，向下回采过程中天井中的充填支管逐渐加长，直到中段最下面一个分层回采结束。

回采结束后，进行测量验收，计算采场充填量，确定充填料配比。上向进路充填法采场采用混凝土挡墙。采场充填管路采用聚氯乙烯管，用锚杆固定在采场顶板。若进路长度超过30m，则采用多点放料方式充填。在充填支管和采场充填管之间设三通将充填管路连接到沉淀池，充填结束后的冲洗水导入沉淀池，避免冲洗水进入采场降低充填质量。

会泽铅锌矿上向进路充填法布置如图12-6所示。上向进路充填法一步回采的进路底部充填高度为3.5m，灰砂比为1：10；上部充填高度为0.5m，灰砂比为1：4～1：6，充填体强度为3～4MPa。在一步回采充填后的相邻进路进行二步回采，进路底部充填高度为3.5m，灰砂比为1：16，以保证充填料浆固化为宜；上部充填与一步回采相同，充填高度为0.5m，灰砂比为1：4～1：6，充填体强度为3～4MPa。

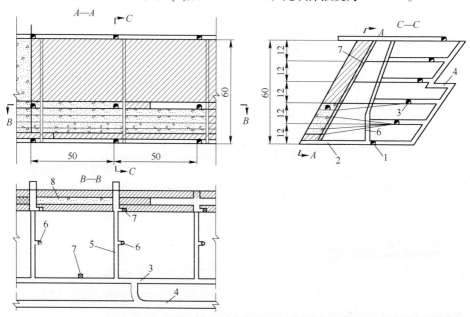

图12-6 会泽铅锌矿上向进路充填采矿法示意图

1—沿脉运输巷道；2—穿脉运输巷道；3—分段道；4—采准斜坡道；5—分层联络道；
6—采区溜井；7—充填回风天井；8—充填体

下向进路充填时，一步回采进路的底部充填体高度为1.5m，灰砂比为1∶4~
1∶6，充填体强度为3~4MPa；上部充填体高度为2.5m，灰砂比为1∶10，充填体
强度为1MPa；二步回采进路底部充填与一步回采充填相同，充填高度为1.5m，
灰砂比为1∶4~1∶6，充填体强度为3~4MPa；上部充填体高度为2.5m，灰砂比
为1∶16，保证充填料浆固化即可。会泽铅锌矿下向进路充填法如图12-7所示。

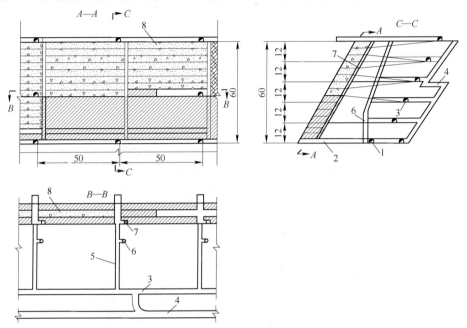

图 12-7 会泽铅锌矿下向进路充填采矿法示意图
1—沿脉运输巷道；2—穿脉运输巷道；3—分段道；4—采准斜坡道；
5—分层联络道；6—采区溜井；7—充填回风天井；8—充填体

12.2.3 评述

会泽铅锌矿膏体充填系统是继金川二矿区膏体充填系统和湖北铜绿山铜矿膏
体充填系统后建成的国内第三个膏体充填系统。该系统的建设充分吸收了金川和
铜绿山膏体充填系统的设计、建设和使用过程中的经验教训，利用了金川膏体充
填系统建设过程的研究成果。该系统在生产过程中实现了连续稳定运行，达到了
设计要求，满足了矿山生产需要，使用效果超出预期，实现了较好的经济效益和
社会效益。会泽铅锌矿膏体充填系统已经成为膏体充填领域的一面旗帜。

会泽铅锌矿膏体充填系统在国内率先采用深锥浓密机作为全尾砂脱水设备，
是设计上的重大创新。继会泽铅锌矿之后，国内多个金属矿山采用深锥浓密机作
为全尾砂脱水设备，实现了膏体充填或者高浓度胶结充填。

会泽铅锌矿膏体充填系统充分利用选矿厂产出的全尾砂制备成充填膏体输送

到井下采场进行充填，在保证生产的前提下真正实现了无废开采。同时还在充填膏体中加入冶炼厂的水淬渣作为充填骨料，降低了水泥消耗量，帮助冶炼厂减少了地面堆存的废渣[5]。

会泽铅锌矿充填系统具有世界范围内充填管路最长、最复杂的充填管网。最长的充填线路管线长度已经超过 7000m，充填倍线接近 5.5。该充填系统为中国金属矿山的膏体充填和高浓度胶结充填起到了良好的示范作用，推动了矿山充填技术的快速发展。

会泽铅锌矿膏体充填系统已经成功运行十几年，膏体充填制备站如图 12-8 所示。系统建设时为保证充填系统管路不发生堵塞，采用了液压双缸活塞泵接力输送膏体充填料浆，现在矿山已经根据生产实际调整了料浆的浓度，在保证采场不脱水和不降低充填体强度的前提下，实现了长距离大充填倍线的膏体输送。

图 12-8　会泽铅锌矿膏体充填制备站

会泽铅锌矿膏体充填系统于 2002 年设计，虽然它是当时国内自动化程度最高的充填系统，但受当时技术、仪器仪表和设备水平的限制，计量设备及控制系统需要升级改进。2018 年，中国恩菲工程技术有限公司对会泽铅锌矿膏体充填系统进行自动化智能化升级改造，通过充填工艺参数及设备参数的实时采集、监测以及充填智能管控平台的建设，实现充填工艺参数及设备的智能化精准控制，并实现了膏体制备及输送"无人值守、一键式充填"。

12.3　冬瓜山铜矿

12.3.1　矿山概况

冬瓜山铜矿位于安徽省铜陵市，隶属于铜陵有色金属集团股份有限公司。

2003年投产，生产规模13000t/d，采用主-副井开拓，主井深1120m，提升能力13000t/d。采矿方法为大直径深孔阶段空场嗣后充填采矿法和扇形中深孔阶段空场嗣后充填采矿法。冬瓜山铜矿是我国第一座采用全尾砂大规模胶结充填的矿山，也是我国第一座大规模深井开采矿山。

矿床位于青山背斜的轴部，其形态呈鞍状与背斜形态相吻合。矿体中部倾角较缓，一般小于10°；两翼倾角一般20°左右，最大达30°~35°。矿体赋存于-690~-1007m标高之间，其水平投影走向长1810m，宽204~882m，平均厚34.16m，最大厚106.7m。矿体直接顶板主要为大理岩，底板主要为粉砂岩和石英闪长岩，矿体主要为含铜磁铁矿、含铜蛇纹石和含铜矽卡岩[6]。最大主应力方向与矿体走向大体一致，量值30~38MPa，属高应力区。矿岩在高应力条件下有岩爆倾向。矿体所处层位的原岩温度30~39.8℃。矿石平均含硫16.7%，开采过程中有氧化结块和自燃发火的可能[6,7]。地表有大量的工业设施、民用建筑、公用管线和道路。地表不允许崩落。

冬瓜山铜矿集深井开采的诸多难题于一身，很多技术在国内首次设计运用，它的成功开发，为我国深井矿床开发起到了很好的示范作用。

12.3.2　系统简介

冬瓜山尾矿采用全尾砂胶结充填，尾矿粒级细，20μm以下颗粒占40%左右，矿山投产初期尾矿砂粒级组成见表12-3，随着选厂后续的流程的改变，细粒级的尾矿越来越多。

表12-3　冬瓜山全尾砂粒级组成[8]

粒径/μm	-5	-10	-20	-50	-75	-100	-150	-180	+180
含量/%	17.35	26.22	37.84	60.13	72.42	81.75	91.68	94.58	5.42

冬瓜山充填系统制备系统示意图如图12-9所示，站内设有6套配置相同但相互独立的充填料浆制备系统，生产中可以根据实际情况选择多套制备系统同时工作。每套系统包括：进砂管路、新型尾砂浓缩贮存专利装置、水泥仓、粉煤灰仓、放砂管路、搅拌槽和充填管路及钻孔组成。选矿厂的全尾砂以25%左右的浓度经DN600的尾矿管路自流至尾矿泵站，经尾矿泵站渣浆泵对应分配给6座尾砂浓缩贮存装置内贮存。当尾砂浓缩贮存装置内沉淀的尾砂达到一定的高度后，即可进行充填作业，同时进砂系统可以连续进砂以保证充填作业连续性。充填作业时，从尾砂浓缩贮存装置底部放出全尾砂至高浓度搅拌槽，按试验配比要求加入水泥和其他辅料，经槽内充分搅拌混合并调节浓度后，自流输送到井下充填采空区。考虑到自流输送的需要，制备的胶结充填砂浆浓度为73%左右。冬瓜山充填搅拌站如图12-10所示[8]。

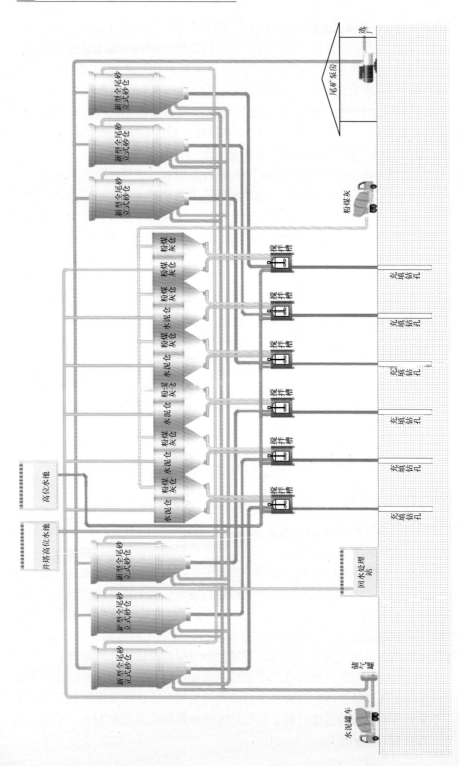

图 12-9　冬瓜山充填制备系统示意图

图 12-10 冬瓜山充填搅拌站

冬瓜山铜矿充填料的输送采用管路自流输送的方式。充填料经搅拌后从充填钻孔自流输送到 -280m 中段，经 -280m 中段减压后，从充填钻孔下放到 -670m 中段，3 条充填管路直接到 -670m 充填采场，另 3 条充填管路从 -670m 中段经充填管道井到 -730m 中段，然后到 -730m 充填采场。60 线以北开采时需从 -730m 中段打一条充填管路井至 -790m 水平，延伸 -790m 水平充填管路至 60 线以北，充填 -875m 以上中段采场。随着矿体回采的不断下降，开采 -930m 时，充填系统也跟着下降至 -875m 中段。

冬瓜山铜矿以大直径深孔阶段空场嗣后充填采矿法为主，采矿方法如图 12-11 所示。采场以盘区形式布置，平面尺寸为 100m×180m，采场按两步骤回采，一步矿房、二步矿柱，每个盘区内布置 10 个采场，采场沿矿体走向布置，使采场长轴方向与最大主应力方向呈小角度角相交，让采场处于较好的受力状态，以利于控制岩爆。采场长度 100m（包含两侧各约 10m 矿柱，后期回收），宽 18m，采场高度为矿体厚度，盘区间不留间柱。

采场充填前在采场内布置有脱水管，在底部结构及上部凿岩硐室出口设置充填挡墙，充填挡墙上设置有脱水管出口及观察管。

12.3.3 评述

冬瓜山全尾砂充填方案曾在业内引发了激烈的争论和质疑，主要原因是当时低成本全尾砂脱水关键技术缺乏，国内对充填料渗透系数要求的认识不够。全尾砂低成本脱水技术是制约全尾砂胶结充填的关键，中国恩菲工程技术有限公司于 2001 年开始进行相关方面的科研和半工业试验工作，2006 年 11 月试验取得成功，

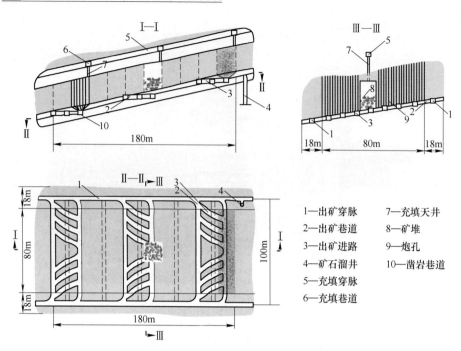

图 12-11　冬瓜山大直径深孔阶段空场嗣后充填采矿示意图

1—出矿穿脉　　7—充填天井
2—出矿巷道　　8—矿堆
3—出矿进路　　9—炮孔
4—矿石溜井　　10—凿岩巷道
5—充填穿脉
6—充填巷道

工业试验放砂效果如图 5-13 所示，后续考虑管路输送条件、建设成本及总体设计要求等因素，适当地降低了建设标准。冬瓜山铜矿全尾砂脱水放砂试验是国家"十五"科技攻关的重要内容，在该试验研究中，提出了一种新的流体力学模型；首次将高效浓密技术与立式砂仓技术进行了结合；首次按照控压助流的原理对原有技术进行了一系列重大改进。

冬瓜山全尾砂充填系统的成功在业内引发了全尾砂充填应用的高潮，实现了我国充填立式砂仓的升级换代，对我国金属矿山充填技术水平的进步发挥了重要作用。

12.4　金川二矿区

12.4.1　矿山概况

金川集团股份有限公司位于甘肃省金昌市，目前在当地隶属的矿山有龙首矿、二矿区和三矿区，其开采对象为金川镍矿。金川镍矿是我国最大的硫化铜镍矿床。矿体埋藏深、地应力高、矿体厚大、矿岩历经多次地质活动松软破碎且具有蠕变性，极不稳定，以"富、大、深、碎"而闻名。矿区地处潮水盆地南缘的戈壁滩上，气候干燥、少雨。

二矿区是金川集团股份有限公司的主力矿山，开采对象为金川铜镍矿床Ⅱ矿区1号矿体6行以东的矿体。1号矿体为本区最大矿体，占全区总储量的76.45%，全长1600m，平均厚度98m。矿体呈似层状产出，倾角60°~75°[9]。采用上盘主副井+辅助斜坡道开拓，采矿方法为下向进路胶结充填法，充填骨料为棒磨砂。850m中段开采工程设计生产规模450万吨/年，两个中段同时开采。目前开采的两个中段分别为1000m和850m中段，开采深度为800~950m。850m水平以下矿体开拓工程，即二矿区深部开采工程正在建设中，未来将接替1000m中段的开采。到2015年年底二矿区累计充填总量超过2700万立方米。

12.4.2 系统简介

在二矿区辖区范围内的充填系统有建成于1982年的西部充填搅拌系统，建成于1999年的第二充填搅拌系统以及2012年的第三充填搅拌系统。采用的高浓度料浆管道自流输送充填工艺技术，以1972~1975年金川有色金属公司、北京有色冶金设计研究总院（现中国恩菲工程技术有限公司）、长沙矿山研究院共同合作开展的胶结充填材料和充填料浆管道输送试验研究形成的高浓度胶结充填理论及其工艺技术为基础，在多年的生产实践中对充填骨料、胶凝材料的计量与输送、控制工艺设备进行了不断完善与改进。目前西部充填搅拌系统的搅拌站及部分棒磨砂输送胶带系统已经停止使用，下面主要介绍第三搅拌系统。

第三搅拌系统采用棒磨砂充填，设计充填料浆浓度为78%，充填搅拌站的料浆制备能力为6300m³/d，共设有4套充填料浆制备系统，每套设计能力为150~180m³/h[10]。其工艺流程示意图如图12-12所示。

棒磨砂用60t自翻车从砂石厂运来，卸到棒磨砂仓，棒磨砂仓设置4台15t的抓斗起重机，正常3台工作，一台备用。棒磨砂由抓斗起重机倒运至圆盘给料机的受料漏斗，再由圆盘给料机定量给输送胶带供料，经振动筛清除棒磨砂中的杂物后，利用运输主胶带的送料车分别送至各料浆制备系统的棒磨砂缓冲砂仓。砂仓总容量9850m³，可以满足矿山生产充填2d的棒磨砂用量。充填用水泥采用散装水泥罐车运来，由压缩空气吹到水泥仓中；供水由高位水池引来。

缓冲棒磨砂仓的容量约为200t，其下部设有宽度 $B=1200$mm，长度3.7m的重力变量卸料秤，将棒磨砂输送到高浓度搅拌槽中；水泥仓下设1台微粉秤，将水泥输送到高浓度搅拌槽中。棒磨砂、水泥和水进入 $\phi 2.6$m的高浓度搅拌槽进行充分搅拌，经充填管道自流输送到充填采场[10]。搅拌槽上设有料位计可控制槽

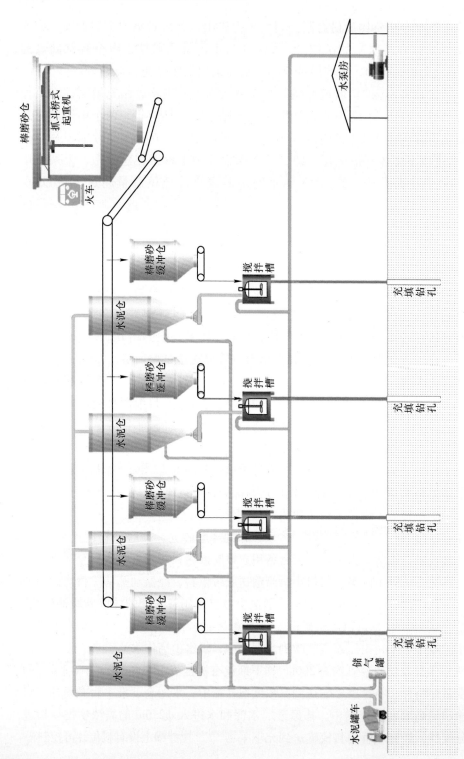

图 12-12 第三搅拌系统工艺流程示意图

底排浆阀开度以保持液位。搅拌槽下的充填管路上设有浓度计、流量计和流量调节阀，以保证充填料浆浓度和流量的稳定。棒磨砂缓冲仓和水泥仓均有各自的料位计，可在控制室内显示仓中料位并能在接近满仓与空仓预定位置时发出警告信号。充填搅拌站设有集中的收尘设施。第三搅拌系统充填搅拌站如图12-13所示。

图 12-13　第三搅拌系统充填搅拌站

充填料浆制备完毕后，利用水平耐磨钢管和垂直钻孔经过多次倒段下放至充填回风水平，再经过穿脉充填回风道及预留的充填回风井下放至采场。主系统及盘区内的分层道安装永久或半永久的耐磨钢管，采场进路内敷设的充填管路为增强塑料管。

下向进路胶结充填采矿法是适于二矿区特定矿岩条件下的采矿方法，如图12-14~图12-17所示。二矿区的回采盘区垂直矿体走向布置，在距离矿体上盘100m左右处布置分段道，分段高度20m，服务5个回采分层，分层高4m。盘区上下分层进路垂直交错布置[11]，分层道断面4m×4m（宽×高），回采进路断面5m×4m。

进路回采结束后，立即准备充填，用 $\phi6.5mm$ 的钢筋网片和直径12mm主筋联合敷设底筋，顶底板间吊挂 $\phi12mm$ 竖筋，顶板打锚杆固定充填管路，在进路口用粉煤灰空心砖封口，并喷射30~50mm厚的混凝土[12]。

胶结充填体的下部为承载层，设计灰砂比1:4，单轴抗压强度 $R_7>2.8MPa$，$R_{28}>5MPa$；承载层以上部分的充填体，包括补口和接顶充填形成的充填体，设计灰砂比1:6~1:8，单轴抗压强度 $R_{28}>3MPa$。

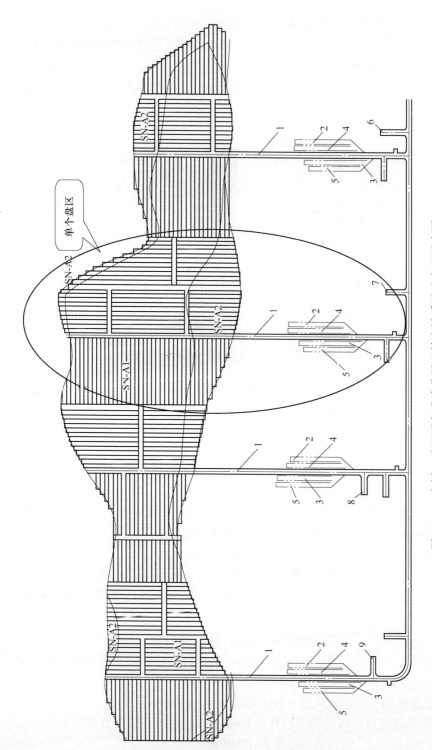

图 12-14　金川二矿区下向进路分层胶结充填采矿法盘区示意图

1—第一分层联络道；2—第二分层联络道；3—第三分层联络道；4—第四分层联络道；
5—第五分层联络道；6—1 号矿石溜井；7—2 号矿石溜井；8—3 号矿石溜井；9—4 号矿石溜井

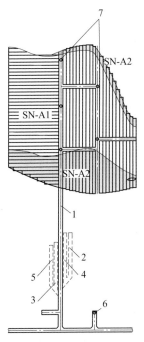

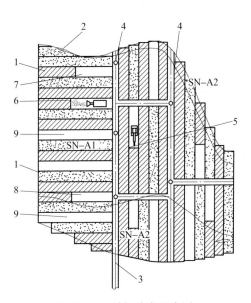

图 12-15　单个盘区示意图

1—第一分层联络道；2—第二分层联络道；
3—第三分层联络道；4—第四分层联络道；
5—第五分层联络道；6—2 号矿石溜井；
7—充填回风井

图 12-16　采场分布示意图

1—矿体；2—充填体；3—分层联络道；
4—充填回风井；5—正在凿岩采场；
6—正在出矿采场；7—等待凿岩采场；
8—等待爆破采场；9—等待充填采场

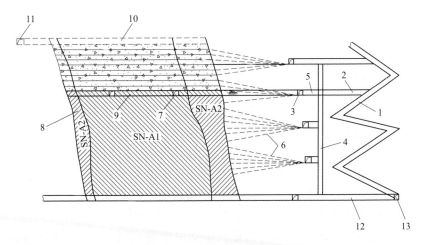

图 12-17　盘区剖面示意图

1—分段斜坡道；2—分段联络道；3—分段道；4—溜井；5—溜井联络道；6—分层联络道；
7—分层道；8—下盘贫矿；9—进路；10—穿脉充填回风道；11—下盘沿脉充填回风道；
12—穿脉出矿道；13—上盘沿脉运输道

12.4.3　评述

金川镍矿是我国最大的硫化铜镍矿床，矿体埋藏较深、地应力高、矿体厚大、矿岩历经多次地质活动松软破碎且具有蠕变性，极不稳定，经过多年的探索，实践已经证明下向进路胶结充填法是适应该矿复杂开采条件的采矿方法。作为较早采用充填法开采的矿山，金川镍矿先后采用过 -25mm 戈壁集料胶结充填工艺、高浓度自流输送胶结充填工艺、全尾砂膏体泵送胶结充填工艺等工艺技术，为我国矿山充填技术的发展做出了重大贡献。

中国恩菲工程技术有限公司在金川二矿区成功地研制了 $150m^3/h$ 大容量高浓度搅拌槽，对搅拌叶轮进行了结构改进、模型优化，对搅拌主轴进行了加强，对搅拌槽锥底结构进行了优化，使得新研制搅拌槽更加适应 $150\sim180m^3/h$ 充填料浆的制备工况。单体试验和工业试验结果证明，$150m^3/h$ 高浓度搅拌桶各部位尺寸及各项性能参数选取合理，料浆搅拌均匀、充分，充填料浆质量稳定，井下充填管路运行平稳，达到预期目的。该大容量高浓度搅拌槽已申请发明专利并获得授权。

TGG300S-3200 型微粉秤双管输送螺旋系统采用独特的悬挂称重方式，计量精度高，结构简单、密封性能好、运行可靠稳定；溢流给料螺旋，可同时起到锁料、锁风、稳流多种功能。该机作为动态连续计量、定量给料的整机式自动化控制装置，为充填料浆制备中的水泥添加量控制和生产管理提供准确的计量数据和控制手段。

ZBG1240Q 型重力变量卸料秤具有连续给料、动态计量、精度稳定的优点；环形裙边橡胶输送带，可以减少输送过程中棒磨砂在厂房内的遗撒造成的环境污染。

12.5　栖霞铅锌银矿

12.5.1　矿山概况

栖霞铅锌银矿隶属于南京银茂铅锌矿业有限公司，矿山地处南京市郊著名的 4A 级栖霞山风景区，西距南京市区 19km，北距长江 1.5km，南京长江四桥、沪宁铁路、城际高铁及龙潭疏港大道穿过矿区。矿床位于栖霞镇及九乡河正下方。九乡河为长江支流，由南向北流入长江，一般流量 $2\sim8m^3/s$，最大洪峰流量为 $200\sim300m^3/s$。矿区经济发达，交通地理位置独特，居民密集，地表无尾废堆放场地，地表不允许塌陷，属于典型的"三下"开采矿山。

矿区属低山丘陵地形，东高西低，东部山地最高峰三茅宫海拔标高 284m；西部为丘陵山地，海拔标高 30~80m 不等；中部为山间平原，地势平坦，海拔标高 10m 左右。1 号矿体为虎爪山矿段的主矿体，矿体倾角 60°~80°，赋存标高 -28~-700m，厚度由数米到 50m，平均厚度 23.1m。该矿床为多金属矿床，除含有 Pb、Zn 外，还含有 Au、Ag、S、Fe、Mn、Cu 等多种有用元素，矿石价值较高。

　　早期采用露天开采锰矿石。1971 年开始转入地下开采铅锌矿石，由中国恩菲工程技术有限公司设计，开拓方式为平硐+盲竖井开拓[13,14]。平硐标高 14m，盲竖井为罐笼井，标高从 14m 到 −475m，井筒净直径 ϕ4.5m。另建有盲副井，断面为 2.4m×4.2m。后期从 −475m 中段分别施工了 −475m 主井（2.7m×3.7m）和 −475m 副井（2.3m×4.1m），两条井服务从 −475m 到 −625m 矿体。井下设有 −75m、−125m、−175m、−225m、−275m、−325m、−375m、−425m、−475m、−525m、−575m、−625m 等中段，目前开采中段为 −625m。采用上向水平分层充填采矿法回采，采用全尾砂胶结充填。矿山经过挖潜改造，已经形成了 35 万吨/年的采选生产能力。矿山一直走生态绿色、循环经济发展道路，地表无尾矿库、废石场，实现了废石、尾矿、废水零排放、资源化利用。

12.5.2　系统简介

　　充填材料包括全尾砂、胶凝材料和水。胶凝材料为 32.5 级硅酸盐水泥。全尾砂粒径分布见表 12-4，−20μm 含量达到 33.34%。全尾砂密度 3.13t/m³，容重 1.63t/m³，孔隙率 47.9%。

表 12-4　栖霞铅锌银矿全尾砂粒级组成

粒径/μm	分计/%	累计/%	粒径/μm	分计/%	累计/%
−5	16.43	16.34	−50	5.31	52.29
−10	7.57	24.00	−71	10.03	62.32
−15	4.76	28.76	−100	11.72	74.04
−20	4.58	33.34	−150	11.27	85.31
−25	4.07	37.41	−200	5.21	90.52
−30	3.44	40.85	−300	5.07	95.59
−36	3.78	44.63	−400	2.60	98.19
−40	2.35	46.98	−500	1.81	100.00

　　注：各分布粒径如下：$d_{10}=2.59\mu$m，$d_{50}=45.49\mu$m，$d_{90}=193.45\mu$m；$d_{平均}=76.80\mu$m。

　　全尾砂主要化学成分见表 12-5[15]。

表 12-5　全尾砂化学成分分析结果

材料名称	主要化学成分所占百分比/%				
	SiO_2	Al_2O_3	MgO	CaO	Fe_2O_3
全尾砂	26.79	1.72	2.15	20.15	15.11

矿山使用的全尾砂胶结充填系统于2004年建成。充填搅拌站总长度约50m，总宽度约25m，占地面积约800m²，主要由两个容积分别约为800m³的卧式砂池，一个容量170t的立式散装水泥仓，一个回水池及充填作业控制室、休息室、试验室组成。栖霞铅锌银矿充填搅拌站如图12-18所示。

图12-18　栖霞铅锌银矿充填搅拌站外貌

充填系统所包含的工艺流程有全尾砂卧式砂池自然沉降脱水、分层排水、平行气流造浆和多级活化搅拌制备等。全尾砂浆在卧式砂池中自然沉降后，由阶梯式排水阀排出澄清水供选矿厂循环利用，卧式砂池底部高浓度的全尾砂经压气造浆松动后输送至搅拌机中。水泥经水泥仓底部双管螺旋给料机给料，由螺旋电子秤计量后输送至搅拌机中。全尾砂浆及水泥经双卧轴搅拌机和高速活化搅拌机两段搅拌后进入料斗，最后进入充填钻孔，由井下充填管道自流输送至采场充填。栖霞铅锌银矿充填系统工艺流程如图12-19所示。

12.5.2.1　全尾砂输送、脱水

充填搅拌站设立两个容积分别约为800m³的卧式砂池，浓度为50%~55%的全尾砂经渣浆泵加压输送至充填搅拌站的卧式砂池中，流量50m³/h左右。为了使放入沉降池中的全尾砂粒度分布均匀，每个沉降池布置4个放砂阀。在充填作业中，两个沉降池交替使用，即当其中一个沉降池进行放砂及充填作业时，另一个沉降池则用于进砂及沉降脱水，砂池交替进砂或放砂通过开启或关闭分流阀来实现。

当沉降池进砂完毕并经自然沉降后，即可通过放水阀将全尾砂料浆面上澄清

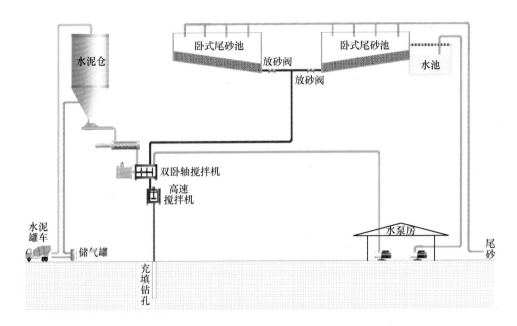

图 12-19 栖霞铅锌银矿充填系统工艺流程

的水排入回水池,澄清水经回水泵加压输送至选矿厂循环使用。低浓度的全尾砂料浆泵入尾砂池中,经过 12~24h 的自然沉降,可达到最大沉降浓度(68%~70%)。充填前对沉降池中全尾砂进行压气造浆,待池中全尾砂造浆均匀后,打开砂仓放砂阀向搅拌机供给全尾砂浆。采用压缩气体造浆,每个沉降池中布置造浆喷嘴、球阀等压气造浆设备。

12.5.2.2 水泥添加系统

散装水泥由水泥罐车运至充填搅拌站,经吹灰管卸入容量 170t 的水泥仓中。为了防止杂物进入水泥仓,在水泥仓顶布置过滤进灰箱。水泥仓顶部另设有排气装置、重锤式料位计及观察孔。水泥采用钢质水泥仓储料,双管螺旋给料机给料,螺旋电子秤计量。水泥仓内安装了压气破拱装置,使水泥下料稳定。给料机采用变频控制,通过调节螺旋转速可以控制水泥添加量,根据充填作业要求,设定不同的水泥添加量,灰砂比可调范围为 1∶4~1∶12。

12.5.2.3 充填料浆制备系统

充填料浆制备采用两段搅拌。全尾砂料浆和水泥首先进入双卧轴搅拌机,进行初步混合搅拌。充填料浆经双轴搅拌机搅拌后,再通过锥形连接件进入高速活化搅拌机进行强力活化搅拌,使搅拌后的料浆水泥、尾砂混合更均匀。两段搅拌系统搅拌能力达到 80m³/h。

12.5.2.4　充填料浆输送

充填料浆经两段搅拌均匀后，从下料斗进入充填钻孔，由井下管路自流输送至井下采场。充填料浆经钻孔下放至−125m中段后，再经钻孔或充填管缆井下放到充填水平。采场充填管道采用钢丝编织高强塑料管，管道内径90mm。

12.5.2.5　系统控制

操作人员通过电动胶管阀来控制全尾砂放砂流量，通过电磁流量计检测流量大小。水泥给料，通过电子秤计量，调节变频调速器改变螺旋给料机转速来实现水泥给料量调节。为保证充填料浆顺利输送，设置了调节浓度的供水管道，通过电动调节阀调节给水量，电磁流量计检测给水量，使充填浓度保持在设定范围内。充填料浆流量及浓度监测是通过电磁流量计及γ射线浓度计来实现的。

12.5.2.6　充填系统主要参数

充填站制备输送能力60~80m³/h，一次连续最大充填量800m³，充填料浆浓度70%~72%。

设计灰砂比1∶4~1∶12可调。其中灰砂比1∶4的充填体28天单轴抗压强度大于2.5MPa，灰砂比1∶6的充填体3天单轴抗压强度大于0.2MPa；灰砂比1∶8的充填体28天单轴抗压强度大于0.8MPa。

12.5.2.7　采矿方法及采场充填

采矿方法为上向水平分层充填采矿法，如图12-20所示。采用浅孔凿岩，分层回采，分层高度2~3m，采场内使用铲运机出矿。充填料采用掘进废石及尾砂。

充填前先彻底清理采场，检查顶板、帮面的稳固情况，对不稳固部位处理工作后，方可进行钢模架设，砌筑人行天井和溜矿井。人行天井钢模厚100mm，溜矿井钢模厚120mm，直径均为1.6m，每节钢模高度为1~1.5m。

采场充填料为选矿厂全尾砂，充填浓度65%~72%，采场正常充填灰砂比1∶8~1∶5，胶结假底（采场第一分层回采后充填）、胶结面灰砂比均为1∶5~1∶4，采场胶结面不低于0.5m厚。

12.5.3　评述

栖霞铅锌银矿地处南京市郊著名的4A级栖霞山风景区，铁路、公路从矿区穿过，栖霞镇及九乡河位于矿床上方，对地表建构筑物、地表水系的保护是该矿床开采的关键。该矿山经过近50年的成功开采实践，为"三下"开采及环境极度敏感地区的资源开发提供了成功的范例。

该矿是我国首座无废开采矿山。地表无尾矿库、无废石场，实现了废石、尾矿、废水零排放、资源化利用，走出了一条生态绿色、循环经济的发展道路。

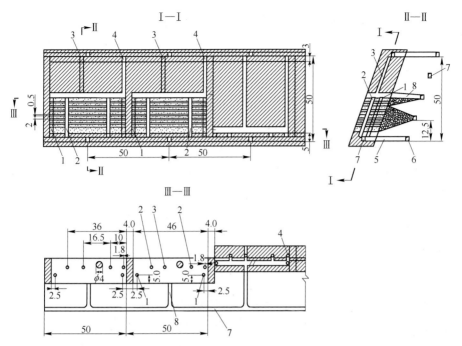

图 12-20　栖霞铅锌银矿上向水平分层充填采矿法示意图

1—人行泄水井；2—采场矿石溜井；3—废石充填井；4—管道充填井；5—穿脉巷道；
6—沿脉巷道；7—分段巷道；8—分层联络道

12.6　安庆铜矿

12.6.1　矿山概况

安庆铜矿是铜陵有色金属集团股份有限公司的一座大型铜、铁地下开采矿山。矿区位于安徽省怀宁县月山镇北 2.5km，北距合肥市 165km，南距安庆市 18km。矿区公路纵横分布，并有主干线与合肥——安庆公路相连，东南距长江港码头 30 余千米，矿区水陆交通便利。

矿体赋存标高 −180～−780m，为接触交代矽卡岩型铁铜矿床，矿体上盘围岩为角砾状大理岩，下盘为矽卡岩，矿体及上下盘围岩稳固。矿体长约 760m，平均厚度 40～50m，部分区域厚度达 80～100m。矿区属低山丘陵区，为四面环山的盆地，地表为农田、村庄，标高 +50m 左右，地表不允许崩落，地表农田和村庄需要保护。

该矿由中国恩菲工程技术有限公司设计。1987 年开始建设，1991 年建成投产。它是我国有色行业第一个实施新模式建矿的现代化矿山。设计采选生产规模为 3500t/d，即 1155kt/a，采用主、副井和斜坡道开拓，主井净直径 ϕ4.5m，井深 778m（78～-700m）；副井净直径 $\phi5.5$m，井深 661m（51～-610m）。首采有轨主运输设在-400m 中段。采矿方法为大直径深孔空场嗣后充填法，分矿房和矿柱两步骤回采，采场垂直矿体走向布置，长度为矿体厚度，矿房和矿柱宽均为 15m。凿岩采用 Simba261 型潜孔钻机，孔径 $\phi165$mm；出矿用 ST-5C 柴油铲运机。120m 采场高度分两段凿岩，铲运机集中出矿，嗣后一次性充填，二步骤回采时，一步骤采场充填体暴露高度 120m。充填系统建设于 1989 年，充填工艺为分级尾砂自流充填。

12.6.2　系统简介

早期充填骨料为干河砂和分级尾砂，目前充填骨料为分级粗尾砂和溢流细尾砂，均来自选矿厂，尾砂粒径分布见表 12-6。分级尾砂密度 3.058t/m^3，孔隙率 52.76%，渗透系数 49.7mm/h。溢流细砂密度 3.035t/m^3，孔隙率 51.13%，渗透系数 4.8mm/h。胶凝材料为散装 32.5 复合硅酸盐水泥[16]。

表 12-6　安庆铜矿充填尾砂粒级组成

类别	粒度为-20μm 尾砂含量/%	$d_{10}/\mu m$	$d_{30}/\mu m$	$d_{60}/\mu m$
分级粗尾砂	12.21	13.86	60.83	137.97
溢流细尾砂	59.43	1.78	6.41	20.74

安庆铜矿充填尾砂主要化学成分见表 12-7 和表 12-8。

表 12-7　安庆铜矿分级粗尾砂主要化学成分　　　　　（%）

成分	SiO_2	Al_2O_3	TFe	FeO	MgO	CaO	Na_2O
含量	46.52	6.2	7.86	5.44	8.99	19.2	1.64
成分	K_2O	TiO_2	P_2O_5	MnO	S	Cu	烧失量
含量	0.25	0.27	0.18	0.21	0.61	0.11	5.08

表 12-8　安庆铜矿溢流细尾砂主要化学成分　　　　　（%）

成分	SiO_2	Al_2O_3	TFe	FeO	MgO	CaO	Na_2O
含量	43.4	5.67	8.56	7.43	10.65	18.89	1.44
成分	K_2O	TiO_2	P_2O_5	MnO	S	Cu	烧失量
含量	0.31	0.25	0.25	0.19	0.94	0.2	6.14

充填系统建于 1989 年，充填工艺为分级尾砂胶结自流充填，建有 3 套独立的立式砂仓分级尾砂高浓度自流充填系统。充填系统由立式砂仓、水泥仓、螺旋输送机、冲板流量计及高浓度搅拌桶组成，采用分级尾砂、干河砂作为充填骨

料。搅拌站内建有 3 座立式砂仓，其中 2 座半球形底结构，1 座锥形底结构[4]。安庆铜矿充填搅拌站如图 12-21 所示。

图 12-21　安庆铜矿充填搅拌站外貌

2016 年，安庆铜矿对充填系统进行了技术改造，将原来 3 套分级尾砂充填系统改成 2 套全尾砂胶结充填系统（必要时仍可以使用 3 套），形成了目前的全尾砂胶结充填系统。原有的中间 2 号半球形底立式砂仓为溢流细尾砂仓，两边的 1 号半球形底立式砂仓和 3 号锥形底立式砂仓作为分级粗尾砂仓，粗、细两种物料分别浓缩存储。从选厂出来的分级粗尾砂和溢流细尾砂分别采用两条管路泵送至充填站，分级粗尾砂泵送至立式砂仓进行自然沉降浓缩，溢流细尾砂泵送至中间的立式砂仓进行絮凝沉降浓缩。充填时，高浓度粗、细尾砂浆经造浆后按一定比例放至搅拌桶，与水泥及水混合，经均匀搅拌制备成尾砂结构流充填料浆后，通过充填钻孔自流至井下采场进行充填。若分级粗尾砂量较充足时，也可以只用分级粗尾砂作为骨料。安庆铜矿充填系统工艺流程如图 12-22 所示。

单套充填系统充填能力为 90~100m³/h，单套日平均充填量约 1100m³。充填料浆浓度 70%~72%，灰砂比为 1∶4、1∶8、1∶10、1∶12，根据生产的需要调节灰砂比。

充填搅拌站尾砂浓缩制备系统主要是 3 座大型立式砂仓，其中 1 号砂仓、2 号砂仓为半球形底结构，3 号砂仓为锥形底结构。半球形底立式砂仓内径 ϕ9m，容积 1170m³。球面下部布置有 4 个 DN150 放砂口，仓内的砂浆通过放砂管路流入搅拌桶。锥形底立式砂仓内径 ϕ9m，容积 1110m³，锥形底的锥角为 72°，在锥形仓底下部设有 1 个 DN200 放砂口，有 3 路高压水进入仓底及放砂管路，并由分

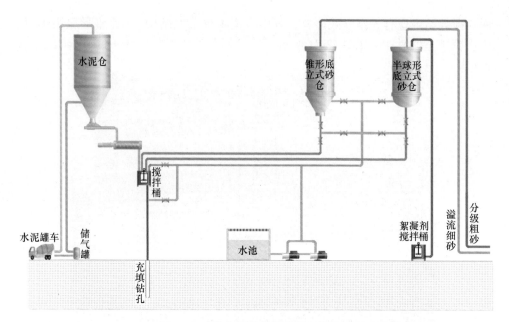

图 12-22　安庆铜矿充填系统工艺流程

水控制器控制 3 路进水的压力、水量，以实现对砂仓放砂浓度的控制。

原有的 1 号与 3 号立式砂仓用于沉降来自选矿厂送来的分级粗尾砂，采用自由沉降。原有的 2 号立式砂仓用于沉降从选矿厂送来的溢流细尾砂，采用絮凝沉降，并配有絮凝剂添加系统。充填时，粗、细尾砂按比例在搅拌桶中混合。仓顶配有尾砂缓冲装置和料位计。砂仓造浆水采用仓底溢流储存的循环水，通过单级离心泵供给。

充填站配置三座水泥仓，散装水泥通过自带高压风吹入水泥仓。水泥仓底采用双管螺旋输送机给搅拌桶供料，采用变频电机。水泥计量设备为螺旋电子秤。

充填料浆采用 $\phi 2000 \times 2100mm$ 高浓度搅拌桶搅拌，搅拌桶电机功率 30kW，搅拌均匀的充填料浆通过 335m 长充填钻孔自流至 -280m 中段，然后通过中段平巷及天井实现各中段采场的自流充填，充填钻孔及平巷内主管线采用高锰钢管，搅拌桶出料管安装有射线浓度计，实现浓度计量。正常充填过程中搅拌桶液位高度稳定在 0.6m。

矿山采用大直径深孔空场嗣后充填采矿法[17]（图 12-23），采场综合生产能力为 900t/d。采场垂直走向布置，矿房和矿柱宽均为 15m，一般情况下采场高度为 60m，当矿石和围岩稳固性好，充填体有足够强度时，采场高度可为 120m。回采分矿房和矿柱两步进行，第一步回采矿房，二步骤回采矿柱。采场矿石全部出完后，根据生产需要按规定的配比充填。安庆铜矿采场封闭有混凝土挡墙与木支柱钢筋网柔性挡墙两种方式。对于密闭范围大、岩体工程条件差的进路密闭采用钢筋混凝土挡墙，中间单层钢筋，间距 250mm，钢筋直径 16mm，挡墙呈梯形，顶部厚 400mm，底部厚 600mm，挡墙周边设 8 根长 1m、φ32mm 的锚杆插入围岩中，锚杆露头端与钢筋连接在一起，另外在 1m 高的位置预留一个 400mm×400mm 的观察窗口。对于密闭范围小、工程条件好的进路采用木支柱钢筋网柔性挡墙，其结构由内到外采用土工布、钢筋网、木板、立柱、横梁、横撑和斜撑等组成，施工要求木立柱、横梁和斜撑两端固定于巷道梁窝中；施工结束后，在梁窝缝隙打入木楔，并用混凝土填实。

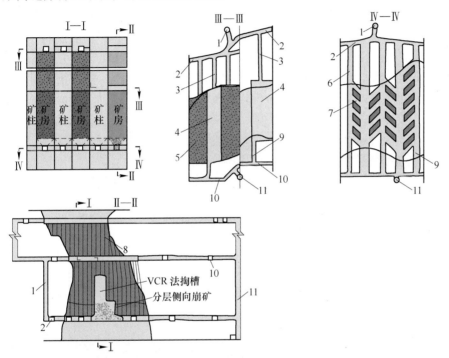

图 12-23　安庆铜矿大直径深孔空场嗣后充填法

1—矿石溜井；2—下盘沿脉；3—凿岩联络道；4—凿岩硐室；5—充填体；
6—出矿巷道；7—出矿进路；8—炮孔；9—回风联络道；10—上盘回风巷道；11—回风井

采场脱水采用悬挂脱水管的方式。脱水管制作采用塑料波纹管（φ100mm），首先在波纹管上面均匀钻 φ10mm 的小孔，然后在波纹管外面包上两层脱水滤布。安装脱水管时，首先是在采场顶部硐室脱水管位置安装两根尾端带环金属锚杆，下放引绳，从上方下放脱水管，并从出矿进路引出。脱水管布置在采场上、下盘，数量各两根，单根脱水管最大脱水能力可达 4.5t/h。

充填下料点多布置在采场上、下盘和采场中部，实行多点下料，以减少离析现象，提高充填体的均匀性。

安庆铜矿充填系统采用 PLC 自动化控制系统，实现了充填料制备过程的自动检测、控制和视频监控。

12.6.3　评述

安庆铜矿的充填系统建于 20 世纪 80 年代末，距今已有约 30 年历史，它是我国有色矿山高浓度充填矿山的典范，首次应用于 120m 高阶段大直径深孔空场嗣后充填采矿法充填，为我国金属矿山高阶段空场嗣后充填树立了一个标杆。由于充填料种类较多，安庆铜矿充填系统比较复杂，由立式砂仓及尾砂放砂系统、河砂仓及河砂给料系统、水泥仓及水泥给料系统、搅拌桶及搅拌制浆系统等系统组成。仪表及自控系统于 1987 年设计完成，在多个方面实现了自动控制，为安庆铜矿的生产提供了重要保障，其自动化程度在当时国内矿山处于领先水平。

经过长期使用，出现了设备、仪表老化或无法使用等问题，安庆铜矿于 2016 年进行了充填系统改造。分级粗尾砂和细尾砂分别沉降，并增加了絮凝剂添加系统，为矿山安全高效生产提供了重要保障。水泥给料采用了双管螺旋输送机，计量采用了误差更小的螺旋电子秤。自动控制方面采用了 PLC 自动化控制系统，实现了充填料制备过程的全自动检测和控制，满足了灰砂比、浓度、流量的控制要求，减少了现场操作人员，进一步降低了操作人员的劳动强度。

12.7　三山岛金矿

12.7.1　矿山概况

三山岛金矿位于山东省莱州市三山岛镇，隶属于山东黄金矿业股份有限公司（山东黄金矿业（莱州）有限公司），由中国恩菲工程技术有限公司设计，于 1988 年建成投产。30 年来，先后经过四期改扩建延伸，生产规模由 1500t/d 扩到 8000t/d，最大时达到 12000t/d。采用混合井+斜坡道开拓。20 世纪 80 年代，在国内率先实现全无轨机械化开采，是我国第一个全无轨机械化开采矿山，井下首次采用无轨电动卡车运输矿石。三山岛金矿也是我国乃至全世界唯一在海底下进行开采的矿山。

三山岛金矿分为三山岛、新立、仓上和曹家埠四个矿区。三山岛矿区西北濒临渤海，西南方向为王河入海口，东南方向与陆地相连，地表有居民住宅、农田及工业设施，地表不允许陷落。矿体赋存标高 $-10 \sim -1150m$。走向长度 $100 \sim 1020m$，倾角 $34° \sim 44°$，矿体厚度 $4.31 \sim 6.86m$，平均 $6.65m$。断裂构造发育，矿体及下盘围岩稳固，上盘围岩不稳固。

新立矿区大部分矿体赋存在海底之下。断裂蚀变带受控于新立-三山岛主干断裂带，矿床赋存于主裂面之下 $0 \sim 60m$ 范围内黄铁绢英岩化碎裂岩带中，大部分紧靠主裂面分布。矿体由黄铁绢英岩化碎裂岩、黄铁绢英岩化花岗质碎裂岩组成。矿体走向长度 1145m，矿体厚度 0.48~40.65m，平均厚度 8.96m。矿体倾角多在 40°~50° 之间，平均 46°。矿体顶板稳固性较好，在主断裂附近稳固性较差，矿体底板小结构面和裂隙均不发育，稳定性良好。地表有居民住宅、海水养殖业及工业场地，不允许陷落。

根据矿体开采技术条件不同，分别采用上向分层点柱充填采矿法、上向分层充填采矿法和上向进路充填采矿法开采。截至 2017 年年底，三山岛金矿已累计充填约 900 万立方米。三山岛矿区开采深度已经达到 1140m。

12.7.2　系统简介

三山岛金矿采用分级尾砂胶结充填。选矿厂尾砂是井下充填料的唯一来源。新立选矿厂处理矿石规模 8000t/d，尾矿产出率 94.37%；尾矿密度 2.56t/m³；尾矿粒度组成见表 12-9。全尾砂中，-0.074mm 尾砂所占比例不到 55%，-0.044mm 尾砂所占比例只有 33%。矿山充填采用分级尾砂中的粗尾砂作为充填料。

表 12-9　尾矿粒度组成

粒径/μm	-44	-55	-74	-160	+160
含量/%	33	37.33	54.33	89.66	10.33

三山岛金矿充填系统制备系统示意图如图 12-24 所示，新立矿区充填搅拌站设有 2 个 1000m³ 立式砂仓、4 个 1200m³ 立式砂仓、1 个 100m³ 水泥仓和 2 个 120m³ 水泥仓。共 6 套充填制备系统，生产中可以根据实际情况选择多套制备系统同时工作。每套系统包括：进砂管路、立式砂仓、水泥仓、放砂管路、搅拌槽和充填管路及钻孔。

充填料浆采用分级尾砂、水泥和水为原料进行制备。选厂产出的分级尾砂用砂泵扬送到立式砂仓。分级尾砂非胶结充填时，打开立式砂仓底部阀门放砂，将尾砂浆送到高浓度搅拌槽进行搅拌。制备好的充填料浆送入充填钻孔，自流输送到坑内充填采场进行充填。对于充填倍线较大的充填采场，采用浓料输送泵输送充填料浆。分级尾砂胶结充填时，打开立式砂仓底部阀门放砂，将尾砂浆送到高浓度搅拌槽，同时用双管螺旋输送机向搅拌槽内输送水泥，由高浓度搅拌槽进行搅拌。制备好的充填料浆送入充填钻孔，自流输送到坑内充填采场进行充填。对于充填倍线较大的充填采场，料浆用浓料输送泵输送到采场。充填料浆的浓度均为 68%。

水泥由散装水泥车运到充填制备站，通过散装水泥罐车自带的压缩空气设施将水泥输送到水泥仓内储存。需要充填时，启动双管螺旋输送机向高浓度搅拌槽给料。搅拌槽将分级尾砂、水泥和水进行混合搅拌制成合格的充填料浆。双管螺旋输送机采用变频调速调节给料量，以适应充填系统要求。

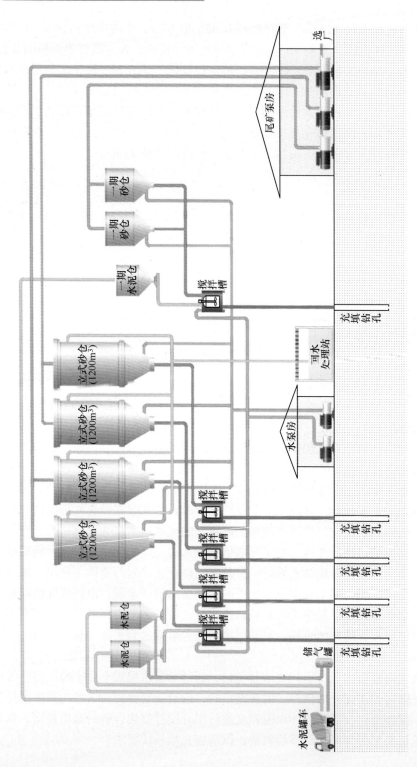

图 12-24　三山岛金矿充填储备系统示意图

根据充填系统和充填管线的布置情况，在充填最困难的区段，充填倍线达到9.5，难以自流输送。设计考虑在充填搅拌站内设 2 台浓料输送泵，1 台工作，1台备用。在能够自流输送的区段采用自流方式将充填料浆输送到充填采场，不具备自流输送条件的，则采用泵送方式输送。充填搅拌站内设 4 个高浓度料浆换向阀，可以根据需要将充填料浆送到充填钻孔或者往复式泥浆泵进料管。三山岛充填搅拌站如图 12-25 所示。

图 12-25　三山岛金矿新立矿区充填搅拌站

三山岛矿区的充填材料由新立矿区−240m 中段输送到三山岛矿区−330m 中段，然后沿三山岛矿区−330m 中段原有充填系统输送至三山岛矿区−600m 中段，再在−600m 中段通过充填钻孔输送到下部各中段。充填系统输送示意图如图 12-26 所示。

三山岛金矿以上向水平分层充填法为主，采矿方法如图 12-27 所示。

将矿体划分为盘区，以盘区为回采单元组织生产。盘区垂直走向布置，长度为 80m，宽为矿体厚度。新立矿区中段高度 40m，分段高度 13.3m；三山岛矿区中段高度 45m，分段高度 15m。

盘区分矿房和矿柱进行两步骤回采，矿房和矿柱垂直矿体走向间隔布置，宽度 10m，长为矿体厚度。先采一步骤矿房，后采二步骤矿柱，矿房、矿柱回采在空间上交替进行。矿房超前矿柱回采时采用胶结充填，滞后矿柱回采时，采用非胶结充填。矿柱回采充填情况与矿房类似。

每条分段巷道承担 4~5 个分层的回采工作，采场第一个分层控顶高度 4.5m，采完后充填 3m，留有 1.5m 作为下步分层回采的爆破补偿空间。盘区不留底柱和间柱，留 5m 高顶柱。

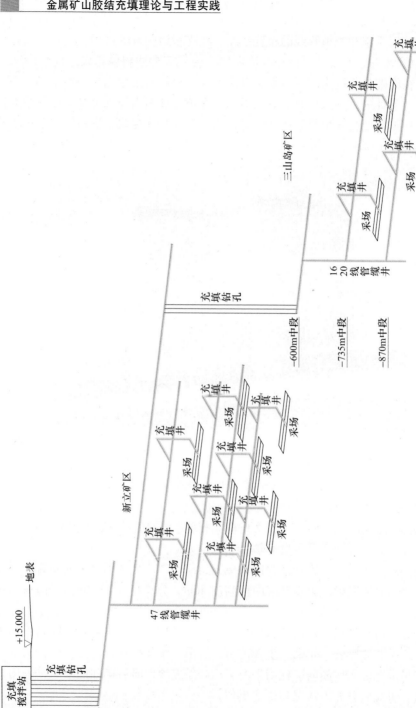

图 12-26　三山岛金矿充填系统输送示意图

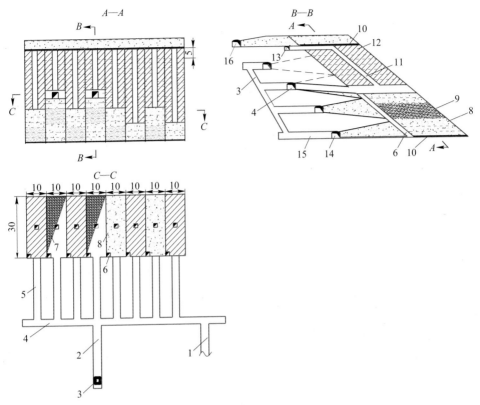

图 12-27 三山岛金矿上向水平分层充填法示意图

1—分段巷联络道；2—溜井联络道；3—溜井；4—分段平巷；5—采场联络道；6—泄水井；7—矿石；
8—胶结充填体；9—尾砂充填体；10—人工假底；11—回风天井；12—顶柱；13—回风平巷；
14—中段运输平巷；15—中段出矿横巷；16—上中段运输平巷

分层充填分为下部充填体低灰砂比和上部胶结面高灰砂比胶结充填，分层充填高度 3m。上部浇面胶结充填高度 0.4m，灰砂比 1:5，充填料浆浓度 68%；下部充填高度 2.6m，灰砂比 1:16。分层充填前需要架设顺路泄水井，并在分层联络道内安装挡墙，封闭充填分层。充填管通过采场回风充填井下到充填分层。

12.7.3 评述

新立矿区分级尾砂胶结充填系统由中国恩菲工程技术有限公司于 2010 年设计、2013 年建成投入使用。该充填系统自投入使用以来，使用效果良好，满足矿山生产要求，实际生产能力超过 10000t/d 生产规模要求。

因地制宜，充分利用矿山现场条件实现低成本充填。新立选矿厂的尾矿粒度相对比较粗，为采用分级尾砂充填创造了有利条件。选择充填方式时充分利用了选厂尾砂产率高、粒度粗的特点，采用分级尾砂充填方式，同时对于大部分充填采场采用不加水泥的分级尾砂充填，降低了充填成本和后续的井下污水处理和排水成本。

采用适宜、成熟的技术，实现了充填工作的连续稳定和高质量。该系统采用水力旋流器分级，取得了较好的效果，分级粗尾砂的粒度和质量都能够满足充填工作要求。采用中国恩菲的立式砂仓技术成熟、脱水效果好、放砂浓度高且稳定。采用常规的高浓度搅拌槽制备充填料浆，料浆制备浓度高、质量稳定。

先进的工艺系统和设备是实现系统长期稳定工作的关键。新立矿区充填系统采用的立式砂仓放砂浓度高，保证了充填料浆所需浓度；砂仓高压水添加系统保证了砂仓排料的稳定性；在充填料浆制备完成后，用液压换向阀和活塞加压泵实现加压输送和自流疏松的自动转换，提高了转换效率，降低了工人的劳动强度，取得了很好的效果。

可靠的控制设备和控制系统。新立矿区充填搅拌站的砂仓放料管路上设有适用于控制放砂管开闭的可靠的电动闸阀、流量调节阀和流量计和浓度计，充填料浆输送管路上采用了液压换向阀和可靠的流量计、浓度计。这些可靠的控制设备为提高充填系统自动化水平创造了条件，使得砂仓的放砂浓度、流量都可以调节和控制，解决了长期困扰矿山的放砂关阀门损坏严重，影响充填工作的问题。通过可靠的监测和控制系统使充填料浆制备质量更高，调节更方便。

参 考 文 献

[1] 郭雷，王会来，等. 白音查干多金属矿全尾砂膏体充填与膏体堆存联合处置系统设计和建设 [J]. 中国矿山工程，2017，46 (6)：1-6.

[2] Ghirian A, Fall M. Coupled thermo-hydro-mechanical-chemical behaviour of cemented paste backfill in column experiments. Part Ⅰ Physical, hydraulic and thermal processes and characteristics [J]. Engineering Geology, 2013, 164：195-207.

[3] 于润沧. 我国充填工艺创新成就与尚需深入研究的课题 [J]. 采矿技术，2011，481 (7)：1-3.

[4] 于润沧. 采矿工程师手册（下）[M]. 北京：冶金工业出版社，2009.

[5] 敖顺福，崔茂金，等. 会泽铅锌矿资源综合利用技术的实践与应用 [J]. 中国矿业，2016，25 (11)：102-106.

[6] 孟稳权. 冬瓜山铜矿阶段空场嗣后充填采矿法的底部结构选择及优化 [J]. 矿冶，2004，13 (4)：4-7.

[7] 姚道春. 冬瓜山铜矿矿井通风降温技术方案优化研究 [J]. 采矿技术，2012，12 (2)：44-45.

[8] 李冬青，王李管，等. 深井硬岩大规模开采理论与技术 [M]. 北京：冶金工业出版社，2009：215-244.

[9] 中国恩菲工程技术有限公司. 金川集团股份有限公司二矿区深部开采工程可行性研究报告 [R]. 2015.

［10］中国恩菲工程技术有限公司．金川集团有限公司二矿区自流充填系统扩能改造初步设计书［R］．2010.

［11］杨金维，余伟健，高谦．金川二矿机械化盘区充填采矿方法优化及应用［J］．矿业工程研究，2010，25（3）：11-15.

［12］刘育明，高建科，王怀勇，等．特大型镍矿开采方案与回采工艺［M］．北京：科学出版社，2014.

［13］北京有色冶金设计研究总院．南京栖霞山铅锌锰矿年产10万吨工程初步设计书［R］．1980.

［14］北京有色冶金设计研究总院．南京铅锌银矿扩建工程初步设计书［R］．1989.

［15］王方汉，曹维勤，康瑞海．南京铅锌银矿全尾砂胶结充填试验与系统改造［J］．金属矿山，2003（10）：16-17.

［16］曹三六，许文远，余小明，等．安庆铜矿高浓度尾砂结构流充填工艺参数设计［J］．现代矿业，2018（4）：181-184.

［17］薛奕忠．高阶段大直径深孔崩矿嗣后充填采矿法在安庆铜矿的应用［J］．中国矿山工程，2008（2）：8-10.

13 国外充填矿山典型充填工艺技术实例及评述

13.1 赞比亚谦比西铜矿（西矿体）

13.1.1 矿山概况

赞比亚谦比西铜矿位于赞比亚北部的铜带省，东南距首都卢萨卡360km，隶属于中色非洲矿业有限公司（NFCA），是我国政府批准在境外开发建设的第一个有色金属矿山。矿区由主矿体、西矿体以及底盘矿体组成，年产量约200万吨[1]。其中，西矿体年产量达100万吨，采用上向进路充填等采矿法，西矿体膏体充填站于2013年年底正式投入，担负着全矿区的主要充填任务，是中国在国外建设和运行的第一个膏体充填系统，由中国恩菲工程技术有限公司设计。

西矿体走向长1400~2100m，倾角为30°左右，平均真厚度为7.36m，矿体东部和中部厚度较大，西部厚度相对较小，仅3~4m[2]。矿体顶板岩石稳固性差，部分地段很差。当地水泥价格高，采用胶结充填时充填成本较高。

13.1.2 系统简介

谦比西铜矿充填材料主要是选矿厂的全尾砂，胶结材料为水泥。谦比西选矿厂产出的全尾砂粒度分布见表13-1。

表13-1 谦比西选矿厂全尾砂粒度组成

粒径/μm	-10	-20	-30	-45	-53	-75	-106	-150	-212	+212
含量/%	16.92	33.88	46.02	54.45	50.49	72.91	83.24	91.9	97.36	2.64

谦比西铜矿膏体充填系统由全尾砂输送、全尾砂脱水、水泥储存与添加、膏体充填料制备、膏体充填料浆输送系统和坑内充填设施组成。系统设置了DCS系统对设备安全运行的状态参数及工作顺延序进行仪电一体化控制。其充填系统示意图如图13-1所示。

膏体充填搅拌站设在西矿体中央副井附近，距离谦比西选矿厂尾矿浓密池大约1800m，如图13-2所示。选矿厂全尾砂浓度为25%~40%，利用原有设备通过变频控制调节输送至膏体充填制备站深锥浓密机，多余的水从浓密机顶部溢流，浓密后的尾砂从浓密机底部以膏体状排出。深锥浓密机由FLSMIDTH（道尔-艾

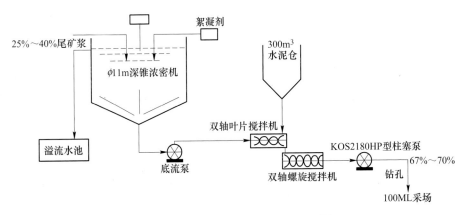

图 13-1 谦比西铜矿充填系统示意图[2]

图 13-2 谦比西膏体充填制备站

姆科）公司生产，直径为 φ11m，由额定力矩为 1500kN·m 的耙架驱动设备、E-Duc 进料稀释系统、进料井、桥架，浓密机罐体、底流剪切泵、底流输送泵、底流循环泵等机械设备和仪表自动化控制设备组成，主要仪表设备包括：进料密度检测和显示仪表、进料流量检测和显示仪表、底流密度检测和显示仪表、底流流量检测和显示仪表、絮凝剂稀释液流量检测和显示仪表、底流在线压力表以及PLC 控制柜，其侧壁高度 10m，底部锥度 30°，浓密机罐体总高度 15.6m，浓密机总高度（含桥式驱动设备）约 21m，设计处理能力（干尾砂）128t/h。充填所需水泥采用散装水泥车运输，用压缩空气输送到 300m³ 的水泥仓储存，仓底采用潍坊天晟电子科技有限公司生产的 TGG30S 微粉秤控制水泥添加量。上述各充填物料由 2 级卧式搅拌机混合制备成膏体充填料，一级为 ATD-600 双轴叶片搅拌机，功率 37kW，二级为 ATD-700 双螺旋搅拌机，功率 2×30kW。实际生产过程中浓密机底流浓度最高可达 72%，干尾砂处理达到 120t/h；充填浓度为 68%～70%；絮凝剂采用 PAM 阴离子有机高分子絮凝剂，添加量为 0.02%～0.05%，单耗为每吨干矿约 30g[1]。

西矿体首采中段为 50m 中段和 100m 中段，从充填搅拌站到 100m 中段的充填倍线为 8.7，到 50m 中段的最大充填倍线达到 14.4。膏体充填料采用 KOS 2180 HPS 型活塞式输送泵送入充填钻孔，经各分段送入充填采场，输送泵流量约 70m³/h，出口压力 5MPa，功率 200kW。充填钻孔内的充填管路为 φ159mm×20mm 无缝钢管；中段（分段）巷道内充填管路采用 φ159mm×15mm 无缝钢管；采场充填管路为 φ159mm 树脂管。

谦比西铜矿西矿体设计采用上向进路等充填采矿法回采，分段高度 16m，分层高度 4m。试验采场选择在 200m 水平 11 号采场，如图 13-3 所示。进路沿矿体走向布置，进路宽 4～6m，长 60m，采场联络道布置于进路中部，将进路大致划分为 30m 两段，回采时两个工作面同时作业。进路开采时，由矿体上盘向下盘依次回采，一条进路回采结束后立即进行充填，待充填体凝结后进行下一条进路回采，直至整个分层回采结束转层至上一分层继续回采[1]。在多进路回采时，回采第一条进路时充填灰砂比为 1∶16，回采第二、第三条进路时为确保安全，将灰砂比增加为 1∶12，第四条进路为最后一条进路，为减小膏体凝结时间，灰砂比确定为 1∶24，根据当地 200 美元/吨的水泥价格进行估算，其综合充填成本为 15～20 美元/立方米[3]。采区沿巷道每 50～100m 设有一个沉淀池。采场充填过程中泄出的水和泥砂从采场排入沉淀池，泥砂沉淀，泄水进入坑内水仓，由坑内泵站将排出地表。充填采场如图 13-4 所示。

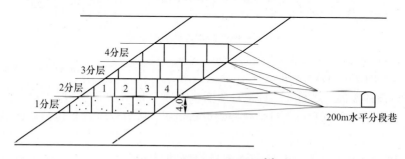

图 13-3　采矿方法示意图[1]

根据谦比西铜矿所选择的采矿方法，充填挡墙一般布置在采场进路联络道，断面设计为 4.0m×4.0m，选用木质轻型挡墙结构设计。挡墙构筑工艺包括：挡墙位置确定、挑顶、凿锚杆孔、安装锚杆、挂钢丝绳及钢网、敷设尼龙布、支立柱及木板、压脚等。其中木板、立柱等可重复使用[3]。

图 13-4　充填采场

13.1.3　评述

　　谦比西铜矿膏体充填系统于 2011 年开始设计，2012 年建设，2013 年建成投产。谦比西铜矿膏体充填系统是由中国设计单位设计、在国外建设和运营的第一个膏体充填系统。该充填系统的应用对防止围岩泥化，保证生产顺利进行起到了较好的作用。谦比西膏体充填系统的主要特点如下：

　　（1）利用矿山现有的全尾砂输送泵向膏体充填站输送尾砂，只增加变频控制设备，不增加其他设施。充分利用矿山现有设施，投资省，见效快。

　　（2）膏体制备工艺成熟。谦比西膏体充填系统采用的尾砂脱水设备和膏体制备设备都是在会泽铅锌矿膏体充填系统生产中得到验证的设备，并留有添加冶炼炉渣的接口。

　　（3）水泥添加系统采用了机电控制一体化的微粉秤，取代了传统的螺旋输送机+冲板流量计+系统控制的模式，取得了良好的效果。

　　（4）谦比西膏体充填系统采用 DCS 控制系统、智能检测元件和可靠的执行机构，实现了对设备运行状态和工作参数的仪电一体化控制，提高了充填料配比精度，精确满足生产工艺要求。

13.2　澳大利亚芒特艾萨（Mount Isa）矿

13.2.1　矿山概况

　　芒特艾萨矿位于澳大利亚昆士兰西北部，曾隶属 MIM 公司、斯特拉塔（Xstrata）公司，2019 年时为嘉能可（Glencore）公司旗下企业[4]。矿区面积为

5km×1.2km，最深达到地下 1800m。

矿山企业分为两个独立运营的采选冶工艺流程，分别为锌矿（含铅、银）和铜矿。其中锌矿山包括 George Fisher 地下矿、Black Star 露天矿和 Lady Loretta 地下矿，年产锌矿石量 650 万吨，是世界上最大的锌矿山。铜矿山为芒特艾萨矿区的 Enterprise、X41 矿体和 Ernest Henry 矿区，年生产能力 620 万吨，是澳大利亚第二大产铜公司。

锌-铅-银矿山采用分段空场采矿法和落顶充填采矿法开采矿石，竖井开拓，箕斗提升，并在 19 水平共用 X41 铜矿的破碎与提升系统。铜矿山采用分段空场法开采矿石，竖井开拓，井下卡车及胶带机运输，箕斗提升。深部 Enterprise 矿体则由盲井提升、胶带运输机倒运至主井，然后提升至地表。

芒特艾萨锌-铅-银矿床于 1923 年发现，矿山公司 1924 年成立，铜矿床于 1927 年发现。1934 年锌-铅-银矿山投产，直到 1943 年才开采和选别铜矿石，到 1946 年铜矿石开采停止。直到 1953 年才同时开采、处理锌-铅-银矿石和铜矿石。锌-铅-银矿体从地表延伸到地表以下 1000 余米。矿体走向长度 1200m，地下 100~1000m，400m 厚，矿体之间夹层厚度从 4~80m。上盘矿体宽达 40m，下盘宽 25m。截至 2018 年年底，银铅锌矿探明+控制资源量 4.19 亿吨，品位：锌 7.0%，铅 3.7%，银 67g/t，推断资源量 2.2 亿吨，品位·锌 6.0%，铅 3.0%，银 65g/t；探明储量 2200 万吨，品位：锌 8.1%，铅 4.1%，银 75g/t；控制储量 7500 万吨，品位：锌 7.0%，铅 3.3%，银 60g/t。铜矿体产在含硅的白云石角砾岩和白云岩中，为不规则矿脉。铜矿中较大的 1000 号铜矿体长达 3000m。截至 2008 年 6 月 X41 矿山（1100 号矿体和 1900 号矿体）探明资源量 5100 万吨，铜品位为 2.1%，其中探明矿石储量 2700 万吨，含铜 2.1%；Enterprise 矿山（3000 和 3500 矿体）探明资源量 5200 万吨铜品位 3.3%，其中探明储量 2600 万吨，铜品位 3.4%[4~7]。

芒特艾萨矿采用的采矿方法见表 13-2。

表 13-2　芒特艾萨矿采用的采矿方法及采场参数

采矿方法	适用矿体	采场长度/m	宽度/m	分段高度/m	备　注
铅锌矿体					
1. Benching 梯段空场法	窄矿体	>15~20	<7~12	15~20	水砂和块石充填部分胶结充填
2. Panel Stoping 块段空场法	宽矿体	20~50	>10	25~40	胶结充填
3. SLOS（倾斜布置）分段空场法	宽矿体	20~30	全宽（一般 20~30）	40~55，30（GFM）	胶结充填
铜矿体	垂直采场				采场棋盘式布置

采矿方法	适用矿体	采场长度/m	宽度/m	分段高度/m	备　注
4. SLOS 分段空场法	1100 号矿体	40	40	40	胶结充填
	3000 号矿体	30~35	30~35	50~60 或≤50	胶结充填
	3500 号矿体	20	~23	50	高浓度尾砂+块石胶结充填或膏体+骨料充填

铅锌银矿 Benching 梯段空场法，采场无底柱，20 世纪 90 年代以来采用远程遥控铲运机进行底部出矿。回采结束后进行水砂充填和块石充填，部分胶结充填。

Panel Stoping 块段空场法类似于梯段空场法，但段高相对较高，适用于宽矿体、上盘较稳固的采场。

铜矿体采矿方法为分段空场嗣后充填法并按照矿体厚度不同，划分为棋盘式布置和后退式回采。1100 矿体采场正常尺寸为（30~40m）×（30~40m）×60m（长×宽×高），Enterprise 矿体厚度较小，根据矿体厚度确定采场尺寸，且尺寸减小。采场为后退式回采，每个采场均采用胶结充填，最后一个采场采用块石、尾砂胶结充填，详见表 13-2。

垂直高分段空场嗣后充填垂直方向为矿体全高，采场高度最大可超过 160m[8,9]。

芒特艾萨矿的充填技术在 1995~2005 年之间发生了重大变化。在此期间，矿山停止使用胶带输送机干式充填和块石胶结充填，建设了管路输送的胶结尾砂充填系统。这不但降低了充填成本而且增加了尾砂的利用率。从水砂充填、胶结水砂充填到膏体充填的改变导致了尾砂利用率的显著提升，同时充填成本降低了25%。芒特艾萨矿是世界最大连续膏体充填生产的矿山之一，平均每小时充填350t，每天最大达到 8000t 充填干量。

13.2.2　系统简介

Enterprise 矿膏体充填的脱泥后的铜尾矿的粒度分布（FC）和浓密机底流（TUF）粒级分布如图 13-5 所示。

胶结水砂充填（Cemented hydraulic fill，CHF）和胶结骨料充填（Cemented aggregate fill，CAF）是通过内径 137mm 的胶管输送机输送至各个采场。CAF 含有 20%~25% 的−16mm 的骨料和 70%~75% 的胶结水砂充填料浆（CHF）。块石和干骨料通过胶带运输至空区的顶部，然后和胶结水砂充填料浆共同形成充填体。块石充填或干骨料充填与湿式胶结水砂充填料浆充填比例在 3∶1~1∶1 之

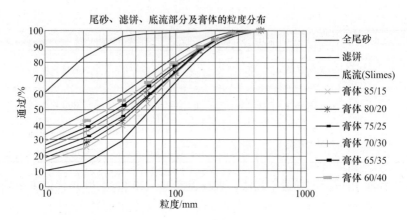

图 13-5　Enterprise 矿充填用脱泥铜尾砂的粒度分布

间变化，长期平均比例约为 1.5∶1，由于充填失败影响的矿石贫化率不超过 1.5%。

1995 年，芒特艾萨矿的充填成本约 2500 万美元，是采矿成本的一个重要部分（占总成本的 20%~25%）。充填成本中约 50%为胶凝材料成本。为了降低成本，芒特艾萨矿围绕降低胶结水砂充填料浆量，并提高废石充填量这一主题进行，例如将废石充填和胶结水砂充填料浆的比例提高到 3∶1，就会减少胶结水砂充填料浆的消耗量，从而减少胶凝材料的消耗就会节约充填成本。

芒特艾萨矿的块石胶结充填系统如图 13-6 所示。

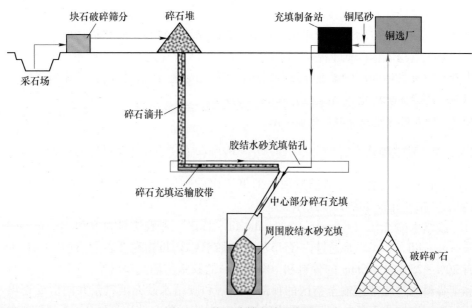

图 13-6　块石胶结充填系统图

芒特艾萨矿的湿式充填工艺为选厂生产尾砂先输送至尾砂池存储，尾砂然后输送至旋流器分级，旋流器的顶流输送至尾矿库排放，旋流器的底流（粗颗粒尾砂）输送至尾矿池用于充填，充填时尾矿浆添加一定量的炉渣（芒特艾萨矿从1998 年开始将炉渣添加到充填料中，每年能节约 150 万美元的成本）和水泥搅拌混合，然后经泵输送至采空区充填。湿式充填系统流程图如图 13-7 所示。

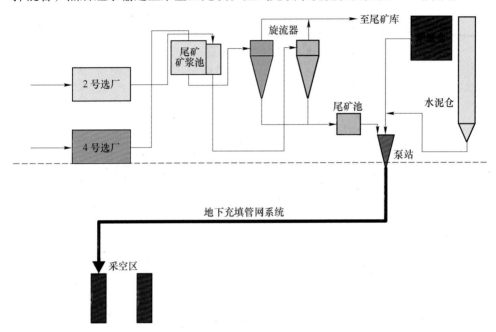

图 13-7 湿式充填系统流程图

围绕充填体脱水和挡墙的稳定性问题，该矿曾针对矿区的 N651 采空区和N673 采空区展开了详细调查研究，发现预设管线是充填挡墙失效的主要原因之一。值得注意的是，N651 采空区挡墙失效发生在充填高度 65m 时。通过安装在挡墙的仪器检测充填体物料压力和孔隙水压力，孔隙水压力在充填最初的几天达到了最大将近 100kPa，随着充填进行，后来减少到小于 100kPa。充填时，挡墙处测量的水压力仍然很小，在整个充填持续过程中，孔隙水的压力低于 25kPa。除了排水和挡墙压力检测试验，还做了三个挡墙破坏性加载试验，这些试验表明，一个用 460mm 厚多孔砖砌成的 4m×4m 巷道的挡墙最大可以承受 750kPa 压力或 75m 高的水压。通常一个能自由排水的挡墙由于只受到非常小的水力坡度因此孔隙水侧压也很小；如果挡墙是密封的，孔隙水压力可能会上升高达250～300kPa。

在 1995～2005 年期间，芒特艾萨矿已停止使用砖砌充填挡墙，改用喷射混凝土挡墙和相应配套设计的充填排水系统。在矿山水砂充填、胶结水砂充填和膏体充填的过程中，已经建设超过 400 个喷射混凝土挡墙。矿山基于一种充填—排水模型来设计空区充填率以控制孔隙水压力的挡墙，如图 13-8 所示。使用该挡墙的采空区允许充填浓度由之前要求的 70% 降为 68%。通过实践证明，使用喷射混凝土挡墙并安装一套挡墙底部排水系统，湿式充填也能达到较高的充填率[10]。

图 13-8　底部排水的混凝土挡墙

每个充填作业班都要检测两次充填挡墙是否泄露，一旦发生泄漏，就会停止充填修补挡墙。为了减少水带入采空区，湿式充填的重量浓度约为 72%，同时将尾砂分级脱泥，将小于 10μm 的尾砂控制在不超过 10%，充填中遵循"5m 准则"，即充填过程中，为了控制充填体的水位上升，24h 内采空区在垂直方向充填高度不超过 5m。

根据矿山后期可行性研究确定的采矿方法，为了达到采矿生产能力要求，要求相邻采场回采周期为两个月，充填采场的 28d 揭开强度需达到设计值。在比选几个充填方法后，推荐矿山采用膏体充填方案。

芒特艾萨矿于 2000 年 12 月建成当时世界最大的膏体充填系统，每小时充填 500t 干料，矿山的膏体充填系统和其他矿山的膏体充填系统有所不同，芒特艾萨矿膏体系统设计了能够生产一系列不同规格的充填膏体，其主要设计原则是根据充填要求选择最合适的充填配比，选择最适宜降低管道输送阻力的充填料浆，通过骨料尺寸的优化提高充填体强度。充填系统设计方面，铜尾砂通过旋流器分级。将粗尾砂输送至带式过滤机用于制作滤饼，粗尾砂中粒度小于 20μm 的尾砂含量不超过 15%；将细尾砂输送至浓密机浓缩，浓密机底流质量浓度约 50%，细尾砂中粒度小于 20μm 的尾砂超过 80%[11]。

充填料的配比为滤饼：浓密机底流：波特兰水泥为 80：17：3，膏体的质量浓度为 77%。搅拌后的膏体坍落度在 175~225mm 之间。膏体流动特性测试是结合简易流动测试试验和坍落度试验进行。简易流动性试验是用一个小倒锥测试 1L 充填料浆通过的时间。

图 13-9 为芒特艾萨矿简化的充填系统图。在膏体充填站，铜矿尾砂输送至两组旋流器分级，每组旋流器由 19 个旋流器组成。每组旋流器底流每小时能生产约 200t（干）分级尾砂。旋流器的顶流浓度为 10%～12%，旋流器顶流的细尾砂输送至一台直径 18m 的高效浓密机，添加絮凝剂后进行浓缩，细粒级尾砂能被浓缩至质量浓度 50% 的料浆，浓密机每小时能浓密 130 干吨尾砂。旋流器的底流浓度约 65%，底流的粗尾砂输送至带式过滤机压滤，制成浓度为 85% 的滤饼，带式过滤机如图 13-10 所示。滤饼、浓密机底流、波特兰水泥和水输送至一台双轴搅拌机搅拌混合制备成 77% 浓度的充填膏体。制备合格的充填膏体通过漏斗输送至充填钻孔，然后通过自流输送至井下充填。

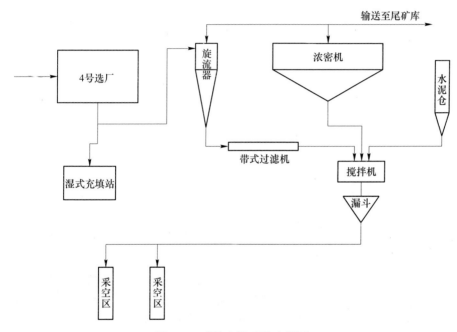

图 13-9　膏体充填系统流程图

充填料在输送至井下各充填管网之前还需检测其质量。主要检测手段是坍落度测试，坍落度试验在充填时每小时测试一次。同时通过监测搅拌机的电机运行情况来判断搅拌的工作情况，以控制充填膏体坍落度在 175～225mm 之间。

三个直径 200mm，垂直深度 1300m 的钻孔用于将充填料从地表输送至井下首个生产水平。充填钻孔在地表至 450m 深处设套管防止涌水进入充填钻孔。为了达到每小时输送超过 500t 的充填干料，即要求每小时输送约 330m³ 充填料浆，充填钻孔出来的料浆通过 2 条平行布置，直径 250mm 的管路输送至采空区充填，管内料浆流速不超过 1m/s。

图 13-10　带式过滤机压滤

13.2.3　评述

芒特艾萨矿在 1995~2005 年期间，在充填领域展开了许多内部研究也相应取得了许多进步，矿山的充填成本也下降了 25%，其取得的主要进步如下：

（1）矿山停止使用了包括块石充填在内的任何干式充填，改用管路输送的尾砂膏体充填。通过 1995~2005 年的研究，提升了对各种充填形式的认识，并应用到生产实际中。

（2）在 2000 年 12 月建成投产了每小时处理 500t 干料的大型膏体充填站，膏体充填站围绕降低成本和提高料浆可输送性做了一系列的改进和优化工作。

（3）矿山开发了添加碎石的膏体充填系统，并在铜矿充填中使用效果良好，在满足强度的要求下极大地降低了胶凝材料消耗成本。

（4）开发了带排水系统的充填挡墙替代传统的砖砌挡墙，并取得了较好的效果。改善了采场充填作业流程并提高安全保障水平。

（5）在充填研究和设计过程中，遵循"选择最合适的充填配比，选择最适宜降低管道输送阻力的充填料浆，通过骨料尺寸的优化提高充填体强度"，较好地把握了满足生产要求前提下寻求最低充填成本的原则。

13.3　澳大利亚奥林匹克坝（Olympic Dam）铜铀矿

13.3.1　矿山概况

奥林匹克坝铜铀矿位于南澳大利亚阿丹姆卡（Andamooka）西 26km、南澳大利亚首府阿德莱德西北 560km 处。2005 年必和必拓（BHP Billiton）公司从

WMC 资源有限公司收购该矿，使其成为必和必拓旗下一座大型地下矿山，该矿亦是全球第一大铀矿、第四大金矿和第五大铜矿，是全球总规模最大的矿床之一。

矿山采用深孔分段空场嗣后充填采矿法开采。矿山采用三条竖井和一条斜井开拓，竖井井深 750m，坑内道路网线 200km。破碎的块石、脱泥的尾砂、水泥和电厂燃料灰渣制成的充填料用于采空区充填，坑内采用创新技术包括自动化地下运输系统及遥控铲运机。

奥林匹克坝矿床为超大型 Cu-U-Au-Ag 矿床，矿体赋存在一个巨大的粗粒角砾岩岩体内。岩体埋藏于地表以下 400m 处。截至 2018 年 6 月探明资源量 35.15 亿吨，品位：铜 0.994%，U_3O_8 0.256，金 0.37g/t，银 1.47g/t；控制资源量 32.92 亿吨，品位：铜 0.69%，U_3O_8 0.223kg/t，金 0.11g/t，银 1.16g/t；推断资源量 39.20 亿吨，品位：铜 0.666%，U_3O_8 0.222kg/t，金 0.257g/t，银 1.092g/t。探明储量 1.62 亿吨，品位：铜 2.02%，U_3O_8 0.619kg/t，金 0.672g/t，银 4.96g/t；控制储量 3.73 亿吨，品位：铜 1.89%，U_3O_8 0.546kg/t，金 0.723g/t，银 3.928g/t。

矿床于 1975 年发现，1988 年投产。2005 年 3 月计算的矿山年度产能 910 万吨。2018 财年阴极铜产量 13.67 万吨，U_3O_8 3364t，金 91800 盎司和银 792000 盎司。2008 年宣布的扩建计划持续搁置。

矿山采用深孔分段空场嗣后充填法开采矿体（图 13-11），分段高度 30~60m，考虑岩性、地压特征、通风条件等因素，有所变化[12~15]。典型的采场设计布置如图 13-12 所示。

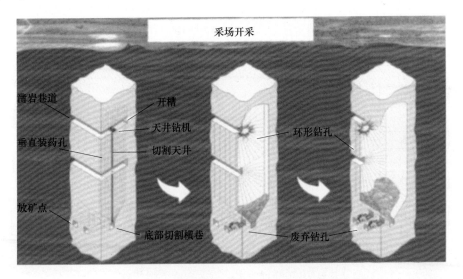

图 13-11 奥林匹克坝深孔分段空场嗣后充填采矿法示意图

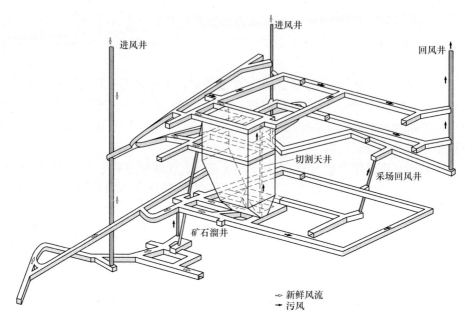

图 13-12 设计的典型采场布置图

13.3.2 系统简介

升级后的矿区充填搅拌站一个采用中和尾砂制备充填料，另一个采用碎石制备充填料，根据强度要求在充填料中加入胶结材料（水泥、粉煤灰和石灰）。充填料制备完毕后，由一家承包商采用自卸卡车运送到地面钻孔，然后通过钻孔下放至井下采空区，充填料制备流程如图 13-13 所示。

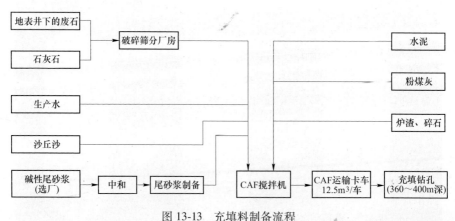

图 13-13 充填料制备流程

充填系统改扩建从 1998 年 11 月开始，2000 年 4 月所有搅拌制备系统基本建成投产。投产后，CAF 充填站每年最大的处理能力是 2200000m³/a，相当于充填系统以 335m³/h 的小时能力按 75%的负荷生产。为提高尾砂的质量、数量和可靠性，充填系统重新设计了尾砂脱泥装置，于 2000 年 5~6 月实施，并设计了一个石灰乳制备装置用于中和酸性尾砂。而尾砂的供应量超过 CAF 制备需求的 50%。脱泥的尾砂通过泵站输送至充填站，也可服务升级后的充填系统[16]。

为了保持 CAF 制备质量的连续性和稳定性，矿山通过坍落度测试这一简单可靠的手段判断 CAF 充填料浆质量，生产中每小时测试一次。坍落度测试的结果是考核充填质量的关键指标，这被写入了矿山和提供充填作业服务公司的合同中。坍落度的范围要求为 150~180mm，当充填料配比控制比较合理时，坍落度的范围在 160~170mm。充填作业过程中充填料含水率的充填工艺管理是重点，这是确保充填料能达到最低强度要求的关键。

充填料通过自卸式卡车运至充填钻孔卸载，每辆车运输 12~13m³ 充填料。将坍落度控制在合理范围的充填料浆，在单程运距超过 2km 过程中不会发生离析。用于运输充填料的自卸式卡车有效载重是 15m³ 充填料，这种运输方式临时切换充填采场非常方便。充填钻孔从地面钻孔，刚开始九个月内钻孔直径 8 英寸，后被扩大至 12.25 英寸，钻孔深度 350~500m，钻孔偏斜率为深度的 1%。钻孔尽可能直接钻入采场，这是现场摸索出最简单的充填料输送方法。自卸式卡车卸载处的充填钻孔顶部装有带格栅的漏斗，充填钻孔从地表到硬岩之间安装钢套管（一般深 40~50m），从抗磨损角度看，还比较可靠。套管下面为天然岩石，每个钻孔能输送 80000~100000m³ 的 CAF 或者地表的废石充填料（Surface rockfill，SRF）。

CAF 和 SRF 同时从钻孔输送至采空区充填，由于采场只有一面暴露，填充废石空隙的 CAF 在采场的一侧而 SRF 的废石在另一侧，使用 SRF 比 CAF 的充填单价便宜 60%~70%。采场回采和充填顺序如图 13-14 所示[17]。

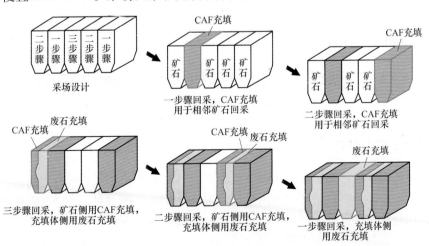

图 13-14　采场回采和充填顺序

为了降低沙丘沙的消耗和对环境的影响，经过搅拌混合试验，将 CAF 的充填骨料配比改为尾砂占 75%，替代沙丘沙的石灰石细砂占 25%。石灰石细沙通过破碎筛分生产，约能筛选出 30% 的石灰石细砂用于充填。破碎和筛分设备每小时处理 600t，粗碎设备型号是 LT125，中碎设备型号是 LT1500。

为进一步寻求降低成本，2000 年年末，矿方开始测试高炉炉渣（Ground granulated blast furnace slag，GGBFS）的使用效果，它能部分或全部替代粉煤灰。矿山后期使用 CAF 充填的采场计划用 CDR 充填（CAF Displacement Rockfill，CDR）取代，这种充填方法用 CAF 充填靠近回采矿体侧的采空区，而充填体侧的采空区用废石充填，每年能节省 50000m³ 的 CAF，每年节省约 500000～600000 美元。

13.3.3 评述

奥林匹克坝矿建成的充填系统基本满足了该大型矿山低成本充填的要求，围绕降低矿山充填成本这一核心主题开展工作，通过调查研究，从改进充填料的配比出发，优化充填工艺，在加强充填作业管理等方面取得了明显的成果。

根据仿真技术和实际测试，开发了一套适合现场使用的充填料强度计算软件，提出满足最低强度要求的 CAF 配比，计算过程简单实用，对实际充填作业有较好的指导意义，也极大地节约了充填成本。

矿山充填系统的改造升级方案中，为解决新发现的问题，对充填料的配比提出了一系列优化措施，如使用脱泥尾砂，石灰石细砂替代砂丘砂，炉渣替代水泥，在 CAF 中加入一定比例的 SRF，均取得了较好的效果。

矿山采用充填料制备—卡车运输—充填钻孔下放的充填工艺，尤其是充填料地表运输环节，不同于更广泛的管道输送，这可能和矿山对充填的灵活性要求或地表输送环境限制有关，但是相对于管道输送也存在输送能力小，输送成本高的缺点，其推广应用应根据具体情况进行研究。

13.4　西班牙阿瓜斯特尼达斯（Aguas Teñidas）矿膏体充填系统

13.4.1　矿山概况

阿瓜斯特尼达斯矿是一座铜多金属矿山，位于西班牙南部的韦尔瓦省，隶属于西班牙最大的矿业公司之一阿瓜斯特尼达斯矿业公司（MATSA）。矿体为赋存于伊比利亚黄铁矿带中的厚大硫化矿体，主要矿物有黄铜矿、方铅矿、黄铁矿、闪锌矿、黝铜矿等。矿山年产量 220 万吨，采用地下开采方式，主斜坡道开拓，矿区主要工业场地如图 13-15 所示。

图 13-15　阿瓜斯特尼达斯矿区

矿山主要采用深孔空场嗣后充填法开采，大型采场宽 20m（垂直走向），高 30m，长 45m（沿走向）[18,20]，每个采区以扇形孔横向切槽形成采区进路[19]。一步矿房用水砂膏体胶结充填，二步矿柱则用强度较低的膏体或废石充填[20]。矿山配置了信息实时共享远程控制系统[21]。

阿瓜斯特尼达斯矿开采深度约 500m，膏体充填是该矿山生产和废物综合管理的重要组成部分。选厂产生的尾矿其中约 60%以膏体的形式输送到尾矿处理设施进行堆存，剩余的尾矿与水泥混合后，由充填站输送至井下采场，充填站如图 13-16 所示，用胶结膏体对采场进行回填，不仅提高了矿石回采率，还减少了尾矿对环境的影响，被认为是西班牙采矿的一项重要创新。

13.4.2　系统简介

阿瓜斯特尼达斯矿膏体充填系统主要包括全尾砂输送、全尾砂脱水、水泥储存与添加、膏体充填料制备、膏体充填料浆井下输送系统和坑内充填设施，其充填系统流程图如图 13-17 所示。

全尾砂首先进入设置在选厂附近的深锥浓密机进行浓密脱水，底流浓度约为 75%。约 40%用于充填的全尾砂通过液压柱塞泵输送至膏体充填站，而其余约 60%全尾砂则泵送至地表尾矿处理设施进行堆存处理。高浓度全尾砂泵送至充填站后，首先进入立式搅拌槽进行搅拌，之后部分泵送至真空盘式压滤机制成滤

图 13-16　阿瓜斯特尼达斯矿充填站

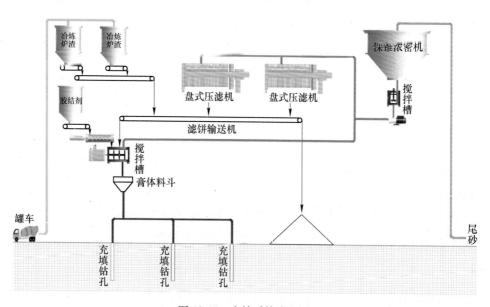

图 13-17　充填系统流程图

饼，而另一部分则直接泵送至卧式搅拌槽。滤饼可通过胶带机输送至大型连续卧式搅拌槽中进行搅拌，制备成膏体，而当不需要充填时，滤饼被输送至堆场进行堆存[18]。

　　另外，膏体的制备过程中还添加了附近冶炼厂的炉渣作为骨料以提高充填体强度，通过称重输送机添加到滤饼输送机上，保证两者始终保持适当的比例。胶结剂的添加与骨料添加类似，经称重皮带计量后由螺旋给料机向卧式搅拌槽给料。膏体的混合制备是在卧式搅拌机中进行的，除滤饼、骨料、胶结剂外，还添加了部分尾砂料浆及少量水以调节最终膏体浓度。通过对搅拌机功率的实时监测及校准，来保证膏体浓度恒定。通过该系统制备的膏体，其最大坍落度偏差在6mm以内。

制备完成的膏体首先进入膏体料斗，通过该料斗向两个充填钻孔中的一个给料，进入井下输送系统对采空区进行充填作业。按照原设计，料斗对于井下输送系统是至关重要的，可以避免空气进入充填管道内，料斗上设置了测压传感器以监测料浆的液位高度，当液位高度低至可能使空气进入的时候，通过PLC自动控制料斗底部的阀门减小流量，使料斗内液位升高。

井下输送系统管路布置采用了钻孔与中段水平管路串联的方式，该系统在启动时输送管路为满管，因此可以减小料浆在竖直管段自由下降所导致的水锤及弯管处的磨损情况，井下输送系统示意如图13-18所示。

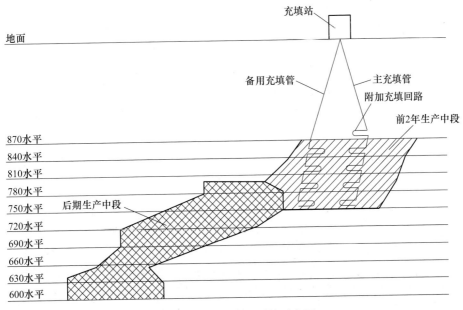

图13-18 井下输送系统示意图

该系统还根据需求在一些中段设置了附加的管道回路，可以增加水平管道的长度以增大充填线倍线至合理值，减小料浆输送压力。另外，在各中段也设置了压力变送器，以实时监测管道压力，预防堵管、爆管现象发生。

13.4.3 评述

阿瓜斯特尼达斯矿膏体充填系统于2007年4月展开设计工作，2009年5月建成并开始调试，经过4个多月的调试于2009年10月全面投产，其各项指标均接近设计运行参数。

阿瓜斯特尼达斯矿膏体充填系统主要有以下特点：

（1）采用了较为成熟的膏体制备工艺，即将尾砂制备成滤饼后再与胶结剂、水等利用卧式搅拌槽进行搅拌混合后制备成合格的膏体。其优点是所制备的膏体质量较高、浓度波动小、流量稳定。但其缺点也很明显，流程较长，设备较多，相应的场地较大，建设及维护成本较高。

（2）在充填站的布置方面，控制室位置的确定充分综合考虑了充填料观察、充填料取样、管路冲洗、过滤设备观察和巡视等方面的需求，给生产操作带来了方便；但养护室布置于配电室上方，给供电安全带来了一定的风险，在设计过程中应尽量避免。

（3）在膏体由搅拌槽进入充填钻孔之前，设置了膏体料斗作为缓冲，原设计拟通过自动化的设备的应用，使得管路输送在启动及正常工作时均可实现满管输送，进行了非常有意义的尝试。

（4）将冶炼炉渣作为充填材料，在提高了膏体的质量的同时也解决了炉渣的处理问题。

13.5 加拿大不伦瑞克（Brunswick）矿

13.5.1 矿山概况

加拿大不伦瑞克矿是一座大型地下铅锌矿山，位于加拿大东海岸新不伦瑞克省巴瑟斯特西南。曾隶属诺兰达（Noranda）公司、鹰桥（Falconbridge）公司、斯特拉塔（Xstrata）公司以及嘉能可（Glencore）公司，矿山2013年4月底关闭。

不伦瑞克矿开采初期曾采用空场法、上向水平分层充填法，两步骤开采空场法。1996年后改用更高效的深孔空场嗣后充填法。开采后期采场还采用遥控钻孔和装药的"Weasel"设备。竖井开拓，后期回采矿石由遥控铲运机运至溜井，再转运至井下破碎站，将矿石破碎到-150mm，由卡车运送到箕斗井提升至地表。

不伦瑞克12号矿体于1953年被发现，是当时世界最大的铅锌矿体之一。矿体走向N-S，倾角75°W。截至2009年年底，矿山探明储量620万吨，品位为：锌8.4%，铅3.4%，铜0.4%，银104g/t；控制储量220万吨，品位为：锌7.6%，铅3.0%，铜0.34%，银84g/t。出露地表矿体采尽后，矿体采深在725~1125m之间，沿走向长度1.2km开采[22]。

1964年12号矿体选厂投产，1966年扩建，调配9km外的6号露天矿矿石，1980年露天矿闭坑，遂扩建地下矿生产能力到10500t/d。20世纪90年代矿山规模从最高水平的 11000t/d 下降到 9400t/d。

矿山采用深孔空场嗣后充填采矿法采矿，采场不留矿柱，矿量为 39000t，长宽高的尺寸为 17m×17m×30m。典型采场充填形式如图 13-19 所示。

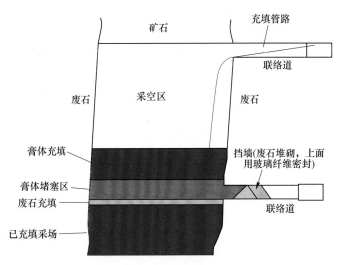

图 13-19　典型采场充填形式图

矿山前期采用废石充填，后来由于存在充填通道易堵塞等原因，1996 年开展了尾砂充填实验，1997 年矿山决定将废石充填系统改造为尾砂膏体充填系统，1998 年 5 月改造工作完成。矿山采用膏体充填提高了矿石回收率，输送至尾矿库的尾砂减少了约 35%。膏体充填系统从概念研究到建成投产共花费了 2410 万加元，这些投入可由多回收的矿石和节省的地表尾矿处置费用来收回。开采后期，生产系统的完善包括为简化井下嗣后充填流程建设投产了膏体充填设施，以及为改善磨矿作业在浮选矿浆制备段安装一台半自磨机。

13.5.2　系统简介

膏体充填站位于 3 号井架附近，其充填系统流程示意图如图 13-20 所示。选矿尾砂通过直径 φ560mm 的高密度聚乙烯管泵送至充填站 φ23m 浓密机，尾砂输送浓度为 20%，输送距离 475m；浓密机与充填料制备设施相邻，露天布置，设有支管通往尾矿库，以备浓密机检修时使用；浓密机溢流水通过 φ610mm 高密度聚乙烯管自流输送至尾矿库；浓密机底流浓度为 50%~65%，底流通过总管路泵送至两台真空盘式过滤机的储料箱，根据盘式过滤机的处理需求，多余的尾砂从总管路送至尾矿库。在紧急情况下通过备用支管将尾砂输送至尾矿库排放。

真空盘式过滤机生产含水率大约 15% 的滤饼，滤饼由变速带式输送机送给双螺旋膏体搅拌机。膏体搅拌机水平安装，在溢流口处设置闸门。根据滤饼的重

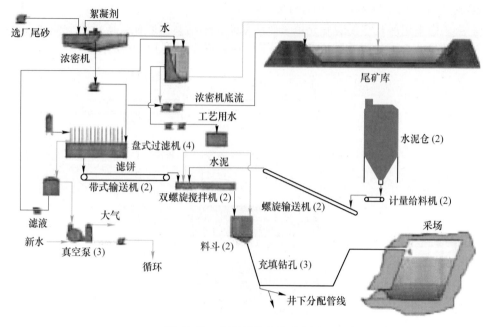

图 13-20　充填系统流程示意图

量，由两个独立的 300t 水泥仓向搅拌机添加定量水泥；同时根据滤饼重量和搅拌机功耗，向搅拌机添加定量的水。搅拌合格后的膏体先被排放至缓冲漏斗，然后通过钻孔自流输送至井下。在充填作业前和作业完成后，先用水再用气和水冲刷输送系统。充填站内安装一台 5MPa 的高压水泵用于辅助处理堵管事故，但 1999 年在清理某钻孔作业中，围岩发生水力压裂事故之后，该高压冲洗系统被谨慎使用[23]。

充填站应用可编程逻辑控制器（PLC）的混合系统和分布式控制系统（DCS）进行控制。PLC 处理数字信息以及电机和阀门的动作排序，而分布式控制系统处理模拟信息并为操作者提供操作界面。过程信息系统（PI）用作数据库并提供传感器以便充填站操作者和技术人员进行生产统计分析。

充填站能够处理来自选矿厂的所有尾矿，平均总干矿处理量为 360t/h，两套独立系统平均分配并处理。生产经验表明，充填站设计的尾矿浓密和过滤能力足够，搅拌机能够完成设计处理任务。添加絮凝剂后，浓密机中的尾砂沉淀很迅速，由于浓密机不可能带厚料层运转，因而不能在选矿厂和充填站之间提供缓存能力。因此，当选矿厂生产发生波动时，充填站会面临尾砂给料量变化的问题。尾矿供应量变化可能带来充填作业不稳定，相应的最大影响是由于启停时的冲洗导致输送至井下的冲洗水量增多。

充填站内每天进行一次采样检测用于充填料浆质量控制，样品被采出后很快送至当地的实验室并进行无侧限抗压强度试验，在试验之前样品被保存在恒温恒湿养护室内。充填站内每两小时进行一次坍落度试验，在两次试验之间，站内操作员依靠每个搅拌机上方的静态摄像机进行目测检验。

井下充填料管路输送系统由直径 $\phi200mm$ 的充填钻孔和管线组成。从地表至 375m 水平设置 3 条钻孔，两用一备。输送管路从 375m 水平分为四路，其中三路位于主矿区下盘，一路位于上盘。1999 年，在矿体上盘安装了第五路管线。由于多个透镜状矿体的开采（矿体厚达 200m），部分矿床的高回采率，现有的基础设施以及塌陷的地面，矿山布置井下的管路系统很复杂。管路输送系统主干管由可经受长期磨损的钢管组成，采用高压连接管件，能承受的压力等级为 10MPa。距离排放点更近的二级管路，压力等级为 5MPa。为保持合适的压力，从任一钻孔出来的最大管路长度大约为 400m。在管路输送系统的关键位置安装一种安全阀装置以预防堵管导致的管路压力过高的问题。安全阀装置由装在外壳内的机加工的薄壁管路部分组成，外壳上配备有事故管以在堵管后导引物料流出。管路输送系统不同分支管路上安装有 18 个压力传感器，进行管路压力的在线持续监控，压力信号由井下通过一条光纤回传至地表充填站。

充填挡墙主要是由碎石建成。充填挡墙要求能够承受充填料浆排放至放矿点口 2m 以上的高度，设计能承受 137kPa，一旦充填 72h 后，初期的充填体具备了一定的强度，剩余的采空区就能够被安全充填。另外，不同充填排料点的挡墙处的压力监测证实，以 5% 的水泥含量，低于 0.38m/h 的上升速率，不会给挡墙累积过度压力。在充填系统调试期间，由于废石靠近巷道尾部的地方难以堆紧密实，出现过碎石挡墙泄露的问题。起初，矿山采用喷射混凝土来进行碎石挡墙顶部的密封。后来，采用玻璃纤维隔离层制作更廉价的密封滤水设施。在 2000 年年初研发出了拱形喷射混凝土挡墙，该挡墙能够被移至靠近采场眉线的位置安装，并通过远程控制喷射混凝土，在喷射混凝土经过湿法养护后，挡墙被固定到巷道边帮和地板。在穿过矿体的联络道中使用这种挡墙的优点是可将回采循环时间最小化。

在充填料排放点安装 5 台可移动的电视摄像机监控充填情况，视频信号通过一套通信系统经光纤送到地表制备站。在无法到达的排放点，例如通过钻孔进行充填的空区，则在尽可能靠近排放点的管线上安装流量计，以便充填站操作人员监控充填情况。

13.5.3　评述

不伦瑞克矿充填系统采用了 20 世纪 90 年代末和 21 世纪初典型的膏体充填制备工艺，尾矿采用浓密机初步浓缩，再由过滤设备过滤，能有效保障充填浓度，但制备工艺相对较为复杂，过滤设备选用真空盘式过滤机，这种尾矿脱水方式至今仍被许多矿山采用。

矿山根据充填管路系统的特点，布置了管路压力检测和事故排放设施，加强日常充填料浆质量检测并在采空区设置了视频监控信号，在管路分配系统繁杂的情况下，有效地保障了充填质量。同时，矿山井下无线电通信系统为方便和保障膏体充填的生产发挥了较大的作用。

矿山在充填生产中，对挡墙的设置形式也进行了一些研究和优化，研发了拱形喷射混凝土挡墙，并采用玻璃纤维隔离层制作更廉价的密封滤水设施。

13.6　加拿大基德克里克（Kidd creek）铜锌矿

13.6.1　矿山概况

基德克里克铜锌矿位于加拿大安大略省北部 Timmins 市以北约 30km 处，是迄今世界上采深最深的地下开采铜锌矿。它曾隶属鹰桥（Falconbridge）公司、斯特拉塔（Xstrata）公司，是鹰桥公司最大的金属矿生产基地之一，2019 年时隶属嘉能可（Glencore）公司，由嘉能可公司的子公司基德公司（Kidd Operations）经营[24,25]。

矿山采用深孔分段空场嗣后充填采矿法采矿。年生产规模为 200 万~240 万吨铜锌矿，其中 Zn 和 Cu 的比例约为 2∶1。

基德矿床于 1963 年发现，被认为是世界上最大的火山岩块状硫化矿床之一。截至 2013 年年底，矿山资源量+储量 2147 万吨，品位为：Cu 1.98%，Zn 4.93%，Ag 53g/t；其中总储量 1325 万吨，品位为：Cu 1.97%，Zn 4.39%，Ag 52g/t（见图 13-21）[26]。

矿山 1966 年投入生产。初期为露天开采，露天坑底约 300m 深，1972 年开始转地下采矿，1997 年露天开采结束，采深 219m。坑采初期建设 N1 竖井，深度至地表以下 930m。中段高 122m，分段高度 30.5m，分段之间采用斜坡道连接。该区域于 2006 年采完。No. 2 矿床作为矿床的延伸，从地表至 1556m 水平，中段高度为 61m，分段高度 30.5m，该区域 2003 年采完。深部 No. 3 矿体施工 N3 盲竖井，从 1433m 到 2109m 水平，分段高度 30.5m，采用斜坡道连接（见图 13-24）。2002 年钻探确定深部高品位富矿 D 矿体。掘进 4 号盲竖井，服务范围 1430~3100m。矿山采用微震监测手段监测岩爆，并进行了联合研究，调整开采时序，对减少弱结构面突发滑动效果明显。2011 年完成投资 1.48 亿加元的矿山延深项目，2016 年采矿水平延伸至地表以下 2900m，井底 3014m。主斜坡道从地表至 D 矿体，被认为是世界上最长的连续采矿斜坡道之一，长度为 13.2km。延深项目完成后斜坡道从 9100 水平延深至 9600 的规划装载水平，并扩建充填系统。矿山规划降低成本采用远程遥控、自动化有轨运输及按需通风等前沿技术延

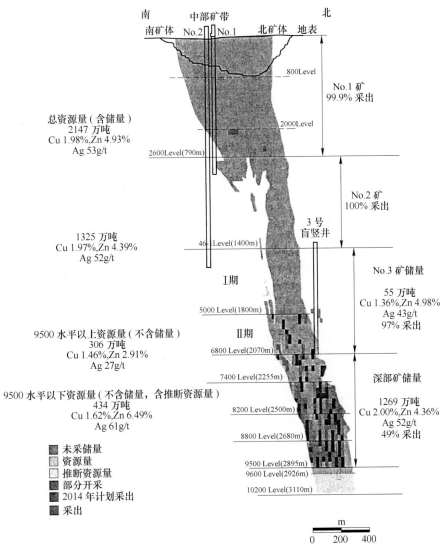

Kidd Creek 矿西南西向纵断面图
截至 2013 年 12 月 31 日储量及资源量

图 13-21　基德克里克矿山纵剖面及储量分布图[26]

长矿山寿命至 2022 年。

　　基德克里克铜锌矿主要的采矿方法为分段空场嗣后充填法。1 号矿体分段深孔爆破采场通常宽 18m，长 30m，分段高度 30.5m，中段高度 122m。两矿房间柱宽 24m，底柱约 34m 厚。厚矿体区段留设垂直走向矿柱和沿走向矿柱用以支承露天坑底留下的顶柱。如图 13-22 所示。

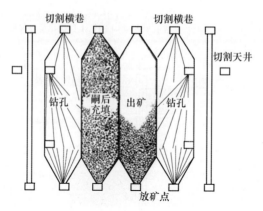

图 13-22 1 号矿体开采纵剖面[28]

2 号矿体开采时，由于深部地压增高，为保证作业安全，避免在新爆破工作面下作业。最终改用大孔爆破回采嗣后充填并限制采场的尺寸，采场宽、长、高改为 15m×（15~30）m×60m。3 号矿体采场尺寸修改为宽 15~20m，长 15~20m，高 30~40m。D 矿体开采根据作业安全纪录，为提高效率，采场尺寸拟提高宽、长、高为 20m×25m×40m（见图 13-23）[27~29]。

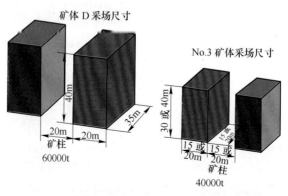

图 13-23 3 号矿体和 D 矿体采场尺寸示意图[29]

矿山早期采用废石胶结充填，后来随着开采深度的增加，考虑充填质量的稳定性以及采场循环时间等方面的因素，2004 年开始建设膏体充填站，充填站能力为 400t/h。

13.6.2 系统简介

基德克里克矿的选厂离采矿场 50km，非常远，所以充填尾砂取自周边尾矿库。最初尾砂取自 Pamour T3 尾矿库，2006 年为了节省运输距离，从 McIntyre 尾矿库中挖取尾砂。由于砂更容易挖掘和运输，为了节省尾砂挖掘费用和增加膏体细粒级含量，后来用一部分砂子代替尾砂。尾砂和砂子在夏季挖掘，存储在堆场供全年生产所用。这些骨料通过两条平行的供料系统输送至充填站。膏体充填系统流程如图 13-24 所示，由砂和尾砂取料及贮存设施，胶凝材料贮存设施、卧式搅拌槽和立式搅拌机，以及相应的给料和计量等设备和设施组成。

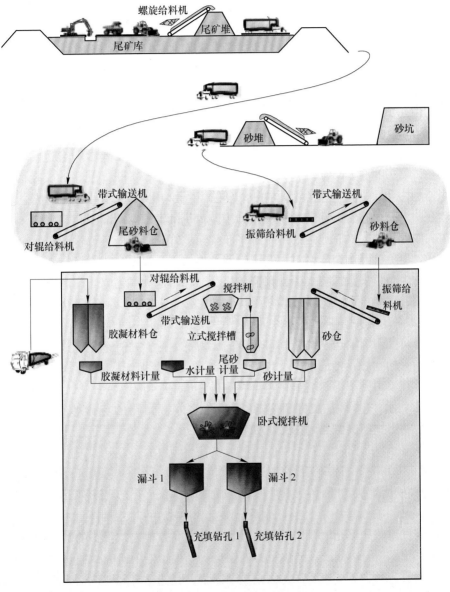

图 13-24　膏体充填系统流程图

挖掘的尾砂和采砂场的砂分别堆存在两个 20000t 容量且能采暖的料仓中。

在生产过程中，装载机将充填骨料从料堆转运至带式输送机上。砂子由承包商从采砂场挖掘的砂运往堆存处，生产时砂通过输送机转运至充填站的砂仓内，砂仓容积125t，共2个。水泥和飞灰由两个200t的胶凝材料仓内存储，生产时被输送到6t的缓冲仓，然后定量加入搅拌机搅拌。充填采用分批作业的方式：在3m³的卧式螺旋搅拌机搅拌混合后，将制备好的膏体卸入5m³的漏斗内存储，漏斗下部装有气动刀闸阀，通过阀门控制将膏体输送至两个充填钻孔中的一个。通过监控漏斗的料位和阀门控制，低料位时，阀门将自动关闭，以保持充填钻孔形成的真空，待上部搅拌机补充下一批充填料后，刀闸阀将打开，充填膏体将被吸入到钻孔中充填，进入下一个作业循环[30]。

矿山充填系统每小时生产能力为400t，单日最大生产能力为9600t，日平均生产能力为8000t，年生产能力为130万吨，其充填能力的确定充分考虑了采场循环要求和采充不平衡的影响。为满足采矿对充填体的强度要求和输送要求，膏体质量浓度为80%~83%，$-20\mu m$的细颗粒含量不小于15%，使用的胶凝材料占总固体量为2%~4.5%，胶凝材料由90%的飞灰和10%的波特兰水泥组成[31]。

在井下充填料管路输送系统的设计中，为了最大限度地减少充填费用，并利用矿山服务年限内具有通道的各个水平布置充填管线，既能自流输送至各个采空区又尽量避免管路剩余压头过大造成管路磨损加剧，根据来自现场特别是环管试验所得的阻力损失数据建立了料浆流体模型。利用这种料浆流体模型布置的管路输送系统，主要由通往地表的钻孔和坑内联络管网组成，钻孔穿过2600、3200和3800水平的竖井石门。在每个水平至少设置100m长的迂回管路增加沿程阻力，这样可使管道输送系统在相对较低的压力下运行，并使整个管路输送系统处于完全满管的状态，可最大限度地减少管路系统的磨损。从3800水平通过钻孔输送膏体充填料到下部斜坡道，再继续输送240m到4600水平，然后通过钻孔给以后的几个水平供料。在向上和向下钻孔之间，管路的标准水平长度约为70m[32]。井下充填料管路输送系统如图6-15所示。

井下充填料管路输送系统中的第一段钻孔是倾斜的，至基岩设有套管，共有2个钻孔，1用1备。输送管路主要采用钢管，在进采场的末端可以敷设不少于100m的高密度聚氯乙烯管，以便于移位和节省成本。沿充填管路设置管路清洗点，每50m左右设置1个，当管道系统发生堵塞时，可用水和压气冲洗管道。由于基德克里克矿井下充填料输送管路较长，输送高差很大，管路的磨损问题一直是充填系统亟须解决问题。矿山针对管路磨损开展了专项研究，通过对各影响因素研究表明，料浆输送速度被认为是主要因素，其他重要因素包括浆料浓度、腐蚀和颗粒形状和尺寸。基德克里克矿在研究磨损原因统计磨损数据的同时，将整个充填管网随时间推移的磨损变化也纳入了矿山的流体模型和膏体充填管理系统，并通过实验室研究和现场检测论证实际发生的磨损现象，为矿山的管路系统安装、检修提供指导。

采场充填挡墙的构筑方法是在通道口堆砌废石堆，再在废石堆顶部喷射少量的喷射混凝土封闭。采场的膏体排放如图 13-25 所示。基德克里克矿采场的尺寸定为高 40m，长 20m 和宽 20m，对于这种规格的采场而言，充填体密度为 2.2t/m³，充填体强度要求为 350kPa；如将采场尺寸加倍，即高 80m、长 40m 和宽 20m，则要将强度加大到 710kPa。

图 13-25 采场膏体排放图

13.6.3 评述

基德克里克矿开采深度达 3000m，充填倍线小，充填质量要求高，为此，矿山进行了大量的研究和试验，并积累了丰富的生产经验，对深井矿山的开采和其充填系统的建设具有非常重要的借鉴意义。

矿山根据自身特点设计了一套干料添加工艺为主的膏体充填系统，虽然生产工艺略显复杂，但是满足了采矿对充填质量的要求，也兼顾了采场和选厂距离远，冬季寒冷等实际生产情况。

在井下充填料管路输送系统的设计中，为了实现满管输送，降低管路磨损，根据现场情况特别是环管试验所得的阻力损失数据建立了料浆流体模型。对管路磨损和充填材料进行了一系列的研究和优化，降低了管路磨损并找到了适合矿山的充填材料。

13.7 印度尼西亚大铁帽（Big Gossan）铜金矿

13.7.1 矿山概况

印度尼西亚大铁帽矿位于印尼巴布亚省，隶属于自由港麦克莫兰（Freeport-

McMoRan，FCX）和印度尼西亚阿萨汉铝业（PT Indonesia Asahan Aluminium）公司的子公司 PT 印度尼西亚自由港（PT Freeport Indonesia，PTFI）公司。2005 年开始建设，2011 年投产，是自由港在印度尼西亚 Grasberg 拥有的三个矿山之一，另为露天矿、DOZ。设计规模 7000t/d，2011 年投产采用竖井-斜坡道联合开拓，设计范围 2580~3180m 水平。大铁帽矿体为浸入的闪长岩与 Waripi 白云石接触带上矽卡岩矿体，呈板状层控，长 1.2km 以上、高约 500m、宽约 200m。采用垂直走向布置的深孔空场嗣后充填法，分两步骤回采，采矿方法示意图如图 13-26 所示，采场尺寸长×高×宽＝40m×15m×20m[33,34]。

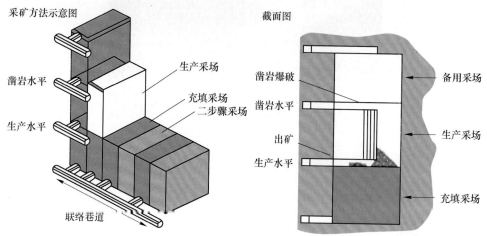

图 13-26　大铁帽矿采矿方法示意图[34]

印度尼西亚大铁帽矿采用尾砂作为充填骨料。选厂位于陡峭的山谷中，由于矿体赋存标高高于选厂，并与之相距 2km 以上，故矿山膏体充填站设置于坑内，设计能力为 260t/h。

13.7.2　系统简介

矿山充填系统由地表及地下两部分组成，地表设施临近选矿厂，地下设施距地表设施 2km，高于地表设施 270m。

地表设施用于从选厂尾砂浓密机底流中提取部分尾砂，调节其粒级分布并输送至坑内膏体充填站。主要包含离心泵、旋流分级设施、搅拌槽和活塞隔膜泵等。选厂尾矿浓密机直径为 74.67m，其底流约 6%~8% 的尾砂用于充填，地表设施工艺流程示意图如图 13-27 所示。首先，部分尾砂通过闸门控制从浓密机的底流中分流进入泵喂料箱，然后一部分被泵送入旋流器分级，另一部分被直接泵送至搅拌槽与旋流器底流混合，混合后的尾砂浆由活塞隔膜泵通过衬胶管道输送至坑内膏体充填站。通过改变工作旋流器的数量，调节各部分流量的大小，可以改变搅拌槽中混合尾矿的粒级分布，以更好地满足充填膏体的脱水、流变特性和充填体强度方面的需求。

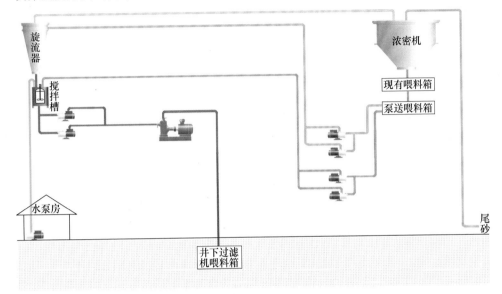

图 13-27　地表充填设施流程示意图

矿山坑内膏体充填站高于选厂标高 270m，主要包含 3 台圆盘过滤机、搅拌槽、砂仓、水泥仓、称重料斗，2 台活塞泵以及配套充填钻孔和至采场的充填管路等。从地表输送而来的尾矿浆首先进入过滤机喂料搅拌槽，再泵送至圆盘过滤机脱水，脱水滤饼经胶带输送机送入连续搅拌槽。同时，过滤机喂料搅拌槽中的部分尾矿浆也可以直接加入到连续搅拌槽中，以使连续搅拌槽排出坍落度为 212mm、浓度合适的膏体。该膏体和水泥胶结剂通过批量称重后进入搅拌槽混合搅拌，同时加入少量的水使充填膏体到达合适的坍落度后经 2 台液压活塞泵输送或自流至充填采场。地下膏体充填站工艺流程如图 13-28 所示[35]。

膏体充填站将尾砂浆过滤后的水进行回收，通过斜板沉降槽澄清处理后供给膏体充填站使用。膏体充填站每天水泥胶结剂的用量约 155t，需要从岛外运入。结合运输成本和矿山生产需求，膏体充填站水泥仓的设计考虑了散装水泥和袋装水泥两种进料方式。散装水泥采用 25t 的水泥罐车进行运输，运达充填站后经压风卸载装入水泥仓，每个水泥罐车卸载时间在 20~25min 内。

井下充填料输送管道选用陶瓷内衬复合钢管和硬化钢管，陶瓷内衬复合钢管用于长的充填钻孔。充填管道的壁厚为 9.5mm 和 12.7mm，设计承压能力为 70Bar 和 120Bar。

根据所选择的采矿方法及其他外部条件，一步矿房充填体强度需要达到 380kPa，二步矿柱充填体强度需要达到 970kPa。实验表明：印度尼西亚大铁帽矿

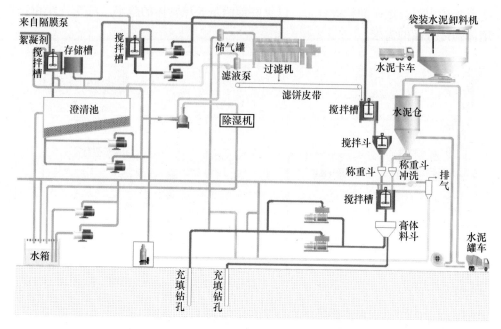

图 13-28　地下膏体充填站工艺流程示意图

未分级全尾砂添加 3% 水泥后，其 28d 龄期无侧压抗压强度为 563kPa，坍落度 175mm；添加 5% 水泥后相应抗压强度为 1083KPa，坍落度为 250mm。

13.7.3　评述

结合矿山的特点和需求，印度尼西亚大铁帽充填系统主要特点如下：

（1）通过对尾砂粒级分布的调节，提高和稳定了充填料中粗颗粒尾砂的含量，由此优化了充填料的脱水及流变性能，提高了过滤设备的处理能力，提高和稳定了充填体强度，节约了胶结剂用量。分级后尾砂由 $-20\mu m$ 细粒级尾砂占比 38% 降至 20% 左右。相应的实验室测试表明：设备的尾砂小时过滤能力从 $0.23t/m^2$ 增加至 $0.33t/m^2$，当添加絮凝剂量增加时，效果还会更明显。

（2）膏体充填站布置于坑内，位于矿体上方，降低了选厂尾矿砂浆的输送高度，减少了膏体充填管路的长度。同时，膏体充填站的布置充分考虑了坑内工程建设的特殊条件。

（3）矿山的生产用水大部分来源于收集的雨水，而且雨水经过酸性围岩过滤后，可能加速充填料制备设备和输送管路的腐蚀。而选厂输送至膏体充填站的尾砂浆中含有大量多余的水，其 pH 值也较合适，故矿山采用了尾砂浆过滤水回用的方案。

（4）矿区所处的地理位置，造成水泥胶结剂不能采用单一的运输方式运输，成本较高，矿山采用 25t 的水泥罐车来装运散装水泥，降低了运输中的装卸成本。

参 考 文 献

［1］ 张晋军．谦比希铜矿膏体充填技术应用研究［J］．中国矿山工程，2015（44）：1-5.

［2］ 李辉，张晋军，施发伍，等．上向水平进路分层膏体充填采矿法在谦比希铜矿的应用［J］．现代矿业，2016（10）：1-3.

［3］ 张鹏飞，王贻明．新型轻型充填挡墙在谦比希铜矿西矿体中的应用［J］．铜业工程，2016（3）：28-32.

［4］ https：//www. mining-technology. com/projects/mount_ isa_lead/2019-3-12.

［5］ Glencore Annual Report. 2018.

［6］ 李长根．澳大利亚蒙特艾萨锌—铅—银—铜矿山［J］．矿产资料综合利用，2012（5）：64-69.

［7］ https：//www. mining-technology. com/projects/mount_ isa_ copper/2019-3-12.

［8］ A Harrison. Mount Isa Copper Mines-Stope Design in the Southern［C］//The AusIMM New Leaders′ Conference, Kalgoorlie, WA 2006. 4, 129-134.

［9］ E Villaescusa. Global Extraction Sequences in Sublevel Stoping Mine Design and Euipment Selection［C］// 2003 WA, Kalgoorie WA 9-17.

［10］ Kuganathan, L Neindorf. Backfill Technology Development at Xstrata Mount Isa Mines between 1995 and 2005［M］. Australia.

［11］ John chen, Ian sheppard. Development of Underground Mining Methods with Backfill for Narrow Orebodies at the Isa Lead Mine［M］. Australia.

［12］ Bhp Annual Report 2018.

［13］ https：//www. mining-technology. com/projects/olympic-dam/2019-3-12.

［14］ 李长根．澳大利亚奥林匹克坝铜—铀矿山［J］．矿产综合利用，2012（4）：64-68.

［15］ Y Potvin. Towards a practical stope reconciliation process in large-scale bulk underground stoping operations, Olympic Dam, South Australia［J］. CIM, 2015, 6（2）.

［16］ S Uggalla. Olympic Dam Operation-An Overview of Underground Design and Planning［C］// Tenth Australian Tunnelling Conference 1999. Melbourne, 127-132.

［17］ Hans_ Fernberg. Underground mining methods［G］：Atlas Copco, 2002：21-23.

［18］ S Wilson, R Brown, F Carnero, et al. Design intent to reality-commissioning of the Aguas Tenidas paste backfill plant, Spain［C］//R J Jewll, et al. Paste 2010. Toronto, Canada：Australian Center for Geomechanics：479-485.

［19］ Minas de Aguas Teñidas S. A. U. Environmental Rrport, 2015：20.

［20］ https：//mining-atlas. com/operation/Aguas-Tenidas-Copper-Lead-Mine. php 2018-11-14.

［21］ https：//www. matsamining. com/.

［22］ https：//www. mining-technology. com/projects/brunswick/2019-1-22.

［23］ Arie Moerman, Kathryn Rogers, Mike Cooper, et al. Operating and Technical Issues in the Implementation of Paste Backfill at the Brunswick Mine, MINEFILL［C］. Seattle：MINEFILL,

2001：1-14.

［24］ http：//www. kiddoperations. ca/EN/Pages/home. aspx 2019-3-12.

［25］ https：//www. mining-technology. com/projects/kidd_ creek/2019-3-12.

［26］ D B Counter. Kidd Mine-dealing with the issues of deep and high stress mining-past, present and future ［C］// M Hudyma, Y Potvin. Deep Mining 2014, Sudbury, Canada：3-22.

［27］ Yu T R, Quesnel W. Applied rock mechanics for blasthole stoping at kidd reek mines ［C］// Pariseau, W：Geomechanics Applications in Underground Hardrock Mining, 1984 AIMM New York：93-107.

［28］ J Eric Belford. Sublevel stoping at Kidd Creek Mines ［M］. SME Mining Engineering Handbook 2nd Edition：577-584.

［29］ Mine D Project Brochure.

［30］ K M Hortin, J Sedlacek . Change of the push-pull ventilation system at Kidd Creek mine of Falconbridge Ltd. Mine Ventilation ［M］. Canada.

［31］ 王维德 . Kidd Creek 矿深部开采中膏体充填料的研究 ［J］. 国外黄金参考，2001.

［32］ Maureen Aileen McGuinness. Wear Profile of the Kidd Mine Pastefill Distribution System ［M］. Canada.

［33］ D Haflil, et al. Grade Control Practices at the Big Gossan Stope Mine optimizing the confidence in grade and tonnage ［C］// Proceedings of Papua and Maluku Resources 2013 Mgei Annual Convention, Bali, Indonesia, 2013.

［34］ https：//ptfi. co. id/en/about/how-do-we-operate/underground-mining, 2018-6-27.

［35］ E Ansah-Sam, C Lee, S Hewitt. Design Consideration for the Big Gossan 300 Tonnes per Hour Paste Backfill Plant System ［C］//A. B. Fourie et al. Paste 2008. Kasane, Botswana：Australian Center for Geomechanics 2008：317-326.

附　　录

附录 1　中国金属矿山胶结充填发展历程重要事件

中国金属矿山胶结充填发展历程重要事件

时间	主要事件	矿山	主要或部分技术服务单位
1964 年	尾砂充填工艺系统设计	凤凰山铜矿[1]	冶金工业部有色冶金设计总院
1964 年	开始胶结充填法试验	凡口铅锌矿[2]	
1965 年	粗骨料混凝土充填	金川龙首矿[3,4]	冶金工业部有色冶金设计总院
1968 年	分级尾砂水泥胶结充填	凡口铅锌矿[5~7]	冶金工业部长沙有色冶金设计院 长沙矿山研究院
1975~1977 年	高浓度胶结充填，提出临界流态浓度概念	金川二矿区[8,9]	冶金工业部北京有色冶金设计院 长沙矿山研究院 清华大学 中国科学院化学研究所 铁道部大桥工程局桥梁科学技术研究所
1979 年	球形底立式砂仓脱水分级尾砂胶结充填	焦家金矿[10,11]	北京有色冶金设计研究总院 北京矿冶研究总院 东北工学院
1981 年	局部流态化吸出式砂仓充填	铜绿山铜铁矿[12]	冶金工业部矿冶研究所
1982 年	无废开采矿山设计 锥形底立式砂仓充填系统	南京栖霞铅锌银矿[13]	北京有色冶金设计研究总院
1990 年	全尾砂胶结充填系统	凡口铅锌矿[14,15]	长沙矿山研究院 长沙有色冶金设计研究院
1991 年	球形底与锥形底立式砂仓工业对比试验	安庆铜矿	北京有色冶金设计研究总院
1991 年	高阶段（120m）空场嗣后充填	安庆铜矿	北京有色冶金设计研究总院 长沙矿山研究院
1994 年	膏体充填系统	金川二矿区	北京有色冶金设计研究总院
1994 年	赤泥胶结充填	湖田铝土矿[16]	长沙矿山研究院

续表

时间	主要事件	矿山	主要或部分技术服务单位
1994 年	铁矿山全尾砂胶结充填	张马屯铁矿[17]	长沙矿山研究院
1999 年	压滤脱水膏体充填系统	铜绿山铜铁矿[18]	北京有色冶金设计研究总院
2004 年	新型全尾砂浓缩贮存装置工业试验	冬瓜山铜矿	中国有色工程设计研究总院
2006 年	全尾砂大规模充填	冬瓜山铜矿	中国恩菲工程技术有限公司 长沙矿山研究院
2006 年	深锥浓密机引入充填领域，建成长 4000m 的膏体管路输送系统	会泽铅锌矿	中国恩菲工程技术有限公司 湖南风格科技有限公司
2012 年	膏体充填技术走出国门	中色非矿谦比西铜矿[19,20]	中国恩菲工程技术有限公司 北京科技大学
2015 年	尾砂胶结充填技术用于废弃露天坑治理	铜绿山铜铁矿[21]	中国恩菲工程技术有限公司 长沙矿山研究院有限责任公司
2018 年	智能化充填控制系统	会泽铅锌矿[22]	中国恩菲工程技术有限公司

注：冶金工业部有色冶金设计院、北京有色冶金设计研究总院、中国有色工程设计研究总院等为中国恩菲工程技术有限公司的前身；其他单位名称亦为当时名称。

附录2　矿物工业流变学术语

本术语表选自 R. J. Jewll 和 A. B. Fourie 编著的《Paste and Thickened Tailings-A Guide》（第3版）术语表。本表中所选术语常用于金属矿山胶结充填有关技术中。

随着尾矿料浆的制备、输送和处置的浓度越来越高，流变学成为对其越来越重要的参量，因而带来了流变学术语的广泛使用。为了便于业内同仁们交流沟通并熟悉国外业界的应用，介绍本术语表。

矿物工业流变学术语

术语	术语原文	释　义
表观剪切速率（或伪剪切速率）	apparent（or pseudo）shear rate	常用于管道层流状态下的非牛顿流体的一种剪切速率 $\Gamma = \dfrac{8v}{D}$，s^{-1}；v——速度；D——管径 A shear rate often used for non-Newtonian fluids under laminar flow in a pipe or tube, $\Gamma = \dfrac{8v}{D}$，s^{-1}；v: velocity，D: pipe diameter
表观黏度	apparent viscosity	一定速度梯度下剪切应力与剪切速率之比，η_a，Pa·s The ratio of shear stress to shear rate at a specified shear rate，η_a，Pa·s
宾汉模型	Bingham model	一种理想的流体模型，其特征是由剪切应力与剪切速率的线性关系可推出称为宾汉屈服应力的剪切应力截距（τ_B） $\tau = \tau_B + \eta_p \dot{\gamma}$ An ideal fluid model characterised by a linear shear stress/shear rate relationship extrapolating to a finite shear stress intercept called the Bingham yield stress（τ_B） $\tau = \tau_B + \eta_p \dot{\gamma}$
宾汉屈服应力	Bingham yield stress	根据剪切应力与剪切速率数据的线性关系由高剪切速率数据推出的剪切应力截距（Pa），也指"动态屈服应力" The shear stress intercept of the linear shear stress versus shear rate data extrapolated from higher shear rate data（Pa）（Also referred to as 'dynamic yield stress'）
宾汉黏度（也称塑性黏度）	Bingham viscosity（also plastic viscosity）	对于宾汉流体，剪切应力（屈服应力以上的剪切应力）与剪切速率的比值。一般取高剪切速率数据区的梯度值，外推到零剪切速率，η_p，Pa·s For a Bingham fluid，the ratio of the shear stress（for shear stresses above the yield stress）to the shear rate. Generally taken as the gradient of high shear rate data，extrapolated to zero shear rate，η_p，Pa·s

术语	术语原文	释　义
毛细流动	capillary flow	足够长的细管中的流动，使得在各给定的压力下都能形成全扩展层流。用来构造作为表观剪切速率函数（流动曲线）的剪切应力曲线，或用来构造作为真实剪切速率函数（流变图）的剪切应力曲线 Flow in a narrow tube sufficiently long to ensure fully developed laminar flow at each given applied pressure, used to construct curves of the shear stress as a function of apparent shear rate (flow curves) or the shear stress as a function of the true shear rate (rheograms)
携砂液	carrier fluid	在层流管道流动中，由于剪切面附近的颗粒减少或特定颗粒离析而产生的固体浓度小于主体流体固体浓度的局部区域 A localised region with a solids concentration less than the bulk fluid solids concentration occurring due to particle depletion and/or isolation of specific particle size bands near the shearing surface during laminar pipeline flow
压缩屈服应力	compressive yield stress	相互连接的颗粒网在压应力作用下发生坍塌，造成不可逆颗粒固结的压缩应力，$P_y(\phi)$，kPa The compressive stress above which an inter-connected particle network will collapse causing irreversible particle consolidation, $P_y(\phi)$, kPa
库艾特流动	Couette flow	同轴圆柱体之间的环形层流，圆柱体中的任一圆柱体旋转，带动两个圆柱体之间的黏性流体流动，比如在杯流变仪和悬锤流变仪中的流动 Annular laminar flow between coaxial cylinders, with either of the cylinders rotating, as in cup and bob rheometry
蠕变	creep	在保持应力不变的条件下，应变随时间延长而增加的现象 An increase in material deformation with time due to an applied constant stress
膨胀性（剪切增稠）	dilatancy (shear thickening)	随剪切速率增加流体黏度出现与时间无关的可逆性增加（亦称为剪切增稠） A time-independent reversible increase in the viscosity of a fluid with increasing shear rate (also known as shear thickening)
终端修正	end corrections	用于解释端部效应的理论或经验校正，包括毛细管黏度计的入口和出口效应以及旋转流变仪的悬锤或叶片端部效应 Theoretical or empirical corrections applied to account for end effects including entrance and exit effects in capillary viscometry and bob or vane end effects in rotational rheometry

术语	术语原文	释　义
平衡流	equilibrium flow	当连续足够长时间施加剪切应力或剪切速率以达到依赖于时间变化流体的动态平衡状态，即剪切速率或剪切应力不再随剪切时间变化时的状态 The state reached when a constant shear stress or shear rate is applied for a sufficient period to achieve a dynamic equilibrium for a time dependent fluid, i. e. the shear rate or shear stress is no longer changing with time of shear
细粒	fines	颗粒粒径分布中的小颗粒，通常直径在 $50\mu m$ 以下 The small fraction in a particle-size distribution, often taken as below $50\mu m$ diameter
絮凝	flocculate	通过添加长链聚合物使单颗粒聚集成多颗粒絮凝体 To cause aggregation of single particles into multi-particle flocs by the addition of long-chain polymers
流动指数	flow behaviour index	屈服假塑性（赫歇尔-伯克利）模型中的指数 n，无量纲 The index, n, in the generalised yield pseudoplastic (Herschel-Bulkley) model, dimensionless
流动曲线	flow curve	剪切应力与剪切速率关系的曲线 A graph of the shear stress as a function of shear rate
液体稠度系数	fluid consistency factor	屈服假塑性（赫歇尔-伯克利）模型中的常数 K，$Pa \cdot s^n$ The constant, K, in the generalised yield pseudoplastic (Herschel-Bulkley) model, $Pa \cdot s^n$
全扩展流	full developed flow	速度分布沿流动方向保持不变的流动 Flow in which the velocity profile is constant along the direction of flow
胶凝点	gel point	悬浮液仅通过自由沉降就能达到的最大固体浓度，不经过压缩或机械作业进行提高的最大固体浓度，ϕ_g The critical solids concentration at which discrete flocs or particles form a continuous network structure. The gel point is the maximum solids concentration that a suspension can attain via free settling alone, with no compression or mechanical enhancement, ϕ_g

续表

术语	术语原文	释　义
赫歇尔-伯克利模型	Herschel-Bulkley model	描述了一种具有屈服应力流体的流变模型，此种流体的剪切应力对剪切速率的关系由幂律表述。当剪切应力小于一定值时，剪切速率为零；当剪切应力大于这个值时，呈现出与假塑性流体性质类似的性质。也称为屈服假塑性流体模型，$\tau = \tau_y + K\dot{\gamma}^n$ A rheological model that describes flow for a fluid with a yield stress, above which the shear stress versus shear rate relationship is described by a power law. Also called the yield pseudoplastic model, $\tau = \tau_y + K\dot{\gamma}^n$
非均质流	heterogeneous flow	在非均质流中，管道截面上固体颗粒的浓度分布是不均匀的。对于相对密度大于单位密度的颗粒，固体颗粒浓度沿管道倒置方向增加 In heterogeneous flow, the concentration of solid particles across the pipe section is non-uniform. For particles of relative density greater than unity, the concentration of solid particles increases towards the pipe invert
受阻沉降作用	hindered settling function	受阻沉降作用是物质间的相互作用，它量化了胶体悬浮液对一定体积固体的相间阻力，$R(\phi)$，$kg \cdot s^{-1} \cdot m^3$ The hindered settling function is a material function that quantifies the interphase drag of colloidal suspensions for all solids volume fractions, $R(\phi)$，$kg \cdot s^{-1} \cdot m^{-3}$
迟滞现象	hysteresis	试样承载时剪切速率从零增至一预定值再立即减至零，获得的两条流动曲线不重合，这种现象叫迟滞现象。通过绘制剪切应力与剪切速率函数而生成的曲线称为迟滞回线，表示物料随时间变化程度 The failure of coincidence of two flow curves obtained by subjecting the sample to a program in which the shear rate is increased from rest to a single predetermined shear rate and then immediately decreased to rest again. The loop formed by plotting the shear stress as a function of shear rate is called a hysteresis loop and represents the degree of time dependence of the material
极限高剪切黏度	infinite-shear viscosity	高剪切速率时的极限表观黏度值 The high shear rate limiting apparent viscosity
运动黏度	kinematic viscosity	黏度系数与密度的比，v，m^2/s The ratio of the coefficient of viscosity to density, v，m^2/s

术语	术语原文	释　义
层流	laminar flow	在层流流动中，相邻流体单元追踪到的平行路径互不混合，是平滑连续的 In laminar flow, the parallel paths traced by adjacent elements of fluid do not mix with one another and are smooth and continuous
混合流型	mixed regime flow	由于同时输送一系列大小不等的固体颗粒，可以存在多个流动形态。例如，大颗粒可以在由液体和细颗粒组成的均匀载体中以不均匀的浓度梯度被携带 As a result of transporting a range of solid particle sizes simultaneously, more than one regime can exist at a time. For example, large particles may be carried with a heterogeneous concentration gradient in a homogeneous carrier consisting of fluid and fine particles
牛顿流体	Newtonian fluid	其黏度不受当前剪切条件影响的流体 A fluid which exhibits a viscosity independent of current shear conditions
非牛顿流体	non-Newtonian fluid	其黏度取决于当前剪切条件，并有时取决于最近的剪切状况的流体 A fluid which exhibits a viscosity that is dependent on the current shear conditions, and in some cases recent shear history
颗粒排列	particle alignment	不对称颗粒在流体剪切方向上的排列可能导致黏度的降低 Alignment of asymmetric particles in the direction of shear flow possibly leading to a reduction in viscosity
颗粒迁移	particle migration	导致局部部分固体浓度低于主体流体固体浓度的剪切面颗粒耗尽，该局部部分被称为"载液" Particle depletion from a shearing surface resulting in a localised region with a solids concentration less than the bulk fluid solids concentration. This localised region is sometimes referred to as 'carrier fluid'
膏体	paste	具有高屈服应力（通常在 200Pa 以上）的浓缩尾矿；目前主要用于地下矿山充填 Thickened tailings having a high yield stress (typically above 200 Pa); currently used primarily for underground mine backfill
塑性（黏塑性）	plastic (also viscoplastic)	非牛顿流体特性，其特征在于在流体流动之前必须克服初始屈服应力 Non-Newtonian fluid behaviour characterised by the existence of a yield stress that must be exceeded before the fluid will flow
塑性流动	plastic flow	需克服屈服应力流动的流体 Flow of a yield stress fluid

术语	术语原文	释　义
塑性黏度（系数）	plastic viscosity（coefficient of）	对于宾汉流体，剪切应力（屈服应力以上的剪切应力）与剪切速率的比率。一般取高剪切速率数据的梯度值，外推到零剪切速率，η_p，Pa·s For a Bingham fluid, the ratio of the shear stress（over and above the yield stress）to the shear rate. Generally taken as the gradient of high shear rate data, extrapolated to zero shear rate, η_p, Pa·s
栓塞流	plug flow	如固体（零速度梯度）一样在管路中的流动，输送时周边具有速度梯度 Movement through a pipe of material behaving as a solid（zero velocity gradient）, transported by an annulus of material with a velocity gradient
泊肃叶流动	Poiseuille flow	在特定恒定压力下，牛顿流体在长管中的层状流动 Laminar flow of a Newtonian fluid in a long tube under a constant applied pressure
幂律（奥斯特瓦尔德-德沃尔）模型	power law（Ostwald De Wa-ele）model	描述剪切应力和剪切速率间关系的一种流变模型，$\tau = K\dot{\gamma}^n$。对于牛顿液体 $n=1$，对剪切稀化流体 $n<1$，对剪切增稠流体 $n>1$ A rheological model describing the relationship between shear stress and shear rate, $\tau = K\dot{\gamma}^n$. For Newtonian fluids, $n=1$, for shear thinning fluids $n<1$ and for shear thickening fluids, $n>1$
伪均质流	pseudo-homogeneous flow	定义为在平均混合速度较高时表现为单相均相流动，而在平均混合速度较低时表现为非均相流动的流动状态。如果输送速度足够高，几乎任何泥浆都能产生伪均质流动 Is defined as that flow regime which behaves as single-phase homogeneous flow at high mean mixture velocities, but becomes heterogeneous at lower mean mixture velocities. Pseudo-homogeneous flow can arise with virtually any slurry if the transport velocity is sufficiently high
假塑性（剪切稀化）	pseudoplasticity（shear thinning）	随着剪切速率的增加，与时间无关和可逆的黏度减小（也称为剪切稀化） A time-independent reversible reduction in the viscosity with increasing shear rate（also known as shear thinning）
比浓黏度*	reduced viscosity	增比黏度与溶液浓度（c）的比值，$\eta_{red} = \eta/c$ The ratio of the viscosity to the solids or solute concentration（c）, $\eta_{red} = \eta/c$

续表

术语	术语原文	释　义
相对黏度	relative viscosity	悬浮液或溶液的黏度与其液相流体或溶剂黏度之比，$\eta_\text{r} = \eta/\eta_\text{s}$ The ratio of the viscosity of a suspension or solution to the viscosity of the suspending fluid or solute，$\eta_\text{r} = \eta/\eta_\text{s}$
流变图	rheogram	由流变关系得出的曲线图。在矿业中最常用的流变图是流动曲线，即剪切应力（Pa）与真实剪切速率（s^{-1}）的关系图 A graph of results of a rheological relationship. The most common rheogram used in the minerals industry is a flow curve，i. e. a plot of shear stress（Pa）versus true shear rate（s^{-1}）
流变学	rheology	研究物料变形和流动的学科 The study of deformation and flow of materials
流变测量	rheometry	在一系列特定条件下对一系列流变特性的测量 Measurement of a range of rheological properties over a range of conditions
震凝性	rheopexy	一定速率下黏度随剪切时间的可逆增加 A reversible increase in the viscosity with time of shear at constant shear rate
离析	segregation	滩面沉积过程中产生的水力分选现象，即泥浆中最粗的颗粒首先在排放口附近沉降。根据颗粒的大小，更细的颗粒被带至滩面更深处 The phenomenon of hydraulic sorting during beach deposition，which means that the coarsest particles in the slurry settle out first near the discharge point. Finer particles are carried progressively farther down the beach，depending on their size
剪切降解	shear degradation（rheomalaxis）	一定剪切速率下，物料由于诸如剪切导致的絮凝体破坏等结构变化造成黏度随剪切时间的不可逆减小 An irreversible reduction in viscosity with time of shear at a constant shear rate due to a change in the material structure，such as destruction of flocs
剪切硬化	shear hardening	一定剪切速率下，物料由于诸如剪切导致的团聚等结构变化造成黏度随剪切时间的不可逆增加 An irreversible increase in viscosity with time of shear at a constant shear rate due to a change in the material structure，such as shear induced agglomeration

续表

术语	术语原文	释　义
剪切速率	shear rate	单位时间剪切应变的变化，$\dot{\gamma}$，s^{-1} The change in shear strain per unit time，$\dot{\gamma}$，s^{-1}
切速依赖	shear rate dependence	剪切应力和黏度是与剪切速率相关的函数 The shear stress and viscosity are a function of shear rate
剪切应力	shear stress	平行于所分析截面的那部分应力分量，τ，Pa The component of stress parallel to the area considered，τ，Pa
滑流	silp flow	料浆中局部区域的低黏度流体，通常由于固体表面的颗粒迁移所致 Flow in a localised low viscosity region of a suspension，usually caused by particle migration away from a solid surface
坍落度	slump height	容纳流体的圆柱体（或锥体）被移走后流体塌落的高度，即流体的初始高度和最终高度之间的距离 The distance a fluid slumps after the cylinder（or cone）containing the fluid is removed，i. e. The distance between the original and final heights of the fluid
坍落度试验	slump test	用来表明浆体或膏体黏稠性（一般指的是屈服应力）的试验，该试验用一容器（圆筒或圆锥）装满物料，移除容器后测量物料的坍落高度 A test used to indicate the consistency（most often yield stress）of a slurry or paste. Conducted by filling a vessel（cylinder or cone）with the material，removing the vessel and measuring the distance the material slumps
增比黏度	specific viscosity	悬浮液与其液相流体的黏度差与其液相流体黏度之比，$\eta_{sp} = (\eta - \eta_s)/\eta_s$ The ratio of the difference between the suspension and the suspending fluid viscosity to the suspending fluid viscosity，$\eta_{sp} = (\eta - \eta_s)/\eta_s$
稳定流动	stabilised flow	料浆中存在含量较高的细颗粒，使得料浆中的运载介质发生改变，以至于料浆中的粗粒由于运载介质的屈服应力而保持悬浮状态，这导致在管道横截面上形成浓度均匀的缓慢沉降料浆 Occurs in slurries that include fine particles in sufficiently high concentrations to modify the vehicle portion of the slurry to the extent that coarse particles in the slurry are maintained in suspension by the yield stress of the vehicle. This results in a slow-settling slurry with a uniform concentration across the pipe cross-section

术语	术语原文	释　义
静态屈服应力	static yield stress	近似零剪切条件下，如叶片主轴以慢速（0.2r/min）旋转时测得的屈服应力，τ_y，Pa Determination of yield stress at near zero shear conditions, as in the case of slowly rotating（0.2r/min constant rate）vane spindles, τ_y, Pa
稳定流	steady flow	流体以与时间无关的定速流动 Flow in which the fluid velocity at a given point is independent of time
悬移质	suspended load	用于描述没有固体负荷沿床层流动的混合物或部分混合物的术语。颗粒被认为是单独可见的（至少在微观上） Term used to describe mixtures or parts of mixtures in which none of the solid load is carried along the bed. The particles are considered to be individually visible（at least microscopically）
触变性	thixotropy	黏度随剪切时间的增加发生可逆性减小 A reversible reduction in viscosity with time of shear
时间相关（依赖）性	time dependence	指剪切应力和黏度依赖剪切时间变化的特性 Refers to a characteristic where the shear stress and viscosity are a function of time of shear
扭矩	torque	角动量的变化率，或引起旋转运动变化的转矩 Rate of change of angular momentum, or the angular force causing a change in rotational motion
真剪率（剪切速率）	true shear rate（shear rate）	垂直于流动方向的速度梯度，$\dot\gamma$，s^{-1} The velocity gradient perpendicular to the direction of flow, $\dot\gamma$, s^{-1}
浆叶仪	vane	一种装有4或6片叶片的流变仪装置，用于直接测量静态屈服应力，或测量作为表观剪切速率函数的剪切应力 A four or six bladed rheometer fixture used for measuring the static yield stress directly or for measuring the shear stress as a function of apparent shear rate
高密度载体	vehicle high-density	浓缩尾矿有时可能与其他粗骨料（如粗砂甚至废石）一起处置。在这种情况下，浓缩尾矿通常被称为高密度载体，因为它可以运输悬浮的粗骨料 Thickened tailings may sometimes be co-disposed with other, coarse-grained waste such as grit or even waste rock. In this case, the thickened tailings is often referred to as the vehicle, as it transports the load of suspended coarse material
黏度测定法	viscometry	流体黏度的测量 The measurement of fluid viscosity

术语	术语原文	释 义
黏塑性	viscoplastic	物料在屈服应力以下表现类固体性能，在屈服应力以上表现类流体的性能 A material which displays solid-like behaviour below the yield stress and flows like a viscous liquid above the yield stress
黏度	viscosity	物料对流动所表现的阻力 The resistance of a material to flow
屈服应力	yield stress	物料表现出黏滞流动时必须超过的剪应力，τ_y，Pa The stress which much be exceeded for a material to exhibit viscous flow，τ_y，Pa
零剪切黏度	zero shear viscosity	表观黏度的低剪切速率限制值 The low shear rate limiting value of the apparent viscosity

＊释义与原文有一定调整。

参 考 文 献

[1] 刘约汉．凤凰山铜矿的建设和引进技术的应用 [J]．有色矿山，1982 (8)：11-14.

[2] 凡口铅锌矿．凡口铅锌矿志 [G]．内部资料.

[3] 刘同有，王佩勋．金川集团公司充填采矿技术与应用 [C] // 第八届国际采矿会议论文集．北京，2004：8-14.

[4] 周成浦，等．金川胶结充填技术新进展 [J]．有色矿山，1992 (4)：1-10.

[5] 张木毅．凡口铅锌矿采矿技术的创新与发展 [J]．采矿技术，2010 (3)：6-9.

[6] 苏先锋，陈闻舞，李建雄，等．凡口铅锌矿充填工艺现状及发展方向 [C] // 第八届国际采矿会议论文集．北京，2004：15-17.

[7] 杨思德．废石尾砂胶结充填技术 [J]．矿业快报，2008 (12)：6-7.

[8] 于润沧．料浆浓度对细砂胶结充填的影响 [J]．有色金属，1984 (2)：6-11.

[9] 王爵鹤，姜渭中，周成浦．高浓度胶结充填料管道水力输送 [J]．长沙矿山研究院季刊，1981 (1)：10-23.

[10] 卢启寿．半球形底立式尾砂仓的设计与应用 [J]．有色矿山，1980 (5)：3-12.

[11] 刘乃锡．立式砂仓的设计与研究 [J]．有色矿山，1997 (4)：18，34-38.

[12] 王光明，张瑜．新型立式砂仓研制成功 [J]．有色金属 (矿山部分)，1981 (5)：60.

[13] 杨培兴．南京铅锌银矿实现无废开采 [J]．有色矿山，1998 (6)：13-15.

[14] 罗良士，韩振中．高浓度全尾胶结充填新工艺和装备的研究与生产实践 [J]．矿产保护与利用，1998 (1)：44-49.

[15] 周爱民．我国金属矿采矿技术主要成就与评价 [J]．采矿技术，2001 (2)：1-5.

[16] 杨立根，姚中亮，包东曙，等．赤泥浆体泵送胶结充填采矿法研究 [J]．矿业研究与开发，1996 (3)：18-22.

[17] 韩克峰，高林．全尾砂胶结充填技术在张马屯铁矿的应用与探讨 [J]．山东冶金，1995

（6）：9-11.

［18］刘育明．膏体泵送充填在铜绿山矿的成功经验和今后在国内应用的前景［C］//第三届北京冶金年会论文集．北京，2002.11：944-949.

［19］姜振兴，刘晓辉．谦比希铜矿充填体强度计算及物料配比优化［J］．有色金属（矿山部分），2017（3）：84-87，97.

［20］吴爱祥，刘晓辉，王贻明，等．谦比希铜矿膏体充填采矿技术研发及应用［C］//2014中国充填采矿新工艺技术与装备成果交流会．昆明，2014：143-148.

［21］谢盛青，杜贵文，张少杰．废弃露天坑充填治理技术研究［J］．中国矿山工程，2018（1）：1-4，22.

［22］韦永兰．中国恩菲签订会泽膏体充填智能升级改造项目总承包合同［J］．中国有色金属，2018（24）：21-22.

后　记

我国金属矿产量大，同时也带来众多环境问题，按照高产出、低消耗、少排放、综合利用等环保理念进行绿色开采是矿山可持续发展的必由之路。充填是矿山绿色开采共性关键技术，也是矿山目前固废减量化最经济、最有效的手段。从作者提出的金属矿绿色高效开发线路图可以看出充填对实现绿色矿山建设的重要性。

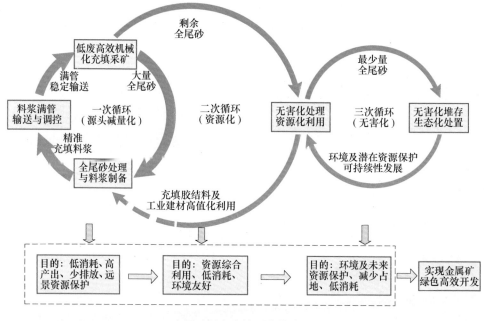

金属矿绿色高效开发线路图

在以于润沧院士为首的行业领军人物带领下，我国广大科技工作者通过50多年的努力，使得我国充填技术取得了重大进步，基本满足了我国矿业经济发展的需求。随着新时代人们对绿色发展理念重视程度的提高以及我国"人与自然和谐共生"基本方略的确定，我国现行的充填技术依然存在一些共性难点问题需要进一步解决。这些问题主要表现在充填浓度普遍不高、连续制备系统的浓度及配比稳定性较低、充填料难以满管自流和精确输送、采场充填体局部强度过剩、自动化水平低等方面。

　　解决上述这些问题，需要我们进一步提高创新能力。近几年来为了推动行业技术进步，更好地满足新时代矿业绿色高质量发展的需求，中国恩菲一直在进行相关技术的储备和研发布局。

　　在基础理论方面，流变学在充填系统的研究中被广泛应用，本书第3章也作了重点介绍。但流变学本身是一门以实验为基础的学科，其中一些传统的研究方法和思路可能给充填技术的创新发展带来局部不利的影响，本书作者在充填技术的研发中提出了一种新的充填料流变方程，并在此基础上形成了"控压助流"等工程技术，取得了较好的效果。进一步利用该流变模型，更深入地拓展工程应用研究以及进行类似的理论创新，是我们应该重点关注的问题。

　　在工程技术方面，在开发了我国深锥膏体泵送充填专利技术、全尾砂新型砂仓浓缩充填专利技术以后，中国恩菲在一些关键难点技术方面也开展了大量的工作，取得了一系列新的进展，这些技术主要包括：充填料浆流变特性的精确获取、全尾砂膏体或高浓度连续稳定脱水与排放、深井管路满管与安全经济输送、充填系统智能控制、充填胶凝材料等。

　　基于工程公司的习惯和优势，中国恩菲相关技术的研发创新基本都是围绕工程技术难题而展开的，相关科研成果几乎全部能转化为生产应用。2019年以来，中国恩菲和长沙矿山研究院两家单位进行了战略融合，矿山领域的专业人员已近700人，充填领域的技术力量也得到了空前的提升。希望能与矿业界各单位和同行合作，共同推动行业技术的进步！